国家出版基金项目
NATIONAL PUBLICATION FOUNDATION

现代农业高新技术成果丛书

传染性海绵状脑病

Transmissible Spongiform Encephalopathies

赵德明　主编

中国农业大学出版社
·北京·

内 容 简 介

本书对传染性海绵状脑病在国内外最新的研究进展进行汇编，从分子生物学与传染病学、流行病学等多个角度，较为系统地介绍传染性海绵状脑病的研究史、生物学特性、诊断方法、治疗和风险控制，以及朊蛋白疾病与其他神经退行性疾病的关系；并分别对疯牛病、痒病、鹿科动物慢性消耗性疾病、传染性水貂脑病、猫科动物和动物园动物的传染性海绵状脑病从流行病学、临床和病理学、诊断和防治等多方面的最新研究进行阐述；附录部分列出 TSEs 疾病编年表，OIE 关于疯牛病防控的标准及国际 TSEs 风险评估的制度等，便于读者了解 TSEs 疾病的研究历史和防控策略；同时还对本实验室近些年和朊蛋白有关的研究工作进行全面的总结，以期抛砖引玉和各位同仁共同探讨。

本书内容新颖翔实、图文并茂，不仅可作为对本疾病感兴趣的专业人员的基础读本，也为有意从事本领域研究的学者提供参考。

图书在版编目(CIP)数据

传染性海绵状脑病/赵德明主编. —北京：中国农业大学出版社，2012.2

ISBN 978-7-5655-0428-0

Ⅰ.①传…　Ⅱ.①赵…　Ⅲ.①动物疾病：传染病：脑病－基本知识　Ⅳ.①S855

中国版本图书馆 CIP 数据核字(2011)第 203823 号

书　　名　传染性海绵状脑病

作　　者　赵德明　主编

策划编辑　刘　军　陆　强　　**责任编辑**　洪重光

封面设计　郑　川　　**责任校对**　王晓凤　陈　莹

出版发行　中国农业大学出版社

社　　址　北京市海淀区圆明园西路 2 号　　**邮政编码**　100193

电　　话　发行部 010-62818525，8625　　读者服务部 010-62732336

编辑部 010-62732617，2618　　出　版　部 010-62733440

网　　址　http://www.cau.edu.cn/caup　　**e-mail**　cbsszs @ cau.edu.cn

经　　销　新华书店

印　　刷　涿州市星河印刷有限公司

版　　次　2012 年 2 月第 1 版　　2012 年 2 月第 1 次印刷

规　　格　787×1092　　16 开本　　20 印张　　490 千字

定　　价　68.00 元

现代农业高新技术成果丛书
编审指导委员会

主　编　赵德明（中国农业大学）

副主编　周向梅（中国农业大学）

杨利峰（中国农业大学）

编　者　(按姓氏拼音排序)

常家鑫　丁天健　黄　瑛　李　华

师福山　谭荣荣　王　进　王辉暖

王金果　吴文玉　杨　杨　杨利峰

杨秀进　尹晓敏　苑方重　张思明

张珠明　赵德明　周向梅

出版说明

瞄准世界农业科技前沿，围绕我国农业发展需求，努力突破关键核心技术，提升我国农业科研实力，加快现代农业发展，是胡锦涛总书记在2009年五四青年节视察中国农业大学时向广大农业科技工作者提出的要求。党和国家一贯高度重视农业领域科技创新和基础理论研究，特别是863计划和973计划实施以来，农业科技投入大幅增长。国家科技支撑计划、863计划和973计划等主体科技计划向农业领域倾斜，极大地促进了农业科技创新发展和现代农业科技进步。

中国农业大学出版社以973计划、863计划和科技支撑计划中农业领域重大研究项目成果为主体，以服务我国农业产业提升的重大需求为目标，在“国家重大出版工程”项目基础上，筛选确定了农业生物技术、良种培育、丰产栽培、疫病防治、防灾减灾、农业资源利用和农业信息化等领域50个重大科技创新成果，作为“现代农业高新技术成果丛书”项目申报了2009年度国家出版基金项目，经国家出版基金管理委员会审批立项。

国家出版基金是我国继自然科学基金、哲学社会科学基金之后设立的第三大基金项目。国家出版基金由国家设立、国家主导，资助体现国家意志、传承中华文明、促进文化繁荣、提高文化软实力的国家级重大项目；受助项目应能够发挥示范引导作用，为国家、为当代、为子孙后代创造先进文化；受助项目应能够成为站在时代前沿、弘扬民族文化、体现国家水准、传之久远的国家级精品力作。

为确保“现代农业高新技术成果丛书”编写出版质量，在教育部、农业部和中国农业大学的指导和支持下，成立了以石元春院士为主任的编审指导委员会；出版社成立了以社长为组长的项目协调组并专门设立了项目运行管理办公室。

“现代农业高新技术成果丛书”始于“十一五”，跨入“十二五”，是中国农业大学出版社“十二五”开局的献礼之作，她的立项和出版标志着我社学术出版进入了一个新的高度，各项工作迈上了新的台阶。出版社将以此为新的起点，为我国现代农业的发展，为出版文化事业的繁荣做出新的更大贡献。

中国农业大学出版社

2010年12月

前　言

伴随着生物技术的高速发展，传染性海绵状脑病(transmissible spongiform encephalopathies，TSEs)的研究领域也取得了令人瞩目的成绩，TSEs 的病原特性、传播机制、流行病学、诊断方法等方面的一些科学难题的研究都取得了较快的进展，为进一步认识和防控 TSEs 提供了坚实的基础。鉴于此，为相关领域的工作者及时提供最新、较全面的 TSEs 知识，显得尤为重要。在中国农业大学出版社的支持下，我们以中国农业大学国家动物海绵状脑病实验室的科研人员为主，编写了《传染性海绵状脑病》一书。

本书从分子生物学与传染病学、流行病学等多个角度，系统地阐述传染性海绵状脑病的发生、流行、发病的分子机制，诊断预防以及与人类健康关系等方面最新的研究成果和进展。

本书分为两大部分，第 1 篇总论，详细介绍海绵状脑病的发病机制、理化特性、诊断方法、治疗和风险控制；对朊蛋白基因复合体的生物学特性和作用因子进行深入的描述。第 2 篇各论，分别对疯牛病、痒病、鹿科动物慢性消耗性疾病、传染性水貂脑病、猫科动物和动物园动物海绵状脑病从流行病学、临床与病理、诊断与防治等多方面的最新研究进行详细的描述。尤其需要提及的是，本书在附录里对中国农业大学国家动物海绵状脑病实验室近几年的研究工作做了综述，以求和各位同仁共勉。

由于编著者的专业水平和客观因素所限，书中定有不足和错误，恳请有关专家和广大读者批评、指正，希望再版时补充、改正。

赵德明

2012 年 1 月于北京

目　　录

第1篇　总　　论

第 2 篇 各 论

第 1 篇

总　论

第1章

传染性海绵状脑病概述

1.1 传染性海绵状脑病的研究史

传染性海绵状脑病(transmissible spongiform encephalopathies, TSEs),又称朊蛋白疾病(prion disease),是一组能够感染人和动物的慢性、致死性、神经退行性传染病。现在普遍认为致病因子是细胞型朊蛋白 PrP^{C}(cellular prion protein,PrP^{C})发生错误折叠后形成的致病型朊蛋白,即 PrP^{Sc}(scrapie prion protein)。PrP^{Sc}是由机体正常的朊蛋白在某些因素作用下发生构象改变而形成的。PrP^{Sc}具有自我复制能力,能够诱导 PrP^{C} 转变成 PrP^{Sc},当 PrP^{Sc}在体内大量聚集后能引起宿主发病。动物传染性海绵状脑病是在动物上发生的一类传染性海绵状脑病,主要包括牛海绵状脑病(bovine spongiform encephalopathy,BSE)、羊痒病(scrapie)、水貂传染性脑病(transmissible mink encephalopathy,TME)、猫科动物海绵状脑病(feline spongiform encephalopathy,FSE)和鹿的慢性消耗性疾病(chronic wasting disease,CWD)等。这类疾病共同特征是:潜伏期长达数月至数年,甚至数十年;机体感染后不发热、不产生炎症、无特异性免疫应答;均可人工传递给易感实验动物,但大多数朊病毒病在自然条件下不能水平传播;临床上呈现进行性共济失调、震颤、姿势不稳、痴呆、知觉过敏、行为反常等神经症状,病程发展缓慢,但全部以死亡告终;组织病理学病变主要出现在中枢神经系统(central nervous system,CNS),以神经元空泡化、灰质海绵状病变、神经元丧失、神经胶质和星状细胞增生、病原因子朊蛋白(PrP^{Sc})蓄积和淀粉样蛋白斑块为特征,病变通常两侧对称。人类也发生传染性海绵状脑病,主要包括库鲁病(kuru)、克雅氏病(Creutzfeldt-Jakob,CJD)、格氏病(Gerstmann-Straussler-Scheinker,GSS)和致死性家族失眠症(fatal familial insomnia,FFI)等,其发病特征相似。

1.1.1 传染性海绵状脑病的研究史

1.1.1.1 羊痒病

传染性海绵状脑病的研究最早要追溯到羊痒病，它是最古老的朊蛋白病，系朊蛋白疾病的原型。羊痒病的报道最早可追溯到18世纪早期，主要在英国、法国和德国，距今已有200多年的历史，它是一种绵羊和山羊中枢神经系统的慢性传染病。感染羊主要表现为兴奋、瘙痒、瘫痪等症状，喜欢倚靠树或者墙摩擦它们的皮肤，因此称为“瘙痒”病。法语称作“La tremblante”，是指感染动物由于共济失调而震颤，是该病的另一种临床症状。由于痒病病原体在宿主体内繁殖缓慢，做一次动物感染实验往往要用成群的羊，花费几年的时间，并且从感染细胞内分离提纯难度大，因此，对该病原体的研究工作长期没有取得突破。但是，科学家们仍然坚持不懈地从各个角度研究羊痒病病原体的本性及其致病规律。20世纪初M. Fadyian曾提出羊痒病可能是由肉孢子目寄生虫引起的。1939年，Cuille等发现痒病致病因子能够从病羊传染给其他健康的动物，并且用滤膜过滤后仍然具有传染性，因此他提出该致病因子本质上是一种滤过性病毒。还有其他一些学者，对该致病因子相继提出了小DNA病毒、在膜内可复制的异常多糖、由多糖包裹的核酸、核蛋白复合物等各种各样的假设，但都缺乏确凿的实验证据。当1971年T. O. Diener首次在植物体中发现类病毒后，人们又一度认为羊痒病的病原体可能就是类病毒。在人们探索羊痒病等疾病的病因历程中，特别值得一提的是英国放射生物学家T. Alpers在1966年用能破坏DNA和RNA的放射性物质处理病羊的感染组织，发现其仍然保留感染性，随后他大胆推测羊痒病的致病因子没有核酸，可能是一种蛋白质。1967年Griffith对传染因子提出了3种可能的机制：一种能够自我转录的蛋白质；一种形状发生改变的蛋白质，这种蛋白质通过形成像水晶种子一样的低聚物催化使正常形状的蛋白质发生同样的改变；一种能够刺激自身产物的抗体。Griffith的第二种假说实质上是现代“唯蛋白质”学说的模型。可惜的是，由于这些假说一定程度上违背了当时普遍认为病原体需要有自身的DNA或RNA的常识，因而被视为异端邪说而搁置一边，无人问津。在以后相当长的一段时期内，大多数研究海绵状脑病的科学家致力于分离其病原体，但也一直无获。正如美国生物学家R. Marsh回忆的那样：“80年代，我还在寻找病毒，但当我用纯化朊蛋白的方法纯化感染因子时，我得到了比以前用其他方法得到的更具感染性的东西。”

1.1.1.2 Gajdusek的库鲁病及“慢病毒”

1957年，Gajdusek首先在新几内亚东部高原福禄地区土著居民中发现一种医学史上从未记载过的致命性神经系统综合征（库鲁病），按当地语言称之为“kuru”（意思为因害怕而震颤），其病理改变酷似人的克雅氏病，不过当时发现的病例多发生于生育年龄的妇女和15岁以下的儿童。而当时这些土著居民有一奇特的宗教习俗，即妇女和儿童要食用已故亲人的内脏和脑组织，这种文化现象正好和发病病例的人群分布相一致。1965年，Gajdusek用库鲁病患者的脑组织悬液接种至大猩猩脑内，大约20个月之后，大猩猩出现了和库鲁病人一样的症状，初步证实库鲁病是一种由感染性的致病因子引起的。在进一步的临床、病理及流行病学研究之后，Gajdusek发现库鲁病的病原体是一种完全不同于人类以往所知的病原体，它不具有

DNA 和 RNA，即使在电子显微镜下也看不见病毒颗粒，只能见到浆质膜，见不到衣壳和髓核。这种病原体和病毒感染也有显著差异，潜伏期特别长，无炎症反应，对任何药物都无反应，病程不能自然缓解。Gajdusek 以这种病原体发病极慢的特点，取名为“慢病毒”。Gajdusek 在医学史上第一个发现了慢病毒及其引起人类疾病（库鲁病）的病因，因而荣膺了 1976 年诺贝尔生理学医学奖。他的工作不仅发现了一种全新类型的致病因子，还为生命科学提出了一大堆包括生命起源在内的理论和实践问题。

1.1.1.3 Prusiner 和朊病毒的发现

Prusiner 是美国加利福尼亚大学旧金山分校医学院的神经学、病毒学和生物化学教授。1968 年，他在宾夕法尼亚大学获得医学博士学位后，曾在美国国立健康研究院心肺研究所做博士后研究。1972 年，当他还是一名青年住院医生的时候，曾眼睁睁地目睹了他的一位 60 岁的女病人痛苦地死于克雅氏病引起的痴呆症。以后又发现了一类中青年人多发的克雅氏病，被认为是吃了疯牛病牛肉引起的。Prusiner 认为，中枢神经系统是医学中尚未研究彻底的前沿内容之一。为了彻底阐明克雅氏病的病因，并寻找到有效的治疗方法，他开始查阅大量与该病有关的文献资料，踏上了一条探索传染因子的漫长历程。

1974 年，Prusiner 在医学院建立一个神经病学基础实验室。他曾通过实验将克雅氏病患者的脑组织接种于黑猩猩，经过一年多的潜伏期，黑猩猩终于发病，并在两年后病死，尸解发现其脑部病理改变与人相似。克雅氏病的传染因子究竟是什么呢？这个问题一直盘旋在 Prusiner 的脑海之中。

1976 年，Gajdusek 由于对库鲁病及其致病因子的研究，而获得了诺贝尔生理学医学奖，这对 Prusiner 的工作产生了深刻的影响。他考虑到克雅氏病病原很可能与库鲁病病原相同。于是，他虚心地向周围的同事请教，但别人能告诉他的内容并不多。这是因为 Gajdusek 在库鲁病问题上的突破，是在于发现一种潜伏期很长的致命的脑病，至于引起这种脑病的病因还是未解之谜。可见，Prusiner 当时的科研思路并没有超出 Gajdusek 关于慢病毒的范围。他认为，克雅氏病是由“海绵状脑病传递因子”传递的慢性病毒感染性疾病。然而，他一直未能把这种具有传染性的病原体分离出来。其中一个主要障碍在于这种病的病情发展缓慢，需数月、数年甚至十几年才能看到病症。而传统的分离病原体的方法，必须以检测分离物的致病情况为基础。

后来真正导致 Prusiner 发现朊病毒的，是因为改用了羊痒病作为研究对象而突破的。他在研究中发现，羊痒病的致病因子是一种既不同于普通病毒也不同于类病毒的特殊病原体，具有许多独特之处。例如，已知 DNA、RNA 极易被特异性的核酸酶所破坏，导致活性丧失甚至核酸链降解，然而对羊痒病病原体使用多种核酸酶处理，均不能降低其感染力。人们曾怀疑羊痒病病原体的蛋白质内紧裹着极少量核酸，于是又用补骨脂类药物加以处理，这种药物能穿过病毒的蛋白质外壳，在紫外线辐射下与核酸形成共价键的双聚化合物，从而阻碍核酸的复制，但是专一性与核酸作用的补骨脂类却不能灭活羊痒病病原体。羟胺一般很容易修饰核酸的结构，在中性 pH 很易灭活小 RNA 病毒（如脊髓灰质炎病毒），它能使许多动植物病毒和噬菌体失活，但是羟胺浓度虽然高达 0.5 mol/L 也不能改变羊痒病病原体的感染能力。Zn^{2+} 能将 RNA 完全降解为单核苷酸，也能在相当程度上降解 DNA，但在相同条件下却不能使羊痒病病原体丧失感染能力。此外，羊痒病病原体还对多种物理灭活因素表现出惊人的抗性，核酸易受紫外线辐射、电离辐射、超声能等因素破坏，而羊痒病病原体则对它们具有非凡的耐受力。总之，用多种破坏核酸的药物或因素处理，寻找羊痒病病原体是否含有核酸，结果均属阴性。相反，如果使用影响蛋白质的药物或因素（如蛋白酶、化学蚀变剂、蛋白变性剂等）处理羊痒病病原体，均能减弱或灭活该病原体的感染能力。Prusiner 的研究结果还指出，羊痒病病原体单个颗粒的分子质量约为 50 ku 或更小。这说明该病原体比迄今已知最小感染颗粒的类病毒还要小。根据计算，如果分子质量为 50 ku 的羊痒病病原体呈球形的话，则颗粒直径应为4～6 nm，保护性蛋白外壳厚度不可能大于 1 nm，核心应为 13～14 nm，该容量不可能容纳大于 12 个核苷酸的聚合物。根据 3 ∶ 1 编码法则，如此小的核酸不可能编码由十几个氨基酸组成的蛋白质。

根据大量的实验结果，Prusiner 大胆地认为，人的克雅氏病与羊痒病类似，同属于海绵状脑病，是同一种病原体所致，这种病原体是蛋白质。为了把它与细菌、真菌、病毒及其他已知病原体区别开来，他将这种蛋白质致病因子定名为 prion（朊病毒）。

1.1.1.4 朊病毒的体外制造

Prusiner 经过 8 年的探索，提出了“朊病毒”——一种非核酸的变构蛋白才是真正的致病元凶的假说，然而，这仅仅是理论的提出，由于缺乏确凿的实验证据，科学界对这个假说始终存在着极大的争议。其后的几十年里，科学家们尝试用实验证实这一假说。直到 2003 年，一个实验室将朊蛋白重组后经过诱导转变为淀粉样聚合体，在朊蛋白高表达的转基因小鼠体内复制了“疯牛病”，遗憾的是，还原疾病的潜伏期长，且不能诱发正常小鼠发病。他们的实验离真相还是差一步，原因在于他们并没有从根本上证实朊病毒是由正常朊蛋白变构而来。马继延注意到了一个细节，位于细胞膜上的正常朊蛋白可以被磷脂酶 C（phospholipase C）从膜上切除下来，而致病性朊蛋白却无法被切除。科学家们曾猜测，构象的改变使得朊蛋白与脂膜发生了新的相互作用，从而使磷脂酶 C 无法将其从膜上切除，另外一种说法认为变构的朊蛋白聚集在一起阻碍酶工作。马继延猜测，也许细胞膜上的脂类物质具有改变朊蛋白的作用，于是，他们另辟蹊径，尝试在体外诱导时加入细胞膜中的脂类成分，结果成功地诱导出具有致病性和感染性的朊病毒。与其他科学家的实验相比，只要将重组蛋白注入正常小鼠体内，即能诱发小鼠脑内更多朊蛋白变构，成为具有传染性和致病性的朊病毒。这是第一次从实验室证实“朊病毒”假说，首次成功重组朊病毒，也是第一次成功构建重组蛋白动物模型。

1.1.2 朊病毒发现的理论和实践意义

朊病毒的发现在生命科学界引起了极大的反响，这是因为这项发现不仅具有重要的理论价值，而且具有重大的实践意义。

在基础理论方面，长期以来人们信奉着分子生物学中一个关于遗传信息在细胞内生物大分子间流向的基本法则——中心法则，即认为遗传的物质基础是核酸（主要是 DNA，在有些病毒中也可以是 RNA），遗传信息的流动方向是 DNA→RNA→蛋白质，也就是说，蛋白质是在核酸所携带的遗传信息指导下合成的。按照这一经典法则，通常观点认为：传染性疾病是由细菌等微生物所引起的，这些都是有生命的致病因子，它们都有自身的核酸编码的遗传指令，即使像病毒，虽然本身没有细胞结构，必须进入寄主细胞中才能繁殖，但是最低限度，每一种病毒需要有自己特有的核酸，正是这种特有的核酸，在寄主细胞内指导合成病毒特有的核酸和蛋白质，病毒才能繁殖。而现在，一种不含核酸的蛋白质分子居然在侵入活细胞后，也能大量复制自己，并引起传染性疾病。这个“离经叛道”的学说，无疑引起了学术界的极大反响和广泛关注。

现在越来越多的事实证明，朊病毒蛋白是由动物细胞的正常基因编码，在人类位于第20号染色体短臂，基因称为Prnp。虽然迄今所得实验结果表明，并没有“逆”中心法则的蛋白质合成，但是，在朊病毒研究过程中揭示出来的一些现象，使人们对蛋白质与蛋白质之间大分子相互作用并由此引起的高级结构构象的改变，大分子性质的变化乃至病理状况的出现，有了新的认识，从而向人们打开了分子生物学的一个崭新的研究领域。

在实际应用方面，朊病毒的发现解释了疯牛病的发病机制。20世纪80年代以来，英国已报道有17万多头牛感染上疯牛病，普遍认为是由于牛饲料中添加了羊和牛的肉和骨粉，使羊的瘙痒病病原传染给牛，使之发生牛海绵状脑病(疯牛病)，已确诊有12个人因食用病牛肉受到传染而发病，这在欧洲引起了极大的震惊和恐慌。

目前已知的人和动物的朊病毒病的病症相似，从病理变化上讲，都是致死性中枢神经系统的慢性退行性疾病，表现为大脑皮层神经元的退化、空泡形成、死亡，被星状胶质细胞取代，形成海绵状，大脑皮层(灰质)变薄而白质相对明显，临床上相应地出现痴呆、共济失调和震颤等症状。对这类神经退行性疾患，目前依然没有治愈良策。阐明致病机制是有效治疗疾病的前提，因此现在这方面的研究进展很快，一些有争议的问题逐步得到论证。国际一流的学术刊物如《科学》、《细胞》，几乎每隔几期就有这方面的研究进展报告。可以预期，由于朊病毒的发现及其进一步深入的研究工作，上述顽症距有效治疗的日子已不会太遥远。

总之，朊病毒的发现是分子生物学领域中一项开拓性的工作，它不仅使人们第一次意识到除了细菌、病毒、真菌和寄生虫外，变异蛋白质亦可传播疾病，而且为现代医学了解和掌握与痴呆有关的其他疾病(如阿尔茨海默氏病)的生物学机制建立了基础，并为今后的有关药物开发和新的治疗方法的研究奠定了重要基础。

1.1.3 朊病毒发现给我们的启示

朊病毒的发现不仅在分子生物学研究中独辟蹊径，具有重要的理论价值和实践意义，而且这个发现过程本身还给予我们不少启示。首先，科学工作者要有不迷信权威，不拘泥于现有理论的条条框框，敢于批判，勇于创新的精神。20世纪创立的生物遗传学的一个经典观点即认为：任何生命的繁殖都必须依赖DNA或RNA。自从1957年英国物理学家、DNA双螺旋结构模型的建立者之一Crick提出了分子生物学中一个关于遗传信息在细胞内生物大分子间流向的基本法则(即中心法则)之后，它一直被认为是20世纪最伟大的科学发现之一，诺贝尔生理学医学奖曾17次颁发给这个领域的佼佼者，中心法则被誉为生命科学中的“圣经”。但是，科学研究中不存在僵硬的“教条”，科学理论并不是固定不变、停滞不前的，而是随着科学实践的深入和人类认识水平的提高而不断得到修正、丰富和发展。正如Prusiner所指出的，20世纪创立的生物遗传学理论确实是伟大的，但也绝非“顶峰”，必将得到发展和完善。他根据科学实践的结果，勇敢地向现有的基因理论和中心法则提出了挑战，大胆地向全世界宣布发现了朊病毒，它是“一类没有RNA和DNA，小得连电子显微镜也看不到的生命物质，它广泛存在于人类体内和周围的生物体内，具有较强的传染性，可以引发多种致死性神经系统疾病。”

朊病毒的发现将成为现代生命科学史上的一个新的丰碑，对其奥秘深入研究，将会给探索生命的底蕴提供切实可行的新途径。科学工作者要有持之以恒、矢志不渝的钻研精神，要有坚持真理、在学术问题上不怕成为少数者的科学精神。Prusiner 着手从事朊病毒课题的研究，是在他当住院医生时收治了一位克雅氏病人死亡后起步的。以后在长达 20 多年的漫长岁月中，他始终坚持不懈，苦苦追求。正当周围同行因一时找不到羊痒病病原而纷纷放弃，改换课题，甚至著名的《柳叶刀》杂志编者也认为研究病原分子结构没有多大意义的时候，Prusiner 并没有气馁，他不但写信驳斥这种观点，而且以更加刻苦的劲头努力去证明病原的分子结构，终于把自己的研究工作推向了诺贝尔奖的高峰。尽管当时人们还很难接受 Prusiner 崭新的思想，有些杂志甚至对他进行了尖锐的攻击，但是，Prusiner 是一位极富有个性、不肯妥协的人，他坚持走自己实践的道路。如果 Prusiner 没有这种精神，他在这方面的研究也许早就偃旗息鼓了。不难想象，在分子生物学已经如此深入人心的年代，提出并坚持一种无核酸的致病因子的新见解，需要何等的勇气。

另外，科学工作者的成功，除了采用正确的方法、付出艰辛的劳动外，还有一定的机遇。Prusiner 毫无争议地独享了 1997 年度的诺贝尔生理学医学奖，并且在较短的时间内看到了结果，的确与英国及欧洲疯牛病流行那场因祸得福的机遇有关。但是，正如伟大的微生物学家巴斯德所说，机遇只偏爱有准备的头脑。Prusiner 自 1979 年起，在不到 20 年时间里发表了有关朊病毒方面的文章 240 余篇，可以想象他为此付出的辛勤劳动。如果没有多年来锲而不舍的追求，就不会有今日的成功和荣誉。

1.2 传染性海绵状脑病对人类社会的影响

传染性海绵状脑病作为一类最终以死亡为结局的神经性疾病，在给动物健康带来严重威胁的同时，给人类社会也带来了深刻影响，主要表现在两个方面：一是对人类经济的影响，二是对人类健康的威胁。

1.2.1 对人类经济的影响

经济方面的影响不仅仅表现在扑杀患有这些疾病的动物所造成的直接经济损失，更重要的是由此而引起对整个产业链，甚至国际贸易领域产生的深远影响，在各类动物传染性海绵状脑病中，以牛传染性海绵状脑病的影响尤为显著。

自 1986 年，英国确诊首例牛海绵状脑病以来，在短短的十几年里，该病已经从英国传遍整个欧洲大陆，然后从欧洲传至美洲的美国、加拿大，亚洲的日本等许多国家。在过去的 20 多年里，超过 28 万头牛感染疯牛病，仅欧洲就屠宰 320 万头病牛和与病牛同栏饲养的牛。为遏止和整治这场灾难，欧盟已经花费数十亿欧元的资金，经济损失惨重。

牛肉消费市场遭到重创。2000 年时，欧盟的活牛价格平均下降了 17%，牛肉销售量减少了 27%；法国的牛肉消费量下降了 40%；德国两个最大的肉类批发中心的牛肉销量下降了 80%以上。意大利年牛肉消费量 150 万 t，其中 70 万 t 需从国外进口。在 2000 年，意大利全国牛肉销售量下降了50%～70%,3万家肉食店营业额下降了3 000亿里拉。其他欧盟成员国牛肉市场也一蹶不振。

饲料工业遭到重击。疯牛病发生前,欧盟15国的肉骨粉年加工量为300万t,每年可为欧盟带来15亿欧元(约折合12.9亿美元)的收益。发生疯牛病后各成员国都规定禁止使用掺入肉骨粉的配合饲料,自然就丧失掉这笔可观的收益。同时欧盟还要为焚烧销毁动物下脚料花费30亿欧元(约折合25.8亿美元)。

控制扑灭疫病所发生的费用。德国为处理疯牛病危机,联邦政府支付了21亿马克,德国全部经济损失在140亿马克以上。英国的疯牛病危机共造成约200亿马克的损失。

更为严重的是,疯牛病发生后世界许多国家立即宣布禁止进口牛肉及相关制品。美国在2003年确诊疯牛病发生后,至少有25个国家和地区宣布停止进口美国牛肉和肉牛,这些国家和地区的进口额占美国此类产品出口额的90%左右。而美国每年出口的牛肉和肉牛总价值约为60亿美元。同年加拿大宣布,在西部艾伯塔省的一个牧场发现一例疯牛病,美国政府当天就宣布禁止进口加拿大肉牛及牛肉制品。随后,日本、韩国、墨西哥、新西兰、澳大利亚等20多个国家也相继宣布禁止进口加拿大牛肉。这对加拿大畜牧业和肉类加工业等行业是巨大的打击。加拿大每年出口价值约36亿加元的牛肉产品,其中80%出口到美国市场。市场分析人士指出,自从美国宣布禁止进口加拿大肉牛及牛肉产品以来,加拿大每天在此方面的损失就高达2 000多万加元。目前许多国家仍然对疯牛病发生国家实施牛肉及相关制品进口禁令。

1.2.2 对人类健康的影响

1.2.2.1 存在传播给人的风险

当1986年英国出现疯牛病,甚至后来在欧洲及世界其他国家蔓延时,人们并没有把它与人类的健康联系到一起,直到1996年Will报道在英国发现10例与克雅氏病类似的海绵状脑病病例,这些病例的流行病学、临床和病理组织与典型克雅氏病不同,因此被命名为新型克雅氏病(vCJD),或称变异型克雅氏病,主要表现在:①发病年龄不同。新型克雅氏病主要发生在20～40岁的青年人,传统的克雅氏病发生在50～70岁的老年人,但近年来发现新型克雅氏病的感染人群有扩展至各个年龄组的趋势。②病程长短不同。新型克雅氏病的病程通常为9～53个月,平均14个月,传统克雅氏病病程通常7～22个月,平均12个月。③潜伏期不同。新型克雅氏病的潜伏期一般5～10年,而传统克雅氏病的潜伏期达数年,最长可达30年。④临床症状不同。新型克雅氏病早期主要是行为改变、感觉异常和共济失调等,且患者的表现较为一致,个体差异极小,而传统的克雅氏病通常表现为痴呆。⑤神经病理学特征不同。新型克雅氏病出现神经元缺损,神经胶质细胞重度增生,大脑皮层海绵样病变,淀粉样斑块形成,而传统的克雅氏病海绵状病变在基底神经节、丘脑最明显,淀粉样斑块分布于大小脑,神经胶质细胞增生在丘脑基底神经节明显。⑥脑电图。新型克雅氏病脑电图检查显示有周期性同步放电,传统克雅氏病全面三相周期性复合波改变。⑦基因。新型克雅氏病病例均不存在与各种遗传性朊病毒病相关的突变,这与传统克雅氏病不相同。

该病发生初期,便有研究人员怀疑该病与疯牛病有关,因为库鲁病的发生是由于巴布亚新几内亚部落人有食用死者脑组织的风俗习惯引起的，那么新型克雅氏病是否由人误食被污染含有疯牛病因子的牛肉及相关食品引起的呢？经过几十年的实验，现已初步查明，人的新型克雅氏病与疯牛病的发生有着密切的关系。其主要依据如下：①流行病学分析发现人新型克雅氏病与疯牛病存在着流行时间和流行集中地区的高度一致性，新变异型克雅氏病于疯牛病发生和流行后 10 年左右出现，且集中于疯牛病高发的英国，在时间上和空间上与疯牛病一致。②新型克雅氏病患者有疯牛病接触史。③实验动物人工感染试验结果表明，非人类灵长类动物对疯牛病易感，且潜伏期、病程、临床表现及中枢神经系统的组织病理学变化（包括海绵状病变、PrP^{Sc}的出现及其分布等）与人新型克雅氏病十分相似。④新型克雅氏病普通小鼠和转基因小鼠的传递试验结果与疯牛病基本一致。给转基因实验鼠体内注入病牛脑组织后，经过 250 d 的潜伏期，实验鼠出现了疯牛病类似的海绵状脑病症状，而且其潜伏期长短与疯牛病一样。随后又将这些鼠组织注入另一组健康实验鼠，经过同等的潜伏期后，也出现了类似症状。最后又向健康鼠注入人类新变异型克雅氏病患者的组织，结果同样经过 250 d 后，实验鼠也患了海绵状脑病，而且其大脑受损情况与注射疯牛病组织的实验鼠相同。⑤两者的免疫印迹图谱相同。⑥体外无组织生化系统试验结果提示疯牛病可传染给人，但易感性较低。

在过去的 20 多年里，全世界已报道 250 名 vCJD 患者，仅英国截至 2006 年，就发现 160 例新型克雅氏症，其中 154 例已经死亡，还有数百万人存在与污染了疯牛病的食品接触的风险，这些人或多或少地摄入了这种受污染食品，只是处于潜伏期尚未发病而已。

1.2.2.2 对食品安全的威胁

民以食为天，而动物性食品的比重随着人类生活水平的提高也在逐渐增加。而人类新型克雅氏病的发生被认为与人类食入污染了疯牛病的牛肉及相关食品有关，同时疯牛病的发生也被认为是由于将污染有羊痒病的肉骨粉饲喂牛引起的。因此虽然目前感染其他传染性海绵状脑病的动物及食品能够传染给人还未见报道，但却无法排除传染的可能性，因为该类疾病的潜伏期很长，一般几年到几十年不等，并且正是由于上述原因，当年英国暴发疯牛病后，在很长一段时间内污染有疯牛病致病因子的相关产品被广泛作为食品原料或者添加用于食品生产。在全球一体化进程中，国际贸易流通性的增加又使无数可能受污染的食品广泛地销售到世界各地被人类所消费，这里不仅包括感染疯牛病的牛产品还包括患有羊痒病的羊产品为原料的食品。并且由于其种类繁多、形态各异、生产加工方式不一，难以确切了解这些食品中究竟添加了哪些原料，是否受到传染因子的污染，以及受污染的程度。因此，要判断流通领域中牛、羊源性食品的安全性相当复杂。不同部位，不同产品的传染强度也不同。根据世界卫生组织（WHO）危险性评估结果，脑、脊髓、脑脊液、眼球的传染性最强，小肠、肺、肝、肾、脾、胎盘、淋巴结其次，肌肉、乳汁、血、胰脏、心脏、脂肪等部位的传染性相对较低或基本上无传染性，以前认为牛奶不具有感染性，现在已经证实患病奶牛的牛奶同样可以使健康牛致病。除食品原料易受到污染外，食品的加工过程也影响传染因子的感染传播能力。首先，朊病毒理化性质稳定，耐高温、高压，正常高压蒸汽消毒 134～138℃ 18 min 不能使其完全灭活，食品通常的加工工艺灭菌温度不能有效灭活；其次，在食品的加工过程中常常要使用或添加各种各样的活性成分，如活性乳，这些成分不能经高温处理，否则破坏其营养价值或者活性而失去添加的意义。因此，传染性动物海绵状脑病的发生不仅仅影响动物本身，更重要的是其相关产品给人类的健康带来深远影响。

1.2.2.3 对药品安全的威胁

许多药品是以动物为原料制造的，如牛黄解毒丸中的天然牛黄，红花消肝十三味丸的牛胆膏，六味壮骨颗粒中的牛骨粉等。药物本来的用途是治病救人的，但如果在制备过程中使用含有疯牛病致病因子的原料，那么就存在感染新型克雅氏病的风险。当2001年3月欧盟药品管理局承认有860种药物未能在限期内验明不受疯牛病病原污染后，尤其是当英国报道一例牛源性药物污染感染新型克雅氏病后，在许多相关国家引起了恐慌与不安，尤其是那些曾经服用过牛源产品药物的患者。

1.2.2.4 对化妆品安全的威胁

动物源性原料成分在化妆品中应用十分广泛，尤其那些具有美白、保湿、抗皱、祛斑等效果的化妆品，其原料和添加剂大都从牛、羊的内脏、胎盘等器官中提取出来，如胶原蛋白、脑糖、胎盘素、羊水等成分。研究人员认为，朊病毒能够在化妆品中存活，当使用化妆品后，病毒可以通过黏膜、唇、皮肤等进入机体。

1.2.2.5 对血液及生物制品安全的威胁

与食品、化妆品、药品相比，血液及其生物制品传播的风险性更大。由于大部分血液及生物制品通过皮下或者静脉注射直接进入机体，感染的几率更大。牛、羊源的生物制品包括胸腺素、免疫核糖核酸等，目前已经报道有4例新型克雅氏病患者是由于输血感染的，证实了经血液传播该类疫病的可能性。

以上可以发现传染性动物海绵状脑病从经济领域到身心健康影响着人类的各个方面。当然由于已经认识到这类疫病在食品、药品、化妆品、血液及生物制品等方面对人类的影响，因此自疯牛病等传染性动物海绵状脑病发生以来，我国以及世界其他国家相继出台各类相关规定，禁止从疫病发生国家进口含有牛、羊活性成分的相关产品。并且随着人类对该病致病因子、发病机理等相关问题的认识和理解，必将能够更好地预防和阻止这类疫病对人类的影响。

1.3 传染性海绵状脑病的发病机制

牛海绵状脑病、羊痒病等动物传染性海绵状脑病给人类社会造成巨大经济损失，同时也给人类健康安全带来极大的风险，那么这类疾病是如何进入机体，如何导致动物发病的呢？目前的研究认为是具有致病性的PrP^{Sc}导致了传染性海绵状脑病，但是该病传染性因子的准确性质还有待确定，这种致病因子是宿主正常的朊蛋白(PrP^{C})经异常错误折叠产生的。其致病机理可以从外周神经系统(peripheral nervous system，PNS)的致病性和中枢神经系统(CNS)的致病性两个方面介绍。

由于动物传染性海绵状脑病和人类传染性海绵状脑病有着共同的传染因子，因此在研究发病机制上部分试验的致病因子采用人类的CJD、vCJD等疾病作为研究对象，并且大部分试验数据是以啮齿类动物为实验模型获得的。

1.3.1 在外周神经系统的致病机理

已经证实腹腔注射、静脉内注射、皮肤刺种、眼球灌注以及口服感染等接种方式都能够导致朊病毒的感染，但不同接种途径致病因子的复制传播途径不同(图 1.1)。

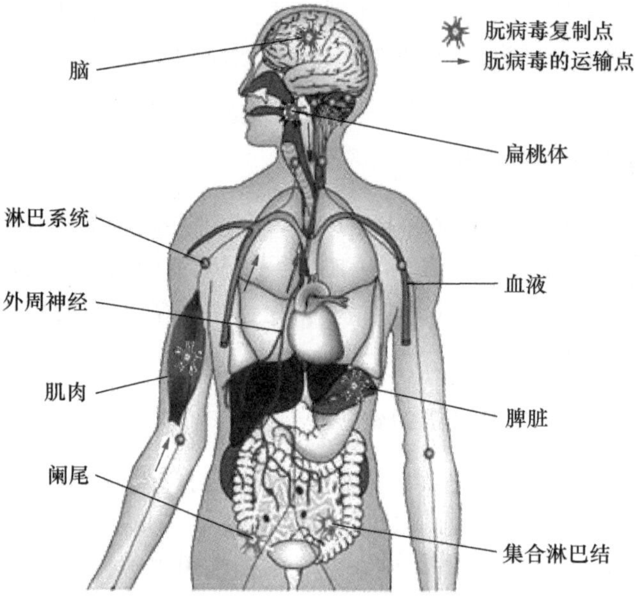

图 1.1 **PrP^{Sc} 复制、转运位点**(Soto, 2004)

通过观察胃内接种痒病的小鼠，发现致病因子首先在派尔集合淋巴结(Peyer's patches, PPs)和颈部淋巴结复制，然后再出现在脾脏和 CNS，而且切除脾脏并不影响疾病的潜伏期，表明致病因子入侵起始于派尔集合淋巴结，肠道神经系统参与了该过程。而如果通过腹腔内接种相同的痒病毒株，结果却不同，神经入侵起始于脾脏而且交感神经系统参与了该过程。

对实验动物进行腹腔内接种、静脉接种以及皮下接种(颈部皮下和足底)的研究表明感染因子从淋巴网状系统到 CNS 的神经入侵路径首先发生在脾脏(大概为内脏淋巴结)，并沿着自主神经如内脏神经到达脊髓中胸段，然后从这里向 CNS 的其余部分包括脑和脊髓腰椎逐渐扩散，但是由于鼠的自主神经以及神经节很小很难采样，因此还缺乏有关起始于脾脏—胸部脊髓路径的直接证据。但是通过检测出脾脏基质层的朊病毒已经获得间接的证据，在这些部位神经末梢十分丰富，并且从脊髓和脑向周围神经离心传播已经得到证实。

Baldauf 等给仓鼠口服或者腹腔内接种 263 K 株，证实 263 K 株进入脑组织可能通过另一条路径，迷走神经被认为是最有可能的一条直接路径。通过感染性试验以及 IHC 或者石蜡组织包埋印迹检测 PrP^{Sc} 的方法证实，在痒病的仓鼠实验动物模型中，肠和腹膜神经节参与了早期的神经入侵。

目前已知的传播途径归纳起来主要包括消化道途径、血液途径、外周神经及组织途径 3 种途径，根据接种方式的不同可通过一种或者两种途径感染机体。

1.3.1.1 消化道途径

朊病毒从感染进入机体到达发病部位大脑大致可分为组织入侵，复制、沉积，传送 3 个阶段。

第一阶段：PrP^{Sc}的组织入侵。

由于认为英国牛海绵状脑病的最初发生是由于在牛的饲料中添加了含有 BSE 感染因子反刍动物的肉骨粉，而人类的变异型克雅氏病（vCJD）以及库鲁病据认为也是由于食物引起的，其中 vCJD 是食用了污染 BSE 的牛肉，而库鲁病是当地风俗习惯吃死者的脑组织。因此，消化道途径被认为是最重要的自然传播途径，也是研究最多的接种途径。

PrP^{Sc}经口腔进入肠道后，如果要进入机体并在肠相关淋巴组织中复制和聚集，首先要通过肠上皮细胞，因为肠道的黏膜层具有保护机体阻止外来微生物入侵的功能。

研究表明 3 种最有可能途径是：第一是通过位于肠绒毛上皮和派尔集合淋巴结滤泡相关上皮内的微皱细胞也就是 M 细胞的胞转作用。它被认为是肠上皮上唯一具有跨膜运输大分子和颗粒的细胞，能够使机体免疫系统从肠道管腔内容物中抽取样品，并引起免疫应答，一些病原微生物则能够利用它进入黏膜组织。体外试验已经证实 M 细胞能够通过穿胞作用将痒病因子运送至上皮细胞的基底外侧，尽管体内实验还未见报道，但是 M 细胞被认为是最有可能运输 PrP^{Sc}穿过肠上皮的细胞。第二种方式是通过与铁蛋白形成复合物进入，有实验证实将散发型克雅氏病（sCJD）患者脑组织匀浆经胃蛋白酶处理后形成具有与蛋白酶 K 相似的 PrP^{Sc}片段，该片段能够与铁蛋白形成复合物，然后通过依赖铁蛋白的机制经肠上皮细胞的吞噬作用转运至一囊泡状结构。第三种方式是树突状细胞的单独摄取。树突状细胞能够不依赖 M 细胞的作用，将自身的树突穿过上皮细胞间隙直接到达肠腔，然后从肠腔摄取抗原物质（图 1.2）。

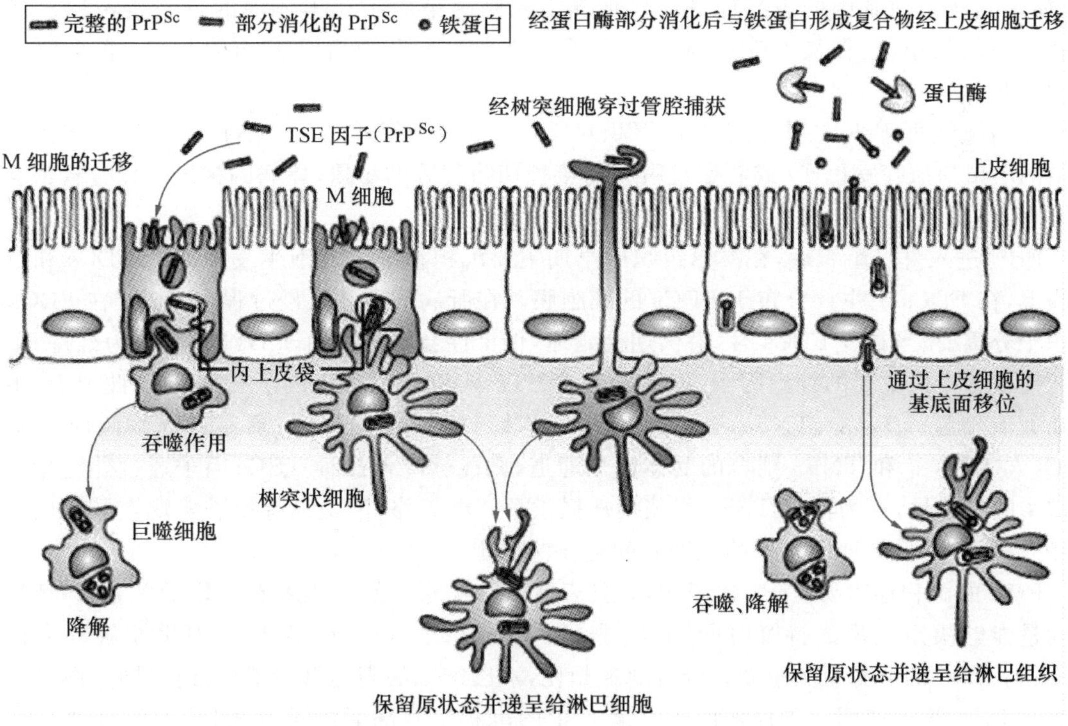

图 1.2 朊蛋白 PrP^{Sc}穿越肠道上皮机制（Mabbott，2006）

第二阶段:在机体某些部位复制、沉积。

PrP^{Sc}穿过肠上皮细胞后,将会被运输到派尔集合淋巴结淋巴滤泡的滤泡树突状细胞(follicular dendritic cells,FDCs),由于在派尔集合淋巴结内滤泡树突状细胞网络位于滤泡相关上皮的远端,因此当PrP^{Sc}穿过上皮细胞层后必须被其他细胞运送至FDCs。在M细胞基底外侧膜端有一凹陷被称为内上皮袋,抗原物质经M细胞胞转后可以进入内上皮袋,然后经袋内的B细胞、T细胞和巨噬细胞处理,同时树突状细胞、巨噬细胞和淋巴细胞也正好位于黏膜固有层的下面,可以对进入机体的抗原物质进行处理,因此PrP^{Sc}经M细胞转运后可被内上皮袋内或者下面的细胞获取,随后被运送至FDCs,其中树突状细胞被认为发挥着重要作用。树突状细胞是专职抗原递呈细胞,它能高效地摄取、加工处理和递呈外周抗原给淋巴组织并引起机体免疫应答,同时在M细胞内上皮袋下方的位置也有利于摄取从消化道胞转来的抗原,然后递呈给肠相关淋巴组织(gut associated lymphoid tissue, GALT),并且树突状细胞还能够不依赖M细胞通过树突直接从肠腔摄取抗原。树突状细胞摄取抗原后,能够将抗原分解成短的多肽并递呈给MHC Ⅱ类分子相关的细胞表面。体外试验已经证实,一些树突状细胞在获取PrP^{Sc}后,在半胱氨酸蛋白酶的作用下能够将PrP^{Sc}降解并清除,因此树突状细胞虽然可以转运PrP^{Sc},但不太可能将PrP^{Sc}以传染性的状态传送给淋巴滤泡,但也有报道有些树突状细胞能够以原始非降解状态保留蛋白抗原和PrP^{Sc}。

目前认为PrP^{Sc}穿过肠上皮细胞后,在传播至神经系统之前,首先在淋巴组织中沉积或者复制,这些淋巴组织包括脾脏、淋巴结、扁桃体、盲肠和派尔集合淋巴结,但是不同TSEs疾病沉积或者复制的部位、数量以及传播路径都不同,例如,在感染BSE的人类和绵羊的淋巴组织中检测出大量的PrP^{Sc},但在自然感染的牛淋巴组织中没有检测到。同样是羊的痒病,如果其朊蛋白基因的表型或者痒病毒株不同则感染因子在羊体内的分布也不同。经口服感染痒病的小鼠,在侵入神经前痒病因子主要在GALT如派尔集合淋巴结、肠系膜淋巴结中沉积。

在感染早期,PrP^{Sc}在淋巴组织内沉积对其以后的神经入侵是重要的,给切除派尔集合淋巴结的小鼠口服痒病因子,或者通过腹膜内接种切除脾脏的小鼠,痒病的神经入侵过程都会受到影响。

PrP^{Sc}进入淋巴组织后,在淋巴组织中早期主要沉积在淋巴滤泡生发中心的FDCs和巨噬细胞上,在FDCs上主要分布于FDCs的细胞膜。在朊病毒神经入侵过程中,PrP^{Sc}在FDCs的沉积十分重要,当缺少FDCs时,潜伏期会延迟,传染性会降低。由于B细胞能够为维持FDCs的活性状态提供重要的细胞因子,如淋巴毒素$LT\alpha_1\beta_1$和肿瘤坏死因子$TNF\alpha$,因此PrP^{Sc}不能在缺失B细胞、$LT\alpha_1\beta_1$、$TNF\alpha$和FDCs的小鼠淋巴组织内沉积,如果通过药物临时性阻断FDCs与$LT\alpha_1\beta_1$和$TNF\alpha$结合的受体信号通道,则能够降低接种TSEs因子通过外周途径感染宿主的易感性,这为治疗TSEs相关疾病提供了一种思路,但是只有在该病发生早期也就是神经入侵前,而目前神经入侵的准确时间还无法确定。

PrP^{Sc}的沉积还需要PrP^C的表达,并且表达量与疾病的发生程度有一定的关系,PrP的基因剂量能够决定疾病的持续时间,而似乎FDCs的PrP^C表达量很高,这有助于解释为什么FDCs对PrP^{Sc}的沉积至关重要。与FDCs相比,淋巴细胞的表达量则很低,但是即使淋巴细胞不表达PrP^C也不能阻止羊痒病因子在脾脏中的沉积以及随后的神经入侵,并且有些细胞虽然PrP^C的表达量很高但是未发现PrP^{Sc}的复制,因此PrP^{Sc}的复制和沉积除PrP^C的表达外还需要其他细胞因素。

FDCs 能够将抗原以免疫复合物的形式长期保留在细胞表面，这种免疫复合物通常由抗原、抗体或者补体成分组成，并且不经过加工处理。这种特性在 PrP^{Sc} 的复制及沉积中十分重要，但是这种特性依赖于补体或者补体受体的参与，当缺少补体 C1q、C2、C3、因子 B 和细胞型补体受体时，PrP^{Sc} 在脾脏中的沉积会受到影响。事实上，缺失各种补体因子包括 C1q 补体成分，或者清除 C3 补体成分的小鼠抗外周朊病毒接种的能力增强了。有实验表明补体 C1q 能够与重组的构象发生改变的 PrP 结合，而 FDCs 自身能够合成 C1q，因此补体有可能直接与 PrP^{Sc} 相结合，许多其他细胞也能够表达补体受体，因此补体有可能通过树突状细胞的游走或者巨噬细胞的吞噬作用促进 PrP^{Sc} 的摄入和体内运输。

研究还发现在朊病毒的发病机制中经典的补体级联成员可能发挥了作用，但是它们在朊病毒疾病中发挥的准确作用仍然是未知的。

炎性细胞因子和免疫细胞参与了淋巴内朊病毒的复制，在非淋巴组织中的慢性炎症状态能够影响朊病毒的动态分布。包括机体的肌炎，一种肌肉的炎症，与 PrP^{Sc} 大量在肌肉中沉积有关。因此，患有肾炎、肝炎或者胰腺炎的小鼠接种朊病毒（洛杉矶实验室株）后发现，朊病毒在一些以前认为没有朊病毒的组织中沉积，炎症病灶的存在始终与淋巴毒素 α 和 β(LTs)的向上调节以及表达 PrP^{C} 的 FDCs 的异位诱导相关联。

在易感 TSEs 的反刍动物中，感染痒病并伴有乳腺炎的羊，在它们的乳腺中发现了 PrP^{Sc}，这表明炎症状态诱导了朊病毒在先前认为没有朊病毒的组织中沉积，因此，炎症实际上可能成为允许朊病毒在非淋巴外周组织中复制的条件或者因素，其他有机体的慢性炎症混乱能够成为朊病毒沉积和复制的潜在位点。

第三阶段：通过某种方式将 PrP^{Sc} 传送至中枢神经系统。

TSEs 因子在淋巴组织的 FDCs 复制及聚集后，是如何被转运至外周神经系统的呢？由于 FDCs 的网络系统不可移动并且 FDCs 与交感神经之间存在解剖学上位于完全不同的两个空间，因此 TSEs 因子从 FDCs 转运至外周神经系统需要借助可移动的中间细胞或物质。研究认为外来体（trojan exosomes）与此相关，外来体被认为在细胞内病毒传播过程中可能发挥重要作用，外来体内含有许多糖基化磷脂酰肌醇（GPI）锚定的蛋白，包括 PrP^{C}。最近的研究认为 PrP^{Sc} 能够以感染的形式释放与外来体有关，因此 PrP^{Sc} 从一个细胞向另一个细胞的传播可能通过外来体从感染细胞转移至未感染细胞。同时 FDCs 与外周神经间的距离影响 TSEs 因子神经入侵的速度，对感染羊痒病鼠的研究发现，淋巴组织的微结构控制朊病毒神经浸润的效力，处理滤泡树突状细胞与主要脾神经的距离影响其神经浸润的速度，树突状细胞也被认为具有将 TSEs 因子直接转运至外周神经系统的潜力。

当 PrP^{Sc} 运送至外周神经系统后是如何转运到中枢神经系统的呢？目前认为主要是沿着神经解剖学上两种截然不同的途径，两种不同路径最初都是沿着神经节以退行的方式传播。一条路径是沿着内脏神经的交感神经传播，到达胸中段脊髓的中间外侧细胞柱（the intermediolateral cell column，IML），随后沿着脊髓传播至脑；另一种传播方式能够不依赖脊髓，直接沿着副交感神经的迷走神经到达脑部延髓内的迷走神经运动背核（the dorsal motor nucleus of the vagus nerve，DMNV）（图 1.3）。这些途径在啮齿类动物朊病毒疾病模型中有的已经得到验证。副交感神经中的迷走神经一直被认为是最有可能的，但是切除副交感神经的啮齿类动物模型一直很难获得，因此缺少这方面的直接实验数据。

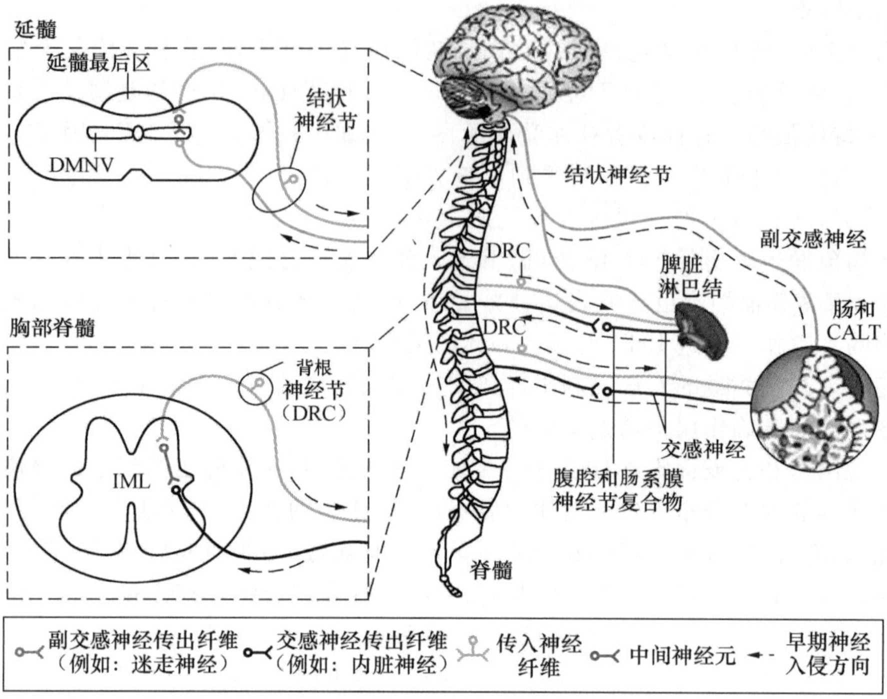

图 1.3 **PrP^{Sc} 从外周侵入中枢神经系统路径**(Mabbott,2006)

在所有神经中肠神经系统已经被证实是最先被入侵的神经,进一步研究发现在肠神经系统中最先感染在十二指肠和回肠,然后向胃肠道的上方和下方传播。不同肠神经丛的感染来自不同的组织,肠绒毛皮下的细神经纤维能够将传染因子传给黏膜下的神经丛,派尔集合淋巴结滤泡的神经末梢也能将传染因子传给黏膜下神经丛,派尔集合淋巴结和肠神经系统之间淋巴或者主动运输的间接接触也能传播。研究表明,在脾脏中 PrP^{Sc} 主要沉积在边缘区,该区受神经高度支配,因此通过交感神经退行性传播可以将脾脏和脊髓两者联系起来,上述解释是以传染因子能够进入迷走神经运动背核为基础的。感染因子从肠神经系统沿着迷走神经传出副交感神经逆行到迷走神经运动背核或者沿着其他神经核如孤束核顺行到迷走神经运动背核,而 PrP^{Sc} 在三叉神经神经元和结节性神经节的沉积要比在脑组织的晚,这表明这些神经节的感染是由于向下传播导致的。

以时空方式研究 PrP^{Sc} 的沉积表明迷走神经的背运动核和胸部脊髓的中间外侧柱是 PrP^{Sc} 在 CNS 中最先聚集的两个位点。并且感染因子从肠神经系统(enteric nervous system, ENS)进入 CNS 通过两个不同的循环,内脏神经回路和迷走神经回路。内脏神经回路涉及腹腔和肠系膜神经节、中间外侧柱以及随后的背根神经节。迷走神经回路涉及通过结状神经节的迷走神经背运动核。后来对仓鼠生物测定也证实了迷走神经和颅、肠系膜神经节具有传染性。

1.3.1.2 血液途径

通过静脉注射感染要比腹膜内和皮下的潜伏期短,Millson 等用 139A 痒病毒株研究发现静脉注射后观察到"病毒感染期"非常短,因此他认为血液传播是最有可能的一种方式,致病因子通过血液传送至脾脏和淋巴结,随后的啮齿类动物血液生物学检测试验表明在潜伏期存在明显的“病毒感染期”或者称为“prionaemic”(朊病毒存在血液中)阶段。

对血液制品传播风险的试验为血液存在传染性提供了大量数据。已经证实感染 BSE 绵羊的血液,自然感染痒病羊的血液,以及感染 CWD 鹿的血液都具有传染性,而且已经证实 5 例与输血相关的 vCJD 是由具有传染性血液制品引起的。

在感染 BSE 羊的试验中观察发现尽管接种途径不同,如血管内、脑内或者消化道内感染,但 PrP^{Sc}在脑内的分布相似,这表明它的神经入侵及脑内传播方式相同,在丘脑下部内皮细胞基底膜血管淀粉样蛋白的出现被认为感染因子从血液到达脑组织的早期象征。

通常认为感染因子如果从血液传播至大脑,必须要克服血脑屏障,但是在脑组织中有一个特殊结构的器官,脑室周围器官(CVO),具有有孔毛细血管,与脑组织其他区域相比更容易允许大分子物质通过,为 CNS 与身体其他部分提供了双向通路。最近的研究表明 PrP^{Sc}在羊 CVOs 沉积是一个早期的不变的事情,它不受接种途径和 TSEs 途径的影响,这说明感染因子可以通过这种结构进入神经系统,由于疾病发生前和发生中在 CVOs 中没有发现血液白细胞,也没有证据表明 CVOs 内的 PrP^{Sc}是细胞介导的,因此 TSEs 致病因子很有可能以可溶性分子的状态存在于血浆中。关于这个问题在近些年通过蛋白质错误折叠循环扩增技术即 PMCA(protein misfolding cyclic amplification, PMCA)得到了证实,病毒可以存在于血液中。血液传染性的其他细节以及分子机理目前还不清楚。

1.3.2 在中枢神经系统(CNS)的致病机理

PrP^{Sc}通过 PNS 感染或直接接种到 CNS 都能导致产生朊蛋白疾病。目前关于 PrP^{Sc}在中枢神经系统的致病机理存在两种假说,一个是“获得性功能”假说,该假说认为异常折叠的朊蛋

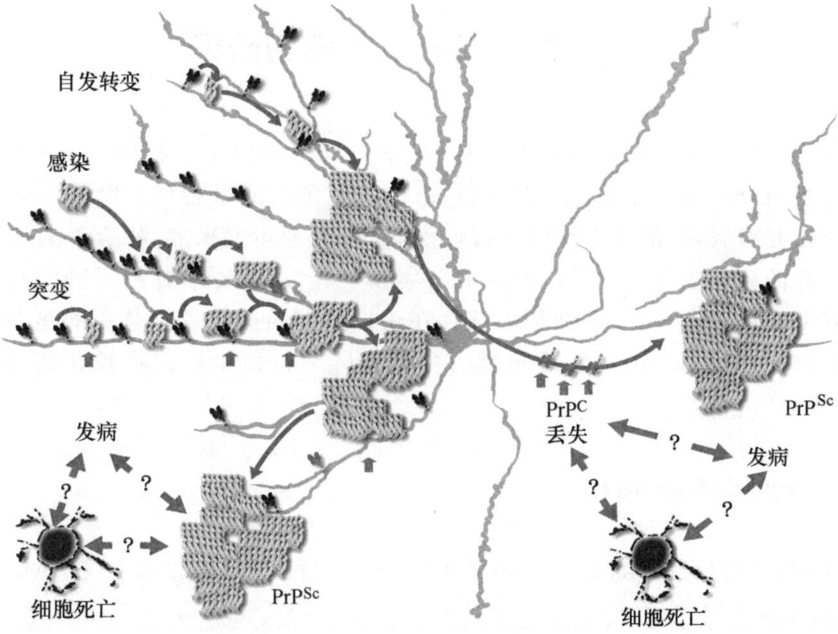

图 1.4 “获得性功能”和“丧失性功能”假设模式图(Linden, 2008)

白 PrP^{Sc}进入中枢神经系统后诱导 PrP^{C} 转变成 PrP^{Sc}，而形成的 PrP^{Sc}由于能够抵抗蛋白酶的消化，所以不能被细胞内的蛋白质降解系统降解从而大量地沉积在靶细胞内，大量沉积的 PrP^{Sc}会干扰正常的细胞生理功能，会对细胞造成神经毒性，会使细胞发生死亡，从而导致疾病发生；另一种假说是“丧失性功能”假说，该假说认为，当异常折叠的朊蛋白 PrP^{Sc}进入中枢神经系统后诱导 PrP^{C} 转变成 PrP^{Sc}，由于在从 PrP^{C} 转变成 PrP^{Sc}的过程中细胞失去了大量正常的 PrP^{C}，从而使行使正常生理功能的 PrP^{C} 蛋白质的功能退化并丢失，进而导致疾病发生。这两种假说都不相互矛盾，两者是从不同的角度和途径来解释 PrP^{Sc}进入中枢神经系统后的致病机理(图 1.4)。

1.4 新发现的朊蛋白疾病

非典型羊痒病最早于 1998 年在挪威被报道，其毒株经分离鉴定被定为 Nor98，后来欧盟对非典型羊痒病进行了调查，在其他国家也发现了其他几例非典型羊痒病病例，到目前已经报道发生非典型羊痒病的国家包括挪威、法国、加拿大、英国、新西兰。与传统痒病 PrP^{Sc}在脑干聚集相比，非典型羊痒病的 PrP^{Sc} 主要聚集在小脑和大脑皮层，另外通过免疫印迹法分析表明经蛋白酶 K 消化后，出现一段小的 10～12 ku 的 PrP 片段，该片段经表位定位缺少 PrP 的 N 段和 C 段。而且对发生非典型羊痒病病例的基因型分析发现不仅传统的易感基因型(A136，R154，Q171)容易发病，而且对传统羊痒病具有抵抗性的基因型(A136，R154，R171)也能够发病。研究还发现表达猪 PrP 的转基因鼠对传统羊痒病具有抗性，但能够感染非典型羊痒病。最新的研究表明非典型羊痒病可以通过口服感染羊，说明非典型羊痒病具有传染性。

1.5 朊蛋白类似蛋白的研究

目前发现的结构与朊蛋白相似的蛋白有 Doppel(Dpl)蛋白和沙杜(Shadoo)蛋白。Dpl 是朊蛋白的同源蛋白，Shadoo 最早发现于鱼类，结构与朊蛋白非常相似。朊蛋白病属于蛋白错折叠性神经退行性疾病，其他许多神经退行性疾病，包括老年痴呆症、帕金森病等都以小部分蛋白错折叠为特征。这些错折叠蛋白有序地聚集在一起，从而影响神经元的功能。一直认为这种聚集具有细胞自发性，在许多细胞中都存在蛋白的错折叠。这些错折叠蛋白包括 tau 蛋白、α-共核蛋白(α-synuclein)、亨廷顿蛋白(Huntington)和超氧化物歧化酶 1(superoxide dismutase 1)等。

1.5.1 Doppel(Dpl)蛋白

Doppel(Dpl)蛋白是发现的第一个 PrP^{C} 同源蛋白，与 TSEs 的发病有关。Moore RC 等于 1999 年首次发现该基因，命名为 *prnd*，位于 *prnp* 基因下游，大小约 16 ku，存在于大鼠、绵羊、牛和人类的基因组中。Dpl 蛋白非常保守，小鼠和大鼠的同源性大于 90%；小鼠和人的同源性为 76%；由此科学家推断 Dpl 具有很重要的生理功能(图 1.5)。

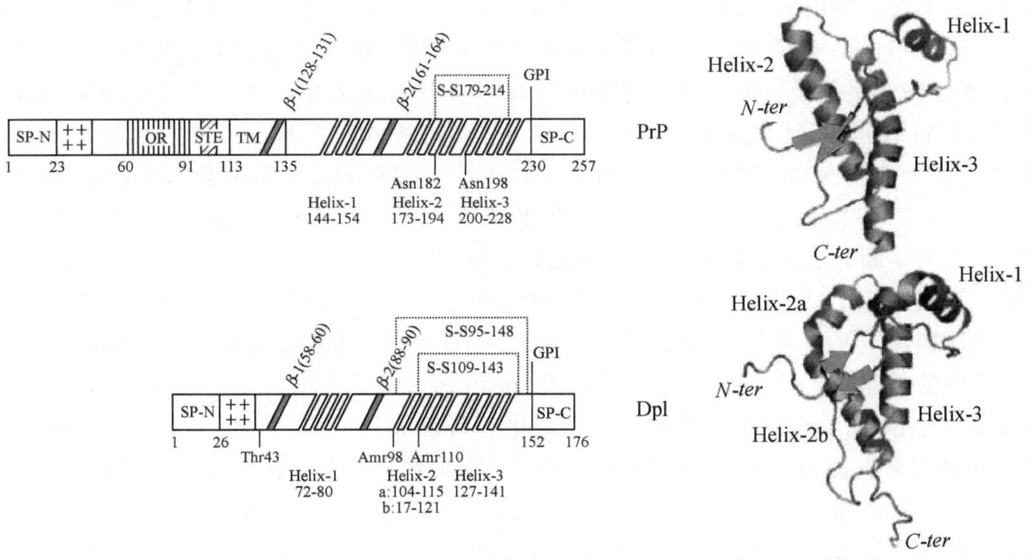

图 1.5 **PrP 与 Dpl 基因结构及蛋白构象非常相似**

人的 Dpl 蛋白由 179 个氨基酸组成，位于 PRNP 的下游，与人 PrP 的 C 末端前 2/3 具有 25%的序列同源性。Dpl 和 PrP 的二级结构和拓扑结构非常相似。重组的人 Dpl 蛋白与重组的人 PrP 蛋白在二级结构和拓扑结构上同样具有十分明显的同源性。二者除了结构的相似性外，两种蛋白的功能不尽相同。人 Dpl 前 26 个氨基酸为信号肽，键裂位点为第 26～27 残基，与 PrP 相似，而且通过分泌途径合成。根据 NMR 分析，残基 26～50 无结构且形成无规则卷曲；而残基 50～152 为结构良好的球状结构域。人 Dpl 球状结构域包括 4 个 α 螺旋，一个短的、由 3 个残基组成的双股反向平行的 β 折叠。二级结构组成有序，且具有良好的疏水中心。C 端的 143～152 残基部分结构紊乱，多为无规则的二级结构。C 端序列(153～179 残基)与跨膜有关。在 109 位、143 位和 95 位、148 位的半胱氨酸形成两个二硫键，说明二硫键对于该蛋白结构的完整性具有很重要的作用。成熟的 Dpl 有两个与 N-端相连的糖基化位点(残基 99，111)。Dpl 暴露在细胞表面，通过 GPI 锚定到膜上，可能是锚定到 Gly155。Dpl 和 PrP^C 的二级结构相似性体现在二级结构中的 α 螺旋，包括两个二硫键和一个糖基化位点。

Dpl 缺乏存在于 PrP^C 中的 His/Pro/Gly 八肽重复区域，八肽重复区可以和铜离子结合，是存在于 PrP^C C 端的疏水区域。而且，Dpl 中没有与 AGAAAAGA 回文结构非常相似的区域，回文结构在所有已知的 PrP 序列中都非常保守，是在内质网膜上形成 PrP 拓扑结构的关键。相反，在 Dpl 表面，含有一个高度疏水的裂隙，这可能提示是唯一对 Dpl 功能上非常重要的，未发现的重要因子的结合位点。总的来说，Dpl 和 PrP^C 除了在二级结构上非常相似，还具有许多不同之处。

Dpl 的 mRNA 在成年动物睾丸中呈高水平表达，在其他外周器官中表达量较低，在脑中表达量最低，甚至不表达。为了进一步阐明 Dpl 的生理功能，人们构建了 PRND 靶向断裂的纯合子转基因小鼠。研究发现，缺失 Dpl 基因的雌性小鼠不仅可以存活，而且可以继续繁殖；而缺失 Dpl 基因的雄性小鼠则发生不育。这些结果表明 Dpl 缺失不会影响动物的生长。Dpl 蛋白在野生型小鼠的曲精细管中央表达，但是在 Dpl 缺失的小鼠的睾丸切片中检测不到。Dpl

缺失小鼠的不育不是由异常的交配行为引起的。在观察 Dpl 缺失小鼠的精子时发现，其精子的结构与正常小鼠的不同，前者的精子头部发生定向障碍，精子尾部发生褶皱并向精子头部弯曲，而后者的精子尾部是直的。体外试验证明，Dpl 敲除小鼠的精子不能穿过透明带完成受精过程。Dpl 基因的表达具有高度的组织特异性，并随动物的发育阶段不同表达量也不同。但是，在人的星形细胞瘤和非胶质源性脑肿瘤的样本中发现有 Dpl 的异常高水平表达，这些发现有可能说明 PRND 的表达是由导致肿瘤发生的条件因子启动的。由此，Dpl 在肿瘤中的表达有可能会成为诊断肿瘤发生阶段的一个新的分子标记。

建立基因敲除小鼠被认为是研究基因功能的标准方法。为研究生理功能，几个研究小组分别独立地构建了 5 种 PrP“敲除小鼠系”。尽管构建策略不同，但最终结果都消除了 PrP 的表达。奇怪的是，其中 Zrch $Prnp^{0/0}$ 和 EdbgPrnp 小鼠表型基本正常；而 $NgskPrnp^{-/-}$，Zurich Ⅱ和 RcmO 小鼠则出现了严重的神经组织退化和共济失调。Richard C. Moore 等的研究表明，Dpl 可诱导转基因鼠小脑的神经退行性病变；Dpl 诱导产生的共济失调、蒲肯野氏细胞的丧失主要受 3 种因素调节：Dpl 的表达，PrP^C 的表达，动物的遗传背景。Dpl 在中枢神经系统的表达与转基因鼠发生共济失调的年龄成反比；Dpl 诱导产生的神经退行性病变与朊蛋白疾病不同；过量表达的 Dpl 诱导产生的病变主要发生在转基因鼠的小脑，主要变化是蒲肯野氏细胞层和颗粒层的神经元明显丧失，在 Dpl 表达水平较低的海马仅有少量细胞死亡，另外还出现胶质细胞增生，说明 Dpl 对中枢系统的其他部位也产生毒性作用。与 PrP^{Sc} 的致病作用不同，也不需要蛋白的结构发生转变。Lucy Anderson 等的研究指出，Dpl 在 PrP 敲除鼠脑中的异常表达所引起的病理变化与表达 N 末端缺失的 PrP(ΔPrP)的转基因鼠所表现的症状相类似；在转基因鼠的蒲肯野氏细胞中，将全长 PrP 与 Dpl 和 ΔPrP 共表达，则可以消除由 Dpl 或 ΔPrP 表达所引起的神经病理变化；但 PrP 并不能治愈 Dpl 的异常高水平表达所导致的病理变化。通过对比试验证明，PrP 与 Dpl 共表达可以消除 Dpl 对蒲肯野氏细胞的机械损伤，推迟由 Dpl 表达引起的神经退行性病变的发生。Dpl 和 ΔPrP 均能引起细胞死亡，作用机制相似，推测可能是二者介入细胞存活过程中必要的信号级联反应。Taian Cui 等的研究认为，Dpl 对神经元具有毒性作用，这种毒性作用可以被 PrP^C 的表达抑制，也可能是两种蛋白相互作用的结果；其毒性机制主要是通过激活一氧化氮合成酶(nNOS 和 iNOS)合成一氧化氮增多产生。在 NgskPrnp、Zurich Ⅱ和 RcmO 小鼠中，PrP 基因敲除产生了基因剪接，使得下游的 Dpl 可利用 PrP 的启动子进行移位表达。实验证明，在 PrP 基因敲除小鼠中表达 Dpl，会导致神经系统退化和共济失调。有趣的是，在上述敲除小鼠中再额外导入 PrP 基因却可拯救 Dpl 的致病表型。这说明 Dpl 蛋白具有神经毒性，而 PrP 基因敲除小鼠中表达 N-端缺失的 PrP 蛋白同样可引起神经细胞凋亡和共济失调，并且这种表型也可被 PrP 所恢复。由于 N 端缺失的 PrP 蛋白和 Dpl 具有非常相似的结构，并且两者均可被 PrP 抑制，人们推测 N 端缺失的 PrP 和 Dpl 可能具有相同的致病机制。

目前，关于 Dpl 和 PrP 的拮抗机制尚不清楚。一种假说认为 Dpl 和 PrP 可能存在共同受体。而这一受体所介导的信号途径对细胞生存是必需的。当 PrP 缺失时，Dpl 与该受体作用，扰乱了其正常的生理功能，导致细胞凋亡和神经退化。再引入 PrP 后，PrP 可显示抑制 Dpl 于假定受体的作用，故可恢复正常的表型。这种假说也认为机体中存在一种蛋白，当 PrP 不存在时可起替代作用，所以 PrP 完全敲除的小鼠表型是基本正常的，但不能引发全长 PrP 蛋白的信号，故引起细胞凋亡。当再引入全长 PrP 蛋白，可恢复这一信号通路。然而，目前尚未鉴定出这一假定的受体。无疑，该受体的发现将有助于解释朊病毒发病机制和治疗药物的开发。

另一种假说则认为 Dpl 和 PrP 是相互独立起作用的。两者在氧自由基代谢方面起相反的作用。如前所述，PrP 具有超氧化物歧化酶的活性，可清除氧自由基的毒害作用；而 Dpl 可增强细胞的氧压力。如 Dpl 可激活血红素加氧酶和一氧化氮合成酶，产生各种氧自由基。如果氧自由基不被有效地清除，会导致细胞凋亡。

2004 年，两个不同的病理小组扩大了对 Dpl 基因的研究，Ferrer 和他的同事们观察了 Dpl 在非朊蛋白疾病的病理环境下的表达情况，发现在阿尔茨海默病人老年斑存在 Dpl 的免疫反应性，他们认为 Dpl 可能具有促使星形细胞和小胶质细胞对阿尔茨海默病人的淀粉样斑块病理性聚集产生反应性。Comincini 等研究了 Dpl 基因在中枢神经系统肿瘤中的表达，他们试图探索 Dpl 在健康脑组织中的表达和 Dpl 在病态或赘生组织中表达存在的差异的真正原因。研究发现，在绝大多数扩散性中枢神经系统肿瘤，如星形细胞瘤或神经胶质瘤，Dpl 基因所呈现的高水平表达与肿瘤恶化程度的发展呈正相关。特别是转录本出现核固位，Dpl 蛋白在细胞质中聚集，运输形式改变，且丧失了胞膜 GPI 锚定位点。更重要的是，神经胶质瘤瘤细胞中 Dpl 蛋白的表达通常也会发生在星形细胞分化途径的不同发育阶段，通常发生在星形细胞发育的第一阶段；Dpl 在神经胶质瘤中的表达表明赘生细胞重新获得原始表达行为，这是中枢系统发育所特有的。Dpl 在不同肿瘤中的表达具有一定的诊断和预后作用，特别是对脊髓发育不良所导致的白血病。在健康的骨髓中很难检测到 Dpl 的存在，而临床研究显示，Dpl 在白血病病人中的表达水平远远高于脊髓营养不良的致瘤性转化的初始阶段。由此认为 Dpl 可能成为一种新的白血病相关抗原，有益于对该类疾病的诊断和治疗，同时，Dpl 的表达也可用于检测肿瘤细胞的特性，如不可控制的增生、凋亡、迁移或者黏附。

朊蛋白基因的多态性与动物对朊蛋白疾病的易感性存在密切的联系，某些氨基酸的多态性位点直接决定某种动物对朊病毒的易感性和抗性，如绵羊 PrP 的 136、154、171 位点的氨基酸。在人们对动物传染性海绵状脑病深入研究的同时，人们注意到与朊蛋白相类似的蛋白如 Dpl、LPR 以及鱼类的朊蛋白。虽然目前的研究表明 Dpl 基因的多态性与动物朊蛋白疾病的发生存在必然的联系，但从基因发生的研究中体现，PRNP 是个古老的基因，与 Dpl 同属同一基因始祖，只是存在进化程度快慢的区别。同时，越来越多的研究表明，Dpl 有其独特的病理学功能或作用。虽然目前发现 Dpl 与人或动物的朊蛋白疾病发生无关，但这并不代表以后的研究也不会发现二者之间的联系。关于 Dpl，我们还可以从更多的方面去认识它，研究它。

1.5.2 沙杜蛋白

沙杜(Shadoo，Sho)蛋白(Japanese shadow)，是利用生物信息学发现的与 PrP 相似的新蛋白，首先在鱼类基因库检索中得到的。其基因 SPRN(shadow of prion protein)序列从鱼到哺乳动物都很保守，该基因有一个开放阅读框，含有两个外显子，编码 130～150 个氨基酸的蛋白。通过对鱼类和哺乳动物的 Sho 蛋白比较，发现 Sho 是一个保守的，在总体结构上与 PrP 类似的新蛋白。Sho 蛋白有 130～150 个氨基酸，N 端保守，具有最多 6 个富含 Arg 的四肽 XXRG(X 是 G、A 或 S)重复的基本区和约 20 个氨基酸与 PrP 有非常高的同源性的疏水区。与 N 端相比 C 端不够保守，与 PrP 差异较大，其中包含有一个糖基化位点，蛋白序列的整体结构特点与朊蛋白相似。

Sho 蛋白在成年动物中神经系统表达，具有神经元保护活性，还有研究发现 Sho 蛋白与早期的胚胎发生有关系。也有报道称 SPRN 序列的差异对小鼠朊病毒病的发病几乎没有影响。

1.5.3 与神经退行性疾病相关的错折叠蛋白

朊病属于蛋白错折叠性神经退行性疾病，特征是宿主蛋白非正常聚集。这种错折叠蛋白形成高度有序的丝状内含物，这种丝状内含物的核心是交错的 β 结构。最常见的错折叠蛋白有 Tau 蛋白、β-淀粉样蛋白、α-共核蛋白，其中 Tau 蛋白和 β-淀粉样蛋白异常主要引发阿尔茨海默病(AD)，α-共核蛋白异常聚集与帕金森病(PD)发病有关，除此之外还有许多蛋白异常聚集都能导致神经退行性疾病(表 1.1)。和大部分朊病一样，这些错折叠蛋白病大部分散发，只有小部分是由于遗传或编码蛋白的基因突变导致。

表 1.1 错折叠蛋白导致的神经退行性疾病

错折叠蛋白	人类疾病	是否为家族性疾病
朊蛋白	库鲁病	−
	克雅氏病	+/−
	GSS 综合征	+
	致命性家族性失眠症	+/−
β-淀粉样蛋白	Alzheimer's disease	+/−
BRI2 蛋白	英国痴呆	+
	丹麦痴呆	+
Tau 蛋白	阿尔茨海默病	−
	GSS 综合征	−
	英国痴呆	−
	丹麦痴呆	−
	皮克病(Pick's disease)	+/−
	进行性核上性麻痹	+/−
	皮质基底退化	+/−
	嗜银颗粒病	+/−
	关岛震颤麻痹痴呆综合征	−
	缠结痴呆	−
	球形胶质内含物性白质 Tau 蛋白病	−
	与 17 位染色体相关的额颞叶痴呆及帕金森综合征	+
α-共核蛋白	帕金森病	+/−
	路易体痴呆	+/−
	多系统萎缩(橄榄体脑桥小脑萎缩)	−
	单纯性自主神经衰竭	−
	路易体吞咽困难	−
超氧化物歧化酶 1	肌萎缩侧索硬化(ALS)	+/−
TAR DNA-binding protein 43	肌萎缩侧索硬化(ALS)	+/−
	额颞痴呆(frontotemporal dementia，FTD)	+/−

续表 1.1

错折叠蛋白	人类疾病	是否为家族性疾病
Fused in sarcoma	肌萎缩侧索硬化(ALS)	+/−
	额颞痴呆(frontotemporal dementia,FTD)	−
亨廷顿蛋白	亨廷顿舞蹈症	+

注:“+”表示该病是遗传性和编码错折叠蛋白的基因或多个基因显性突变导致的。

“+/−”表示该病部分病例是遗传性的和基因突变;“−”表示据目前所知该病不是因为编码错折叠蛋白的基因或多个基因显性突变导致的。

1.6 朊蛋白疾病诊断技术研究进展

越来越多的证据显示传染性海绵状脑病(TSEs)的发病机理是宿主正常的朊蛋白(PrP^{C})转化为异常的 PrP^{Sc},即朊病毒,因此检出 PrP^{Sc} 可作为实验室确诊的标志。由于朊蛋白疾病感染通常缺乏特征性的临床症状,因此通过临床观察很难对其进行诊断,必须借助实验室研究方法才能确定。朊蛋白疾病的诊断检测有多种方法,传统的诊断是借助尸体剖检,石蜡切片。检查患病动物大脑是否具有海绵状变化、神经元退化以及有无空泡形成和星形细胞增生来作出初步诊断。目前通常通过多种方法联合应用进行诊断检测:临床症状识别、组织病理学诊断、免疫组织化学诊断、免疫印迹诊断、电镜诊断、毛细管电泳诊断等。其中免疫组织化学诊断方法具有特异性高、成本低、操作简单、准确等特点被广泛使用。在生产实践中,往往需要速度快高通量的检测方法。目前国外已经有商品化的诊断试剂盒,这些试剂盒都基于 ELISA 方法。

1.6.1 临床症状诊断

人和动物的朊蛋白疾病都具有一定的临床症状,对于人类的朊蛋白疾病来说,多年来累积的经验已经制定了散发性、医源性和遗传性 CJD 的临床症状诊断标准,但是这些临床诊断标准不适合 vCJD。vCJD 病人的早期临床症状是具有明显的神经病特征,随后是共济失调、不愿意运动和认知障碍等,核磁共振检查时脑部具有特征性的信号,但并不呈现独特的脑电图特征。在进行扁桃体活检时可以检测到 PrP^{Sc}。临床症状识别只能作为初步判断朊蛋白疾病的方法。另外不同的朊蛋白疾病在临床症状上有一定的差别。

1.6.2 组织病理学检测

组织病理学诊断是朊蛋白疾病传统的诊断方法。动物和人的朊蛋白疾病都具有 3 个显著的病理变化:一是大脑出现海绵状空泡样变化;二是大脑星形胶质细胞大量增生;三是大脑出现淀粉样病变。根据患病动物大脑是否出现这 3 个病理变化是判断朊蛋白疾病的重要依据。该方法的缺陷是只能对后期患病动物或死亡动物的大脑进行检测,对活体动物及疾病早期诊断无能为力。

1.6.3 免疫组织化学方法

该方法利用免疫学和组织病理学方法相结合，利用PrP多克隆/单克隆抗体对患病动物脑组织切片进行免疫组织化学染色，从而可以检测出有PrP^{Sc}沉积的部位。由于可以对PrP^{res}的沉积进行精确的解剖学定位，为临床病理学诊断提供翔实的客观依据，因此，具有很高的临床诊断价值。免疫组织化学方法目前被广泛用于朊蛋白疾病的诊断检测。在实际情况中通常共同使用组织病理学方法和免疫组织化学方法。

其基本步骤是：将甲醛固定或石蜡包埋的组织标本经一系列预处理后，依次与特异性抗体和酶标记第二抗体反应，最后加底物显色，显微镜下观察。

由于朊病毒在体内蓄积的速度非常缓慢，而且在某些动物种属脑或淋巴组织中的水平又很低，加上甲醛固定、石蜡包埋，又大大削弱了朊病毒的免疫反应性，因此，早期的免疫组化对PrP^{res}的检出率很低，无法满足临床上早期诊断和筛查工作的需要。

1987年，Kitamoto等率先使用蚁酸对标本进行预处理，大大提高了免疫组化的灵敏度，使染色效果大为改善。此后各种处理方法应运而生，用于预处理的化学试剂有异硫氰酸胍、硫氰酸胍、三氯乙酸盐、苯酚、苦味酸、十二烷基硫酸钠(SDS)等，物理方法有高压蒸汽法、微波处理法等。

由于蛋白酶K(PK)对玻片上的组织切片有破坏作用，而处理后染色效果也不理想，所以大多数免疫组化实验都不使用PK处理组织切片。组织中残留有PrP^{sen}，预处理可能同时改变PrP^{sen}和PrP^{res}的抗原表位。因此，预处理后，抗体能否特异性识别PrP^{res}，免疫组化染色是否特异、可靠，主要靠正常和非TSEs脑病对照阴性来验证和保障。

为了获得最好的染色特异性，研究人员联合使用了许多PrP抗体和各种预处理方法，使得结果的比较和解释十分困难。为了比较各种联合方法的染色效果，Hayward等分析了各种免疫组化方法，认为蚁酸与硫氰酸胍、水解高压蒸汽法与IB3和SP30抗体联合使用效果非常好。此后，Bell等综合了5个英国研究中心的PrP^{CJD}免疫组化实验成果，建议将蚁酸、硫氰酸胍、水解高压蒸汽法和抗PrP^{CJD}单抗联合使用，可获得最清晰的染色结果。现该法已成为CJD免疫组化的标准实验方法。针对甲醛溶液（福尔马林）长期固定、石蜡包埋，对PrP^{Sc}抗原表位严重破坏的问题，van Everbroeck等也试验了各种预处理组合，以恢复被破坏的抗原表位。结果显示，饱和苦味酸浸泡15 min，高压蒸汽121℃加热10 min，再在88%的蚁酸中浸泡5 min，最后在4 mol/L的硫氰酸胍中4℃浸泡2 h，用该法修复被甲醛溶液破坏的抗原表位效果最好，染色结果也最好。另外，还发现高压蒸汽处理步骤（对抗原表位的修复）极为重要，不能用微波处理代替。

经过实验研究人员多年的改进、验证，现在用于朊病毒检测的免疫组化技术已相当成熟、完备，灵敏度、特异性都很高，已成为确诊传染性海绵状脑病的金标准。

1.6.4 免疫学方法

该方法主要应用PrP多克隆/单克隆抗体通过Western Blot和ELISA方法对各种组织样品进行检测。免疫学方法具有非常高的特异性，高灵敏性，高准确性以及操作方便简单等优点，被广泛用于朊蛋白疾病的研究和诊断检测。该方法的主要原理是利用抗原抗体反应，然后通过发光、显色等技术来检测待检样品中的 PrP^{Sc}。通过该原理衍生出很多种具体的检测方法，表 1.2 为目前常见的检测朊蛋白疾病 PrP^{Sc} 的免疫学方法。

表 1.2　检测朊蛋白疾病 PrP^{Sc} 的免疫学方法(Aguzzi,2004)

方 法	原 理	平 台	性 能
Prionics-Check Western blot	PrP^{Sc}	Western blot	Very high specificity, medium throughput
Prionics-Check LIA	PrP^{Sc}	ELISA	High throughput
Bio-Rad ELISA	PrP^{Sc}	ELISA	High throughput
Enfer Sdentific TSE kit	PrP^{Sc}	ELISA	High throughput
InPro Biotechnology	PrP^{Sc} and protease sensitive	ELISA	High throughput
CDI	PrP^{Sc}		
Anti-YYR motif mAb's	PrP^{Sc}	immunoprecipitation	May obviate proteolytic digest

1.6.4.1　组织印迹

组织印迹(tissueblot)技术是将灵敏的蛋白检测技术和解剖学组织保存技术结合起来，用于检测组织中微量的 PrP^{Sc}，其灵敏度较高，甚至可以超过一般的免疫印迹，已被广泛地用于朊病毒的研究。

传统的组织印迹是将冰冻切片转移到硝酸纤维素膜(NC 膜)上，再进行免疫检测。其基本步骤是用冷冻切片机切取 8～10 μm 的冰冻切片，转入预湿的 NC 膜上，空气干燥，蛋白酶 K(PK)消化以去除 PrP^{C}，然后用 3 mol/L 的盐酸胍处理 PrP^{Sc}，以增强 PrP^{Sc} 的免疫反应性，NC 膜经漂洗后进行免疫检测。普通组织印迹有一个明显的缺点，必须使用未经固定的组织标本。

由于大多数常规和留档的病理学标本都是经福尔马林(甲醛)固定的，普通的组织印迹技术无法对其进行回顾性调查。针对这一问题，Schulz - Schaeffer 等设计了一种新颖的石蜡包埋的组织印迹技术(paraffin - embeddedtissueblot,PET - blot)，将免疫组化的特殊技术和组织印迹技术结合起来，在保留原有组织印迹优点的基础上，扩大了标本检测的范围，可以检测福尔马林固定、石蜡包埋的组织。基本步骤是：将福尔马林固定的标本切成 2 mm 厚的组织块，蚁酸脱毒，甲醛再固定后石蜡包埋，切成 5～7 μm 厚的薄片，置 55℃水浴，将组织切片收集在 NC 膜上，于 55℃干燥 30 min 以上，二甲苯脱蜡，异丙醇 - 水逐步水化，最后晾干备用。检测时，NC 膜先用缓冲液浸湿，PK 消化、异硫氰酸胍变性后封闭，进行免疫学检测，最后在解剖镜下观察结果。

实验表明，PET - blot 能清晰地显示脑和外周组织中沉积的 PrP^{Sc}。灵敏度很高，在形态学分析方面优于普通组织印迹，但在细胞、亚细胞水平上的微观分析方面不如传统的免疫组化。

1.6.4.2　斑点印迹

1990 年，Serban 等介绍了一种用硫氰酸胍处理的斑点印迹(dot - blot)方法，即将组织标本置于冷的裂解缓冲液中匀浆，然后 500 r/min 离心 5 min，去除不溶性残渣，上清液与含 SDS 样本缓冲液等量混合，吸取 4 μL 混合液，点样于干的 NC 膜上，空气中干燥，PK 消化，3 mol/L 硫氰酸胍处理，封闭后，进行免疫学检测。斑点印迹法灵敏度较低，但操作简便，对仪器设备要求低，适合大批量标本的筛查，易于普及推广。

1.6.4.3 **蛋白印迹**

蛋白印迹(immunoblot，Western blot)由于使用了凝胶电泳分离技术和免疫检测技术，除了可以鉴定标本中特定的组分外，还能显示其电泳分离图谱，运用价值较高。

免疫印迹技术简便、快速，对仪器设备要求低，而且不受组织自溶的影响，能在组织病理学结果阴性或含糊的情况下检出 PrP^{res}，具有早期确诊价值。目前，已成为朊病毒研究中最常用的检测方法之一。其基本步骤是：将待检组织标本匀浆、离心、蛋白酶 K 消化等一系列处理后，在 12.5%SDS - 聚丙烯酰胺凝胶上电泳，随后将蛋白质转印至 NC 膜或 PVDF 膜上，封闭，用特异性抗体进行免疫学检测。

用于检测朊病毒的免疫印迹，其关键技术在于印迹前对标本中朊病毒的提取浓缩。因为不同的动物种属，相同组织部位的朊病毒水平可相差几百倍，甚至上万倍，而且同一个体不同脑区、不同组织的朊病毒水平差异也很大。为了确保不出现假阴性、漏检现象，实验前通常要采取浓缩 PrP^{Sc} 的措施，以提高实验的灵敏度。提取浓缩方法有很多种，其中最具代表性的方法是 1983 年由 Diringer 等介绍的 1% sarcosyl 提取法(1%方法)。这些方法大多使用去垢剂来提取组织匀浆，并配以高离心力的差速离心来浓缩朊病毒组分。一般标本用量较大，且需要长时间的高速离心，不适合常规检测。针对这些问题，1994 年，Oberdieck 等对上述方法进行改进，采用 10% N - laurylsarcosinate 提取法(10%方法)，由于使用了 TL - 100 超速离心机和 TLA 转子，不仅将标本用量降至 20～100 mg，而且大大缩短了实验时间。1995 年，Beeks 等根据实际应用效果对 1%方法进行改进，利用差速离心配合 1%sarcosyl、10%NaCl、PK 处理浓集 PrP^{res}，将回收率提高到 70%，标本用量也只需 20～100 mg，其灵敏度相当于可检出 1～10 μg 仓鼠脑组织中的朊病毒。1998 年，Madec 等报道了两种 PrP^{res} 提取法，一种方法源于欧洲共同体官方推荐用于疯牛病和瘙痒病诊断的方法。该法可靠，可检测 25～100 mg 羊脑组织中的 PrP^{res}；另一种方法源于 Lasmezas 等建立的方法，该法虽灵敏度较高，可检测 12.5～25 μg 羊脑组织中的 PrP^{res}，但存在一定的缺陷(检出率只有 70%)。最近，Lee 等为了监测血浆制品制备过程中 PrP^{res} 的分离情况，建立了一种更为灵敏的检测方法，采用高速离心浓集 PrP^{res}，并辅以化学发光技术，将灵敏度提高到 5～10 pg 的 PrP^{res}，可检测出 10～20 ng(仓鼠)脑组织中的朊病毒。该实验的重复性亦较好。

由于上述方法提取步骤过于繁琐，且需要超速离心，对仪器配置要求较高，不适合普通检测实验室，更不能适应大批量标本的筛查工作。1999 年，Schaller 等为了满足大批牛、羊 TSE 普查工作的需要，建立了一种直接免疫印迹法，省略浓缩纯化步骤，针对随之带来的灵敏度降低、易出现假阴性的问题，Schaller 做了大量的对比验证实验，以考查该法的可靠性，最后证明在严格控制采样部位、采样量的情况下，该法可用于牛、羊的 TSE 筛查工作，检测结果可靠。由于从大脑皮质和小脑采样有可能会出现假阴性，规范采样部位、采样量极其重要，建议从牛、羊的脑髓质、中脑、第四脑室正中孔下角闩区采集标本，采样量最好在 0.5 g 以上。该法特异性很高(>99.99%)，可靠性好，是一种快速、实用的检测方法。此外，免疫印迹技术还可提供

有关 PrP^{CJD} 电泳迁移率和糖基化比例的信息，结合 PRNP 分析，可用于对克雅氏病患者进行归类分型和鉴定。PrP^{CJD} 经 PK 消化后，呈现出由 3 条蛋白质带组成的特征性图谱，相对分子质量分别位于 27 000～31 000、23 000～25 000、19 000～21 000 处，由于各型 CJD(散发型、医源型、变异型)的 PrP^{CJD} 在免疫印迹图谱上的迁移率和各糖型所占的比例存在差异，并各具特征，根据特征性图谱可鉴定患者的 CJD 型别。

1.6.4.4 酶联免疫吸附试验(ELISA)

该方法具有灵敏、特异、简便、快速、可定量、自动化等特点，非常适合大批量标本的普查筛选工作。目前报道的用于检测朊病毒的 ELISA 方法有两种：一种是间接法，即先将从各个标本中提取的 PrP^{res} 分别包被于酶标板的孔中；另一种是双抗体夹心法，即先用特异性抗体包被酶标板，再加入标本提取物，37℃孵育。此后两种方法都依次加入特异性 1 抗、酶标 2 抗，最后加底物显色，酶标仪读板。

1990 年，Serban 等在 ELISA 中首次使用硫氰酸胍处理 PrP^{Sc} 和 PrP^{CJD}，使其免疫反应性大幅度提高，解决了实验特异性、灵敏度的问题。此后，Grathwohl 等又介绍了一种可检测组织粗提物中 PrP^{res} 的间接 ELISA 方法，将脑组织置于 8% Zwittergent3 - 12 和 0.5%sarcosyl 中匀浆，胶原酶、DNase、PK 处理，超速离心收集富含 PrP^{Sc} 的沉淀。脾组织则置于 4% TritonX - 100 和 0.5%sarcosyl 中匀浆，加上述 3 种酶处理后，用 6.25%sarcosyl 提取，NaCl 盐析，超速离心收集 PrP^{Sc} 沉淀。所得沉淀溶于 3～4 mol/L 硫氰酸胍，包被酶标板，进行间接 ELISA。该法灵敏度不亚于一般的免疫印迹实验。

由于用上述方法标本提取液中含有高浓度的变性剂(硫氰酸胍或盐酸胍)，可能会使包被抗体变性，无法用于双抗体夹心法，而降低变性剂浓度又会导致 PrP^{res} 变性程度不足，试验灵敏度降低。为解决这一矛盾，Meyer 等用加热法弥补变性剂浓度的不足，经试验确定组织匀浆在浓度为 0.1 mol/L 的硫氰酸胍中 150℃加热 10 min(包被抗体为 6H4 单抗，特异性 1 抗为 C15S 多抗)，试验结果最好。

1.6.4.5 关于免疫学检测中标本预处理的几点说明

①适当的标本预处理，可以暴露 PrP^{res} 原先隐蔽的抗原表位和(或)修复被福尔马林破坏的抗原表位，提高 PrP^{res} 的免疫反应性，有利于实验灵敏度的提高；

②预处理并不是万能的，多种预处理都有失败的事例，预处理的效果可能取决于预处理暴露或修复的抗原表位能否被实验使用的抗体所识别；

③某些预处理(如高压蒸汽处理法)可同时增加 PrP^{sen} 的免疫反应性，但这对 PrP^{sen} 的检测帮助不大，Yokoyama 认为这仅仅是由于 PrP^{sen} 表达太低造成的；

④某些实验使用的抗体不能分辨 PrP^{res} 和 PrP^{sen}，又没有用 PK 消化以去除 PrP^{sen}，这些实验采用预处理的目的主要是利用 PrP^{res} 和 PrP^{sen} 对预处理反应的差异，筛选预处理条件，尽量增强所用抗体与 PrP^{res} 的免疫反应性，抑制与 PrP^{sen} 的免疫反应性，扩大二者实验结果的差异，以达到筛查患感染 TSEs 生物体的目的；

⑤不进行标本预处理，单靠选用改良的抗体，同样可以提高实验的灵敏度。

1.6.5 实验动物接种检测法

该方法主要是将待检动物的脑组织匀浆，依次做梯度稀释，接种实验动物（主要是小鼠、大鼠、田鼠和仓鼠），观察实验动物是否发病，但是由于该方法涉及接种剂量、接种次数，以及疾病潜伏期长等原因，不适合于快速和大量的诊断检测。但是该方法对于朊病毒生物学特性的测定、毒株鉴定仍有重要意义。

常规方法是将无菌的组织标本，用 Teflon 研棒匀浆后作 10 倍连续稀释，每个稀释度通常脑内接种 6 只小鼠（10 μL/30 μL）、大鼠（30 μL）或仓鼠（50 μL）。接种动物每 3 d 检查 1 次，发现其出现毛乱、弓背、运动过慢和后肢瘫痪等病状后逐日检查，濒死扑杀，取脑组织作病理学检查，以验证朊病毒感染。如接种动物不发病，则继续观察至其死亡或适时盲传，最后取脑组织作病理学检查。根据动物发病和死亡数计算滴度。该方法的优点是比较敏感，是研究朊病毒生物学特性的重要实验。缺点是费时、费力，滴定误差大，需消耗大量动物，费用昂贵。由于种属屏障和毒株、动物个体差异等因素的影响，传递的成功率往往相差较大，个别 GSS 毒株的动物传递始终未获成功。但是有报道称感染仓鼠 263 K 毒株的脑组织通过 PMCA 技术，可在体外引起小鼠脑组织朊蛋白构象转化，用这种处理过的小鼠脑组织接种小鼠可引起发病，实现了“跨种间感染”，因此，PMCA 技术可以提高动物传递试验的灵敏度。

1.6.6 借助特殊仪器的检测方法

1. 电镜法

电镜（electronmicroscopy）检测瘙痒病相关纤维（SAF）是朊病毒检测的另外一种方法。现在认为 PrP^{Sc} 是 SAF 的组成成分，瘙痒病相关纤维为杆状、纤维状结构，其实是 PrP^{Sc} 在用去垢剂提取过程中，不同提取条件下形成的产物，感染生物体的组织切片中尚未发现 SAF。基本步骤是：将被检组织置于 10%N - lauroylsarcosine 溶液中匀浆，差速离心、PK 消化，重悬于蒸馏水中，负染，电镜观察。镜下可见两种瘙痒病特有的大分子纤维。电镜检查 SAF 灵敏度不如免疫印迹方法高。

2. 毛细管 SDS - 凝胶电泳

该法主要是通过理化方法——差速、超速离心、sodium N - lauroylsarcosine、PK 处理，提纯 PrP^{Sc}，然后在 BeckmanP/ACE5500 上进行毛细管 SDS - 凝胶电泳。根据各组分通过检测器时，在 214 nm 波长处产生吸收峰的时间和峰形，鉴别出瘙痒病病原因子——PrP^{Sc}。该法标本用量少，无需免疫学试剂，判断直观；缺点是需用超速离心机、专用毛细管电泳仪。

3. 荧光标记肽链的毛细管电泳免疫测定法

该法是根据免疫竞争原理测定，采用无区带毛细管电泳技术结合免疫荧光技术，检测标本中微量的 PrP^{Sc}。其基本原理是将人工合成的 PrP^{Sc} 特异性肽链（142～154）标记上荧光，然后与一定量的特异性抗体、羊脑提取物一起电泳，荧光标记的肽链与抗体结合后，迁移率发生改变，从而与游离的标记肽链分离开来，由于抗体的量只能结合大约 50% 的标记肽链，因而荧光标记的结合型肽链与游离型标记肽链的比例是固定的，当羊脑提取物中存在微量的 PrP^{Sc}，由于其与标记肽链竞争结合抗体，导致结合型肽链与游离型肽链的比例发生改变，从而被仪器检测出来。该方法灵敏度很高，能检测到 135 pg 的 PrP^{Sc}，可用于检测朊病毒水平很低的脑外组织（如血液等）。

4. 多光谱紫外荧光分析

用该技术检测 263 K 感染的仓鼠和 ME7 感染的小鼠脑组织中纯化的 PrP^{Sc}，发现 PK 处理和未处理的 263 K、ME7 性质上存在差异，可根据其光谱鉴定和区别 PrP^{Sc}，而不需要借助于 PK 处理及特异性抗体，该方法检测限可达 pM 级。

5. 双色强荧光目标扫描法

该法是运用共聚焦双色荧光相关分光镜技术检测极其微量的朊病毒。其基本原理是利用致病性 PrP^{res}，在适当条件下自我复制和自发聚集的特点，将重组 PrP(rPrP)标记上绿色荧光，PrP^{res}与正常构象的 $rPrP^{*}$ 结合后，通过变构复制出大量的异常构象的 $rPrP^{*}\triangle$。由于 PrP^{res}在一定条件下可自发聚集，从而使 PrP^{res}周围聚集了大量的 $rPrP^{*}\triangle$，使其荧光强度超过游离的 $rPrP^{*}$ 50 倍。同时为了增强实验的特异性，又加入了标记上红色荧光的特异性单抗，使 PrP^{res}- $rPrP^{*}\triangle$聚集体又标记上红色荧光。只有同时发出高强度红、绿荧光的颗粒，才能被检测仪器判为 PrP^{res}。

该方法灵敏度极高，可检测 2 pmol/L 的 PrP^{Sc}，特异性好，可区别其他的朊病毒。但用于检测克雅氏病患者 CSF 中 PrP^{CJD}聚集体时，检出率仅为 21%，可能是克雅氏病患者 CSF 中 PrP^{CJD}水平太低，无法在疾病的全过程都能检测到。

1.6.7 能与 PrP 特异性结合的因子用于 PrP 的检测

1. 血纤溶酶原对 PrP 的沉淀作用

血清中的纤溶酶原可以其赖氨酸位点与 Scrapie 相关 PrP 及其蛋白酶抗性 PrP27 - 30 结合，但不与 PrP^{C} 结合，其结合可被赖氨酸竞争抑制，这种结合作用可能具有构象特异性，尿素或盐酸胍变性后的 PrP^{Sc}对蛋白酶敏感，不再与血纤维蛋白溶酶原结合。血清与纤维蛋白溶酶原不同，它不与未经消化的脑匀浆 PrP^{Sc}结合，关于血纤维蛋白溶酶原对 CJD 患者脑匀浆中 PrP^{Sc}的沉淀作用仍在进一步研究中。PrP^{Sc}与血纤维蛋白溶酶原的结合，只发生在特异去污剂条件下，该条件下 PrP^{Sc}以凝集形式存在，GPI 锚与细胞膜结合的微区域“raft”被破坏，而 PrP^{C} 与血纤维蛋白溶酶原的结合，只发生在“raft”完好状态下。目前，几家公司正积极致力于血纤维蛋白溶酶原用于 PrP^{Sc}检测方面的研究。

2. Selex 技术

利用 Selex 技术筛选出可与 PrP^{Sc} 特异性结合的 RNA 分子（aptamer），获得的 RNAaptamer 能与表达的叙利亚金黄地鼠（Ha）PrP23 - 231GST 融合蛋白结合，而不与（Ha）PrP90 - 231GST 融合蛋白结合，RNAaptamer 与 PrP 的结合位点在 PrP N 末端 23～52 位氨基酸，该段富含 GGGG（鸟苷），用 U（尿苷）取代 G 后其结合作用被破坏。单个 RNAaptamer 能与野生 C_{57}BL/6 小鼠、叙利亚金黄地鼠、牛脑匀浆 PrP 特异性结合，与 PrP 敲除小鼠脑匀浆不反应，与 Scrapie 感染小鼠脑匀浆 PrP27 - 30 也不反应。aptamer 与 PrP 的特异性结合可被反义 aptamerRNA 或突变 aptamer（GGGG 富含区域中用 U 替代 G）进一步证实。

3. 原钙粘连素 2

原钙粘连素 2 是 PrP 的细胞受体，与牛 PrP^{Sc}及小鼠、人、牛 PrP^{C} 具有高度的亲和力。用原钙粘连素 2 包被酶标板可用于 PrP 检测。

1.6.8 传染性海绵状脑病的一种特征性标识

发现了一种容易在组织中简便检测的分子标识物，即针对红细胞系特异的转录本表达水平急剧降低是 TSEs 的一个共同特点。发现了在 TSEs 致病机理中红细胞系的介导作用。此发现对该病的诊断和治疗研究提供了新的思路。

研究结果表明，淋巴网状内皮细胞系统，尤其是脾在啮齿动物 TSEs 因子的复制中起关键作用，但准确的机理尚不清楚。为了识别非 CNS 中 TSEs 的分子标识物，我们比较了感染与未感染痒病鼠脾脏中的基因表达的情况。利用 DDRT-PCR 方法特异性地检定因感染 TSEs 基因表达的情况。结果表明几乎所有感染与对照鼠脾转录本的情况都不一样。我们识别了一种 DDRFP - PCPcDNA，它代表了一个可清楚地表现出感染痒病的鼠(C_{57}BL)脾中表达水平降低的转录本。该 cDNA 序列与最近保存在核苷酸数据库中尚未发表的序列 100%同源，已被命名为红细胞识别相关因子(EDRF)，代表一个约 0.5 kb 的转座子，带有预计的开放阅读框，编码由 162 个氨基酸组成的未知其功能的蛋白。该转录本可从鼠的红细胞和人的骨髓中分离到。从痒病感染鼠和对照鼠脾中得到的 RNA 经 Northern-blot 分析证实，EDRF 转录水平在疾病最后阶段急剧降低。对脾中 EDRF 转录水平的影响在疾病初期非常明显，并随疾病发展而变得更加地突出。另外，感染 TSEs 因子不同毒株的鼠和仓鼠的脾 RNA 经 Northern-blot 分析证实，EDRF 的转录水平都不同程度降低。说明脾中 EDRF 的表达水平明显变化是试验诱发 TSEs 疾病鼠的一个共同特点。

为确定正常不同组织中 EDRF 的表达情况，对来自大量鼠组织的 RNA 进行了 Northern-blot 分析，EDRF 仅出现于脾、骨髓和血液中，分析结果 EDRF 明显表现出严格限制的表达模式，而且骨髓中转录水平最高。对人组织 RNA 进行类似分析，明显表现出更严格的 EDRF 表达模式。在人类 EDRF 表达局限于血液和骨髓，脾脏 RNA 中没检测到其表达。这些分析表明，EDRF 的正常表达与造血的某些活性位点相关。成年人和鼠的骨髓和血液是主要的造血活性位点，而对于鼠，除了血液和骨，脾脏也是一个主要的造血活性位点。为了确定 TSEs 对脾脏中 EDRF 表达的影响结果是否与 TSEs 对所有的 EDRF 表达组织所表达 EDRF 的影响一样，比较了痒病感染鼠和对照鼠全血和骨髓中 EDRF 的表达情况。同脾一样，相对于未感染对照组，TSEs 感染鼠的全血和骨髓 EDRF 转录水平明显降低，可以断定这些造血组织中 EDRF 表达水平降低是鼠 TSE 的共同特点。我们将该发现扩展到其他畜种和 TSEs 自然感染病例，尤其是 BSE 和绵羊痒病。为了确定感染痒病的绵羊和感染 BSE 动物的造血组织中 EDRF 的表达水平，用牛 EDRF-cDNA 克隆的作为探针，进行了 Northern-blot 分析。

虽然这些分析特定组织取样仅限于自然感染 BSE 和痒病病例的骨髓、脾和全血，然而，从这些试验分析中获得的结果与在 TSEs 鼠模型中得出的结果相似。与健康对照组相比，表现出 BSE 初始临床症状牛的骨髓中和表现出痒病初始临床症状羊的全血中 EDRF 表达水平明显降低。同在人脾中一样，牛脾中也没检测到 EDRF RNA。

为进一步确定哪些造血细胞表达 EDRF 以及这些细胞中哪类细胞因感染 TSEs 导致功能失常，我们对此进行了更深入的研究。初步结果表明人的全血被划分为淋巴网状内皮和非淋巴网状内皮片段。提取 RNA 和 Northern-blot 分析结果表明 EDRF 表达限定在非淋巴网状内皮片段。为了进一步确定表达 EDRF 的细胞类型，使用特异抗体将对照鼠骨髓上清不同细胞类型分别完全吸附消除，并且用从剩余细胞中提取的 RNA 进行 Northern-blot 分析。结果表明，只有当 TER-199 细胞被去除，才能观察 EDRF 水平明显降低。TER-199 抗体特异性地与从原红细胞阶段到成熟红细胞阶段的细胞反应。因此，我们的试验结果表明 EDRF 主要在红细胞系中表达。完全去除 TER-199 细胞的骨髓中的血红蛋白 β 链转录明显减少也证实了这一解释。

特异地在红细胞系中被表达的 EDRF，其表达水平在 TSEs 发病期间的动物中明显受到影响。尽管红细胞参与的准确机理尚不清楚，但很可能红细胞活性功能低下归属于 TSEs 的发病病因。

集中于造血细胞的治疗方案能够抑制与 TSEs 疾病有相似神经变性疾病的致病作用。目前，尚无合适的方案治疗 TSEs 疾病，尚无容易获取的组织进行确诊的方法。疾病特异 PrP^{Sc} 聚集代表唯一可得到的 TSEs 分子标识物。然而，甚至在 CNS 组织中，PrP^{Sc} 的明显聚集并非所有 TSEs 疾病的共同特征，尽管在检测血液中 PrP^{Sc} 证明有用，但该过程技术要求高。我们的试验数据表明了红细胞的 TSEs 发展过程中的作用，为集中研究治疗和非 PrP^{Sc} 临床前诊断提供了一个全新的领域。

本研究首次证实了 CNS 以外组织 TSEs 导致的对基因表达的作用。更重要的是 TSEs 对 EDRF 的 DNA 水平的影响可在易获取的组织中容易检测到。另外还证实该影响对某些造血组织例外，并且不同毒株引起的 TSEs、不同畜体的 TSEs，以及试验感染和自然感染 TSEs 都具有此共同特点。

1.6.9 蛋白质错误折叠循环扩增技术

总结前面所介绍的朊蛋白疾病诊断检测的方法可以认为，目前主要的常规手段包括通过临床症状和病理学方法以及包括免疫组织化学诊断、Western blot 和 ELISA 方法在内的免疫学方法。但是由于常规的病理学检测方法和免疫组织化学诊断方法只能对人或动物在感染朊蛋白疾病后期和死亡后才能进行初步检测和诊断，因此它的应用范围和价值受到很大的限制；虽然 Western blot 和 ELISA 方法可以对感染动物或人的任何组织和体液进行检测，但是因为当动物感染朊蛋白疾病并出现临床症状后，PrP^{Sc} 主要集中在大脑内，在其他的外周组织和体液中含量非常低。并且在动物感染朊蛋白疾病的早期，PrP^{Sc} 在大脑和其他的外周组织和体液中含量都非常低。而 Western blot 和 ELISA 方法只能够检测到纳克级别的 PrP（表 1.3），也就是只能有效地检测到人或动物在感染朊蛋白疾病后期和死亡后在大脑中的 PrP^{Sc}，而在疾病感染后期的其他组织和体液中就无法检测到 PrP^{Sc}，在疾病感染早期的话就更加无法检测到包括大脑在内的各个组织及体液中的 PrP^{Sc}。

蛋白质错误折叠循环扩增（protein misfolding cyclic amplification, PMCA）技术通过在体外试管内模拟体内环境并利用大量超声加速 PrP^{C} 转化为 PrP^{Sc}，然后通过大量的反复循环将超微量的 PrP^{Sc}（甚至一个 PrP^{Sc} 分子）进行自动大量扩增，然后通过 Western blot 方法检测 PrP^{Sc}（图 1.6）。通过这种高效的方法可以检测到朊蛋白感染模型中动物各组织及血液和尿液中微量的 PrP^{Sc}。

表 1.3　检测朊蛋白疾病 PrP^{Sc}方法敏感度的对比(Saa,2006)

实验方法	可检测的最大稀释数[a]	可检测的 PrP 的最小量[b]	PrP 最小分子数[c]	灵敏度[d]
Standard Western blot	3.0×10^{-3}	4.0 ng	8.0×10^{10}	1
ELISA	3.7×10^{-4}	0.5 ng	1.0×10^{10}	8
Phosphotunstic acid precipitation	6.0×10^{-5}	80 pg	1.6×10^{9}	50
Contormation dependent immunoassay[e]	5.0×10^{-5}	67 pg	1.3×10^{9}	60
Animal bioassay	2.0×10^{-9}	5.3 fg	1.1×10^{5}	725 000
One round of PMCA[f]	1.2×10^{-6}	1.6 pg	3.2×10^{7}	2 500
Two rounds of PMCA[f]	5.0×10^{-10}	0.7 fg	1.3×10^{4}	6 000 000
Seven rounds of PMCA[f]	1.0×10^{-12}	1.3 ag	26	3 000 000 000

注:a. 可检测的最大稀释数:相当于感染痒病 263 K 毒株的脑组织中 PrP^{Sc}的最大稀释数。

b. 可检测的 PrP^{Sc}最小量:指 20 μL 脑组织样品中可检测的 PrP^{Sc}的量。

c. PrP 分子的数量:根据推测值 20 μL 样品中 PrP 分子的数量。

d. 灵敏度:相对于用单抗 3F4 时 Western-blot 的灵敏度。

e. 构象依赖性免疫检测法的数据来自于文献,而其他的数据是计算得到。

f. 关于 PMCA 的数据是 3 次不同 PMCA 实验数据的平均值。

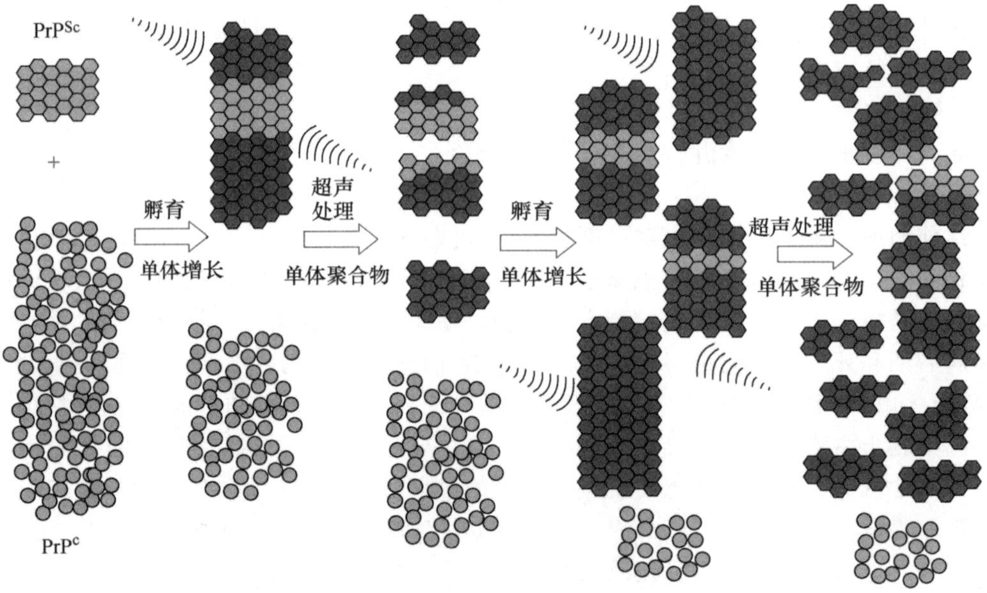

图 1.6　蛋白质错误折叠循环扩增示意图(Soto,2001)

1.7　朊蛋白疾病治疗研究进展

由于朊病毒的实质是构象发生转化的异常朊蛋白,即 PrP^{Sc},来源于宿主的正常朊蛋白,因此,朊病毒与传统的病原有本质的区别,对抗生素和干扰素不敏感,也无明显的免疫反应,故不能通过传统抗生素和干扰素治愈，而且传统方法也无法对污染了朊病毒的物品进行消毒，迫切需要一种有效的对策。针对朊病毒扩散和复制机制，可用药物破坏朊病毒复制的细胞或相关因子、抑制病毒蛋白质构型的变化、破坏病原性蛋白质的β结构及免疫法等方法，以达到预防或治疗神经退化的目的。有研究显示暴露细胞质中的朊蛋白能够抑制红褐蛋白功能，后者引起溶酶体异常，最终导致神经退行性变化，因此预防朊蛋白转运的异常也可达到。

1.7.1 使朊病毒失去复制场所

由于滤泡树突状细胞(follicular dendritic cell，FDC)被认为是朊病毒在外周复制的主要细胞，因而针对FDC的措施可以在早期发生作用。Montrasio等用淋巴毒素β的可溶性受体消耗淋巴毒素β，使依赖淋巴毒素β的FDC短暂失活，使发病延迟60～340 d。Sigurdsson EM也用抗朊病毒抗体有效地延长潜伏期，达到预防鼠CJD的目的。另有文献报道制备了一系列抗朊病毒抗体的Fab片段，其中Fab D18可使培养细胞ScN2a中的朊病毒含量降至检测水平以下。这种办法为朊病毒的预防提供了一个新的途径。

1.7.2 阻止构象改变的辅助因子蛋白X与PrP^{C}复合物的形成

研究表明：PrP^{C}向PrP^{Sc}构象转变过程中需辅助因子蛋白X(PX)的帮助，PX与PrP^{C}的结合位点较近，可用小分子药物阻隔二者的结合，从而抑制PrP-PX-PrP^{Sc}复合物的形成，使PrP不能转化为PrP^{Sc}。构建的短肽已初步显示出能抑制PrP^{Sc}对PrP^{C}的诱变，而且由于其序列的大多数种系中都是高度保守的，显出很广阔的应用前景。用氨基酸替换法构建的PrP突变体可以与朊病毒竞争蛋白X，从而发挥抑制病毒的作用，文献另辟蹊径，分析了1 000种可能模拟该PrP突变体蛋白X结合表位的药物，用其中的63种进行了试验，发现有2种药物可以抑制培养细胞ScN2a中朊病毒的合成且毒性很低。

1.7.3 抑制病毒本身的复制

阴离子染料刚果红是一种淀粉样蛋白结合染料，可以与朊病毒淀粉样区的β折叠结合而阻止朊病毒作为模板的复制，延长潜伏期。但它因带有强大电荷而难以通过血脑屏障，而且它只对部分毒株有效。考虑到血脑屏障对治疗药物的影响，在能够通过血脑屏障的药物中选择镇静药氯丙嗪和抗疟药喹啉的衍生物进行试验，发现它们能抑制感染细胞ScN2a中的朊病毒。其他一些物质例如两性霉素B及其衍生物MS-8209、阴离子聚合物硫酸葡聚糖、抗麻风药氨苯砜等都显示出对朊病毒不同程度的抑制。

1.7.4 破坏PrP^{Sc}β折叠结构

由于缺乏脯氨酸的蛋白易于形成β折叠，合成了一段13个氨基酸的短肽(iPrP13)，其中含有3个脯氨酸残基，其他序列与PrP中易于形成β折叠的部分一致。该短肽可使PrP^{Sc}部分恢复到类似PrP的结构，且可清除培养细胞ScN2a中的朊病毒，使感染小鼠的发病明显延迟。

以上治疗药物都普遍存在效价不高，有效剂量的副作用较大的缺点，且除少数药物外，均不宜通过血脑屏障，限制了它们的应用。一方面，抗体和短肽都存在易降解的缺点，与实际应用尚有距离。另一方面，目前已知朊病毒存在多种不同的构型，而以上治疗方法能否对不同构型的朊病毒都有效尚不得而知。

1.7.5 RNA干扰(RNAi)

降低PrP的表达水平能够减少朊病毒的复制，延长生命。现有一些试剂可用于干扰PrP^{C}到PrP^{Sc}的转变从而抑制朊病毒的复制，如：酚噻嗪系、类固醇类、抗组织胺类、聚烯抗生素、铜螯合剂、信号转导抑制剂、免疫调节剂等药物，以及能够引起滤泡树突状细胞暂时消失的试剂药物。

RNAi是高度保守，针对特定序列转录后的基因沉默机制，借助小干扰RNA(siRNA)来降解同源mRNA。siRNA产生源自被核酸内切酶Dicer切断的内源或外源的双链RNA(dsRNA)。随后，siRNA激活RNA诱导的沉默复合体(RISC)来降解同源的靶目标mRNAs。随着RNAi技术的快速发展，以及对RNAi机制的了解掌握，使RNAi应用于治疗人类疾病成为可能。

RNAi应用于疾病治疗的重要环节是dsRNA(包括短发夹结构RNA，shRNA)在体内的表达，这些dsRNA能够激活体内先天性免疫系统，抑制非靶基因，在RNAi机制研究中起重要作用。影响RNAi治疗作用最主要的因素是要有一个安全有效的dsRNA转运系统。慢病毒属是一个反转录病毒家族，能够整合进入分裂细胞以及不分裂细胞(如：神经元细胞)的基因组当中，使shRNA在这些细胞的基因组中稳定长期的表达。这一特征使慢病毒因子成为外源基因传递系统尤其是中枢神经系统的一重要因子。在鼠模型中，慢病毒因子介导的RNAi在治疗阿尔茨海默病和肌萎缩性侧索硬化症(ALS)现已经证实是可行的。

RNAi在几种神经退行性疾病的动物模型中已经表现出治疗的潜力，包括阿尔茨海默病、ALS、脊髓小脑性共济失调、亨廷顿病，其中RNAi的治疗作用在ALS模型中表现最为突出(在肌肉注射shRNA后，80%动物的潜伏期延长两倍，在JCI期刊中也有试验结果表明，在鼠类持续感染朊病毒株的成神经瘤细胞系中，慢病毒介导的抗PrP的shRNA的表达有效地抑制了朊病毒的复制。此外，一些试验结果还证实，在嵌合子小鼠模型中，用胚胎干细胞转染慢病毒因子介导的抗PrP的shRNA后，小鼠在朊病毒株接种后的生存时间显著延长。在体内、外神经元细胞中，慢病毒介导的抗PrP的shRNA的表达对于朊病的治疗有明显效果。而且令人欣喜的是，RNAi在嵌合子小鼠中没有明显的异常反应，这说明了慢病毒介导的RNAi至少在鼠模型系统中有很好的耐受性。进一步表明RNAi还可能用于治疗人的PrP基因(PRNP)的突变所引起的朊病。

尽管RNAi在朊病治疗的研究中已取得一定进展，但在正式应用于临床治疗以前还要做大量的研究工作。之前Pfeifer等人已经证实了胚胎期嵌合体小鼠中凡有shRNA表达的细胞，PrP基因的表达都会受到抑制。所以今后的研究重点是把慢病毒介导的shRNA注射到患朊病的成熟鼠，观察是否能在症状出现之前或症状出现早期抑制朊病的发展从而延长寿命。

1.8 朊蛋白疾病的风险评估

人与动物的传染性海绵状脑病是一类性质相似的疾病，其传播与一般传染病有较大差异。由于朊病毒具有高抵抗力的特性，使得这类疾病传递的风险不容忽视。例如，牛海绵状脑病(BSE)最初于1986年发生于英国，随后蔓延至欧洲其他国家、北美及日本等国家，新发生BSE病例是2008年加拿大英属哥伦比亚省一头7岁的乳牛。目前疯牛病发生的国家有：英国、爱尔兰、法国、瑞士、葡萄牙、荷兰、比利时、卢森堡、列支敦士登、丹麦、西班牙、德国、意大利、捷克、希腊、日本、斯洛伐克、斯洛文尼亚、芬兰、奥地利、波兰、以色列、加拿大及美国等24个国家。由牛海绵状脑病引起的人类变异型克雅氏病也从最初1995/1996年的10人达到2010年的219人，其中172人发生在英国。

在英国1988年就出台了疯牛病风险控制措施，在1989年11月规定禁止屠宰后动物的特定风险物质(specified risk materials，SRM)进入人食物链中。美国也于1997年颁布饲料禁令，禁止动物性饲料的使用。2001年欧盟规定屠宰的肉牛不得超过30月龄。牛海绵状脑病对人类的影响是多方面的，与人类的关系也很密切，甚至直接关系到人类的生命安全。因此必须采取积极、谨慎的态度对牛海绵状脑病加以控制和预防。

1.8.1 传染性海绵状脑病不同类型组织的感染性

感染传染性海绵状脑病动物的不同类型组织具有不同的感染性。根据脑途径感染小鼠测定结果，可将TSEs组织的感染性划分为以下4大类：

Ⅰ类(高感染性)：包括脑、脊髓、眼；

Ⅱ类(中度感染性)：包括回肠、淋巴结、近端结肠、脾、扁桃腺、硬脑膜材料、松果体腺、胎盘、脑脊髓液、脑下垂体、肾上腺；

Ⅲ类(低感染性)：包括远端结肠、鼻黏膜、周围神经、骨髓、肝、肺、胰脏、胸腺；

Ⅳ类(无可检测的感染性)：包括血凝块、粪便、心脏、肾脏、乳腺、奶、卵巢、唾液、唾液腺、精囊、血清、骨骼肌、睾丸、甲状腺、子宫、胎儿组织、胆汁、骨、软骨组织、结缔组织、毛、皮、尿等。

值得注意的是，目前我们对TSEs的传递方式和发病机理并不十分清楚，例如绵羊痒病可以通过接触感染，许多动物可以通过消化道感染等。因此，即使对第Ⅳ类组织，我们也不可掉以轻心，无可检测的感染性只说明目前没有检测到感染性，而并不说明这些组织没有感染性。

1.8.2 人员防护及消毒

在进行研究和诊断过程中应当特别注意人员的防护和避免污染环境。在进行TSEs尸体剖检时，工作人员应像进行其他传染性尸检那样穿上防护性服装，以避免偶然的穿透性创伤，包括安全手套(如特氟伦手套、金属手套、内层橡皮手套)、一次性使用的围裙，同时还要注意眼睛与嘴的防护等。为了避免尸检桌的污染，可使用一块不透水的一次性塑料或其他材料的桌布。取出脑组织时应当在下面垫一层厚的纤维巾，用机械(不是电动的)手锯开颅。在尸检结束后，应当将那些塑料和纤维巾折叠在一起，与其他一次性使用的物品一起进行焚烧。对所有器材以及可能被污染的表面必须按程序消毒。另外，对发生的意外事故必须加以记录。在进行 TSEs 神经病理学检查时，工作人员应戴上安全手套，特别应避免意外的穿透性创伤。可在盖有一次性使用塑料桌布的桌子上处理甲醛固定的脑组织，并在多层纤维巾上切割。一般的固定方法并不能灭活 TSEs 因子，为了灭活 TSEs 因子的感染性，可将组织块（厚度不超过 5 mm）浸泡于浓甲酸（95%～100%）中 1 h，然后在新鲜的 4%甲醛溶液中浸泡至少 48 h。对所有可能接触传染性物质的器械、手套等必须进行消毒。残留的组织、切割的碎片和被污染的甲醛溶液应放入塑料容器中焚烧处理。如果发生意外事故，应加以记录。

由于朊病毒具有不同于其他病原的特性，需要特殊的消毒方法才能使其灭活。对于可以高压的物品（玻璃器皿、器械、安全手套等）应 134℃蒸汽高压灭菌 1 h。对不能高压的物品可进行化学消毒：用 2 mol/L NaOH（80 g/L）浸泡 1 h，或 1 mol/L NaOH 浸泡 2 h，也可以用 5% NaClO 浸泡 2 h。

1.8.3 生物药品制造业的 TSEs 风险控制

在生物制品制造业进行 TSEs 风险控制非常重要，特别是对于其中使用的动物性原材料应当进行严格的控制。

应当尽可能避免使用反刍动物的材料。在兽用生物制品或药品中，把牛或羊的材料用于牛或羊的产品中风险最大，应当尽量避免。TSEs 所感染动物的不同器官和分泌物具有不同程度的感染性，应当在选择材料来源时加以考虑。使用年轻动物作为材料来源是一种谨慎的做法。对含有动物材料的医药产品的生产过程、使用途径、医药产品中使用的组织量、最大治疗剂量（每日剂量和疗程）、产品的使用方法等也应当加以注意。

不使用来自高 BSE 或痒病发病率国家的材料，禁止使用“特定的风险材料”。最理想的材料应当取自无 BSE 或 TSEs 病例报告的国家。同时，这个国家必须建立和有效实施疫病的强制性报告制度，对所有可疑病例强制进行临床和实验室诊断，并且无导致 TSEs 感染的风险。

在销售许可申请中，申请者应当递交详细的材料来源说明以及降低 TSEs 风险的措施。例如，通过对动物的来源、动物组织的特性、生产过程控制降低传递风险。

1.8.4 我国传染性海绵状脑病病况及牛海绵状脑病防制工作

1983 年我国从苏格兰引进的 115 只边区莱斯特种羊有 5 只出现痒病症状，经病理组织学检查诊断为痒病，对上述引进的羊只全部焚烧处理，以后再无痒病病例出现。到目前为止，在我国尚未发现牛海绵状脑病病例。

我国有传统的克雅氏病（CJD）病例，白求恩医科大学林世和等人对收集确诊的 15 例 CJD 病例进行了研究，这些病例为散发型 CJD，病程平均为 9.6 个月。但到目前为止，在我国未发现有变异型 CJD 病例。

从英国发生牛海绵状脑病以来，我国针对 BSE 的防制开展了许多工作。为了防止 BSE 传入我国，农业部于 1990 年 6 月 1 日发出通知，禁止从英国进口牛、牛精液、牛胚胎、牛肉及其肉粉、骨粉等。1992 年 6 月 8 日，农业部将牛海绵状脑病列入Ⅰ类病。1996 年 3 月 29 日，农业部再次发出通知，明确禁止从包括英国在内的9个国家进口牛、牛胚胎、牛肉及其制品、肉骨粉等动物饲料及其他措施。1997年和1998年，农业部发布部令，对来自比利时、荷兰的牛及有关产品也采取了上述政策。为了进一步加强我国牛海绵状脑病和变异型克雅氏病的防制工作，我国于1999年派员接受了WHO关于牛海绵状脑病和克雅氏病的培训。为了进一步确定我国无牛海绵状脑病的状态，农业部于2000年开始组织有关单位在全国范围进行BSE调查，建立了牛海绵状脑病中心实验室，并对我国牛海绵状脑病进行了风险评估。

1.9 朊蛋白疾病尚待解决的问题

近几年朊蛋白疾病研究发展迅速，但仍有诸多问题尚待解决，例如：

1. 正常朊蛋白生理功能

研究一个蛋白功能最有效的办法就是基因敲除，但PrP^C基因敲除实验表明PrP^C不引起肉眼可见的行为异常和发育障碍。目前只知道PrP^C可能与保护神经元免受氧化损伤、参与淋巴细胞的信号转导、昼夜节律及学习有关，更为具体的功能有待进一步研究。

2. 朊病毒毒株的多样性

目前已经从近交系小鼠中分离出了多种不同的羊痒病毒株，它们有明显不同的潜伏期和神经病理学表现，研究发现这些毒株不可能被PrP的一级结构编码，因为这些不同的毒株能够在相同PrP基因型的近交系小鼠上连续传代繁殖，而且毒株能够在PrP一级结构不同的其他动物上传代后再次分离。尽管传统病原的不同毒株是因为它们的核酸基因组差异所导致，但是多肽链如何编码不同的疾病表型，其机理仍不清楚。

3. 朊病毒种间屏障机制

朊蛋白疾病在不同种属的哺乳动物之间传播的效率明显低于相同种属内部的传播，这种现象即为“种间屏障”。朊病毒由种属A初次传给种属B，并不能导致所有接种的B动物发病，与B动物之间接种相比潜伏期更长，潜伏期差异也更大，而B动物之间的接种却能够使接种的动物全部发病。

早期研究认为种间屏障是因为供体动物与受体动物朊蛋白一级结构的差异导致的。表达仓鼠的转基因小鼠对Sc237仓鼠毒株高度易感，而野生型小鼠不易感。散发性和后天获得性CJD常常发生于第129位氨基酸残基为纯合子的个体。这些支持了这个观点：朊病毒的传播在PrP^{Sc}和PrP^C一级结构相同时效率最高。然而朊病毒毒株的类型也影响到对其他物种的传播的难易。例如，人的典型的传染性的CJD毒株很难使野生型小鼠发病，表现出种间屏障，但是表达人朊蛋白的转基因小鼠却容易发病，完全不存在种间屏障。然而变异型CJD毒株尽管与典型的传染性的CJD毒株在一级结构上完全相同，但是却很容易使野生型小鼠发病，而对于表达人朊蛋白的转基因小鼠不具有致病性。因此，两种不同毒株的朊病毒在同一宿主上可能有不同的屏障，用“传染性屏障”描述这一现象比“种间屏障”更为恰当。

4. 朊病毒的致病机理

经典的理论认为中枢神经系统中PrP^C向PrP^{Sc}转化，并异常聚集，从而导致神经元的损伤发生神经退行性变化。但最近研究发现朊病毒的致病与其在细胞质中的异常暴露有关。在正常情况下朊蛋白在细胞内的合成与转运均与细胞质是隔离的，在某些情况下，如高尔基体应激、PrP^{Sc}异常跨膜等，造成朊蛋白裸露与细胞质中红褐蛋白(Mahogunin，Mgrn)相互作用，使其失活。红褐蛋白是一种泛素连接酶，失活后可导致溶酶体异常，进一步导致神经退行性病变。研究者通过对攻毒小鼠过表达红褐蛋白成功拯救了 PrP^{Sc}所导致的溶酶体异常等一系列病变。

5. 朊病毒感染及在机体内转运的机制

朊蛋白病可分为传染、散发性、家族性 3 种类型。关于朊病毒是如何在个体间传播及如何从原发病部位向中枢神经系统蔓延的机理研究不是很清楚，目前认为朊病毒在细胞间蔓延的方式有 3 种：PrP^{Sc}诱导临近细胞表面的 PrP^{C} 转化为 PrP^{Sc}感染相邻细胞；通过外来体(exosomes)感染周围细胞；PrP^{Sc}可通过隧道纳米管(tunneling nanotubes，TNTs)直接进入相联系的细胞。

6. 朊蛋白疾病的预防与治疗

由于朊病毒与传统的病原微生物不一样，没有核酸，不引起炎症反应，目前尚无可用的疫苗，也无相应的治疗药物。国外有报道称西罗莫司(雷帕霉素)对阿尔茨海默病有一定的治疗作用，该药物对朊蛋白疾病是否也具有治疗作用有待验证。但是，随着对朊蛋白疾病发病机理研究的不断深入，相信在不久的将来会有治疗朊蛋白病的药物问世。

参考文献

[1] 郭玉山.欧洲的疯牛病危机[J].全球科技经济瞭望，2001(5)：38.

[2] 孙虹，高彦生.牛海绵状脑病对人类健康的影响[J].中国公共卫生，2001，17(12)：1142-1144.

[3] 严玉霖，陈玲，高洪.疯牛病致病机理研究进展[J].动物医学进展，2003，24(6)：49-52.

[4] 于恩庶.新变异型克雅氏病——人类疯牛病[J].中国人兽共患病杂志，2000，16(4)：3-5.

[5] 周海云.变异性克雅氏病与输血传播研究进展[J].中国生物制品学杂志，2007，20(11)：869-872.

[6] Aguzzi A, Sigurdson C J. Antiprion immunotherapy: to suppress or to stimulate? Nature Rev. Immunol. 2004,4. 725-736.

[7] Alberti S. A systematic survey identifies prions and illuminates sequence features of prionogenic proteins. Cell,2009,137(1): 146-158.

[8] Angers R C. Prion strain mutation determined by prion protein conformational compatibility and primary structure. Science,2010,328(5982): 1154-1158.

[9] Armstrong R A, Cairns N J, Ironside J W,. *et al*. Does the neuropathology of human patients with variant Creutzfeldt-Jakob disease reflect haematogenous spread of the disease? Neurosci. Lett., 2003, 348, 37-40.

[10] Aucouturier P, *et al*. Infected splenic dendritic cells are sufficient for prion transmission to the CNS in mouse scrapie. J. Clin. Invest., 2001, 108, 703-708.

[11] Avrahami D, R Gabizon. Age-related alterations affect the susceptibility of mice to prion infection. Neurobiol Aging,2009.

[12] Baldauf E, Beekes M, Diringer H. Evidence for an alternative direct route of access for the scrapie agent to the brain bypassing the spinal cord. J. Gen. Virol. ,1997, 78, 1187 - 1197.

[13] Banchereau J, *et al*. Immunobiology of dendritic cells. Annu. Rev. Immunol. ,2000, 18, 767 - 811.

[14] Banki Z, *et al*. Complement dependent trapping of infectious HIV in human lymphoid tissues. AIDS,2005, 19, 481 - 486.

[15] Barclay G R, Houston E F, Halliday S I, *et al*. Comparative analysis of normal prion protein expression on human, rodent, and ruminant blood cells by using a panel of prion antibodies. Transfusion, 2002, 42, 517 - 526.

[16] Bartz J C, DeJoia C, Tucker T, *et al*. Extraneural prion neuroinvasion without lymphoreticular system infection. J. Virol. 79, 11858 - 11863 ,2005.

[17] Beekes M, McBride P A. Early accumulation of pathological PrP in the enteric nervous system and gut-associated lymphoid tissue of hamsters orally infected with scrapie. Neurosci. Lett. ,2000,278, 181 - 184.

[18] Beekes M, Baldauf E, Diringer H. Sequential appearance and accumulation of pathognomonic markers in the central nervous system of hamsters orally infected with scrapie. J. Gen. Virol. ,1996, 77, 1925 - 1934.

[19] Beekes M, McBride P A, Baldauf E. Cerebral targeting indicates vagal spread of infection in hamsters fed with scrapie. J. Gen. Virol. ,1998,79, 601 - 607.

[20] Beringue, V. *et al*. Role of spleen macrophages in the clearance of scrapie agent early in pathogenesis. J. Pathol. ,2000,190, 495 - 502.

[21] Berney, C. *et al*. A member of the dendritic cell family that enters B cell follicles and stimulates primary antibody responses identified by a mannose receptor fusion protein. J. Exp. Med. ,1999,190, 851 - 860.

[22] Blanquet-Grossard F, Thielens N M, Vendrely C, *et al*. Complement protein C1q recognizes a conformationally modified form of the prion protein. Biochemistry, 2005, 44, 4349 - 4356.

[23] Blättler T. *et al*. PrP-expressing tissue required for transfer of scrapie infectivity from spleen to brain. Nature, 1997, 389, 69 - 73.

[24] Brown K L *et al*. Scrapie replication in lymphoid tissues depends on PrP-expressing follicular dendritic cells. Nature Med. ,1999, 5, 1308 - 1312.

[25] Brown P, *et al*. The distribution of infectivity in blood components and plasma derivatives in experimental models of transmissible spongiform encephalopathy. Transfusion, 1998, 38, 810 - 816.

[26] Bueler H, *et al*. Normal development and behaviour of mice lacking the neuronal cell-surface PrP protein. Nature, 1992, 356, 577 - 582.

[27] Burton G F, Brandon F K, Estes J D, *et al*. Follicular dendritic cell contributions to HIV pathogenesis. Sem. Immunol, 2002, 14, 275 - 284.

[28] Cancellotti E. The role of host PrP in Transmissible Spongiform Encephalopathies. Biochim Biophys Acta,2007,1772(6): 673 - 680.

[29] Carp R I, Callahan S M. Effect of mouse peritoneal macrophages on scrapie infectivity during extended *in vitro* incubation. Intervirology, 1982, 17, 201 - 207.

[30] Carp R I, Callahan S M. *In vitro* interaction of scrapie agent and mouse peritoneal macrophages. Intervirology, 1981, 16, 8 - 13.

[31] Castilla J. *In vitro* generation of infectious scrapie prions. Cell, 2005, 121 (2): 195 -206.

[32] Caughey B W, *et al*. Secondary structure analysis of the scrapie-associated protein PrP 27 - 30 in water by infrared spectroscopy. Biochemistry, 1991,30, 7672 - 7680.

[33] Colby D W, *et al*. , Design and construction of diverse mammalian prion strains. Proc Natl Acad Sci U S A,2009,106(48): 20417 - 20422.

[34] Collinge J, A R Clarke. A general model of prion strains and their pathogenicity. Science, 2007,318(5852): 930 - 936.

[35] Collinge J. Medicine. Prion strain mutation and selection. Science,2010,328(5982): 1111 - 1112.

[36] Cunningham C, Wilcockson D C, Boche D, *et al*. Comparison of inflammatory and acute-phase responses in the brain and peripheral organs of the ME7 model of prion disease. J. Virol. , 2005,79, 5174 - 5184.

[37] Defaweux V, *et al*. Interfaces between dendritic cells, other immune cells, and nerve fibres in mouse Peyer's patches: potential sites for neuroinvasion in prion diseases. Microsc. Res. Tech. , 2005, 66, 1 - 9.

[38] Denzer K, *et al*. Follicular dendritic cells carry MHC class II-expressing microvesicles at their surface. J. Immunol. , 2000,165, 1259 - 1265.

[39] Denzer K, Kleijmeer M J, Heijnen H F G, *et al*. Exosome: from internal vesicle of the multivesicular body to intercellular signaling device. J. Cell Sci. , 2000, 13, 3365 -3374.

[40] Endres R, *et al*. Mature follicular dendritic cell networks depend on expression of lymphotoxin β receptor by radioresistant stromal cells and of lymphotoxin β and tumour necrosis factor by B cells. J. Exp. Med. , 1999,189, 159 - 168.

[41] Felten S Y, Felten D L. Innervation of lymphoid tissue. In *Psychoneuroimmunology*, eds Ader, R. , Felten, D. & Cohen, N. , 1991, 27 - 69.

[42] Feng H P. Crossing the species barrier. Nat Struct Mol Biol, 2005, 12(10): 831.

[43] Fevrier B. *et al*. Cells release prions in association with exosomes. Proc. Natl Acad. Sci. USA, 2004,101, 9683 - 9688.

[44] Fraser H. *et al*. Replication of scrapie in spleens of SCID mice follows reconstitution with wild-type mouse bone marrow. J. Gen. Virol. , 1996,77, 1935 - 1940.

[45] Glatzel M, Aguzzi A. PrP^C expression in the peripheral nervous system is a determinant of prion neuroinvasion. J. Gen. Virol. , 2000, 81, 2813 - 2821.

[46] Glatzel M, Heppner F L, Albers K M, *et al*. Sympathetic innervation of lymphoreticular organs is rate limiting for prion neuroinvasion. Neuron, 2001,31, 25 - 34.

[47] Goedert M F. Clavaguera and M. Tolnay, The propagation of prion-like protein inclusions in neurodegenerative diseases. Trends Neurosci,2010, 33(7): 317 - 325.

[48] Goldmann W, Hunter N, Smith G, *et al*. PrP genotype and agent effects in scrapie: change in allelic interaction with different isolates of agent in sheep, a natural host of scrapie. J. Gen. Virol., 1994,75, 989 - 995.

[49] Gould S J, Booth A M, Hildreth J E K. The trojan exosome hypothesis. Proc. Natl Acad. Sci. USA, 2003,100, 10592 - 10597.

[50] Haberman A M, Shlomchik M J. Reassessing the function of immune-complex retention by follicular dendritic cells. Nature Rev. Immunol., 2003, 3, 757 - 764.

[51] Haïk S, *et al*. The sympathetic nervous system is involved in variant Creutzfeldt-Jakob disease. Nature Med., 2003, 9, 1121 - 1123.

[52] Heggebø R, *et al*. Disease associated PrP in the enteric nervous system of scrapie-affected sheep. J. Gen. Virol., 2003, 84, 1327 - 1338.

[53] Heikenwalder M, *et al*. Chronic lymphocytic inflammation specifies the organ tropism of prions. Science, 2005, 307, 1107 - 1110.

[54] Heppner F L, *et al*. Transepithelial prion transport by M cells. Nature Med., 2001, 7, 976 - 977.

[55] Herrmann L M, Cheevers W P, Davis W C, *et al*. CD21 - positive follicular dendritic cells: a possible source of PrP^{Sc} in lymph node macrophages of scrapie-infected sheep. Am. J. Pathol., 2003, 162, 1075 - 1081.

[56] Hosoi J, *et al*. Regulation of Langerhans cell function by nerves containing calcitonin gene-related peptide. Nature, 1993, 363, 159 - 163.

[57] Huang F-P, *et al*. A discrete subpopulation of dendritic cells transports apoptotic intestinal epithelial cells to T cell areas of mesenteric lymph nodes. J. Exp. Med., 2000, 191, 435 - 443.

[58] Huang F-P, Farquhar C F, Mabbott N A, *et al*. Migrating intestinal dendritic cells transport PrP^{Sc} from the gut. J. Gen. Virol, 2002,. 83, 267 - 271.

[59] Hunter N, *et al*. Transmission of prion diseases by blood transfusion. J. Gen. Virol., 2002, 83, 2897 - 2905.

[60] Imazeki N, Senoo A, Fuse Y. Is the follicular dendritic cell a primarily stationary cell? Immunology, 1992, 76, 508 - 510.

[61] Jeffrey M, McGovern G, Goodsir C M, *et al*. Sites of prion protein accumulation in scrapie-infected mouse spleen revealed by immuno-electron microscopy. J. Pathol., 2000, 191, 323 - 332.

[62] Kaeser P S, Klein M A, Schwarz P, *et al*. Efficient lymphoreticular prion propagation requires PrP^{C} in stromal and hematopoietic cells. J. Virol., 2001,75, 7097 - 7106.

[63] Kaneider N C, *et al*. Neurokinin - 1 receptor interacts with PrP106 - 126 - induced den-

dritic cell migration and interaction. J. Neuroimmunol., 2005, 158, 153-158.

[64] Kaneider N C, Kaser A, Dunzendorfer S, *et al*. Sphingosine kinase-dependent migration of immature dendritic cells in response to neurotoxic prion protein fragment. J. Virol., 2003, 77, 5535-5539.

[65] Kapasi Z F, Burton G F, Schultz L D, *et al*. Induction of functional follicular dendritic cell development in severe combined immunodeficiency mice. J. Immunol., 1993, 150, 2648-2658.

[66] Klein M A, *et al*. A crucial role for B cells in neuroinvasive scrapie. Nature, 1997, 390, 687-691.

[67] Klein M A, *et al*. Complement facilitates early prion pathogenesis. Nature Med., 2001, 7, 488-492.

[68] Klein M A, *et al*. PrP expression in B lymphocytes is not required for prion neuroinvasion. Nature Med., 1998,4, 1429-1433.

[69] Kosco-Vilbois M H. Are follicular dendritic cells really good for nothing? Nature Rev. Immunol., 2003, 3, 764-769.

[70] Legname. Synthetic mammalian prions. Science,2004,305(5684): 673-676.

[71] Lewicki H, *et al*. T cells infiltrate the brain in murine and human transmissible spongiform encephalopathies. J. Virol., 2003, 77, 3799-3808.

[72] Ligios C, *et al*. PrP^{Sc} in mammary glands of sheep affected by scrapie and mastitis. Nature Med., 2005,1 , 1137-1138.

[73] Liu L, Zhang M, Jenkins C, *et al*. Dendritic cell heterogeneity in vivo: two functionally different dendritic cell populations in rat intestinal lymph can be distinguished by CD4 expression. J. Immunol., 1998, 161, 1146-1155.

[74] Liu M, MacPherson G G. Antigen acquisition by dendritic cells: intestinal dendritic cells acquire antigen administered orally and can prime naive T cells *in vivo*. J. Exp. Med., 1993,177, 1299-1307.

[75] Llewelyn C A, *et al*. Possible transmission of variant Creutzfeldt-Jakob disease by blood transfusion. Lancet, 2004,363, 417-421.

[76] Lötscher M, Recher M, Hunzinker L, *et al*. A. Immunologically induced, complement-dependent up-regulation of the prion protein in the mouse spleen: follicular dendritic cells versus capsule and trabeculae. J. Immunol., 2003, 170, 6040-6047.

[77] Luhr K M, *et al*. Processing and degradation of exogenous prion protein by CD11c+ myeloid dendritic cells *in vitro*. J. Virol., 2002, 76, 12259-12264.

[78] Luhr K M, *et al*. Scrapie protein degradation by cysteine proteases in CD11c+ dendritic cells and GT1-neuronal cells. J. Virol., 2004, 78, 4776-4782.

[79] Mabbott N A. The complement system in prion diseases. Curr. Opin. Immunol., 2004, 16, 587-593.

[80] Mabbott N A, Bruce M E, Botto M, *et al*. Temporary depletion of complement component C3 or genetic deficiency of C1q significantly delays onset of scrapie. Nature

Med. , 2001,7, 485 - 487.
[81] Mabbott N A, Mackay F, Minns F, *et al*. Temporary inactivation of follicular dendritic cells delays neuroinvasion of scrapie. Nature Med. , 2000, 6, 719 - 720.
[82] Mabbott N A, McGovern G, Jeffrey M, *et al*. Temporary blockade of the tumour necrosis factor signaling pathway impedes the spread of scrapie to the brain. J. Virol. , 2002,76, 5131 - 5139.
[83] Mackay F, Browning J L. Turning off follicular dendritic cells. Nature, 1998, 395, 26 -27.
[84] Maignien T, *et al*. Role of gut macrophages in mice orally contaminated with scrapie or BSE. Int. J. Pharm. , 2005, 298, 293 - 304.
[85] Mandel T E, Phipps R P, Abbot A, *et al*. The follicular dendritic cell: long term antigen retention during immunity. Immunol. Rev. , 1980,53, 29 - 59.
[86] Manson J C, Clarke A R, McBride P A, *et al*. PrP gene dosage determines the timing but not the final intensity or distribution of lesions in scrapie pathology. Neurodegeneration, 1994,3, 331 - 340.
[87] McBride P A, Beekes M. Pathological PrP is abundant in sympathetic and sensory ganglia of hamsters fed with scrapie. Neurosci. Lett. , 1999,265, 135 - 138.
[88] McBride P A, *et al*. Early spread of scrapie from the gastrointestinal tract to the central nervous system involves autonomic fibers of the splanchnic and vagus nerves. J. Virol. , 2001, 75, 9320 - 9327.
[89] McGovern G, Brown K L, Bruce M E, *et al*. Murine scrapie infection causes an abnormal germinal centre reaction in the spleen. J. Comp. Pathol. , 2004, 130, 181 - 194.
[90] Mishra R S, *et al*. Protease-resistant human prion protein and ferritin are cotransported across Caco - 2 epithelial cells: Implications for species barrier in prion uptake from the intestine. J. Neurosci. , 2004, 24, 11280 - 11290.
[91] Mo H. Two different neurodegenerative diseases caused by proteins with similar structures. Proc Natl Acad Sci U S A, 2001, 98(5): 2352 - 2357.
[92] Mohan J, Brown K L, Farquhar C F, *et al*. Scrapie transmission following exposure through the skin is dependent on follicular dendritic cells in lymphoid tissues. J. Dermatol. Sci. , 2004,35, 101 - 111.
[93] Mohan J, Bruce M E, Mabbott N A. Neuroinvasion by scrapie following inoculation via the skin is independent of migratory Langerhans cells. J. Virol. , 2005, 79, 1888 - 1897.
[94] Mohan J, Hopkins J, Mabbott N A. Skin-derived dendritic cells acquire and degrade the scrapie agent following *in vitro exposure*. Immunology, 2005, 16, 122 - 133.
[95] Montrasio F, *et al*. B-lymphocyte-restricted expression of the prion protein does not enable prion replication in PrP knockout mice. Proc. Natl Acad. Sci. USA, 2001, 98, 4034 - 4037.
[96] Montrasio F, *et al*. Impaired prion replication in spleens of mice lacking functional

follicular dendritic cells. Science, 2000, 288, 1257 - 1259.
[97] Neutra M R, Frey A, Kraehenbuhl J-P. Epithelial M cells: gateways for mucosal infection and immunization. Cell, 1996,86, 345 - 348.
[98] Nguyen D G, Booth A, Gould S J, *et al*. Evidence that HIV budding in primary macrophages occurs through the exosome release pathway. J. Biol. Chem., 2003, 278, 52347 - 52354.
[99] Oldstone, M B A, *et al*. Lymphotoxin - α - and lymphotoxin - β - deficient mice differ in susceptibility to scrapie: evidence against dendritic cell involvement. J. Virol., 2002, 76, 4357 - 4363.
[100] Pan K-M, *et al*. Conversion of α - helices into β - sheets features in the formation of the scrapie prion protein. Proc. Natl Acad. Sci. USA, 1993, 90, 10962 - 10966.
[101] Premzl. Shadoo, a new protein highly conserved from fish to mammals and with similarity to prion protein. Gene,2003,314: 89 - 102.
[102] Prinz M, *et al*. Lymph nodal prion replication and neuroinvasion in mice devoid of follicular dendritic cells. Proc. Natl Acad. Sci. USA, 2002,99, 919 - 924.
[103] Prinz M, *et al*. Positioning of follicular dendritic cells within the spleen controls prion neuroinvasion. Nature, 2003, 425, 957 - 962.
[104] Prinz M, *et al*. Prion pathogenesis in the absence of Toll-like receptor signalling. EMBO Rep., 2003,4, 195 -199.
[105] Prusiner S B. Novel proteinaceous infectious particles cause scrapie. Science, 1982, 216, 136 - 144.
[106] Pugh C W, MacPherson G G, Steer H W. Characterization of non-lymphoid cells derived from rat peripheral lymph. J. Exp. Med., 1983,157, 1758 - 1779.
[107] Race R, Oldstone M, Chesebro B. Entry versus blockade of brain infection following oral or intraperitoneal scrapie administration: role of prion protein expression in peripheral nerves and spleen. J. Gen. Virol., 2000, 74, 828 - 833.
[108] Raeber A J, *et al*. Ectopic expression of prion protein ,PrP, in T lymphocytes or hepatocytes of PrP knockout mice is insufficient to sustain prion replication. Proc. Natl Acad. Sci. USA, 1999,96, 3987 - 3992.
[109] Rescigno M *et al*. Dendritic cells express tight junction proteins and penetrate gut epithelial monolayers to sample bacteria. Nature Immunol. 2001, 2, 361 - 367.
[110] Riek R, Hornemann S, Wider G, *et al*. NMR characterization of the full-length recombinant murine prion protein, mPrP,23 - 231,. FEBS Lett. ,1997, 413, 282 - 288.
[111] Rosicarelli B, *et al*. Migration of dendritic cells into the brain in a mouse model of prion disease. J. Neuroimmunol., 2005, 165, 114 - 120.
[112] Safar J G, *et al*. Search for prion-specific nucleic acid. J. Virol., 2005, 79, 10796 - 10806.
[113] Schwaeble W, *et al*. Follicular dendritic cells, interdigitating cells, and cells of the monocyte-macrophage lineage are the C1q - producing sources in the spleen. J. Immu-

nol. , 1995, 155, 4971 - 4978.

[114] Seeger H, *et al*. Coincident scrapie infection and nephritis lead to urinary prion excretion. Science, 2005,310, 324 - 326.

[115] Shortman K, Liu Y-J. Mouse and human dendritic cell subtypes. Nature Rev. Immunol. , 2002, 2, 151 - 161.

[116] Sigurdson C J, Spraker T R, Miller M W, *et al*. PrPCWD in the myenteric plexus, vagosympathetic trunk and endocrine glands of deer with chronic wasting disease. J. Gen. Virol. , 2001, 82, 2327 - 2334.

[117] Silveira J R, *et al*. The most infectious prion particles. Nature, 2005, 437, 257 - 261.

[118] Stahl N, Borchelt D R, Hsiao K, *et al*. Scrapie prion protein contains a phosphatidylinositol glycolipid. Cell, 1987, 51, 229 - 240.

[119] Thackray A M, McKenzie A N, Klein M A, *et al*. Accelerated prion disease in the absence of interleukin - 10. J. Virol. , 2004, 78, 13697 - 13707.

[120] Théry C, Zitvogel L, Amigorena S. Exosomes: composition, biogenesis and function. Nature Rev. Immunol. , 2002,2, 569 - 579.

[121] Tobler I, *et al*. Altered circadian activity rythyms and sleep in mice devoid of prion protein. Nature, 1996, 380, 639 - 642.

[122] van den Berg T K, Yoshida K, Dijkstra C D. Mechanisms of immune complex trapping by follicular dendritic cells. Curr. Top. Microbiol. Immunol. , 1995, 201, 49 - 63.

[123] van Keulen L J, Schreuder B E, Vromans M E, *et al*. Pathogenesis of natural scrapie in sheep. Arch. Virol. Suppl. , 2000, 16, 57 - 71.

[124] Wadsworth J D F, *et al*. Human prion protein with valine 129 prevents expression of variant CJD phenotype. Science, 2004,306, 1793 - 1796.

[125] Wang F. Generating a prion with bacterially expressed recombinant prion protein. Science. , 2010,327(5969): 1132 - 1135.

[126] Wasmer C. Amyloid fibrils of the HET - s(218 - 289) prion form a beta solenoid with a triangular hydrophobic core. Science,2008,319(5869): 1523 - 1526.

[127] Wykes M, Pombo A, Jenkins C, *et al*. Dendritic cells interact directly with naive B lymphocytes to transfer antigen and initiate class switching in a primary T-dependent response. J. Immunol. , 1998,161, 1313 - 1319.

[128] Yoshida K, van den Berg T K, Dijkstra C D. Two functionally different follicular dendritic cells in secondary lymphoid follicles of mouse spleen, as revealed by CR1/2 and FcRγII-mediated immune-complex trapping. Immunology, 1993, 80, 34 - 39.

[129] Young. The prion or the related Shadoo protein is required for early mouse embryogenesis. FEBS Lett,2009,583(19): 3296 - 300.

[130] Yu P, *et al*. B cells control the migration of a subset of dendritic cells into B cell follicles via CXC chemokine ligand 13 in a lymphotoxin-dependent fashion. J. Immunol. , 2002,168, 5117 - 5123.

第2章

朊蛋白生物学特性和遗传学特性

2.1 朊蛋白的理化特性

PrP^{Sc}与PrP^{C}在蛋白质构象上不同，前者富含β折叠，多个β折叠使PrP^{Sc}的抗蛋白酶K水解能力增强。用SDS-PAGE分析时其分子质量为27～30 ku。PrP^{Sc}对紫外照射、电离辐射和冷冻干燥有抗性；经138℃高压灭菌60 min，在有SDS或β-二巯基乙醇情况下煮沸以及经2 mol/L的NaOH处理120 min后均不能或不完全使其灭活；患BSE的牛脑匀浆经次氯酸钠处理120 min或用含有16 500×10^{-6}氯的SDS处理后未测出感染性。

2.1.1 朊蛋白的化学

朊蛋白是由人和多种动物的高度保守的朊蛋白基因编码的一种糖蛋白，在多种细胞中都有表达，但在神经元细胞中表达量最大。朊蛋白锚定于细胞膜上，可能具有神经信号传导和金属离子运转的作用，但其真正的生理功能还不是完全清楚。完全缺失朊蛋白基因的小鼠($Prnp^{0/0}$)仍能正常生活和发育，但Zn/Cu依赖性的超氧化物歧化酶(SOD)的活性下降。经加工成熟的细胞朊蛋白含有210个氨基酸残基，相对分子质量约为23 000，具有2个天冬酰胺糖基化位点，组氨酸残基179和214之间有二硫键连接，N端至少有4个结合Cu^{2+}的八肽重复区和C端的一个糖基磷酸肌醇(GPI)锚，GPI锚使朊蛋白结合在细胞膜外侧。研究发现，朊病毒蛋白至少有两种基本形式：一种是细胞内正常的朊蛋白PrP^{C}，另一种是与致病相关的异常形式PrP^{Sc}。PrP^{Sc}是PrP^{C}的同源异构体，二者在mRNA和氨基酸水平上无差异，但在理化特性和高级结构上显著不同：PrP^{C}能被蛋白酶K完全消化，但朊蛋白的致病形式PrP^{Sc}只能被蛋白酶K消化N端的67个氨基酸，产生的PrP27-30和PrP^{Sc}一样具有感染性；在温和(非变性)的清洁剂溶液中,PrP^C 可溶,主要以单体或二聚体的形式存在,而 PrP^{Sc} 不溶,形成羊瘙痒病相关纤维(SAF)或短杆状结构的聚合体;核磁共振研究表明,未糖基化的朊病毒蛋白具有高的分辨结构,而自然的致病形式的朊病毒蛋白是不溶的非晶体结构,只能进行很低的构象分析。这可以说明朊蛋白的两种形式 PrP^C 和 PrP^{Sc} 主要的不同是构象和聚合态,与其共价修饰关系不大。

2.1.2 PrP^C 的代谢

如同其他细胞表面蛋白一样,当 PrP 在膜结合的核糖体上被合成后,进入内质网,经切除信号肽、N 糖基化、形成二硫键和糖脂锚等翻译后的加工过程,PrP 折叠并成熟,被释放到细胞质中。在其被进一步分泌到细胞表面之前,以细胞质 PrP(cyPrP)的形式存在并受到细胞内的质量控制系统的调控,图 2.1 为假设的蛋白质在体内从合成到成熟的过程。cyPrP 可能是许多细胞内过程的核心,延长它在细胞质环境中的存在时间明显增加了 PrP 的错误折叠和聚合的趋势,因此 cyPrP 将可能是导致 PrP 自身聚合、发生构象变化形成 PrP^{Sc}、细胞死亡等事件的元凶。但这些事件到底是否发生?是如何发生的?后果又如何?这些问题尚需进一步研究。

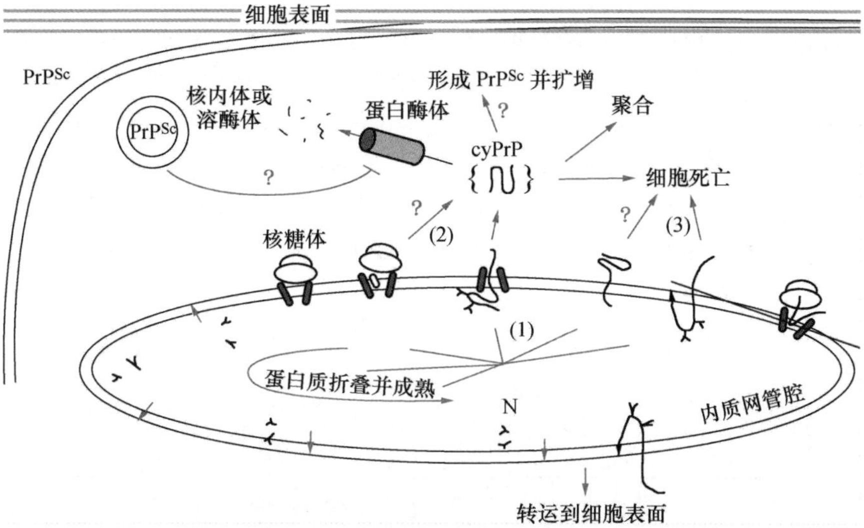

图 2.1 假设以细胞质 PrP 为 prion 疾病核心的模型(周筠梅,2004)

注:在此模型中显示多数新合成的 prion 蛋白被转移进入内质网管腔,经翻译后的修饰正确折叠并被分泌到细胞表面。但少数 PrP 可能被反向转移到细胞质中成为 cyPrP。正常情况下,cyPrP 只能在细胞质中短暂停留,很快被蛋白酶体降解而清除。但若 cyPrP 在细胞质内存活时间延长并积累就可能导致 cyPrP 自身聚合、形成 PrP^{Sc} 并扩增等与引起 prion 疾病有关的过程。

Ma 和 Linquest 等将 prion 的生物学研究与蛋白质代谢和细胞内的质量控制系统联系起来,强调蛋白酶体对 cyPrP 的作用。他们发现,如果强制 PrP 在转基因小鼠细胞质内过量表达,使 PrP 在细胞质中积累时,能导致神经毒性和神经退行性症状,并且 cyPrP 的毒性只在神经元中表现,在心脏和骨骼肌中过量表达 cyPrP 并不引起病症。在培养的细胞中,也观察到过量表达 cyPrP 只在神经突触细胞系中诱导细胞凋亡,在非神经细胞中无此影响。这个结果与已观察到的 prion 疾病的病灶多出现在神经元附近一致。应用抑制剂抑制蛋白酶体的活性，可以导致 cyPrP 在细胞内的积累增加。尽管对 PrP^{C} 向 PrP^{Sc}的转化是在细胞内还是在细胞表面发生的有着不同的看法，但是这些研究证明蛋白酶体具有保护细胞、抑制细胞毒性蛋白质积累的作用。因此，prion 疾病的治疗与 PrP 在体内的代谢和运输密切相关。病理学和药物学的研究不仅要考虑 PrP^{C} 和 PrP^{Sc}两者性质的差异和相互转化，还要注意与体内代谢和运输系统的联系，为这类疾病的检测和治疗提出了新的思路。此外，此研究暗示了增加蛋白酶体的活性，将有利于迅速清除细胞内错误折叠的蛋白质，减少它们在细胞内的积累，防止进一步引起病灶，这可能对治疗由于蛋白质错误折叠引起的疾病具有普遍意义。

2.2 朊蛋白的结构生物学

2.2.1 朊蛋白基因的结构和表达

朊蛋白由单拷贝染色体基因的单一外显子所编码，人的 PrP 基因位于 20 号染色体的短臂上，小鼠的 PrP 基因位于 2 号染色体的同源区域，牛的 PrP 基因位于第 13 号染色体上，说明 PrP 基因在哺乳动物分化之前已存在。序列比较发现，人 PrP 基因中有 5 个八肽重复序列插入(图 2.2)，开放阅读框中有 4 个保守区域(H1～H4)，A、B、C 序列形成 3 个 α - 螺旋结构，S1、S2 序列形成 2 条 β 折叠。病人的 PrP 基因常发生突变，如家族性 CJD 病人 PrP 基因中 Asp178 的密码子变为 Asn，Glu200 的密码子变为 Lys；家族性 GSS 病人 PrP 基因中 Pro102、Ala117 和 Phe198 的密码子变为 Leu、Val 及 Ser。不同种类动物 PrP 基因只是某些密码子不同，如 Phe108 在小鼠中为 Leu；Gln171 在绵羊中为 Arg。在金黄仓鼠(Ha)的 PrP 基因中含 2 个外显子，被一个 10 kb 的内含子分开，外显子 1 编码 5′末端非翻译区的引导序列，外显子 2 编码 PrP 及 3′末端非翻译区。小鼠(Mo)PrP 基因含 3 个外显子，外显子 1 和外显子 2 类似

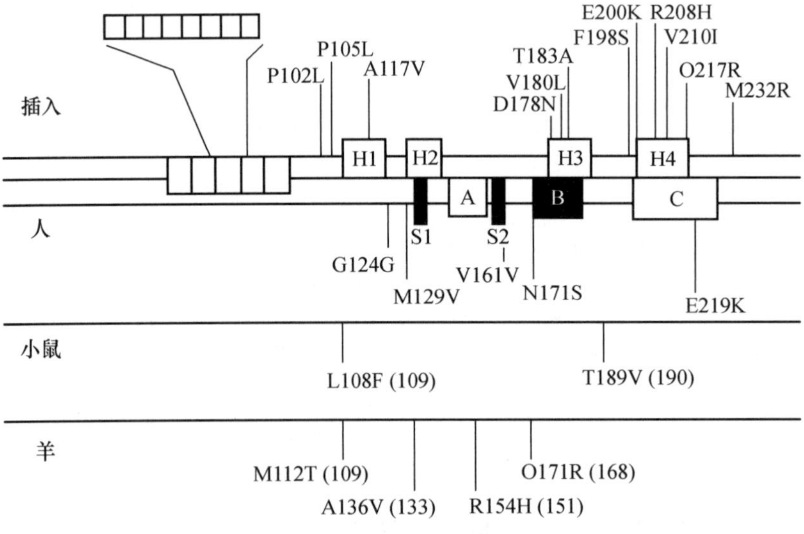

图 2.2 朊病毒蛋白的基因结构和基因多态性

注：线上方为基因突变，下方为基因多态性，括号内数字是与人 PrP 基因对应的密码子位置。

HaPrP 外显子 1,外显子 3 类似 HaPrP 外显子 2。这两种 PrP 基因的启动子中都富含 GC 多拷贝序列,可能是转录因子 Sp1 的结合位点。

PrP^C 和 PrP^{Sc} 都由同一基因编码,其氨基酸序列完全相同,因此 PrP^{Sc} 的形成是一种转录后修饰的过程。采用分子模式对 PrP^C 与 PrP^{Sc} 的三维结构进行预测,认为 PrP^C 是一个含有 4 个 α-螺旋(H1～H4)的球形蛋白,在 PrP^{Sc} 中有 2 个螺旋 H1 和 H2 形成 4 个 β 折叠链,一个二硫键将 H3 和 H4 连接在一起,稳定 PrP^C 和 PrP^{Sc} 的结构。在所有已知的 PrP 氨基酸序列中,113～128 位残基是最保守的,有人认为这段残基是在新生 PrP^{Sc} 产生过程中 PrP^C 和 PrP^{Sc} 结合的中心结构域。

PrP 基因的开放阅读框包含在一个完整的外显子内,因此基因表达不可能由于 RNA 剪接出现问题,但不能排除 RNA 编辑或翻译后加工过程出错。在成熟动物脑中,PrP mRNA 不断得到表达,该 mRNA 与乙酰胆碱转移酶是平行合成的,且在神经元中的浓度最高。目前发现 MoPrP 基因序列中有 30%与乙酰胆碱受体基因序列一致。所有的 PrP 分子都是经过翻译后修饰形成,通过糖基磷酸肌醇(glycosyl phosphatidyl inositol,GPI)位点将 PrP 分子锚定在细胞膜上(图 2.3)。

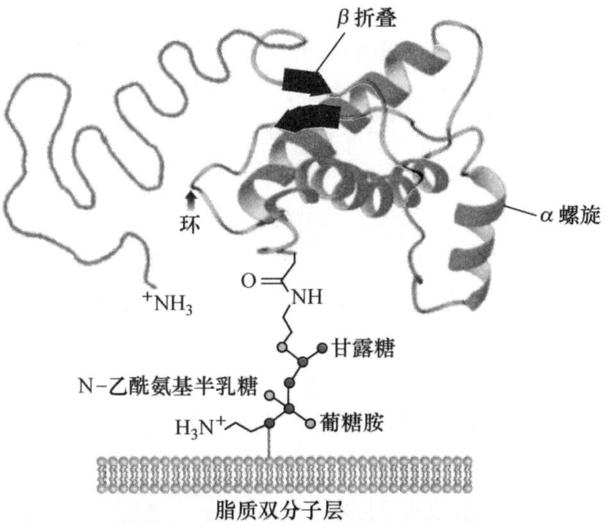

图 2.3 朊蛋白 PrP^C 高级结构模式图(Aguzzi,2006)

PrP^C 在人和其他多种哺乳动物体内都有分布,主要分布在中枢神经系统和外周神经系统中(包括大脑、脊髓等),在外周免疫系统(包括脾脏、淋巴结、扁桃体等),生殖系统(卵巢、子宫、睾丸和附睾等),其他组织器官(比如肺脏、肾脏、胃、肠和肌肉等)和体液(血液、尿液和脑脊液等)中也有分布。

2.2.2 朊蛋白的结构与生物合成

哺乳动物的朊蛋白是由大约 250 个氨基酸组成的蛋白质,其中含有几个特征性的区域,包括 N 末端的信号肽、5 个八肽重复序列、蛋白质中央高度保守的疏水区、C 末端的疏水区。另外,它的 C 末端还有疏水的糖基化磷脂酰肌醇链(GPI 锚链),它将朊蛋白的 C 末端固定在细胞膜上。朊蛋白与其他膜蛋白一样是由粗面内质网合成并经由高尔基体到达细胞表面的。朊蛋白在生物合成过程中要经过一系列的翻译后的修饰过程，包括切割掉N末端的信号肽、连接寡聚糖链、产生一个二硫键以及C末端连接GPI锚链。N末端所连接的信号肽是最初在高尔基体中被加到朊蛋白上的，GPI锚链是在C末端的疏水片段被裂解之后，在高尔基体中被加上的。GPI锚链与其他的糖脂类蛋白一样有一个核心结构，有一个乙醇胺残基同朊蛋白C末端的氨基酸相连接，有3个甘露糖残基，一个不含乙酰基的葡萄糖胺残基，一个被脂质双分子层所包被的磷脂酰肌醇分子。正常朊蛋白和异常朊蛋白的GPI锚链与其他蛋白质都是不相同的，其GPI分子核心中都含有硅酸残基。正常朊蛋白在其构象形成过程中具有内在的向异常朊蛋白构象转变的倾向，但是N末端的糖链阻止了这种转变，不同种属的朊蛋白，其糖基化形式也不同。

PrP基因表达的正常产物为33～35 ku的蛋白质，对蛋白酶敏感，称PrP^{C}。疾病型PrP是构象改变的PrP^{C}异构体，只有27～30 ku，称PrP^{Sc}，即朊病毒，由于它具有很强的抗蛋白水解酶的特性，又称PrP^{res}。无PrP^{C}基因对照鼠的研究发现：在一项研究中这些鼠的解剖和行为均正常，只是每天的活动规律和睡眠习惯发生改变；在另一项研究中这些鼠的蒲肯野细胞选择性地丧失。成熟的PrP^{C}由靠近N末端的67个氨基酸及组成蛋白酶抗性中心的141个氨基酸构成。而PrP^{Sc}只由组成蛋白酶抗性中心的141个氨基酸构成。可能是PrP基因表达的翻译后加工出错而造成结构缺失，导致PrP^{Sc}分子质量只有27～30 ku。

2.2.3 朊蛋白的一级结构

自从提出朊病毒是引起海绵状脑病的病原以后，人们对朊病毒进行了广泛深入的研究。用蛋白酶对瘙痒因子进行有限的水解后，剩下的核心是分子质量为27～30 ku的蛋白质，被称为朊病毒蛋白(prion protein, PrP)。许多证据表明PrP27～30是引起羊瘙痒症所必需的成分，它可以用生物化学的方法与瘙痒因子共纯化，其浓度与传染能力正相关；PrP27～30的分解动力学与传染性相同；亲和层析纯化的PrP27～30具有传染性；用中和抗体中和PrP27～30，其传染性消失。把纯化后的PrP27～30进行氨基末端的氨基酸序列分析，其序列为MW SDW GLC。用该序列推测出的寡核苷酸作为探针，与来源于宿主细胞的cDNA进行杂交，发现PrP是由染色体基因编码的，而不是来自瘙痒因子中的核酸。同时还注意到无论感染瘙痒因子与否，其宿主中的PrP mRNA水平无变化，说明PrP是细胞组成型基因表达的产物。该蛋白的分子质量为33～35 ku，约由250个氨基酸组成，其N—和C—末端分别有22和23信号序列，成熟的蛋白约有209个氨基酸，其中含有两个二硫键和两个糖基化位点(图2.4)。

2.2.4 朊病毒高级结构

比较正常细胞所表达的PrP(PrP^{C})和具有传染性的PrP(PrP^{Sc})时显示二者的一级结构相同，共价键也无变化，但不同物种间的PrP氨基酸序列是不一致的。用光谱学技术研究表明，高级结构PrP^{C}主要为α螺旋(42%)，β折叠仅占3%，而具有传染性的PrP^{Sc}具有较高β折叠(43%)，多个β折叠使之溶解度降低，抗蛋白酶水解能力增强。

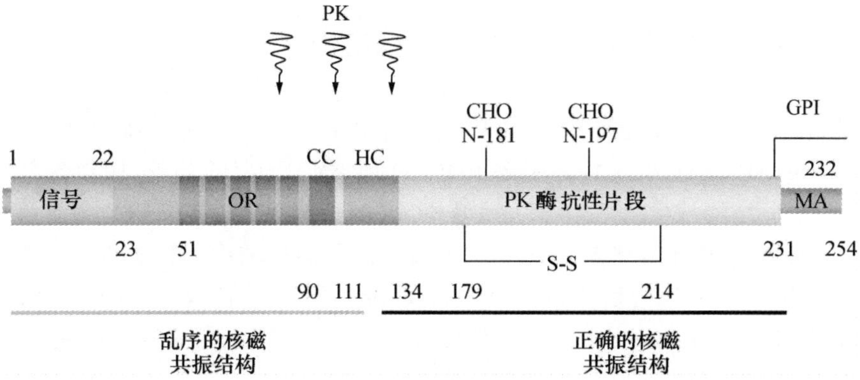

图 2.4 **朊蛋白 PrP^C 功能结构模式图**(Aguzzi,2006)

为了验证 PrP^{Sc} 是否来自 PrP^C,Prusiner 及其同事用 PrP 的合成肽诱导能表达 PrP^C 的细胞,结果使该细胞获得传染性瘙痒症的特性。另外,将 PrP^C 的 cDNA 在大肠杆菌中大量表达,在还原条件下纯化时得到了具有丰富 β 折叠的 PrP,与从瘙痒症中提取出来的 PrP^{Sc} 相似。在研究转基因小鼠表达外源 PrP 时发现,在新的 PrP^{Sc} 产生过程中,PrP^C 与 PrP^{Sc} 形成复合体。根据以上实验结果,他们推测羊瘙痒病细胞中的 PrP^{Sc} 来自细胞的 PrP^C。在检测 33 个物种的 PrP 时发现,该蛋白的 4 个 α 螺旋区域具有 19%的氨基酸变异,特别是在 129 位有氨基酸替换(Met - Val)时易受 PrP^{Sc} 感染,所以认为 PrP 在形成二级结构过程中,该区域很容易发生。PrP^{Sc} 的形成是翻译后的加工过程,而不是蛋白内共价键的修饰(图 2.5)。

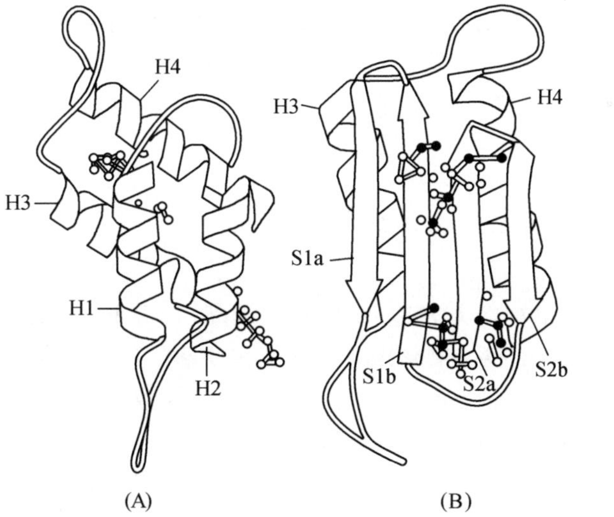

图 2.5 **PrPs 的三级结构模型**(Z. Huang,等)

(A)PrP^C 的三级结构,H1,H2,H3 和 H4 分别为 α 螺旋 1~4;

(B)PrP^{Sc} 的三级结构,Sla 和 Slb 相当于 PrP^C 中的 H1;S2a 和 S2b 相当于 H2;H3 和 H4 不变。

2.2.5 朊蛋白结构域(121～231)的三级结构

朊蛋白结构存在两种不同的构象。一种是正常的 PrP^C 结构,另一种是有感染能力的"羊瘙痒病"的 PrP^{Sc} 的形式。三级结构是了解 PrP^C 如何变成 PrP^{Sc} 的基础,用核磁共振技术测定了自发折叠的 PrP^C 结构域(由 121～231 残基构成)的三级结构,它包括 2 条反平行的 β 片层折叠和 3 个 α - 螺旋,在两个 α 螺旋之间有二硫键。这段结构域中包括了许多人类家族病突变的位点。用核磁共振方法分析后发现这些突变直接或间接地影响了 PrP^C 结构域的二级结构。PrP^C 蛋白的结构域中有 β 片层结构,然而以前认为 PrP^C 全是 α 螺旋结构,β 片层结构可能是对 PrP^C 变到 PrP^{Sc} 起关键作用的结构。Riek 等分析了种属屏障(species barrier)和遗传性朊病毒疾病突变位点,糖基化位点在三级结构中的位置。朊病毒感染的种属屏障的形成可能是由于改变了 PrP^C 中与 PrP^{Sc} 的结合位点而引起的。这些位点在 96～167 之中,在这段区间内小鼠和人的 PrP^C 一级结构有 8 处序列不同,其中 5 处在 121～231 之间,4 处在 121～231 氨基酸残基的第一个螺旋之中或附近。这很可能是 PrP^{Sc} 的一个结合位点。Riek 等又分析了 PrP^C 这个结构域的表面带电状况,推测糖基化位点和 PrP^{Sc} 的结合位点可能在 PrP^C 极性的带有正电和负电荷的表面。

2.3 朊蛋白的生理功能

朊蛋白在神经元、神经胶质细胞、小胶质细胞、肌细胞、白细胞等多种细胞中表达。关于 PrP^C 生理功能的研究进展较为缓慢,目前发现其可能在神经系统、T 细胞信号转导及核酸代谢等方面发挥一定作用。正常朊病毒蛋白通过糖基磷脂酰肌醇部分嵌在神经元和胶质细胞膜上,有以下几点功能。

2.3.1 参与维持神经系统功能

在所有细胞类型中,以神经元表达 PrP^C 水平最高,且 PrP^C 高度富集于突触处(终板处也有富集),这提示 PrP^C 对神经系统有特殊的重要性。PrP^C 敲除实验表明,PrP^C 缺失虽不引起肉眼可见的行为和发育障碍,但在整体动物水平来看可导致与昼夜节律有关的行为异常。在神经系统水平,PrP^C 缺失可导致电生理参数方面的改变。有证据表明,生理温度下,在 PrP^C 缺陷鼠脑切片中有 GABA - 型抑制电流和 LTP 等参数的异常。另有研究表明,PrP^C 缺陷鼠还表现出对外源性铜和过氧化氢等应激诱导剂应答方面的改变。在细胞水平,PrP^C 缺陷鼠的神经元在培养时存活能力下降,且对铜和阿拉伯糖胞苷(AraC)等所导致的氧化损伤和毒性的敏感性增加;星形胶质细胞在摄取谷氨酸方面有异常;小胶质细胞对兴奋物质的反应性下降;在突触形成中有结构改变。由此可见,PrP^C 可能在一定程度上参与神经系统功能的维持。

成人体内的 PrP^C 水平可能与人体活力、焦虑和平衡的改变有关。Khosravani 等指出 PrP^C 在体外和体内可通过 N 端甲基天冬氨酸受体(NMDARs)包括 NR2D 亚单位来降解谷氨酸兴奋性中毒。这些结果也和 PrP^C 在突触功能中的重要作用是一致的。因此一般认为,天

然 PrP^C 通过抑制 NR2D 亚单位从而起重要的神经保护作用。

在最近几年有许多研究也发现 PrP^C 同阿尔茨海默氏病(Alzheimer's Disease,AD)的发展有相互关系,淀粉样蛋白质 1(amyloid precursor-like protein 1,APLP1)以及淀粉样前体蛋白(amyloid precursor protein,APP)都是 AD 疾病相关的重要前体蛋白质相互作用,目前的研究发现 PrP^C 能和 APLP1 和 APP 相互作用并对疾病产生影响,但是具体是通过什么途径目前还不清楚。

Sakaguchi 等发现丧失 PrP^C 突变的小鼠在 70 周后,出现进行性运动失调,在运动时后腿颤抖,步幅变小,而且不能走直线。分析小鼠的脑部,发现有严重的萎缩,只有对照组重量的 68%。由于小脑主要起协调运动的作用,因此,小脑的萎缩会引起四肢运动的不协调,破坏平衡和减弱肌肉的协调。PrP^C 突变丧失的小鼠小脑切片检查发现蒲肯野氏细胞大量丢失和分子层变窄,分子层变窄是因为蒲肯野氏细胞的树突减少。蒲肯野氏细胞是唯一的小脑皮层输出细胞,正常情况下应表达大量的 PrP^C,若用 GABA 作为递质而产生效应,PrP^C 的表达可能是 GABA 依赖的突触功能的完整所必需。Sakaguchi 等怀疑这可能是由于 GABA 缺失引起蒲肯野氏细胞过度兴奋而引起其死亡。GABA 可能在细胞上长期存在,起调节突触功能的重要作用。

2.3.2 通过抗氧化途径保护神经系统细胞免受氧化损伤

PrP^C 通过与铜原子形成复合物而发挥抗氧化活性。PrP^C 借其八肽重复区最多可结合 4 个铜原子,结合后形成的复合物具有抗氧化活性,从而保护细胞免受氧化损伤。首先,从细胞水平上看,PrP^C 可增加细胞对氧化应激的抵抗力,PrP^C 基因敲除鼠的神经元和星形胶质细胞对超氧化物毒性的敏感性增加。体外研究发现 PrP^{Sc} 的毒性与氧化应激有关,因为抗氧化剂可阻断模拟 PrP^{Sc} 的神经毒性肽的毒性。PrP^C 不仅可增加细胞对氧化应激的抵抗力,而且可增加细胞对铜毒性的抵抗力。基于 PrP^C 八肽重复序列的肽段可阻断由氧化应激或外源性铜导致的毒性,这样,氧化应激和铜毒性就被联系在一起;铜可催化多种活性氧成分的互变或从水直接产生羟基自由基,因此,针对氧化损伤敏感的细胞,采取隔离铜的措施具有立即保护效应。其次,从蛋白质水平看,PrP^C-铜复合物具有类似超氧化物歧化酶(SOD)的活性,提示 PrP^C 的作用是解除超氧化物的毒性,从而阻止氧化应激的发生,结合 4 个铜原子的 PrP^C 较结合 2 个铜原子的活性高。实验表明复合物的 SOD 活性是酶促性的,因为缺失了八肽重复区的突变,PrP^C 结合铜后不能赋予蛋白质抗氧化活性。复合物参与解除超氧化物毒性的机制可能有两方面:一是通过形成过氧化氢而去除超氧化物的额外电子,二是通过 PrP^C 中甲硫氨酸的快速氧化而去除电子。

2.3.3 PrP^C 在免疫系统的功能

虽然有研究报道称 PrP^C 缺失的小鼠模型免疫功能方面只有微小的变化,但研究结果表明,PrP^C 在造血干细胞自我更新过程中是必需的,PrP^C 缺失小鼠比正常小鼠易感自发性肿瘤。PrP^C 在固有免疫和获得性免疫中的作用较复杂。PrP^C 能调节 T 淋巴细胞活动,并且在 NK 细胞的分化过程中可能有很高的表达,在 $CD56^+ CD3^+$ NK T 细胞中也有非常高的表达。

虽然在淋巴细胞的活化中 PrP^C 定植于细胞膜的免疫突触微群，但 PrP^C 在免疫突触中的作用还是存在争议。缺失 PrP^C 的 DCs 导致同种的 T 细胞应答减少。然而，PrP^C 通过活化 ERK1/2 和 Akt 激酶来影响巨噬细胞的吞噬功能。对于人的 T 淋巴细胞，PrP^C 和(ZAP) - 70 相互作用产生对 T 淋巴细胞的活化和增殖有重要作用的转导信号。总之，这些观察表明 PrP^C 在 T 细胞的生长、激活和增殖方面发挥功能性作用。

2.3.4 参与淋巴细胞信号转导

研究表明，PrP^C 可高水平表达于人 T、B 淋巴细胞、单核细胞及树突状细胞，但不表达于红细胞。人外周血单核细胞(PBMC)所表达的 PrP^C 在糖链形状和 N - 连接糖链中糖的组成方面都与脑或成神经细胞瘤细胞的 PrP^C 不同。在人 PBMC 和成神经细胞瘤细胞系中，PrP^C 的 N 端部分对蛋白质酶消化作用高度敏感，提示增殖活跃细胞表面的 PrP^C 的 N 端缺乏二级结构。研究还发现，随着人 T 细胞的活化，细胞表面 PrP^C 的表达上调。记忆 T 细胞比天然 T 细胞的 PrP^C 表达水平高。另外，由抗 CD3 单抗诱导的人 T 细胞增殖反应可被抗 PrP^C 单抗所抑制。这些结果说明：PrP^C 可能参与了人 T 淋巴细胞的信号转导。

2.3.5 参与核酸代谢

研究发现，PrP^C 可在体外和核酸结合，且与反转录病毒颗粒相联系。小鼠瘙痒病的感染过程可因鼠白血病病毒(MuLV)的复制而加速。这些现象促使人们去进一步研究 PrP^C 与核酸之间的相互作用，并将 PrP^C 与反转录病毒核衣壳蛋白(NC)相比较。在反转录病毒的核衣壳中，作为主要核酸结合蛋白质的 NC 与病毒基因组 RNA 紧密联系在一起，其作用是作为经反转录合成前病毒 DNA 过程中的伴侣分子。研究发现，人 PrP^C 在功能上具有 HIVNCp7 的特性，两蛋白质都可通过结合 DNA 而形成大的核蛋白复合物。在负链和正链 DNA 转移过程(该转移过程是形成 TLR 所需要的)中，两蛋白质可加速 cDNA 链与 RNA 链的杂交，并作为病毒 DNA 合成的伴侣分子。人 PrP^C 的 DNA 结合特性和链转移特性可能与 N 末端 23～44 氨基酸残基片段有关，而 C 端结构域是无此活性的。综合这些结果提示，PrP^C 可能在体内参与了核酸代谢。

2.3.6 具有内钙调节的功能

1995 年 Whatley 等发现，PrP^C 可以调节细胞内自由钙的浓度。若将细菌体表达提纯的人类的 PrP^C(浓度为 20～100 mg/mL)加入到突触体中，发现有浓度依赖性的内自由钙水平的升高，这种内钙的升高与细胞外钙的浓度有关。用电压敏感的钙通道阻断剂氯化钆可以阻断内钙的升高。当通过去极化激活钙通道时，加入 PrP^C 的单克隆抗体(IgG)200～320 ng/mL 将会以浓度依赖的形式降低内钙的浓度，若用 PrP^C 去竞争抗体时，这种效应又减弱了。这些结果显示了 PrP^C 与内钙的调节有关，而且是通过与电压敏感的钙通道相互作用的。

2.3.7 与昼夜节律和学习、记忆相关的功能

Tobler 等发现 PrP^C 缺失的小鼠昼夜节律与对照小鼠有所不同。在亮暗各 12 h 情况下训练 19 d 后，放在全黑暗的实验环境中，发现对照小鼠进入全黑暗后昼夜节律开始变化不稳定，而后稳定在 23.3 h，而 PrP^C 缺失的小鼠昼夜节律仍然与亮暗训练时相同，接近 24 h，平均为 (23.9±0.02) h，而且进入全黑暗后稳定不变。转基因鼠高表达 PrP^C 可以部分弥补这种效应，更接近于对照组。PrP^C 缺失的小鼠和对照小鼠对睡眠剥夺后的反应不同，PrP^C 缺失的小鼠非快速动眼相睡眠明显减少，睡眠间断比对照小鼠明显要多。

昼夜节律是由下丘脑的上交叉核(SCN)所调节的，尽管具体的机制还不清楚，但 GABA 受体亚基在此区内有很高的表达，催化谷氨酸转变成 GABA 的酶谷氨酸脱羧酶在此区也有很高的表达。所以 PrP^C 影响昼夜节律可能也是通过与 GABA 系统的相互作用而产生的。PrP^C 的缺失还会引起 LTP(long term potentiation)的减弱，从而影响学习记忆。

2.4 朊病毒的复制、转运机制

2.4.1 朊病毒的复制机制

Prusiner 提出一种极有创意的假设来解释朊病毒的复制机制——PrP^{Sc} 通过诱导细胞中与其序列相同但结构不同的正常的 PrP^C 发生构型改变而致病。正常的 PrP^C 只含有 α 螺旋，但病变的 PrP^{Sc} 却含有约 43%的 β 折叠，Nguyen 等早期对 PrP^C 中易形成 α 螺旋的 4 个肽段进行研究，发现在一定条件下它们可转化为 β 折叠，证明其二级结构具有易变性，支持了 Prusiner 的假说。1994 年 Kocisko 等创建了无细胞的耐蛋白酶 PrP 的复制系统，学者们从此可以更深入地研究 PrP^{Sc} 与 PrP^C 之间的作用机理。Chabry 等构建了一系列对应仓鼠 PrP 的短肽，发现对应于其 PrP 中部 106～141 位氨基酸的短肽能完全抑制 PrP^{Sc} 诱导的 PrP^C 的转化，进一步的研究发现对应 119～136 位氨基酸的更短的肽不仅在无细胞系统中可抑制 PrP^C 的转化，在感染的鼠神经母细胞瘤细胞 ScN2a 也同样可以，提示该区域在 PrP^{Sc} 与 PrP^C 相互作用中扮演重要角色。Herrmann 等用二硫键的变性剂处理 PrP^C 或 PrP^{Sc}，均导致 PrP^C 不能转变为 PrP^{Sc}，提示 PrP^C 与 PrP^{Sc} 的结合位点应该是构象依赖性的。但在体外无细胞复制系统中，仅仅将 PrP^{Sc} 与 PrP^C 混合虽能使 PrP^C 发生构象改变而抗蛋白酶消化，但产生的蛋白颗粒却没有传染性。Telling 等发现，表达人 PrP^C 的转基因小鼠不能感染人类朊病毒，而表达人-鼠嵌合 PrP^C 的转基因小鼠则能被感染。据此他们认为仅 PrP^{Sc} 本身还不足以诱导 PrP^C 的构象改变，还需要一种辅助因子，他们称之为“蛋白 X”。Kaneko 等将人、鼠嵌合 PrP^C 基因转入细胞 ScN2a，通过对鼠 PrP^C 分子的部分氨基酸进行置换，发现 PrP^C 分子的部分残基和突出侧链构成一个不连续的蛋白 X 结合表位，这些关键残基的置换能阻止 PrP^{Sc} 的形成。他们的工作证明在 PrP^{Sc} 诱变 PrP^C 的过程中还需要一些分子的协助。

目前已经证明外周的众多途径都能够传播朊蛋白疾病，比如腹腔注射，静脉内外注射，神经注射，皮肤刺破，眼球灌注以及经口感染等。在这些感染途径中，归根结底最终通过的途径

为消化道途径、外周神经或者组织途径、血液途径 3 种。当 PrP^{Sc} 污染过的食物或者东西经口感染后，由肠道进入机体内环境，首先穿越单层肠上皮细胞构成的屏障。有研究表明在朊蛋白疾病感染早期 PrP^{Sc} 主要聚集在肠道神经组织及肠道相关淋巴组织中（GALT），目前认为 PrP^{Sc} 在肠道神经组织和 GALT 之间的转运过程和肠黏膜上皮细胞（M 细胞）相关；另外，树突状细胞可以从血管游走到肠管的内表面并在肠管中将抗原捕获，然后再将这些抗原运送到附近的淋巴系统，包括肠系膜淋巴结或者可能更远的位点（其他的组织器官），这个过程能将 PrP^{Sc} 由内脏直接传播到淋巴系统并通过淋巴系统向不同的组织器官扩散，因此树突状细胞也可能是 PrP^{Sc} 在外周组织器官间传播的重要载体。除了树突状细胞以外，淋巴细胞和巨噬细胞等也可能是最初 PrP^{Sc} 感染传播到淋巴器官的重要细胞受体。在这一类细胞的作用下，PrP^{Sc} 会传播到外周不同的组织器官中去，目前发现 PrP^{Sc} 主要集中在某些特定的位置，比如在回肠远端、脾脏、淋巴结、扁桃体以及外周神经组织。

2.4.2 朊病毒的转运机制

通常情况下，朊病毒都不是直接感染中枢神经系统的，对它从外周到中枢的过程一直存在着很多假设，主要是经淋巴网状内皮细胞系统和神经脊髓扩散与血源性扩散两种。

1. 经淋巴网状内皮细胞系统和神经脊髓扩散

脊椎动物感染朊病毒后都有一段很长的无症状潜伏期，人们因此很早就怀疑中枢神经系统以外存在病毒的储存库。Mcbride 等用免疫组化的方法证实感染克雅氏病小鼠脾脏、淋巴结和肠道集合淋巴结中朊病毒染色阳性的细胞是滤泡树突状细胞（follicular dendritic cell, FDC），胸腺的指突状细胞、皮质上皮细胞以及胰腺郎罕氏细胞的病毒染色也是阳性。其他学者用蛋白印迹法、免疫金电镜法等同样证实淋巴网状内皮细胞系统即为朊病毒在外周的主要储存和复制场所。在淋巴网状内皮细胞系统中 FDC 是最受人们瞩目的。Brown 等同时构建了移植有 PrP^+ 小鼠骨髓的 PrP^- 转基因小鼠和反向移植的小鼠，从而建成 FDC 和其他免疫细胞 PrP 表达性状不同的嵌合鼠来研究不同免疫细胞在朊病毒感染中的作用。他们发现朊病毒在脾脏中的复制只依赖于表达 PrP 的 FDC 细胞，而与淋巴细胞或其他骨髓起源的细胞是否表达 PrP 无关。由于 FDC 的维持需要 B 细胞分泌的淋巴毒素 β，Montrasio 等用淋巴毒素 β 的可溶性受体注入小鼠消耗淋巴毒素 β，以导致 FDC 的短暂失活，发现感染小鼠的脾脏无法检出 PrP^{Sc}，小鼠的发病也分别延迟了 60～340 d。但对于病毒从淋巴网状内皮细胞到中枢神经系统这一步还知之甚少。Beekes 等用朊病毒株 263 K 感染仓鼠，观察到中枢神经系统的感染从 T7 和 T9 脊髓开始，再逐渐向上下节段扩散，说明脊髓是朊病毒从外周向脑部扩散的重要通道。Bencsik 等仔细研究了脾脏的交感神经的分布，这些神经纤维源于肠系膜神经节，用双重免疫标记的方法，他们证实这些交感神经末端与有 PrP^{Sc} 聚集的细胞是相邻的。Glatzel 等用免疫或化学的方法破坏交感神经纤维，发现能延缓或防止小鼠发病；而一种淋巴组织中交感神经分布特别密集的转基因鼠的发病潜伏期则缩短，脾脏的病毒滴度明显增高。这些结果提示交感神经纤维在朊病毒从淋巴网状内皮细胞系统到中枢神经系统转运的过程中扮演了重要的角色。

2. 神经轴突输送链

Bensik、Glatzel、Beekes 等研究证明，淋巴网状内皮细胞系统中的 PrP^{Sc}，可以通过肠系膜神经节和与网状内皮细胞相邻的交感神经末梢纤维（如脾交感神经纤维），传到脊髓 T7～T9 段，再沿着神经细胞的轴突逐渐向上、向下节段扩散开,直至脑部,从而形成"肠系膜神经节→交感神经纤维→脊髓→脑"的扩散输送链。但该领域的研究报告还较少,故其确切途径尚待进一步证实。

3. 血源性扩散

Houston 等将感染了朊病毒的绵羊的全血输给健康的绵羊,导致健康绵羊发病,提出朊病毒可通过血液传播。Fischer 等则发现人和小鼠血中的纤溶酶原能通过其赖氨酸结合位点 1 特异地和 PrP^{Sc}结合,证明血浆有传播朊病毒的可能性。

2.5 PrP^C 向 PrP^{Sc}转化的可能机制

TSEs 疾病起始于正常的 PrP^C 发生错误折叠,形成富含 β 折叠的、抗蛋白酶水解的 PrP^{Sc}。错误折叠的 PrP^{Sc}有很强的聚合倾向,先形成淀粉样的小纤维,成为形成淀粉样斑块的前体,进一步聚合形成淀粉样斑块,最后发展为可被临床诊断的大脑海绵状退化变性病症。PrP^{Sc}的出现是病变的开始,因此它成为 TSEs 疾病的标志性事件。研究 TSEs 的形成机制成为探索病因和寻找治疗方法的重要方面。

2.5.1 转化的可能机制

目前已提出两种假说来描述 PrP^C 转化为 PrP^{Sc}的机制(图 2.6):

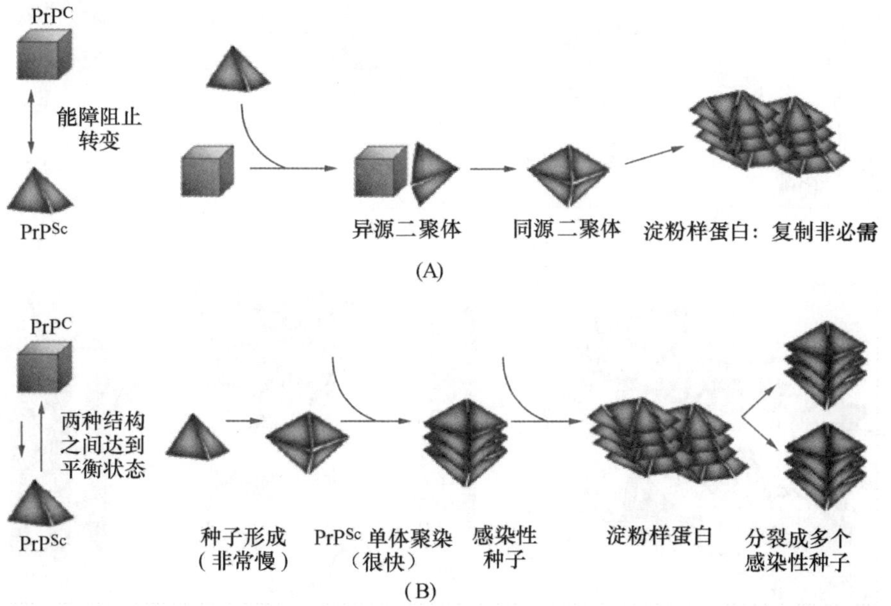

图 2.6 PrP^C 向 PrP^{Sc}转化的理论模型(周筠梅,2004)

(A)再折叠模型;(B)成核 - 多聚化模型

1. 成核 - 多聚化模型(nucleation - polymerization model)

即"种子"模型,PrP^{Sc}低级聚合物充当种子,在没有"种子"存在时,固有的 PrP^C 和极少量

PrP^{Sc}单体之间发生快速的可逆性构象变化，PrP^{Sc}单体不稳定，在条件适宜时，PrP^{Sc}单体聚集在一起形成稳定的PrP^{Sc}低聚体，从而促使平衡向生成致病型构象的方向移动，直至形成一稳定的“种子”，这个种子可通过互相粘连而继续生长，最后碎裂成小的感染单位。在成核-多聚化模型中具有传染性的物质是PrP^{Sc}的多聚化合物，转化过程中的限速步骤是需要形成作为种子进一步稳定的PrP^{Sc}，该步骤需要很长的时间，一旦形成稳定的种子之后，在充足的PrP^{C}存在的情况下，便会快速地形成PrP^{Sc}。

2. 再折叠模型(refolding model)或模板辅助转化模型(template assisted conversion model)

该模型认为PrP^{Sc}在热力学上比PrP^{C}更稳定，当PrP^{C}转变为PrP^{Sc}时需要克服能量障碍。在没有PrP^{Sc}存在时，PrP^{C}转变成PrP^{Sc}的速度很慢，在PrP^{Sc}存在时，它与PrP^{C}的结合降低了转变所需的活化能，使PrP^{Sc}的量迅速增长。

有研究认为，可能存在一种瞬时的构象中间体，这种中间体与一种未知蛋白(protein X)或酶作用后，能够与PrP^{Sc}形成异源二聚体，这一异源二聚体自发转化形成PrP^{Sc}同源二聚体，同源二聚体进一步解离，形成两个模板，各自诱导进一步的转化，使PrP^{Sc}的浓度以指数方式快速增长。通过MNR技术对重组仓鼠的朊蛋白结构转化进行研究，可以更加清晰地理解PrP^{C}

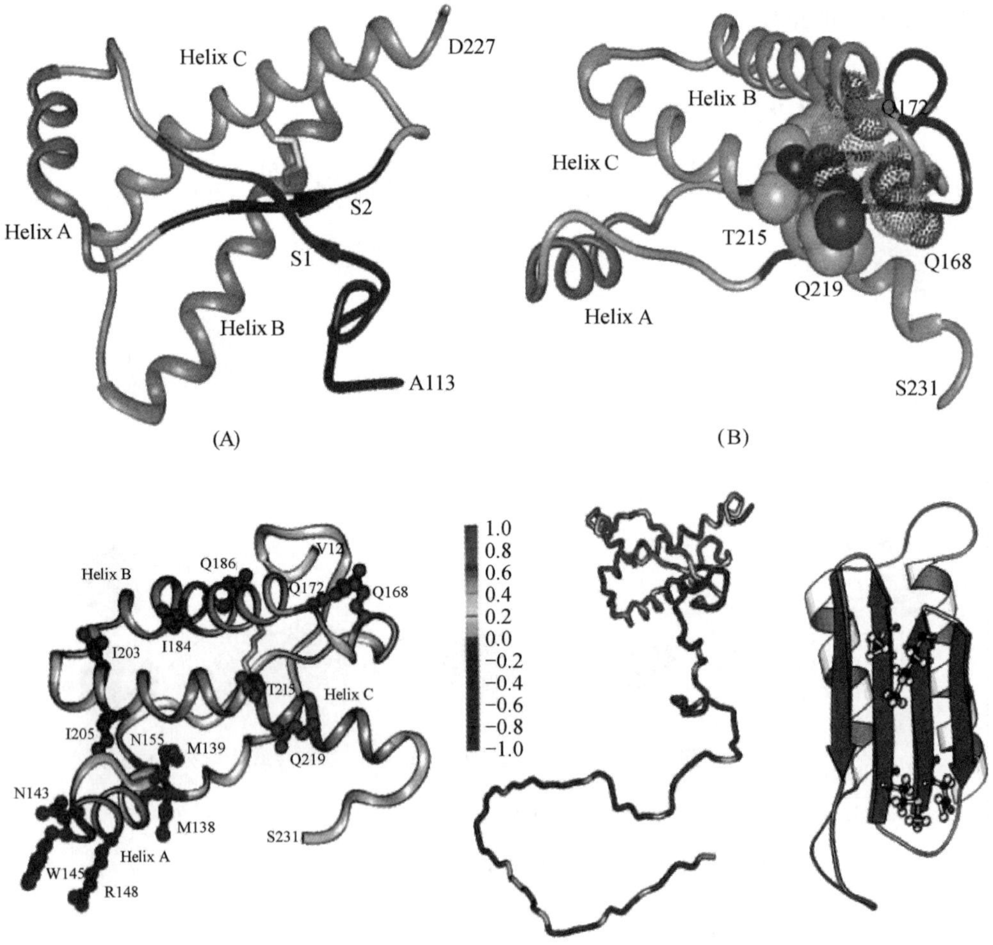

图 2.7 **PrP^{C} 向 PrP^{Sc}转化过程中的 MNR 结构**(Prusiner,1998)

是如何转变成 PrP^{Sc}的(图 2.7),图 2.7 中(A)为重组仓鼠 PrP90～231 片段的结构;(B)为重组仓鼠 PrP90～231 片段和 Protein X 结合时的部位和结构;(C)为 PrP^{C} 向 PrP^{Sc}转化过程中的重要位点,其中 Q186、I184、I203、I205 标记的位点可能同转化效率相关,N155、M139、M138、R148、W145、N143 标记的位点可能同不同种属动物朊蛋白转化时发挥作用相关,而 Q172、Q168、T215、Q219 位点则是能同 Protein X 结合时的位点;(D)为 PrP90～231 多肽片段柔性的模式图;E 为转化后形成的 PrP^{Sc}可能的高级结构。

目前 Claudio Soto 研究小组利用蛋白质错误折叠循环扩增技术(protein misfolding cyclic amplification,PMCA)在体外试管内,通过模拟体内环境,通过超声等方法将 PrP^{C} 转变成 PrP^{Sc},这些新产生的 PrP^{Sc}和原来的种子 PrP^{Sc}在生化特征和致病性上都保持一致。近期研究也证实了 PrP^{Sc}能够在有细胞膜脂类成分存在的情况下将外源人工重组的朊蛋白 PrP^{C} 诱导转化成 PrP^{Sc},并和原来的种子 PrP^{Sc}在生化特征和致病性上都保持一致。这些研究都强有力地证明了种子模型和模板辅助转化模型都能够合理地解释 PrP^{C} 转化成 PrP^{Sc}的过程。种子模型和模板辅助转化模型两者之间也并不矛盾,也可以将这两种模型整合在一起来解释 PrP^{C} 向 PrP^{Sc}转化的过程(图 2.8)。

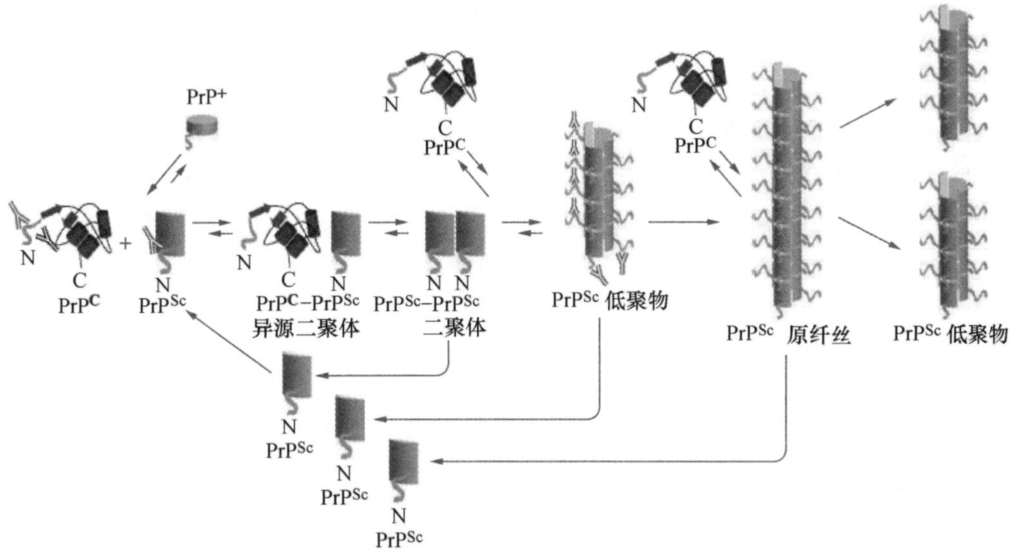

图 2.8 **PrP^{C} 转化为 PrP^{Sc}综合模式图**(Aguzzi,2008)

2.5.2 影响 PrP^{C} 向 PrP^{Sc}转化的重要因素

尽管由 PrP^{C} 向 PrP^{Sc}的转化是导致 prion 疾病的核心事件,但若在细胞内 PrP 蛋白的表达、拓扑结构、折叠状态和在细胞内的转运等过程出现异常,都可能会导致疾病的发生。下面列举几种影响 PrP^{C} 向 PrP^{Sc}转化的因素。

1. 氨基酸组成

一系列对人 PrP^{C} 蛋白的缺失突变的研究为阐明 PrP 蛋白中哪些残基与 PrP^{C} 向 PrP^{Sc}转化相关奠定了基础。Muramto 发现敲除 PrP^{C} 蛋白 N 端残基 23～88 和中间结构域中 141～147 都不影响 PrP^{C} 向 PrP^{Sc}转化,而删除 95～107,108～121 或是 122～140 却完全抑制此构象的转变，暗示这些残基与构象转变密切相关。Kuwata 等进一步将范围缩小，发现人工合成的 $PrP^{106\sim126}$ 肽能够聚集在一起形成淀粉样纤维，引起神经细胞程序性死亡、诱导增生和培养的神经胶质细胞肥厚。$PrP^{106\sim126}$ 肽可能成为非常理想的研究淀粉样纤维形成和由 PrP^{Sc} 介导的细胞死亡的化合物。

在研究 Tg 鼠中 prion 传播和神经退行性变化所需步骤时发现，$PrP^{90\sim140}$ 可能是 PrP^{C} 和 PrP^{Sc} 相互作用的位点，在构象转变过程中起非常重要的作用。

成熟鼠的 PrP 蛋白含有 208 个氨基酸残基，Supattapone 等曾报道截短的由 106 个氨基酸残基组成的 PrP106 分子能在转基因鼠中形成具传染性的小 PrP(miniprion)。随后，他们进一步应用缺失突变的方法将 PrP106 截短，发现只含 61 个残基的 PrP61(其中保留了糖基化位点和能插入脂的锚结构)，在成神经细胞瘤中能自发形成抗蛋白酶解的构象。在转基因鼠中，少量表达 PrP61 就引起共济失调而死亡。神经病理实验表明，在神经的树突或细胞体内积累抗蛋白酶解的 PrP61 能引起细胞凋亡。PrP61 可用于研究 PrP 分子转变成抗蛋白酶解的构象并变成神经毒性的机制。

2. 糖基化影响 PrP 蛋白的折叠和拓扑结构

人的 PrP 蛋白在 Asn181(Loop 区)和 Asn197(α 螺旋区)位有 2 个可能的糖基化位点，由于蛋白质翻译后加工程度的不同，通常有单糖基化、二糖基化和非糖基化的异构体存在。由于 N 糖链比较长，又颇具运动性，可以有效屏蔽 PrP 分子间的作用面，因此糖基化可以保护蛋白质较大的表面免被蛋白酶水解，防止非专一性的蛋白质相互作用等。糖基化影响抗原决定簇的存在和对抗体的可接近性，正常的糖基化可以避免许多非专一性的过程。而异常的糖基化是引起形成 PrP^{Sc} 的原因之一。已发现新的变异 CJD 与 PrP^{Sc} 二糖基化异构体相关，而在偶发性的 CJD 中，PrP^{Sc} 主要是单糖基化的。研究表明糖基化作用可能是通过改变 PrP 蛋白 C 端的构象来调节 PrP^{C} 和 PrP^{Sc} 之间的作用。

3. 金属离子的影响

已知过渡金属铜、铁、锰与老化和退行性疾病相关的氧化损伤和炎症密切相关，但机制尚不清楚，可能与过氧化、产生自由基和与含金属酶结合等过程相关。过渡金属铜离子能以很高的亲和性与 PrP 蛋白结合，这种结合可以明显改变后者的生化性质。纯化的 PrP^{C} 能通过它的八肽重复序列结合铜离子，而缺失 PrP 基因的小鼠则表现出膜结合的铜离子数量减少和铜锌超氧化物歧化酶的活力降低。铜离子对细胞内 PrP^{C} 流通的影响支持了 PrP^{C} 可能是细胞从外环境摄取铜离子的内吞受体的假说。

4. RNA 分子促进 PrP^{C} 向 PrP^{Sc} 的转化

发展体外监测 PrP 扩增的技术，可以帮助人们从生物化学的角度研究 prion 传播的机制和影响 PrP^{C} 向 PrP^{Sc} 转化的因素。Kocisko 等首先应用放射性标记的、纯化的 PrP 分子转化技术，成功再现了许多与 prion 在体内传播的相关性质。但是此法灵敏度太低，只有在 PrP^{Sc} 的量高于 PrP50 倍时，才能开始诱导 PrP^{Sc} 的形成；随后 Saborio 和 Soto 等发展了称为蛋白质错误折叠循环放大的方法(PMCA)，在 SDS 存在下，经重复超声处理，可以有效地扩增仓鼠脑匀浆液中的 PrP^{Sc}。这一技术不仅使检测 PrP^{Sc} 的灵敏度提高了 10～100 倍，而且大大提高了基于 PrP^{Sc} 含量来鉴定 TSEs 疾病的可能性，这种鉴定 TSEs 疾病的概念，使在体外研究 prion 疾病的机制成为可能。Lucassen 等考虑超声处理和 SDS 的存在都可能使细胞内的蛋白质因子变性而改变正常的生化反应，进一步对 Saborio 等的方法进行改进，发展了灵敏的、非变性的 PMCA 法。应用此技术研究了 prion 诱导的蛋白质构象变化的机制，发现 PrP^{Sc} 的体外扩增存在菌种专一性，而且是时间、温度和 pH 依赖的。加入金属螯合剂 EDTA 和 EGTA 都不影响 PrP^{Sc} 的扩增，说明此过程并不需要二价阳离子；巯基试剂 NEM、PHMB 和 mersalylacid，能抑制体外的扩增，说明从 PrP 向 PrP^{Sc} 的构象转化需要含自由巯基，符合二硫键交换假说，首次证明了具有反应活性的化学基团在从 PrP 向 PrP^{Sc} 的构象转化过程中起着关键的作用。Deleault 等应用改进的 PMCA 法，研究了能抵抗蛋白酶水解的类 PrP^{Sc} 蛋白 PrP^{res} 的扩增过程，出乎意料地发现特定的 RNA 分子能加速仓鼠 Sc237PrP^{res} 蛋白的扩增，深入的研究表明，只有单链 RNA 有此作用，而双链 RNA，DNA RNA 杂合物及 DNA 均不影响 PrP^{res} 的扩增。如果此体外 PrP^{res} 扩增方法研究的结果能够代表体内 PrP^{Sc} 形成的模型的话，作者的研究结果进一步阐明了特定的 RNA 分子是 PrP^{Sc} 形成的细胞因子，RNA 的存在加速了由 PrP^{C} 向 PrP^{Sc} 的转化，并不是没有 RNA 的参与就不能完成此转化。因此，此结果发现了 RNA 能促进 PrP^{Sc} 的转化，却未动摇 Protein only 假说，PrP^{C} 向 PrP^{Sc} 的转化仍是基本的、自发的过程。

2.6 朊蛋白疾病的种间屏障机制

朊蛋白虽然是一种很保守的序列，可是在不同种动物间又不尽相同，同种动物间也存在序列的多态性。朊病毒传播时有这样一个特点，能感染某种动物，却不会对其他种动物产生影响，即使是品系很接近的动物，在接种其他品种患病动物的组织材料时，也会出现不确定的发病率，以及临床症状出现的时间延长。病毒在不同种动物间产生不同病理变化的现象就是所谓的种间屏障。种间屏障的概念随着转基因小鼠以及人造毒株的出现而有所拓展；当供体和受体是同一品种时，出现潜伏期延长的现象时可以称作“传播屏障”。要更好地理解种间屏障，我们首先应该明白 TSEs 病原在种内传播的情况。

2.6.1 种内传播

TSEs 在种内的传染效率通常要高于种间的传播（图 2.9），这种现象无论是自然发生还是

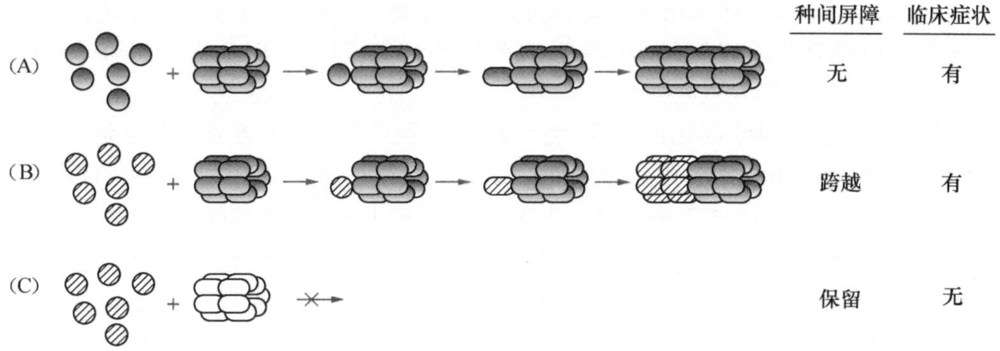

图 2.9 PrP^{C} 和 PrP^{Sc} 的相互作用对 TSEs 种间屏障的影响（Moore，2005）

注：圆环表示 PrP^{C}，矩形表示纤维化的 PrP^{Sc}。(A)无种间屏障。PrP^{C} 和 PrP^{Sc} 是一致的。(B)跨越种间屏障。宿主的 PrP^{C} 和 PrP^{Sc} 接种物如果是异源性的，可是关键位点比较吻合，于是构象发生转换，PrP^{Sc} 蓄积并且引起发病。(C)种间屏障的保留。宿主 PrP^{C} 和 PrP^{Sc} 接种物为异源性的时，新生的 PrP^{Sc} 产生，有种间屏障。

在实验的条件下都得到了验证。传播的效率与 TSEs 的病原、感染的路径以及动物品种有关。BSE 的病例中，经口传染的潜伏时间约为 5 年，垂直传播或者水平传播很少发生。

慢性消耗性疾病和痒病是没有受到人为干涉的 TSEs 疾病，两者都追溯不到与人类行为有关的起源。CWD 在圈养的鹿间传播很快，感染率能够达到 80%或者更高，感染病鹿的传播方式还不明确，有研究报道唾液、粪、尿也可以散播病原。同样的，痒病在羊群间自然传播时感染率最高能达到 25%～40%。

2.6.2 种间屏障

在不同哺乳动物间，TSEs 病原的传播受到所谓的“种间屏障”的限制。这种现象指的是 TSEs 病原在种间传播时存在着困难，因为 TSEs 病原从一个品种传播到另一个品种时潜伏期会增加，而在受体间传播时，这个时间会减少，这种障碍在一定程度上难以逾越，有时候通过脑内接种的方式都不能使动物表现出临床症状。在外周注射和口服这样不太有效的方法接种时，种间屏障的作用更加明显。如果没有人类的介入，很难说是否有的野生动物病例因为逾越了种间屏障的缘故。例如，CWD 是否就是因为鹿感染了绵羊痒病而产生的呢？

现在动物海绵状脑病的传播很受关注，就是因为 BSE 在牛群间的传播。BSE 是 TSEs 病原传染给人类的一个典型的或是唯一的代表。英国 BSE 的发生和使用感染了痒病的牛、羊等反刍动物的肉、骨等及其他废弃物来提供高蛋白能量的需要有关，现在这样的行为是非法的。

20 世纪 80～90 年代的时候，数以百万的牛只受到疯牛病威胁的时候，有一种观点认为人类有可能也会受到传染。英国疯牛病发生的初期，人们很恐慌，担心被传染，可是由于羊痒病在近两个世纪都没有传染给人的先例，因此人们心态稍微平缓了一些。但是，在疯牛病发病高峰 1992 年之后几年，一种新的 CJD，即 vCJD（变异性 CJD，也有译为新型 CJD）出现了。尽管人们还是不理解朊病毒是怎么通过人类采食被病毒污染的食物感染，并且如何跨越了种间屏障，但大量有说服力的流行病学、PrP^{Sc}毒株、传染方面的实验数据等都证明了 vCJD 来源于 BSE 牛的假说。

目前，无意间消费被病毒污染商品的人数难以确定，然而，在 BSE 发病的高峰期来英国的游客以及英国人都有被感染的风险。在仔细的监督下，从 1996 年起，已经记录近百例 vCJD 的病例。但很难想象，经过一个较长的潜伏期，当 vCJD 再次暴发的时候会是一个什么情况。

在 BSE 带来政治和科学问题的时候，鹿和麋鹿中的 CWD 在北美的中部区域逐渐传播开来。CWD 传染给其他动物的潜在威胁很大，因为它们往往和牛共用一草场。目前，仍没有 CWD 传染给人类的病例，但并不排除在 CWD 进化成新型后感染人类的可能性。另外还有至少两种 TSEs 的传播与人类介入有关，如猫的海绵状脑病（feline spongiform encephalopathy，FSE）和水貂的海绵状脑病（transmissible mink encephalopathy，TME）。两种病的流行来源还没最终确定，不过摄入 TSEs 污染的饲料发病是有很大可能性的。

2.6.2.1 早期关于种间屏障的研究

1966 年，通过脑内接种 kuru 病的病料能够感染黑猩猩，潜伏期少于两年。给健康猩猩接种发病动物的脑匀浆后，发病的时间明显缩短。1968 年，第一例实验性的 CJD 感染黑猩猩获得成功。到1973年时，相同的实验已经在不同品种猴子上得到验证。当然，由于当时还没有发现 prion 的存在，早期研究并没有质疑这种感染的病原是病毒，但是比较困惑的是 CJD 和 kuru 病比较容易传染给某些品种的猴子却不能容易传染给其他的。如恒河猴与短尾猕猴就对感染有一定的抵抗力。绵羊和山羊的分离株也只能对某些猴子有传染能力，而绵羊痒病能够很容易地传播给水貂，且能在山羊和仓鼠中传代。在早期的动物实验中，人们一直在猜想一些特定的 TSEs 病原对哪些动物品种有作用。早期这些实验，为研究 TSEs 病原在人和实验动物间的传播奠定了重要的基础，更好地了解了种间屏障的机理。

2.6.2.2 *prnp* 的基因序列对种间屏障的影响

Dickinson 等人首先报道了宿主编码的 *sinc* 基因（scrapie incubation 基因）对痒病的潜伏期和易感性都有影响，通过 C57BL 小鼠和 VM 小鼠间的基因杂交技术发现，*sinc* 基因是决定不同潜伏期的基础。两种小鼠间感染痒病的潜伏期不同，但是这种差异可以通过品种选育得到控制。当纯化的 PrP 蛋白 N 端序列得到成功分析后，DNA 探针也分析到仓鼠也有 PrP 基因，即现在说的 *prnp*。一系列的研究表明以往研究的 *sinc* 基因和 *prnp* 其实就是同一种基因。而且氨基酸序列多态性与鼠感染痒病的潜伏期有关。因为不同的哺乳动物编码的 PrP 序列都是不同的，因此 *prnp* 基因因为与种间屏障的关系，得到了很多科学家的关注。

在20世纪70年代中期，建立起了一种有效的仓鼠感染痒病的动物实验模型，接种痒病后的仓鼠2～3个月后就发病。从发病仓鼠分离到了263 K 毒株，一个对小鼠无致病性的病原，因而在小鼠和仓鼠间建立起了一个便利的研究痒病种间屏障的实验模型。在此基础上，随着转基因技术的发展，仓鼠和小鼠间的种间屏障作用进一步得到加强。最初的研究表明，过表达叙利亚仓鼠 PrP 的小鼠在接种仓鼠痒病后3个月内发病，而野生型的小鼠就没有发病。发病仓鼠脑匀浆的提取物能够使仓鼠发病却不能传代感染小鼠，也说明在传代过程中病原品种的特征性被保留下来。类似的实验中，与野生型小鼠相比，过表达绵羊 PrP 的小鼠感染痒病后潜伏期缩短很多。同样的，正如预料的一样，表达人 PrP 的转基因小鼠对人类的朊病毒很易感。不改变别的，只改变氨基酸序列就能避免种间屏障的发生。因此 *prnp*，也就是说 PrP^{C} 本身就是跨越种间 TSEs 传播的主要基础。

已经证实 PrP 氨基酸一级结构的序列和跨越种间屏障有重要的关系，因此，描绘出涉及的特定区域就显得很重要。Scott 等构建了一个模型，小鼠 PrP 的 ORF 的中心部分片段被仓鼠基因相应部分取代，这种嵌合子小鼠对小鼠和仓鼠的痒病毒株都易感，这个试验表明 ORF 的中心部分对 TSEs 的种间屏障有很强的影响。作为 PrP^{C} 在 TSEs 中重要的证据，PrP 基因敲除小鼠能够正常生存，对 TSEs 的感染力有着完全的抵抗作用，并且没有继续传播的能力。

2.6.2.3 特定氨基酸影响 TSEs 的传染力

一旦证实了 PrP 是 TSEs 发生和种间屏障所必需的，进一步的研究就针对更多的与 PrP^{C} 转化为 PrP^{Sc} 的特殊的多肽区域和其上特别的氨基酸。PrP^{C} 和 PrP^{Sc} 的中心区域的同源性对于成功跨种间的 PrP^{C} 向 PrP^{Sc} 的转化、感染能力的传播都有重要的作用。

PrP 氨基酸序列和 TSEs 的潜伏时间直接的相关性通过表达小鼠 PrPLeu108Met 和 Val111Met 的转基因小鼠得以实现。接种小鼠适应的痒病毒株后，这些发病小鼠的潜伏期与仅表达 PrP 的小鼠相比明显延长。相似的，N 端 Pro101Leu 的单突变转基因小鼠在分别接种人、仓鼠、绵羊的 TSEs 毒株后潜伏期明显改变。

当感染痒病的鼠成神经细胞瘤细胞表达仓鼠 PrP^{C} 时，PrP^{C} 和 PrP^{Sc} 112～189 处的同源性与新的 PrP^{Sc} 生成有关。进一步的研究发现，小鼠的特定的氨基酸 Ile138 有助于 PrP^{Sc} 的转化，而仓鼠 Met138 却能够阻止 PrP^{C} 向着 PrP^{Sc} 的转化。可见，当一个氨基酸错配时，或许能有效影响 PrP^{C} 向 PrP^{Sc} 的转化。

最初的动物实验研究证明，接种后的潜伏时间与转基因小鼠脑内表达仓鼠 PrP 的量表现出一个相反的比例，充分显示 PrP^{C} 影响疾病的动态。最近的一些相似的模型试验表明，过表达绵羊 PrP^{C} 小鼠的感染痒病的潜伏时间和野生型小鼠相比大大地缩短了。这个事实表明，PrP^{C} 本身就是跨越种间屏障的基础，仅仅在改变品种 PrP^{C} 的氨基酸序列后，种间屏障就有可能会被逾越。

仓鼠和小鼠在 155 位点有不一致，小鼠 155 位是酪氨酸，仓鼠 155 位是天冬酰胺，正是这一个不一致在无细胞的实验中能够充分地控制小鼠向仓鼠的蛋白酶抗性 PrP 的种间转化。还有一些实验表明残基 155 影响着小鼠和仓鼠的种间屏障。在一些相似的无细胞实验中，绵羊 171 位氨基酸残基能够减少有蛋白酶抗性绵羊 PrP 的转化，因此这个位点的多态性变化和绵羊对痒病的抗性有关。因此，对种间屏障的影响，往往一些关键位点的氨基酸能起到很大的作用，而这些残基在不同的品种间总不尽相同(图 2.10)。

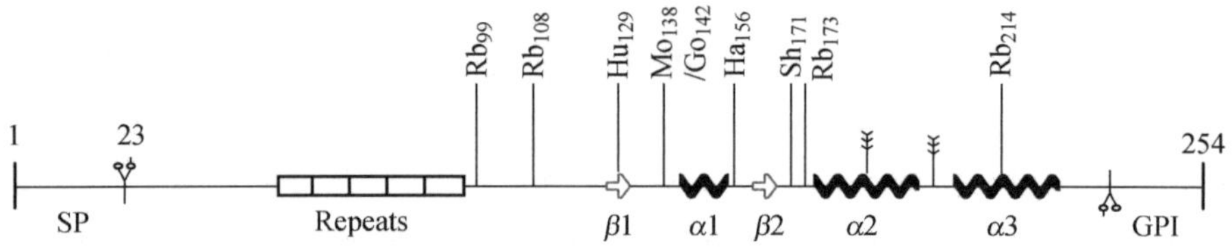

图 2.10　与种间屏障有关的氨基酸残基(Moore，2005)

注：图示为全长的 PrP^{C}。其中 SP：信号肽；Repeats：八肽重复区；GPI：糖基磷脂酰肌醇锚，在 231～254 处插入；箭头表示 β 折叠，主线表示 α 螺旋。一般来说，主要与种间屏障有关的是中央的区域，而且一些特殊的氨基酸与种间屏障的这些变化有关。残基数量在不同品种间变化不大。Rb：兔；Ha：仓鼠；Mo：小鼠；Hu：人；Sh：绵羊；Go：山羊。

2.6.2.4　异源性蛋白对 PrP^{Sc} 形成的干扰

利用转基因小鼠的研究提供了大量的证据，证实 TSEs 特征性的变化，如潜伏期、神经病理变化都能够被转基因 PrP 进行修改。应用一种既能够表达仓鼠又能表达小鼠 PrP 的转基因小鼠进行实验，PrP^{Sc} 接种物无论来自仓鼠还是小鼠，都会在种间疾病传播方面起决定性的作用。通常，PrP^{C} 和 PrP^{Sc} 的同源性越高，越过种间屏障传播的可能性越大。表达仓鼠和小鼠 PrP 的转基因小鼠比只表达小鼠 PrP 的鼠对小鼠痒病抵抗性更强。

异源性 PrP^{C} 的表达就如同来自其他动物一样能够干扰 PrP^{Sc} 的形成，这种可能性提示研究人员利用痒病感染的小鼠成神经瘤细胞来验证这种假说。这些细胞能够表达鼠类的 PrP^{C}，而且同时能蓄积和复制鼠的 PrP^{Sc} 以及传染力。这种模型能够有效地证明共表达鼠和仓鼠 PrP^{C} 能够明显地减少 PrP^{Sc} 的蓄积。异源性仓鼠 PrP^{C} 干扰同源的小鼠 PrP^{C} 和 PrP^{Sc} 的相互作用时存在着剂量依赖关系，可能与 PrP^{Sc} 的结合有关，这个问题通过蛋白酶 K 抗性 PrP 的减少而加以证实。随着异源性 PrP^{C} 表达的增加,可检测到的 PrP^{Sc} 降低,甚至达到一个不能检测到的量。体外无细胞转化实验提供了进一步的证据,证据表明,异源性的 PrP^{C} 能够降低同种间 PrP^{C} 转化成 PrP^{Sc} 的效率。这些竞争性研究得到的结论是异源性 PrP^{C} 分子有助于阻止同源性 PrP^{C} 错误折叠后形成具有蛋白酶抗性的 PrP^{Sc}。这或许是一个关键性的因素,导致了种内潜伏期的延长。

2.6.2.5 对 TSEs 传染的抵抗性

一些品种,例如豚鼠和兔子,不知道为什么不患 TSEs,而人和绵羊则敏感。这种抗性,在一定程度上是因为动物朊蛋白氨基酸一级结构的不同。兔子对 TSEs 有一定的抗性,脑内注射不同来源的 PrP^{Sc} 依然不会发病。在小鼠选择一些兔特定的突变位点,如等位基因 Asn99Gly、Leu108Met、Asn173Ser 和 Val214Ile,用小鼠成神经瘤细胞持续感染鼠的痒病检测时发现在 PrP^{C} 和 PrP^{Sc} 间的转化过程中这些位点有明显的干扰现象。这些结果表明小鼠成神经瘤细胞的 PrP^{C} 和 PrP^{Sc} 间的转化效率受到影响,和报道的兔对 TSEs 感染的抗性相符,这种原因在一定程度上是因为 PrP^{C} 和 PrP^{Sc} 氨基酸的不一致所致。

自然存在的多态性通常和提高对 TSEs 的易感性或者抗性有关。人朊蛋白位点 129 和 CJD 的易感性有关。山羊 PrP 的多态性位点 le142Met 与抗绵羊痒病或者疯牛病的特性有关。众所周知,绵羊痒病易感性的位点是 171。171 位纯合子的绵羊(171Glu,Glu)比杂合子(171Glu,Arg)或者纯合子(171Arg,Arg)对痒病更易感。正是基于这个理论基础,在欧盟已经开始在进行品种选育,把抗性基因引入到羊群中,逐渐根除痒病的易感基因。当然随着非典型痒病的出现,这个理论也在一定方面受到质疑。事实上,在 BSE 的威胁下,这个工作已经开始实行了。然而有抗性基因型的绵羊依然会受到 BSE 的感染,尽管概率比较低。近来的证据表明,即使是很强的 TSEs 的种间屏障依然可以被穿越,于是人们在讨论,是否真正存在一个不被跨越的屏障存在。

2.6.2.6 朊蛋白糖基化形式的影响

PrP 是一种细胞表面的糖蛋白,可是能溶解的结构不能说明任何糖基化作用的影响或者与细胞在 PrP 功能和构象间的相互作用。几乎可以明确特殊的糖基化结构能够影响 TSEs 病原的折叠和变异。正常的 PrP 是在翻译后在靠近羧基端通过 N 链接葡聚糖修饰在两个天冬酰胺残基上。不过,一个 PrP 分子仅能被一个或两个特定的糖基修饰。当然,这个观点过于简单。实际上,糖基的序列间存在着大量的异质性,糖基的结构数以百计。因而,即使 PrP 分子氨基酸的一级结构相同,但是有了糖基的存在,整个分子水平结构也会不同。事实上,体外实验也说明了糖基化作用能很大程度上影响跨越种间屏障(仓鼠和小鼠)时 PrP^{Sc} 形成的数量。不同朊蛋白品系在进行相应生化分析后发现其单糖基化、双糖基化和非糖基化 PrP^{Sc} 的相对比例及 PrP^{Sc} 抗蛋白酶成分的电泳迁移率有差别。因此,不仅氨基酸的一级结构还有糖基化的方式都是多变的,毫无疑问地影响到 PrP^{C} 和 PrP^{Sc} 结合和全部的折叠两个主要的过程。

2.6.2.7 三维结构的影响

每个蛋白质分子都会有一个三维结构建立在氨基酸序列的一级结构上。朊蛋白是一种谜一样的分子,能够在一个单一的氨基酸序列的一级结构上采用许多稳定的构象。TSEs 病原的分化和传播能力的问题应该以全部 PrP 结构上多变的构象形式加以考虑。应该考虑到哺乳动物羧基末端区域的 PrP(121～231 位残基)序列约有 90％的一致性，在健康动物也有相似的折叠形式。实际上，这种预见通常可以通过有效的重组 PrP 结构得到证实。一些不同品种间重要的 PrP 表面残基经过分析后，得出一个结论，这些位点的氨基酸残基改变后并不能够扰乱整个 PrP 结构，但是能够改变一些氢键和电荷特性，进而会明显地影响到那些位点的分子内信号传递。按照这个逻辑可以想象，这些位点的氨基酸能够被替换且不影响 PrP 的功能，同时还能够影响 PrP^{C} 与其他分子的相互影响，例如影响其他来源的 PrP^{Sc} 与 PrP^{C} 间的作用。无论种间非糖基化的 PrP^{C} 结构表面上一致，TSEs 病原的特异性和种间屏障几乎明确地依赖 PrP^{Sc} 三维结构的微细变化。为什么 PrP^{Sc} 空间构象不同就会产生多种 TSEs 病原，是否这样的构象能够像分子反应一样不断生成新的病原，这些问题依然没有得到解决。

TSEs 感染力在种间传代时的传播屏障的存在可以通过潜伏期的延长、完全缺乏临床症状得到证明。现在仍然很难预测这种屏障的强度。尤其是在多种动物间传染时跨越了屏障，就如同绵羊传给牛，牛传给人类一样。可以猜想鹿携带 CWD，能够传染给一定范围的牛，并且使人类面临新的 TSEs 病原的威胁。因此，可靠的模型应该用于预测人类对这些动物朊病毒病的耐受力。同时，极其需要一种检测技术或手段能够在人或动物发生 TSEs 早期的检测。动物间的屏障作用通过实验可以验证，这方面的研究费时、费力，在人的种间屏障研究时，不得不借助于实验模型，但这样的真实性一点儿也不可靠。近年来，蛋白质错误折叠循环扩增技术(PMCA)较广泛地应用于朊病毒病的研究领域，PMCA 技术可以在体外快速地扩增 PrP^{Sc}，借助这种技术可快速有效地用于研究种间屏障。

2.7 朊蛋白毒株的研究

自从发现疯牛病和人类疾病之间的联系后，疯牛病对人类社会的影响已经不再是单纯的经济上的损失，更多考虑的是朊病毒对人类公共卫生安全方面的威胁。

在许多 TSEs 的特征里，有一个很有趣的现象，就是同一种朊病毒往往具有多种毒株。人们观察发现，患病动物往往会出现不同的病理变化，朊病毒病临床变化和生化结果会在啮齿类模型动物间连续传代后保留下来。与其他传染性病原出现的情况相比后，这种情况的出现归因于毒株的不同。由其他传染性的病原类推，这些变种被界定为不同的毒株。一个经典的关于毒株的定义和疾病相关的遗传变异或者传染性病原的亚型有关。可是这个概念在病毒上并不是很适用，不能衍生到朊病毒。在早些年，不同毒株存在的现象是反对唯蛋白假说的一个有力的证据。人们推断说，在动物间发现的不同表现型主要是由于 TSEs 病原包含的不同遗传信息所致。然而，现在普遍接受的理论认为不同朊病毒毒株的主要的区别是源于不同构象的 PrP^{Sc} 能够在动物个体间稳定不变地复制、传播。

2.7.1 朊病毒毒株的分类方式

朊病毒的不同毒株可以按照不同的参数加以分类。潜伏时间、组织病理学损伤形状、临床症状是体内特征，能够用于区别不同类型的毒株。最常用到的是潜伏时间，潜伏时间是指接种病原后到动物表现出临床症状的这一段时间。朊病毒在种内间接种的重复性很强。不同朊病毒株制剂接种后能出现不同的,可重复的潜伏时间。组织学研究也表明接种不同的毒株后会出现重要的区别。不同主要表现在 PrP^{Sc} 的分布、沉积的特点,以及特定脑组织的空泡化程度。为了对这个方面进行一个量化的表示,有报道提到科研工作者已经制订出了一个很好的标准化的操作程序,用于小鼠脑损伤后的空泡化评分(损伤形状)。这个操作程序主要是根据病变程度,选择脑的6个灰质、3个白质区域进行分析、打分。通过这样的方法,有着相同潜伏时间的朊病毒株,如ME7和79A往往能够被鉴别出来。使用相同的方法,PrP^{Sc} 蓄积图也用于追踪传染性物质的起源。最后,在鉴定毒株的时候临床表现也是很有用的一个特征。例如,感染TME仓鼠的临床特征甚至是相对的,就是因为TME有两种毒株,沉郁型Drowsy(DY)和亢奋型Hype(HY)。不幸的是,临床症状不会一直作为有效的鉴别毒株的指标。以小鼠为例,许多毒株的临床表现都很相似。既然不同的脑损伤模式已经出现,与临床症状的不同有关。行为的研究会带给科研工作者一些特殊的信息,这些信息和不同朊病毒分离株产生的脑损伤类型有关。

2.7.2 朊病毒毒株的生化特性

此外,相对于体内实验的不同,每个毒株的传染性蛋白都有特别的生化特性。在这些生化特性中,最重要的特性就是被PK消化过后蛋白质的电泳迁移率、糖基化模式、PK抗性的程度、用促溶剂变性时沉降作用和抗性。近来,也有描述了不同毒株对铜离子的结合力。不同形式CJD的 PrP^{Sc} 生化特征是不同的(图2.11)。Western blot图显示了不同来源人的 PrP^{Sc} 经过PK消化后糖基模式和电泳迁移率存在着多样性。应用傅里叶变换红外光谱学(FTIR)研究包括了不同的 PrP^{Sc} 毒株,应用构象依赖免疫监测法和原子力显微法证实了一个假说,朊病毒毒株间的区别存在于 PrP^{Sc} 结构的多样性,而这种结构 PrP^{Sc} 是可以获得的。然而,PrP^{Sc} 毒株间区别的结构本质仍未见确凿的证据。

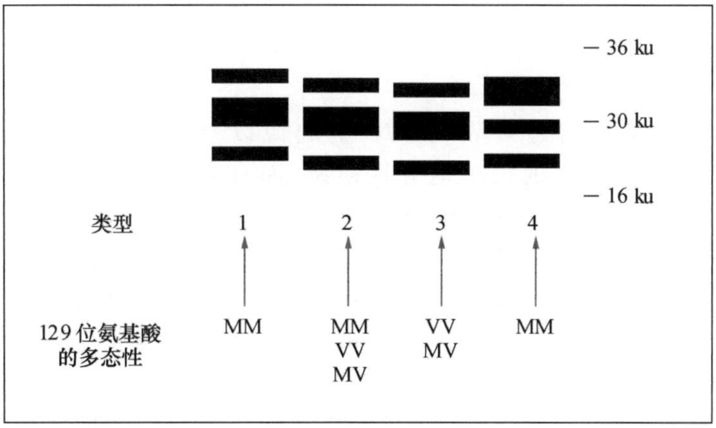

图2.11 不同人朊病毒毒株 PrP^{Sc} 的Western blot图(Rodrigo Morales,2006)

注:用PK消化后的人 PrP^{Sc} 的类型,特别是129位的多态性和 PrP^{Sc} 特殊的模式有关。1、2和sCJD有关,3主要和iCJD有关,4主要在vCJD见到。

2.7.3 种间屏障和新毒株的产生

毒株多样性的来源主要是和种间感染有关。毒株在不同动物间传播时会存在种间屏障。种间屏障的存在使得潜伏时间延长。

朊病毒的序列不同会导致构象的不同，能用于解释种间屏障和 PrP^{Sc} 构象的多样性。有些品种动物 PrP^{C} 的构象不容许其他来源的朊病毒进行转换。如兔子不被不同来源的朊病毒感染。这个例子也说明了种间屏障有着绝对性。

牛和人之间的种间屏障或许更多的和公共卫生有关。人们普遍认为，消费了 BSE 感染食物是人类 vCJD 发生的原因。vCJD 表现出了与以往人朊病毒株不同的临床表现。vCJD 和 sCJD 之间的不同包括了主要的临床变化，脑组织的损伤图以及 PrP^{Sc} 的生化特征。英国 BSE 的流行表明了朊病毒病的危害性。到目前为止，BSE 是唯一的传染给人的非人类朊病毒株。尽管人类已经食用了几百年的羊肉制品，这些羊肉制品有可能受到了痒病的污染，但是，没有明确的证据表明 CJD 病人的发病和食用痒病病羊有关。

BSE 不仅仅传染人类。使用大量的奶牛来源的病料饲喂外来的猫科动物老虎和猎豹，会使其发病，并产生新的疾病，但不能使家猫发病。BSE 在这些动物间的传播制造出了许多新的毒株，每种都有特定的生化和生物学特征，因此，又成为人类健康潜在的威胁。已经有报道 BSE 可以在猪之间或者表达猪 PrP 的转基因小鼠间传播。因为猪肉及其制品的消费很广泛，所以推测的“疯猪病”将会增加朊病毒传染给人的动物性疾病事件。幸运的是，BSE 在猪间的传播仅仅是在严格的实验条件下实现的，自然发生是不可能的。更恐怖的是 BSE 已经传染给了绵羊和山羊。研究表明，这种传播有可能，实际上相对容易和令人恐惧产生一种和羊痒病临床症状相似的疾病。牛源的新痒病使新毒株传染给人类成为可能。一些实验室已经在用感染 BSE 的病羊脑匀浆接种表达人 PrP 的转基因动物模型。需要重点注意的是，所有实验条件以及自然条件下接种感染 BSE 产生的病料的病例都会表现出和原始接种物相同的生化反应。这个现象表明这些新生的传染性病原或许对人类有威胁。BSE 的最初来源仍然是个谜。不过，大量证据表明 BSE 是由于给牛饲喂了被痒病污染的材料而产生的。这也表明牛的 PrP^{Sc} 或许是绵羊 PrP^{Sc} 和人 PrP^{C} 的中间构象。

比较有意思的朊病毒病是 CWD，CWD 的起源以及传染给人类的潜力仍然未知。CWD 逐渐成为美国有些地方的一种地方性疾病，而且病鹿的数量逐渐增加。这些现象很令人烦恼。人们推测许多美国的猎人在接触或者消费 CWD 鹿肉。专门的注意力已经放在了病鹿的清除工作，这些病鹿人们推测曾经感染过高浓度的鹿科动物的朊病毒病，导致了许多新毒株的出现，幸运的是，浣熊感染 CWD 的实验室结果为阴性。BSE 包括 CWD 在内的传染性的偶发事件会导致突变事件，通过一个很危险的途径在人群中传播疾病。尚无 CWD 感染人和 CJD 有联系的临床证据，不过给松鼠猴接种 CWD 病毒也能使其发病。虽然如此，通过实验可知，人与鹿科动物之间的种间屏障要比人与牛之间的屏障更坚固一点。最后，意识到 CWD 对其他动物有感染性，中间构象的形成会加速对人的感染这点是很重要的。

目前，研究中提到的主要毒株如表 2.1 所示。

表 2.1 啮齿类动物中实验性 TSEs 毒株的来源和分化(Vincent,2008)

名称	来源	在中间物种间传代	宿主
ME7	绵羊痒病[a]	不	小鼠(*Prn-a*)
87A	绵羊痒病[a]	不	小鼠(*Prn-a*)
211C	绵羊痒病[a]	不	小鼠(*Prn-a*)
87V	绵羊痒病[a] SSBP/1[b]	不,山羊[c]	小鼠(*Prn-b*)
79A	SSBP/1[b]	山羊[c]	小鼠(*Prn-a*)
79V	SSBP/1[b]	山羊[c]	小鼠(*Prn-b*)
139A[d]	SSBP/1[b]	山羊[c]	小鼠(*Prn-a*)
22C	SSBP/1[b]	不,山羊[e]	小鼠(*Prn-a*)
22H	非克隆 22C	不,山羊[e]	小鼠(*Prn-b*)
22L	SSBP/1[b]	不	小鼠(*Prn-a*)
22A	SSBP/1[b]	不	小鼠(*Prn-b*)
22F	克隆 22A	不	小鼠(*Prn-a*)
301C[f]	BSE	直接或不传代	小鼠(*Prn-a*)
301V	BSE	直接或不传代	小鼠(*Prn-b*)
139H	克隆 139A	不	叙利亚仓鼠
263K[g]	SSBP/1[b]	山羊[c]、小鼠、大鼠	叙利亚仓鼠
NE7-H	克隆 ME7	不	叙利亚仓鼠
HY[h]	TME[i]	不	叙利亚仓鼠
DY	TME[i]	不	叙利亚仓鼠

注:a. 野外分离株;

b. SSBP/1:绵羊传代的痒病毒株;

c. 经山羊传代的 SSBP/1:"沉郁型"山羊来源;

d. 也称为 RML 或 Chandler;

e. 通过山羊传代的 SSBP/1:"瘙痒型"山羊来源;

f. *Prn-b* 小鼠 301C 是否替换,301V 未知;

g. Sc237 是 263 K 的亚克隆;

h. 和 263 K 相似;

i. TME:威斯康星州(美)分离株。

2.7.4 使用实验动物用于朊病毒株的研究

应用不同品种的动物来研究毒株的多样性是一个很好的途径。在实验动物中小鼠是一个比较理想常用的实验动物模型,大约已经分离到 20 多种表型的不同毒株。应用有着稳定生化背景的传染性朊病毒在同一种动物连续传代对于稳定和明确一个毒株是很有必要的。

小鼠来源的痒病毒株 PrP^{Sc},如 RML、ME7、139A 和 79A 经过 PK 消化后表现出了相似的电泳特征,即不同糖基化模式。尽管缺乏生化方面的差别,这些毒株还是可以通过接种小鼠观察小鼠的潜伏期和脑损伤的外形加以区分。其他一些小鼠接种 BSE 和 sCJD 的朊病毒后会分别产生 301C 和 Fukuoka 两种。BSE 病毒感染小鼠后产生两种不同表型:一种代表了 PrP^{Sc}

PK 抗性方面，另一种却缺乏这样的特点。只有具有 PK 抗性特点的表现型可以在小鼠连续传代两次后得以保存。PK 敏感传染性物质(称为 sPrP^{Sc})的存在在人其他朊病毒疾病中也有提及。

感染痒病和 BSE 小鼠产生的朊病毒毒株一点都不同。例如，小鼠脑内接种 RML 株，在接种 150 d 后开始出现症状，而 301C 株却能在接种 200 d 后发病。给同种动物腹膜内接种 RML 和 301C 后潜伏期区别很大，分别是 200dpi 和 300dpi，在脑受影响的区域也是不同的。正如以前提到的一样，RML 的 PK 消化图表现出 21 ku 的非糖基化蛋白的电泳迁移条带，单糖基化成分很丰富。相对的，301C 朊病毒株显示了一个不同的电泳图，非糖基化部分大约为 19 ku，糖基化成分更多的是双糖基化蛋白。

不同的 PrP^{Sc}是如何诱导同一种宿主朊蛋白稳定的构象改变仍然是未知的。有趣的是，单一种来源的 PrP^{Sc}在接种给同一种动物后，能够分离到不同的朊病毒株。最有代表性的实例是给叙利亚仓鼠接种 TME 后分别得到了 DY 和 HY 的分离株(图 2.12)。

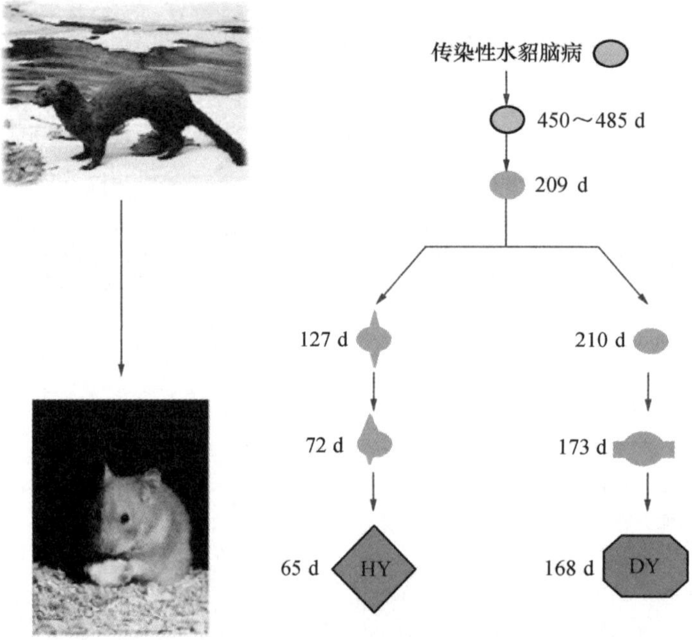

图 2.12　仓鼠的 HY 和 DY 朊病毒株的起源和特性(Rodrigo Morales，2006)

注：HY 和 DY 痒病株是仓鼠接种 TME 后，经过多次连续传代后生成的。最初传代导致了很长的潜伏期，表现出明显不同的两种临床表现：神经病理学变化、生化和传染力特性。HY 和 DY 仓鼠株是毒株有多样性，但氨基酸序列没有变化的标准代表。

这种朊病毒间的种间传播代表了种间屏障预期的特点：第一次传代的潜伏期较长，经过接种后几次的连续接种传代，潜伏期变短。有着不同临床变化的两个不同组间的潜伏期变得稳定：潜伏期在 150 dpi 左右的临床表现出昏睡的特点；潜伏期在 60 d 左右的临床表现为亢奋型。两种仓鼠源的 TME 引发的疾病，病理组织学分析后发现在不同脑区域空泡化的分布都不同。

DY 和 HY 经 PK 处理，电泳后表现出的不同和 301C 与 RML 间一致：DY 的非糖基化条带为 19 ku,HY 的非糖基化条带却是 21 ku。这是最直接证据表明了两种毒株构象的不同。为了支持这一假设,使用傅里叶变换红外光谱学技术检测到了叙利亚仓鼠适应的两种 TME 毒株结构间的区别。另外一个生化特征的不同是两者对 PK 消化的抗性有差异(表 2.2)。

表 2.2 仓鼠的 HY 和 DY 朊病毒株的特性(Rodrigo Morales,2006)

临床症状	亢奋型	沉郁型
PrP^{Sc}沉积形式	弥散分布	形成淀粉样聚合物
PrP^{Sc}电泳迁移效率	21 ku 非糖基化条带	19 ku 非糖基化条带
PrP^{Sc}的 PK 抗性	高度拮抗	轻微拮抗
外周的感染性	有	无
对水貂的感染力(记忆力)	无	有

2.7.5 多态性和朊病毒株

朊蛋白的多态性以及它们在朊病毒株现象中的作用在朊蛋白假说发展之前并不是直接描述的。朊病毒疾病病理学上差异被发现,而且,在绵羊和小鼠上的病理变化得到了广泛的描述。传染性病原在绵羊、山羊、牛、小鼠的传播导致了许多新的朊病毒株的产生。多态性的存在使得潜伏期延长,就像在种间屏障中提到的那样。朊蛋白的多态性支持毒株的分化。在朊蛋白基因分离到后,确认了 *sinc* 基因和 *prnp* 基因是同一种。动物不同时段潜伏期的分析显示了预期的 *prnp* 的多态性。这些发现强有力地支持了朊蛋白假说,因为就像种间屏障现象观察到的一样,序列的不同,广泛地影响着传染性病原的传播和毒株特点。按照新命名方法,原来的 $sinc^{s7}$ 重命名为 $prnp^{a}$,$sinc^{p7}$ 则为 $prnp^{b}$,新发现的小鼠的一组基因命名为 $prnp^{c}$(表2.3)。

表 2.3 与小鼠朊病毒株多样性有关的氨基酸多态性(Rodrigo Morales,2006)

小鼠的基因型	小鼠品系	朊病毒株	相关的多态性位点
$prnp^{a}/sinc^{s7}$	C57	RML - ME7 -	Leu - 108
	RIII	139A - 301C	Thr - 189
	Swiss	22C - 79A -	
	NZW	87A -	
	SJL		
$prnp^{b}/sinc^{p7}$	VM	301V - 22A -	Phe - 108
	IM	87V - 79V -	Val - 189
$prnp^{c}$	Main/Pas		Phe - 108
	C57 MAI - Prnp		Thr - 189

PrP 的多态性并不是仅在小鼠出现,实际上,许多种动物的朊蛋白都有多态性的存在。绵羊种内杂交育种以获得良好的遗传品质和较高的生产性能,这就产生了大量的 *prnp* 的多态性变种。然而,只有 5 种 PrP 的等位基因明显地呈现组合出 15 种可能的 PrP 基因型,每种好像有助于或者不利于选择不同的痒病毒株。这 5 种普遍的多态性等位基因就是 ARQ、ARR、AHQ、ARH 和 VRQ,分别位于 136、154 和 171 位点。发现的痒病许多种毒株都和一种特殊的等位基因组有关,等位基因组和特定的动物品种有关。当然,就如同前面提到的,朊蛋白的

多样性会存在于相同序列的朊蛋白，绵羊也不会例外。近来，一个新的命名为 Nor98 痒病株特别存在于有着不同相对痒病抗性基因型 AHQ/AHQ、AHQ/ARQ 的绵羊。这个例子中，“经典的易感性”等位基因看起来对这类朊病毒有抗性。这些信息提出了一个问题：自然条件下的痒病病例是如何发生的呢？

人类朊蛋白基因 129 位点有多态性的存在，ATG 或者 GTG 分别编码 Met 或者 Val。大量证据表明，这种多态性在朊蛋白基因单独或者联合变异都会调节在人类 TSEs 中的易感性和表型。正常人群中约有 40%的人 129 位点是 Met 纯合子，而在 sCJD、iCJD 以及 vCJD 的病人中 Met 纯合子的分别约占 78%、50%、100%。这些数据说明了 129 Met 的存在能够表明朊蛋白更易于转化成致病性结构。这个多态性也在改变神经病理损害样式、PrP^{Sc}的糖基化形式以及疾病的潜伏期和严重程度中提到。例如，对 300 多病人调查后发现，Met 纯合子的病人的潜伏期更短，约 4.5 个月，而 Met 杂合子病人和 Val 纯合子的病人的潜伏期较长，分别为 14.3 个月和 16.9 个月。

不管 129 位氨基酸多态性在疾病的易感性和发病机制中有着明显的重要性，这种作用的分子机制还不是很清楚。通过试验和计算机模型人们并没有发现 PrP 在 129 位的多态性结构的三维结构存在明显的不同。同时，体外热力学稳定性试验，也没有发现带有 Met 和 Val 的重组 PrP 有什么不同。

2.7.6 不同朊病毒株间有着相同的特征

朊病毒间的生物学和传染性特点和其他传染性病原相比很不一样。这些区别在朊病毒的一些相同或者未曾有过的特征中得到了证实，例如，毒株的适应性和记忆性，毒株间的共存和竞争。在这一部分，将主要叙述一些有趣的现象。

1. 朊病毒株的适应性

朊病毒的种间传播产生了至少一种具有不同毒株特征的传染性病原。例如 DY 和 HY 的产生就是这样的。在种间传播的时候，新生的毒株需要在新的宿主体内进行多次的连续传代后才能稳定下来。例如 TME 的病毒在仓鼠间传播时，新的毒株需要至少 4 个连续传代才能稳定。第一次传代是以较长的潜伏期和 19 ku 的条带为主。在 1/3 的传代里，小鼠适应 TME 后 HY 或 DY 的临床特征不典型。这种现象是由于两种毒株同时复制的组合效应产生的。随后，一旦某一种毒株在一些动物体内适应下来，那么很快，这种毒株就会稳定地连续在体内增殖，并且特征得以保留下来。两种毒株体外表现出了不同的转化动态，DY 最慢，HY 最快。

2. 毒株的共存

如上所述，自然发生的 TSEs 病例中，两种和多种朊蛋白毒株可以共存。在 CJD 的散发病例中就存在着毒株共存的现象。分析了多例 sCJD 病人组织后发现，在同一病人的不同脑组织内发现了不同 PrP^{Sc}的生化形式。毒株的共存现象主要研究了 129 位杂合子病人。约 50%的杂合子病人在脑内出现了不同 PrP^{Sc}，而 MM 纯合子病人只有 9%共存的现象。这个观察或许能够解释为什么 CJD 病人的临床表现那么多样了。仓鼠在感染仓鼠适应的 TME 后，也检测到了 HY 和 DY 的共存。

3. 朊病毒株间的竞争

在一些特殊的实验条件下，共感染的一些朊病毒株能够突破其特定的潜伏时间。长潜伏期的毒株会增加“较快”毒株的潜伏期。朊病毒株间的竞争现象已经在仓鼠和小鼠间开展起来。小鼠 22A 和 22C 株的竞争在 1975 年就有报道。22A 株和 22C 株分别有 550 d 和 230 d 的潜伏期。小鼠腹膜内接种 22A 100 d、200 d 和 300 d 后，腹膜内接种 22C，结果发现小鼠的潜伏期和损伤图更符合 22A 株，表明 22C 降解或者被分泌出去。

动物试验表明 HY 能够感染中枢神经，而 DY 通过坐骨神经接种后 134 d，试验组仓鼠脊髓和对照组都没有出现海绵状变性、胶质细胞增多现象，DY PrP^{Sc} 的分布仅仅局限于接种神经的同侧脊髓神经元(图 2.13)；DY 感染出现临床症状的仓鼠脊髓出现了海绵状变性、胶质细胞增多、小胶质细胞增多和 PrP^{Sc} 沉积现象(图 2.14)。

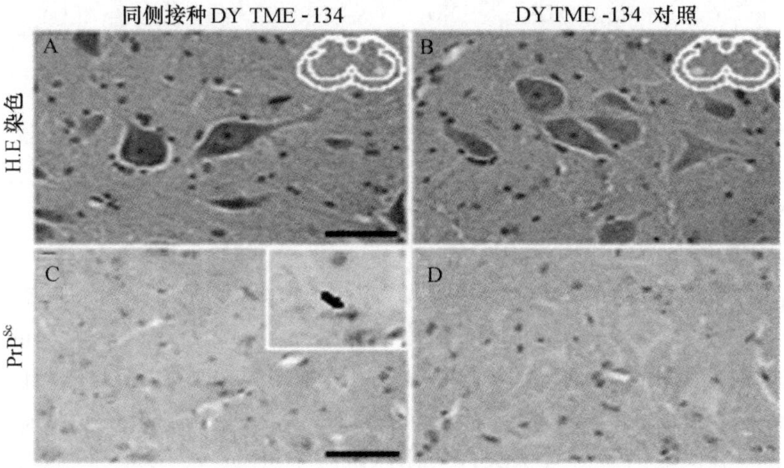

图 2.13　接种 134 d 后仓鼠脊髓病理变化(Shikiya，2010)

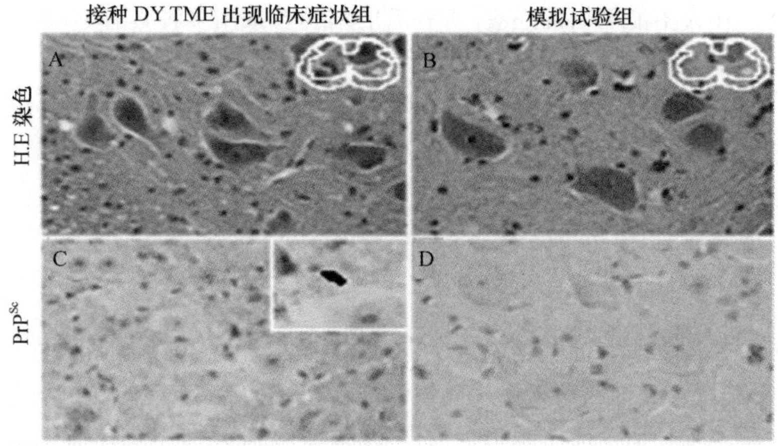

图 2.14　出现临床症状仓鼠脊髓病理变化(Shikiya，2010)

体外进行仓鼠适应后的 HY 和 DY 的混合 PMCA 时，随着种子中 HY 的减少，PMCA 产物中 HY 的量也减少至没有，而以 DY 为主(表 2.4)。

表 2.4 **HY 和 DY 体外 PMCA 结果示意**(Shikiya,2010)

PMCA 循环次数	PMCA 反应示意图								
	500 μg eq. HY TME	500 μg eq. DY TME	模拟组	500 μg eq. HY TME+ 500 μg eq. DY TME	50 μg eq. HY TME+ 500 μg eq. DY TME	5 μg eq. HY TME+ 500 μg eq. DY TME	5×10^{-1} μg eq. HY TME+ 500 μg eq. DY TME	5×10^{-2} μg eq. HY TME+ 500 μg eq. DY TME	5×10^{-3} μg eq. HY TME+ 500 μg eq. DY TME
1	HY	DY	—	HY/DY	DY	DY	DY	DY	DY
2	HY	DY	—	HY	HY	DY	DY	DY	DY
3	HY	DY	—	HY	HY	DY	DY	DY	DY
4	HY	DY	—	HY	HY	HY	HY	DY	DY
5	HY	DY	—	HY	HY	HY	HY	DY	DY
6	HY	DY	—	ND	ND	ND	ND	DY	DY
7	HY	DY	—	ND	ND	ND	ND	DY	DY
8	HY	DY	—	ND	ND	ND	ND	DY	DY
9	HY	DY	—	ND	ND	ND	ND	HY	DY
10	HY	DY	—	ND	ND	ND	ND	HY	DY

注:eq.,equivalents,等效的,等值的;"HY",PrP^{Sc}呈现 HY TME 移动模式;"DY",PrP^{Sc}呈现 DY TME 移动模式;"—"未检测到 PrP^{Sc};"ND"未检测。

通常来说,对于一个成功的竞争需要观察的主要变量是传染的路线、注射间隔、毒株类型以及注射剂量。延长 TSEs 潜伏期的时间是有治疗意义的,为了达到这个目的可以采用一些对策,如使用抗体,β 折叠的破坏以及其他的一些化学成分的使用。以上提到的一些试验结果也说明为了达到这个目的,prions 将会很有用。例如,为了阻止朊病在牛或者人的传播,有着比动物生命都长的潜伏期的朊病毒株或许会用以减缓 BSE 或 vCJD 的复制过程。

一个传染性病原由不同毒株组成的奇怪事实一直是朊病毒研究领域中最令人困惑的问题。原本就很难理解一个蛋白怎么会有两种稳定、不同折叠的结构存在,而且一个能够把另外一个转化成自己。让人不能明白的还有,折叠后的结构会采用多种具有不同特性的构象存在。令人注目的科学证据支持了这样的观点,朊病毒能够采用多种折叠形式,保守地复制并引起了不同类型的疾病。不同朊病毒株现象的存在不仅仅是一个科学上的挑战,也严重地威胁着公共健康。

2.8 朊蛋白的抗体

朊病毒病由于其没有明显的免疫应答过程,潜伏期长等特点给防控带来了难题。在过去的几年里,许多抗朊病毒复合物用于体外朊病毒复制模型的鉴定,这些复合物有多硫酸根阴离子复合物、多胺、四吡咯、聚烯抗生素等。这些朊病毒的拮抗物用于选择性的结合 PrP^{C} 和 PrP^{Sc},或者参与构象转化的过程。然而,已经发现大多数分子对动物模型有毒或者无效。目前,在 prion 疾病的诊断与防治中,国际上普遍采用特异性抗 PrP 抗体介导的免疫组化法和免疫转印法。人和动物组织中的 PrP^{C} 及 PrP^{Sc} 的检测均有赖于特异性抗体。因而,抗体在 prion 疾病的研究中起着极为重要的作用。

2.8.1 PrP 抗体制备的方法

国内、外许多实验室已研制成 PrP 抗体有抗鼠、抗羊、抗牛、抗仓鼠或人 PrP 的单抗或多抗，并广泛应用于人类和动物的 prion 疾病研究中。目前，制备抗体的方式多是用完整的 PrP 蛋白免疫 PrP 基因缺失小鼠，或者用化学合成的 PrP 肽段与载体交联后，加佐剂增强 PrP^{C} 的抗原性来免疫兔子。然后利用传统的杂交瘤技术或噬菌体表面展示技术筛选出特异性较高的克隆。目前，较为成熟的 PrP 抗体制备的方法，主要分为以下几种。

(1)人多肽 PrP 抗体

根据人 PrP 序列，合成多肽与载体 BSA 偶联，免疫兔或鸡，制备人 prion 多肽抗体。此多抗可同时与人的 PrP^{C} 及 PrP^{Sc}反应，及鼠 PrP^{C} 反应。还有的将标准的人 PrP 转入原核表达载体 pGEX - 2T，成功地利用体外方法表达了 GST 融合蛋白，用所表达的蛋白来免疫家兔，制备了 prion 特异的多抗，可与人、鼠的 PrP^{C} 发生反应。

(2)应用杂交瘤细胞筛选单抗

用全长的牛 PrP 免疫 PrP 基因敲除的小鼠，然后把免疫小鼠的脾细胞和骨髓瘤细胞融合，最后从杂交瘤细胞中筛选出单抗 15B3。此单抗能够区分人、鼠及牛的 PrP^{C} 及 PrP^{Sc}，这不仅在人和其他动物 prion 疾病的临床前活体检测上具有重要意义，而且在该病的治疗上也有潜在的应用前景。

(3)PrP 单抗的制备

把 PrP 的 DNA 或 RNA 直接注射到 $PrP^{-/-}$ 鼠肌肉组织内，产生的单抗可以有效识别不同动物的 PrP。PrP^{C} 和 PrP^{Sc}分别是组织细胞的正常蛋白及异常形态，要想得到针对 PrP 的单抗，必须克服机体对它的耐受。目前在已经获得的多种 PrP 的单抗包括 15B3、3F4、6H4、6H3、L42、F89 等。这些单抗在人、牛、鼠及羊等物种间有交叉反应。而且，大部分抗体还不能区别 PrP 的两种异构体，只有单克隆抗体 15B3 能特异性识别 PrP^{Sc}。

2.8.2 抗体在 prion 疾病诊断中的作用

prion 疾病的诊断方法很多，包括生物学测定法，组织病理学检查，PrP^{Sc}的免疫学检测（细胞免疫化学染色，免疫印迹，组织印迹，ELISA），以及痒病相关纤维检查和 PrP 基因分析。其中，对病死动物的脑组织进行组织病理学检查和在病死动物的脑组织提取液中检测这种异常的蛋白质（PrP^{Sc}）是确诊本病的方法。人和动物组织中的 PrP^{C} 和 PrP^{Sc}的检测均有赖于特异性抗体。目前，国际上普遍采用诊断率较高的特异性抗 PrP 抗体介导的免疫组化法和免疫转印法。其中 Western-blot 试验是诊断 prion 疾病的主要诊断方法，但其敏感性和特异性也受相应 PrP 抗体种类的影响。

1. 用于 PrP^{Sc}的检测

可以利用单抗和免疫杂交、Western-blot、IHC 或者 IH 等试验技术检测和鉴别 PrP^{Sc}。

2. 与 prion 相关的其他研究

试验表明在体内和体外，PrP 特异性抗体均能清除 PrP^{Sc}，这种清除作用呈剂量和时间依赖性。充分的抗体作用能彻底清除培养体系中的 PrP^{Sc}，去除抗体后 PrP^{Sc}不再重现，但抗体不

能消除细胞对 PrP^{Sc} 的易感性。另外，有文章报道，认为 PrP^{Sc} 感染细胞后，可以转化正常的 PrP^{C}，同时其本身也被细胞吞噬降解，但这个过程远比转化正常的 PrP^{C} 速度缓慢，从而造成 PrP^{Sc} 的沉积。而抗体与 PrP^{C} 或 PrP^{Sc} 结合，阻断 PrP^{C} 向 PrP^{Sc} 的形成，使少量 PrP^{Sc} 得以降解。同时，由于 PrP 抗体与结合部位有关（如 D18 与 6H4 的作用位点分别位于 132～156 和 144～152，这个区域被认为在 PrP 的构象转变过程中起重要的作用），因此，并非所有的抗体都会对 prion 有效。许多报道提到抗体直接对抗这两个片段，治疗培养细胞的痒病感染，并且减少 PK 抗性 PrP 在感染小鼠脾脏的分布。此外，抗体还广泛应用于 prion 蛋白的分子特性研究和 prion 蛋白的细胞分布。抗 PrP 抗体无论是在细胞内还是动物模型都有抗朊蛋白的效果。

早期的体外试验结果表明，在朊病毒感染时，接种抗 PrP 抗体后能够减少朊病毒的感染性。用 PrP 多肽免疫刺激减少了 PrP^{Sc} 在小鼠痒病外周模型的分布。

2.8.3 敏感性和特异性评价

目前所用的 PrP 抗体有部分纯化的抗鼠、抗羊、抗牛、抗仓鼠或人 PrP 的单抗或多抗。其中抗人 PrP 单抗 6H4 针对 144～152 个氨基酸序列片段（在人、牛、羊、兔、水貂和许多灵长类动物中是高度保守的）；808、4F2 分别是针对第 95～110 氨基酸序列和第 79～92 氨基酸序列的抗人 PrP 单抗，SAF15 和 SAF34 是仓鼠 PrP 的抗体，其中 SAF34 是抗仓鼠 PrP 中的第 79～92 个氨基酸片段抗体；F89 是绵羊 PrP 的抗体；DF7 是鼠抗牛重组 PrP 中第 140～180 位氨基酸的单抗；1A8 和 1B3 是鼠 PrP 的单抗。有文献报道，808、6H4、SAF34、SAF15 和 4F2 均可检测到痒病羊脑组织中的 PrP^{Sc}，但 808、6H4、SAF34 更敏感。而抗体 DF7 是牛和人 PrP 的特异性单抗，所以未能检测到羊脑组织中的 PrP。此外，FH11 是鼠抗重组绵羊 PrP 中第 89～98 位氨基酸片段的单抗，通常用于未经 PK 处理过的样品中 PrP 的检测，FH11 可与绵羊、人、牛和仓鼠的 PrP 进行反应。

2.8.4 PrP 抗体的治疗及预防作用

在脑组织沉积的 PrP^{Sc} 是 prion 疾病的致病因子。因此，寻求 PrP^{Sc} 的降解和消化是治疗与预防 prion 疾病的有效途径。人们曾尝试通过多种途径来预防或治疗 prion 疾病：抑制 PrP^{Sc} 的表达或增强 PrP^{Sc} 对酶的敏感性，从而通过酶解消除 PrP^{Sc}。通过药物降解或消除 PrP^{Sc}，阴离子染料刚果红是一种淀粉样蛋白结合染料，可以与 prion 淀粉样区的折叠结合而阻止 prion 作为模板的复制。Soto 等构建的 β 折叠阻断肽药物和 Chabry 等构建的短肽，已初步显示出能抑制 PrP^{Sc} 对 PrP^{C} 的诱变，而且由于其序列的大多数种系中都是高度保守的。但不宜通过血脑屏障，限制了二者的应用。有报道称通过腺联病毒（AAV）转导将有朊病毒特异性的 scvf（single-chain variable fragment）传递到小鼠大脑内，尽管这不能完全保护其不受感染，但能延迟受感染鼠的发病时间，即延长了潜伏期的时间。此外，借助于慢病毒载体介导的 RNAi，能够延长感染痒病小鼠的存活时间。近年的研究表明，抗体在治疗及预防 prion 疾病方面可能发挥巨大作用。抗体可与 PrP^{C} 结合，增强了 PrP^{C} 的稳定性或抗体与 PrP^{Sc} 结合，从而阻断 PrP^{C} 向 PrP^{Sc} 的转化；因此，抗体的被动免疫或许可提供治疗 prion 疾病的有效途径，显出很广阔的应用前景。此外，对于 prion 疾病自身免疫假说预测。受 PrP^{Sc}感染的动物体内有升高的抗体，包括针对具有交叉反应性的自身抗原的细菌抗体和针对髓鞘质及宿主编码的 prion 蛋白质序列的抗体，这些抗体的存在对于建立早期诊断方法是十分有用的。

总之，尽管 PrP 抗体在 prion 疾病的研究中显示了极大的作用，但由于其存在着易降解的缺点，以及大部分抗体还不能区别 PrP 的两种异构体，单抗 15B3 虽能特异性地识别 PrP^{Sc}，但该抗体针对的是构象表位，由于 prion 存在着多种不同的构型，因而并非所有的抗体都对prion 有效。

2.9 朊蛋白基因的突变

基因突变是指基因组 DNA 分子发生的突然的可遗传的变异。从分子水平上看，基因突变是指基因在结构上发生碱基对组成或排列顺序的改变。基因虽然十分稳定，能在细胞分裂时精确地复制自己，但这种稳定性是相对的。在一定的条件下基因也可以从原来的存在形式突然改变成另一种新的存在形式，就是在一个位点上，突然出现了一个新基因，代替了原有基因，这个基因叫做突变基因。于是后代的表现中也就突然地出现祖先从未有的新性状。

Prion 基因的突变将影响 prion 的致病性，从而导致同种动物和不同动物之间对 TSEs 易感性的不同。

编码绵羊 PrP 的基因位于 13 号染色体，由 3 个外显子和两个内含子组成。绵羊 PrP 的开放阅读框位于第三个外显子，由 768 个碱基组成，编码 256 个氨基酸，突变通常发生在 PrP 基因当中的 13 个密码子。绵羊 PrP 氨基酸多态性位点通常发生在密码子 136(A/V)，154(R/H)，171(R/H/Q)位，且这 3 个位点被认为与绵羊对羊痒病的易感性或抗性相关。将这 3 个单元性结合起来，绵羊所携带的 PrP 的基因型分别是 $A_{136}R_{154}R_{171}$、$V_{136}R_{154}Q_{171}$等。研究表明，PrP 基因密码子 136 位是 A、171 位是 R 的绵羊具有羊痒病抗性，而密码子 136 位是 V，171 位是 Q 的绵羊对羊痒病非常易感；密码子 154 位的氨基酸组成对于绵羊对痒病的易感性作用不大。因此，基因型是 ARR、ARR 重合子的绵羊对痒病具有高度抗性，而那些 VRQ/VRQ 基因型的动物对痒病高度易感。另有研究发现，绵羊对痒病的易感程度与绵羊的品种有关，抗性基因的形式依赖于痒病毒株，如 AHQ 型绵羊对 Nor98 痒病毒株易感。20 世纪 90 年代人们就发现了绵羊对痒病的遗传抗性的典型基因型，迅速促进绵羊育种计划的制订，在一些特定品种的羊群中培育抗羊痒病的 ARR 型动物。另外，由于绵羊痒病和牛的海绵状脑病发生存在一定的联系，于是欧盟决定在各成员国实施培育抗羊痒病的绵羊品种。

人类正常朊蛋白基因位于第 20 号染色体上，该基因非常保守，不同种属间差异不大。正常朊蛋白全长为 250 多个氨基酸，其中人类 PrP 基因(*prnp*)第 129 位氨基酸密码子有两种存在形式：分别编码 Met 和 Val。目前已知的 100 多例 vCJD 患者中，129 位氨基酸都是 Met 的纯合子，说明第 129 位氨基酸多态性与人类 TSE 关系密切。比较这种纯合子在正常白种人群中所占的比例(37.0%)及在散发性 CJD 中所占的比例(79.0%)，不难发现 129 Met 纯合子似乎对疯牛病感染因子特别敏感。据文献报道，在患吉斯特曼综合征(GSS)的病人中，已发现在其 PrP 序列中有 12 个氨基酸残基位置发生点突变，而且在 3 个位置发生氨基酸残基的多态性变化，这些突变都是非保守性替代，它们同人的散发性、遗传性朊病毒疾病相关。现已经证明大多数 CJD 和一部分 GSS 与 PRNP 序列中某些位置的氨基酸残基如 Pro102Leu、Met129 Val、Asn171Ser 和 Glu219Lys 等的多态性有关，发现所有的 GSS 病人都含有此突变。

研究还发现，非人类灵长动物和其他哺乳动物的朊蛋白基因密码子 90～130 对于朊蛋白疾病在物种之间的传播具有潜在的作用。对人朊病毒高度敏感黑猩猩、蜘蛛猴、松鼠猴的朊蛋白基因 90～130 位的氨基酸序列完全相同。相反，狨猴和卷尾猴则对人朊病毒蛋白不敏感。氨基酸替代位点 112(M - V)被认为是正常朊蛋白转化为致病性朊蛋白的关键位点。人们认为，牛传染性海绵状脑病、羊痒病可以传染给狨猴，这是因为牛、羊、狨猴朊病毒蛋白基因密码子 101～143 位相同，特别是密码子 108，109 和 112。非人类灵长动物朊蛋白基因的多态性不同于人朊蛋白基因，因此不会发生在密码子 129 位和 219 位。

自 1986 年英国发生疯牛病以来，经过十几年此病已遍及整个欧洲，并有向全世界蔓延的趋势。1996 年，英国对 10 例变异性克雅氏病的发病史进行认真分析后发现，这些病例的发生可能与疯牛病有关；同年，英国卫生部、农渔食品部和有关专家顾问委员会分析认为人类变异性克雅氏病与疯牛病的传染有关，这是首次明确疯牛病与人类疾病之间的关系。2000 年 10 月 26 日，英国发表的《牛海绵状脑病调查报告》确认 vCJD 是由感染疯牛病引起的，进一步肯定了疯牛病感染人这一重要基本问题。最近，美国 Scott 等发表了一项研究，结果表明引起疯牛病的传染性蛋白可导致变异性克雅氏病。目前大量针对疯牛病与人 vCJD 感染因子的分析对比证实，人类 vCJD 与疯牛病的暴发密切相关。而痒病又是疯牛病的罪魁祸首。虽然我国到目前为止没有疯牛病发生的病例，但从进口羊群中曾检测出阳性病例。传染性海绵状脑病属重大疫病，已经影响到人类的健康和生命安全，因此加强对该病的研究和加大对研究该病的投入将促进对该病发病机制的阐明。另外，世界各国需要加强人们对这类疾病的认识，提高本行业人员的素质，加大科研力度，开发有效的、快捷的、灵敏的诊断试剂以有效地预防该病的发生。

2.10　朊蛋白的免疫学研究

自 20 世纪 80 年代后期在英国发生流行的牛海绵状脑病俗称疯牛病已引起全世界关注。这是由于使用含有羊或牛组织的饲料所致。自从政府颁布禁止使用此种饲料的法令后，BSE 的发病数目已经在持续地下降。关于 BSE 的病因曾提出病毒、核蛋白复合物、膜结合 DNA 等学说，1982 年 Prusiner 提出了 Prion 学说，该学说认为存在一种异常构象的蛋白感染因子能引起羊的瘙痒病、牛的 BSE 以及人类的克雅氏病(CJD)等疾病。朊病毒及其相关疾病在免疫学上的研究一波三折。早先研究表明 PrP^{Sc}与 PrP^{C} 有着相似的抗原表位，因此感染机体后无法激发有效的免疫反应，从而导致侵入体内 PrP^{Sc}不受免疫系统的清除，这一点在自然病例和大多数动物实验都得到了验证；但是这又与自然环境和实验动物中存在 CJD 的传染与发病有种间屏障的事实相矛盾。直到近几年随着针对朊病毒的单克隆抗体和多克隆抗体研究的成熟，以及对朊病毒的致病过程与免疫系统之间关系的研究更加深入，上述矛盾得到了较合理的解释，使得朊病毒及其相关疾病在免疫学上的研究再次成为热门领域。朊蛋白的致病与免疫系统其实有着极其复杂的关系。

2.10.1 PrP^C 与免疫系统的关系

PrP^C 可高水平表达于 T、B 淋巴细胞、单核细胞及树突状细胞，它们的构型又和表达在神经元表面的 PrP^C 有区别。随着 T 细胞的活化，细胞表面 PrP^C 的表达上调，记忆性 T 细胞比天然 T 细胞的 PrP^C 表达水平高。另外，由抗 CD3 单克隆抗体诱导的 T 细胞增殖反应可被抗 PrP^C 单克隆抗体所抑制。这些结果说明 PrP^C 可能参与了 T 淋巴细胞的信号转导。

2.10.2 PrP^{Sc} 与免疫系统的关系

在朊病毒相关疾病的致病过程中 PrP^{Sc} 与免疫系统有着极其复杂的关系。对于传染性朊蛋白相关疾病的 nvCJD、BSE 和瘙痒病，这类疾病的 PrP^{Sc} 是作为抗原侵入机体，因此它们与免疫系统的关系更为复杂。

由于 PrP^{Sc} 分子之间有着空间结构的差异，造成了不同 PrP^{Sc} 之间形成类似于细菌和病毒的“毒株”关系。不同种类朊病毒相关疾病可能由不同的 PrP^{Sc} 毒株引起，甚至同一种朊病毒相关疾病的 PrP^{Sc} 病原体还存在差异，并且该差异与疾病的发生发展、病程长短以及症状都具有密切联系。实验表明，使用某一物种的一株 PrP^{Sc} 感染另一个物种时，另一物种第 1 代动物的疾病潜伏期会大大延长，而此后在同一物种中的传染造成疾病的潜伏期却会缩短。对此比较合理的解释是，前者是由于其他物种的 PrP^{Sc} 抗原结构与第 1 代动物自身 PrP^C 抗原结构有较大差异，引发了自身的免疫反应，从而对机体产生了保护；而后者是由于第 1 代动物产生的 PrP^{Sc} 是由其机体内的 PrP^C 异构而来，新的 PrP^{Sc} 使其更能适应宿主的免疫压力，类似于病毒在免疫系统压力下的变异。此外，错误折叠辅助因子的种属特异性和糖基化的区别等都可能与此有关。可见，PrP^{Sc} 分子作为抗原有其复杂性，使其与免疫系统的关系更加复杂化。

2.10.3 PrP^{Sc} 的致病机理与免疫系统的关系

一般情况下，因为机体内大部分细胞表面都表达这种分子，机体对 PrP^C 呈免疫耐受状态，T 细胞在早期的阳性选择时，表达针对 PrP^C 的抗体的 T 细胞已被克隆清除。而研究显示，PrP^{Sc} 与 PrP^C 有大量共同的抗原表位，而仅有的少数能被免疫系统识别的 PrP^{Sc} 抗原表位，因缺少主要的免疫刺激信号，免疫原性弱，无法激活有效的免疫应答，造成了免疫耐受或者极弱的免疫反应。

对朊病毒相关疾病种类的确定在讨论免疫系统对 PrP^{Sc} 的免疫应答中极为重要。对于 GSS、FFI 这类和遗传以及基因突变有关的朊病毒相关疾病，由于神经元本身高度表达 PrP^C，因此突变或遗传的缺陷基因直接在中枢神经系统表达 PrP^{Sc}，导致大脑内变性淀粉样蛋白的沉积，最终造成病理症状。这类疾病的主要致病过程似乎仅仅局限在中枢神经系统，即使产生了免疫应答，对于疾病的致病过程也是没有帮助的。因此，免疫系统的研究对遗传和基因突变类的朊病毒相关疾病并不重要。对于 BSE 和 nvCJD 等这类传染性朊病毒相关疾病则不然，其免疫系统的应答与 PrP^{Sc} 分子的侵入途径有着紧密联系。根据已有的实验，科学家们推断，传染性 PrP^{Sc} 分子随着被污染的食物，进入胃肠道并被吸收入派尔淋巴集结，随后在肠系膜淋巴结中第一次复制；经过增殖的 PrP^{Sc} 进入肠系膜淋巴管，随着网状淋巴系统，进入脾内进行第二次复制；再次增殖的 PrP^{Sc} 由淋巴管进入肠相关淋巴组织(gut-associated lymphoid tissue, GALT)，随后侵入肠神经丛，并由其进行神经侵袭进入中枢神经系统，导致最后的发病。因此 PrP^{Sc} 在淋巴系统内的复制过程中，免疫应答对致病性尤其重要。

朊蛋白相关疾病是一种可以由自身基因突变、传染和基因遗传导致发病的疾病，作为一种复杂的蛋白质，PrP^{Sc} 与机体免疫系统之间的关系十分复杂，它在动物之间的传染以及侵袭神经系统的过程至今还使得大批科研工作者为之困扰。但相信随着免疫学的发展和进步，朊蛋白分子的致病机理将最终被科学家们所认识和阐明，朊蛋白相关疾病总有一天能被人类攻破。

2.11 朊蛋白的分子伴侣

Hsp70 是分子质量大小在 70 ku 左右的热休克蛋白，是热休克蛋白家族中最重要的一员，被称为主要热休克蛋白，它们由 Hsp70 基因家族编码。热休克蛋白的生物学功能十分广泛，不仅表现在应激条件下维持细胞必需的蛋白质空间构象，保护细胞生命活动，以确保细胞生存，而且在未折叠新生多肽链、多蛋白复合物的组装和跨膜运输、转位、蛋白降解，细胞内蛋白质合成后的加工过程，细胞骨架和核骨架稳定等基本功能方面发挥重要作用。它们调节这些蛋白的活性，本身并不参与大分子蛋白质的组成，故称为“分子伴侣”。在哺乳动物脑内参与蛋白折叠的主要是伴侣分子 Hsp70 和辅助伴侣分子 Hdjl(Hsp40 家族成员，有 J 结构域，可以促进 Hsp70 的 ATP 水解作用)。Hsp70 在 Hdjl 的辅助下水解 ATP，通过结合和释放新生多肽的循环，辅助翻译水平的折叠过程。除了作为分子伴侣蛋白外，Hsp70 还有一个特殊的功能就是纠正与神经退行性疾病有关的淀粉样蛋白的错误折叠。体外给予外源性 Hsp70 可以抑制神经的退行性变化。因此，Hsp70 可能对抑制朊病毒的研究具有重要价值。在正常细胞的脂筏区也检测到了 Hsp70，而且在应激条件下可以促进 Hsp70 的分布，Hsp70 在脂筏区的定位为它与 PrP^{C} 间可能存在的相互作用提供了一个生理位点。有研究表明巨噬细胞内和分泌的 exosomes 所携带的 PrP^{C} 与 Hsp70 之间存在直接相互作用，说明 Hsp70 在巨噬细胞通过分泌 exosomes 释放 PrP^{C} 过程中具有重要作用。

Hsp70 本身可以穿过细胞膜进入细胞器，也可以促进蛋白跨越细胞膜。有研究结果显示，Hsp70 与 PrP^{C} 之间存在相互作用，Hsp70 与 PrP^{C} 间的相互作用或许可以减少 PrP^{C} 发生转变的可能。Fernandez-Funez 等人利用转基因果蝇进行研究的结果表明，Hsp70 可以在细胞脂筏区与类似 PrP^{Sc} 的错误折叠 PrP 相互作用，并抑制错误折叠 PrP 的聚集，降低对大脑的神经毒性。因此，有望利用 Hsp70 与 PrP^{C} 以及错误折叠 PrP 间的相互作用来抑制朊病毒的复制和感染。

参考文献

[1] 方元. 朊病毒病及朊病毒的研究进展(一)[J]. 中国兽医科技，2000(1)：17-20.
[2] 李运敏，张宝云. 免疫印迹法检测牛海绵状脑病和羊瘙痒病[J]. 生物工程学报，2001(5)：

494 - 497.

[3] 刘健平,尹畅. 朊病毒研究进展[J]. 动物医学进展,2000(3):14 - 17.

[4] 刘松岩. 抗 PrP 抗体在 Prion 病研究中的意义[J]. 中国人兽共患病杂志,2001(2):76 -77.

[5] 马波,张建军,刘耕陶. 热休克蛋白与神经保护. 中国药理学通报, 2008, 24(8): 984 - 987.

[6] 马贵平. 几种不同的 PrP 抗体的痒病羊脑组织中 PrP^{Sc} 的敏感性比较[J]. 检验检疫科学, 2002(2):8 - 10.

[7] 周晓勃,高晨,董小平. Prion 疾病的免疫学研究进展[J]. 中华实验临床病毒学杂志,2002, (2):198 - 200.

[8] Adle-Biassette H, Verney C, Peoc'H K, *et al*. Immunohistochemical expression of prion protein (PrP^{C}) in the human forebrain during development. J Neuropathol Exp Neurol . 2006, 65(7): 698 - 706.

[9] Aguzzi A, Polymenidou M. Mammalian prion biology:one century of evolving concepts. Cell . 2004,116:313 - 327.

[10] Aguzzi A. Prion diseases of humans and farm animals: epidemiology, genetics, and pathogenesis. J Neurochem. 2006,97:1726 - 1739.

[11] Altmann D M. T-cell immunity and prion-protein 129 polymorphoism in vCJD. Lancet Neurol, 2006, 7:554 - 555.

[12] Anderson L, Rossi D, Linehan J, *et al*. Transgene-driven expression of the Doppel protein in Purkinie cells causes Purkinje cell degeneration and motor impairment, PNAS, 2004, 101:3644 - 3649.

[13] Andrew F. Hill, Melanie Desbruslais, Susan Joiner, *et al*. The same prion strain causes vCJD and BSE. Nature. 1997,389, 448 - 450.

[14] Atarashi R, Nishida N, Shigematsu K, *et al*. Deletion of N-terminal residues 23 - 88 from prion protein (PrP) abrogates the potential to rescue PrP-deficient mice from PrP-like protein/doppel-induced Neurodegeneration. The Journal of Biological Chemistry, 2003,278: 28944 - 28949.

[15] Aucouturier P, Kascsak R J, Frangione B, Wisniewski T. Biochemical and conformational variability of human prion strains in sporadic Creutzfeldt-Jakob disease. Neurosci Lett. 1999,274:33 - 36.

[16] Aucouturier P. The Tmmune system and prion disease a relationship of compicity and blindness. J Leukoc Biol, 2002, 72: 1075 - 1083.

[17] Bailleul P A, Newnam G P, *et al*. Genetic study of interactions between the cytoskeletal assembly protein sla1 and prion-forming domain of the release factor Sup35 (eRF3) in Saccharomyces cerevisiae. Genetics. 1999, 153: 81 - 94.

[18] Bailleul-Winslett P A, Newnam G P, *et al*. An antiprion effect of the anticytoskeletal drug latrunculin A in yeast. Gene Expr. 2000, 9: 145 - 156.

[19] Bailly Y, Haeberle A M, Blanquet-Grossard F, *et al*. Prion protein (PrP^{C}) immunocytochemistry and expression of the green fluorescent protein reporter gene under control of the bovine PrP gene promoter in the mouse brain. J Comp Neurol. 2004, 473(2):

244 - 269.

[20] Baker H F, Ridley R M, Wells G A, *et al*. Experimental transmission of BSE and Scrapie to the common marmoset, Vet. Rec, 1993, 132: 403 - 406.

[21] Ballerini C, *et al*. Functional implication of cellular prion pntein in antigen-driren internetions between T cell and Dendritic cells. J Immunol, 2006, 176: 7254 - 7262.

[22] Baron T, Crozet C, Biacabe A G, *et al*. Molecular analysis of the protease-resistant prion protein in scrapie and bovine spongiform encephalopathy transmitted to ovine transgenic and wild-type mice. J Virol. 2004,78:6243 - 6251.

[23] Barron R M, Thomson V, Jamieson E, *et al*. Changing a single amino acid in the N-terminus of murine PrP alters TSE incubation time across three species barriers. EMBO J . 2001,(20): 5070 - 5078.

[24] Bartz J C, Aiken J M, Bessen R A. Delay in onset of prion disease for the HY strain of transmissible mink encephalopathy as a result of prior peripheral inoculation with the replication-deficient DY strain. J Gen Virol. 2004,85:265 - 273.

[25] Bartz J C, Bessen R A, McKenzie D, *et al*. Adaptation and selection of prion protein strain conformations following interspecies transmission of transmissible mink encephalopathy. J Virol. 2000,74:5542 - 5547.

[26] Basler K, Oesch B, Scott M, *et al*. Scrapie and cellular PrP isoforms are encoded by the same chromosomal gene. Cell. 1986, 46(3): 417 - 428.

[27] Bausero M, Gastpar R, Multhoff G, *et al*. Alternative mechanism by which IFN - γ enhances tumor recognition: active release of heat shock protein 72. The Journal of Immunology, 2005, 175(5): 2900 - 2912.

[28] Baylis M, Goldmann W. The genetics of scrapie in sheep and goats. Curr Mol Med. 2004,4:385 - 396.

[29] Behrens A. Physiological and pathological functions of the prion protein homologue Dpl. British Medical Bulletin 2003, 66: 35 - 42.

[30] Belay E D, Gambetti P, Schonberger L B, *et al*. Creutzfeldt-Jakob disease in unusually young patients who consumed venison. Arch Neurol. 2001,58:1673 - 1678.

[31] Bellon A, Seyfert-Brandt W, Lang W, *et al*. Improved conformation-dependent immunoassay: suitability for human prion detection with enhanced sensitivity. J Gen Virol. 2003,84:1921 - 1925.

[32] Benestad S L, Sarradin P, Thu B, *et al*. Cases of scrapie with unusual features in Norway and designation of a new type, Nor98. Vet Rec. 2003,153:202 - 208.

[33] Berg L J. Insights into the role of the immune system in prion diecse. Proc Natl Acad Sci USA, 1994, 91: 429 - 432.

[34] Bessen R A, Kocisko D A, Raymond G J, *et al*. Non-genetic propagation of strain-specific properties of scrapie prion protein. Nature. 1995,375:698 - 700.

[35] Bessen R A, Marsh R F. Biochemical and physical properties of the prion protein from two strains of the transmissible mink encephalopathy agent. J Virol. 1992, 66:

2096 -2101.

[36] Bessen R A, Marsh R F. Distinct PrP properties suggest the molecular basis of strain variation in transmissible mink encephalopathy. J Virol. 1994,68:7859 - 7868.

[37] Bessen R A, Marsh R F. Identification of two biologically distinct strains of transmissible mink encephalopathy in hamsters. J Gen Virol. 1992,73(Pt 2):329 - 334.

[38] Bianca M, Bianca S, Vecchio I, *et al*. Gerstmann-Straussler-Scheinker disease with P102L - V129 mutation: a case with psychiatric manifestations at onset. Ann Genet. 2003,46:467 - 469.

[39] Billeter M, Riek R, Wider G, *et al*. Prion protein NMR structure and species barrier for prion diseases. Proc Natl Acad Sci USA . 1997. 94:7281 - 7285.

[40] Bishop M T, Hart P, Aitchison L, *et al*. Predicting susceptibility and incubation time of human-to-human transmission of vCJD. Lancet Neurol. 2006,5:393 - 398.

[41] Bonini N. Chaperoning brain degeneration. Proceedings of the National Academy of Sciences of the United States of America, 2002, 99(Suppl 4): 16407 - 16411.

[42] Bons N, Mestre-Frances N, Belli P, *et al*. Natural and experimental oral infection of nonhuman primates by bovine spongiform encephalopathy agents. Proc Natl Acad Sci USA. 1999,96:4046 - 4051.

[43] Bousset L, Belrhali H, Melki R, *et al*. Crystal structures of the yeast prion Ure2p functional region in complex with glutathione and related compounds. Biochemistry. 2001, 40: 13564 - 13573.

[44] Bradley M E, Edskes H K, Hong J Y, *et al*. Interactions among prions and prion "strains" in yeast. Proc. Natl Acad. Sci. USA . 2002, 99: 16392 - 16399.

[45] Brandel J P, Preece M, Brown P, *et al*. Distribution of codon 129 genotype in human growth hormone-treated CJD patients in France and the UK. Lancet. 2003, 362: 128 -130.

[46] Broquet A, Thomas G, Masliah J, *et al*. Expression of the molecular chaperone Hsp70 in detergent-resistant microdomains correlates with its membrane delivery and release. Journal of Biological Chemistry, 2003, 278(24): 21601 - 21606.

[47] Brown D R. Lack of prion protein expression results in a neuronal phenotype sensitive to stress. Neurosci, 2001, 24: 85 - 90.

[48] Brown D R. Mayhem of the multiple mechanisms: modelling neurodegeneration in prion disease. Journal of Neurochemistry, 2002, 82 : 209 - 215.

[49] Brown I. Heat shock proteins and neurodegenerative diseases. Cell stress proteins, 2007, 396 - 421.

[50] Brown P, Rodgers-Johnson P, Cathala F, *et al*. Creutzfeldt-Jakob disease of long duration: clinicopathological characteristics, transmissibility, and differential diagnosis. Ann Neurol. 1984,16:295 - 304.

[51] Bruce M, Chree A, McConnell I, *et al*. Transmission of bovine spongiform encephalopathy and scrapie to mice: strain variation and the species barrier. Philos Trans R Soc

Lond B Biol Sci. 1994,343:405 - 411.

[52] Bruce M E, Boyle A, Cousens S, *et al*. Strain characterization of natural sheep scrapie and comparison with BSE. J Gen Virol. 2002,83:695 - 704.

[53] Bruce M E, McBride PA, Farquhar C F. Precise targeting of the pathology of the sialoglycoprotein, PrP, and vacuolar degeneration in mouse scrapie. Neurosci Lett. 1989, 102:1 - 6.

[54] Bruce M E, McConnell I, Fraser H, *et al*. The disease characteristics of different strains of scrapie in Sinc congenic mouse lines: implications for the nature of the agent and host control of pathogenesis. J Gen Virol. 1991,72:595 - 603.

[55] Bruce M E, Will R G, Ironside J W, *et al*. Transmissions to mice indicate that'new variant' CJD is caused by the BSE agent. Nature. 1997,389:498 - 501.

[56] Bruce M E. Scrapie strain variation and mutation. Br Med Bull. 1993,49:822 - 838.

[57] Budka H, Aguzzi A, Brown P, *et al*. Neuropathological diagnostic criteria for Creutzfeldt-Jakob disease (CJD) and other human spongiform encephalopathies (prion diseases) Brain Pathol. 1995,5:459 - 466.

[58] Bueler H, Aguzzi A, Sailer A, *et al*. Mice devoid of PrP are resistant to scrapie. Cell. 1993,73: 1339 - 1347.

[59] Bueler H, Fischer M, Lang Y, *et al*. Normal development and behaviour of mice lacking the neuronal cell-surface PrP protein. Nature. 1992, 356: 577 - 582.

[60] Carlson G A, Kingsbury D T, Goodman P A, *et al*. Linkage of prion protein and scrapie incubation time genes. Cell. 1986, 46(4), 503 - 511.

[61] Carlson G A, Kingsbury D T, Goodman P A, *et al*. Linkage of prion protein and scrapie incubation time genes. Cell. 1986, 46: 503 - 511.

[62] Carp R I, Moretz R C, Natelli M, *et al*. Genetic control of scrapie: incubation period and plaque formation in I mice. J Gen Virol. 1987,68:401 - 407.

[63] Castilla J, Gutierrez-Adan A, Brun A, *et al*. Subclinical bovine spongiform encephalopathy infection in transgenic mice expressing porcine prion protein. J Neurosci. 2004,24:5063 - 5069.

[64] Castilla J, Saa P, Hetz C, *et al*. In vitro generation of infectious scrapie prions. Cell. 2005, 121(2): 195 -206.

[65] Caughey B, Horiuchi M, Demaimay R. Assays of protease-resistant prion protein and its formation. Methods Enzymol . 1999,309: 122 - 133.

[66] Caughey B, Raymond G J, Bessen R A. Strain-dependent differences in beta-sheet conformations of abnormal prion protein. J Biol Chem. 1998,273:32230 - 32235.

[67] Caughey B W, Dong A, Bhat K S, *et al*. Secondary structure analysis of the scrapie-associated protein PrP 27 - 30 in water by infrared spectroscopy. Biochemistry. 1991,30: 7672 - 7680.

[68] Chacinska, A. *et al*. Ssb1 chaperone is a [PSI+] prion-curing factor. Curr. Genet. 2001, 39: 62 - 67.

[69] Chen S, Yadav S P, Surewicz W K. Interaction between human prion protein and amyloid-beta (Abeta) oligomers: role OF N-terminal residues. J Biol Chem. 2010, 285 (34): 26377 - 26383.

[70] Chen S G, Gambetti P. A journey through the species barrier. Neuron. 2002,34:854 - 856.

[71] Chernoff Y O, *et al*. Evolutionary conservation of prionforming abilities of the yeast Sup35 protein. Mol. Microbiol. 2000, 35: 865 - 876.

[72] Chernoff Y O, Derkach I L, Ingevechtomov S G. Multicopy Sup35 gene induces de novo appearance of Psi-like factors in the yeast Saccharomyces cerevisiae. Curr. Genet. 1993, 24 : 268 - 270.

[73] Chernoff Y O, Newnam G P, Kumar J, *et al*. Evidence for a protein mutator in yeast: Role of the Hsp70 - related chaperone Ssb in formation, stability, and toxicity of the PSI prion. Mol. Cell. Biol. 1999, 19: 8103 - 8112.

[74] Chesebro B . Introduction to the transmissible spongiform encephalopathies or prion diseases. Br Med Bull. 2003,66:1 - 20.

[75] Chesebro B. BSE and prions: uncertainties about the agent. Science. 1998,279:42 - 43.

[76] Cohen C H, Valleron A J. When did bovine spongiform encephalopathy (BSE) start? Implications on the prediction of a new variant of Creutzfeldt-Jakob disease (nvCJD) epidemic. Int J Epidemiol. 1999,28:526 -531.

[77] Cohen F E, Prusiner S B. Pathologic conformations of prion proteins. Annu Rev Biochem. 1998,67:793 - 819.

[78] Collee J G, Bradley R. BSE: a decade on-Part 2. Lancet. 1997,349:715 - 721.

[79] Collinge J, Beck J, Campbell T, *et al*. Prion protein gene analysis in new variant cases of Creutzfeldt-Jakob disease. Lancet. 1996,348:56.

[80] Collinge J, Owen F, Poulter M, *et al*. Prion dementia without characteristic pathology. Lancet. 1990,336:7 - 9.

[81] Collinge J, Palmer M S, Dryden A J. Genetic predisposition to iatrogenic Creutzfeldt-Jakob disease. Lancet. 1991,337:1441 - 1442.

[82] Collinge J, Sidle K C, Meads J, *et al*. Molecular analysis of prion strain variation and the aetiology of' new variant' CJD. Nature. 1996,383:685 - 690.

[83] Collinge J. Prion diseases of humans and animals: their causes and molecular basis. Annu Rev Neurosci. 2001,24:519 - 550.

[84] Collinge J. Variant Creutzfeldt-Jakob disease. Lancet. 1999,354:317 - 323.

[85] Collins S J, Lawson V A, Masters C L. Transmissible spongiform encephalopathies. Lancet. 2004,363: 51 - 61.

[86] Comincini S, Chiarelli L R, Zelini P, *et al*. Nuclear mRNA retention and aberrant doppel protein expression in human astrocytic tumor cells, Oncol. Rep. , 2006, 16, 1325 - 1332.

[87] Cortelli P, Gambetti P, Montagna P, *et al*. Fatal familial insomnia: clinical features

and molecular genetics. J Sleep Res. 1999,8(Suppl 1):23 - 29.

[88] Coschigano P W, Magasanik B. The URE2 gene product of Saccharomyces cerevisiae plays an important role in the cellular response to the nitrogen source and has homology to glutathione S-transferases. Mol. Cell. Biol. 1991, 11: 822 - 832.

[89] Cui T, Holme A, Sassoon J, *et al*. Analysis of doppel protein toxicity. Molecular and Cellular Neuroscience, 2003,23: 144 - 155.

[90] Cummings C, Mancini M, Antalffy B, *et al*. Chaperone suppression of aggregation and altered subcellular proteasome localization imply protein misfolding in SCA1. Nature genetics, 1998, 19(2): 148 - 154.

[91] Cunningham C, Deacon R M, Chan K, Boche D, *et al*. Neuropathologically distinct prion strains give rise to similar temporal profiles of behavioral deficits. Neurobiol Dis. 2005,18:258 - 269.

[92] DeArmond S J, McKinley M P, Barry R A, *et al*. Identification of prion amyloid filaments in scrapie-infected brain. Cell. 1985, 41(1): 221 - 235.

[93] DeArmond S J, Qiu Y, Sanchez H, *et al*. PrP^C glycoform heterogeneity as a function of brain region: implications for selective targeting of neurons by prion strains. J Neuropathol Exp Neurol. 1999, 58(9): 1000 -1009.

[94] Dell'Omo G, Vannoni E, Vyssotski A L, *et al*. Early behavioural changes in mice infected with BSE and scrapie: automated home cage monitoring reveals prion strain differences. Eur J Neurosci. 2002,16:735 - 742.

[95] Detwiler L A, Baylis M. The epidemiology of scrapie. Rev Sci Tech. 2003, 22: 121 - 143.

[96] Diaz-San S F, Salguero F J, de Avila A, *et al*. Distribution of the cellular prion protein (PrP^C) in brains of livestock and domesticated species. Acta Neuropathol. 2006, 112 (5): 587 - 595.

[97] Dickinson A G, Meikle V M, Fraser H. Identification of a gene which controls the incubation period of some strains of scrapie agent in mice. J Comp Pathol. 1968,78: 293 - 299.

[98] Drogemuller C, de V F, Hamann H, *et al*. Breeding German sheep for resistance to scrapie. Vet Rec. 2004, 154: 257 - 260.

[99] Eaglestone S S, Ruddock L W, Cox B S, *et al*. Guanidine hydrochloride blocks a critical step in the propagation of the prion-like determinant [PSI+] of Saccharomyces cerevisiae. Proc. Natl Acad. Sci. USA . 2000, 97: 240 - 244.

[100] Edskes H K, Gray V T, Wickner R B. The [URE3] prion is an aggregated form of Ure2p that can be cured by overexpression of Ure2p fragments. Proc. Natl Acad. Sci. USA . 1999, 96: 1498 - 1503.

[101] Enari M, Flechsig E, Weissmann C. Scrapie prion protein accumulation by scrapie-infected neuroblastoma cells abrogated by exposure to a prion protein antibody. Proc. Natl. Acad. Sci. U. S. A. 2001,98: 9295 - 9299.

[102] Endo T, Groth D, Prusiner S B, *et al*. Diversity of oligosaccharide structures linked to asparagines of the scrapie prion protein. Biochemistry, 1989,28: 8380 - 8388.

[103] Ersdal C, Ulvund M J, Espenes A, *et al*. Mapping PrP^{Sc} Propagation in Experimental and Natural Scrapie in Sheep with Different PrP Genotypes Vet Pathol, 2005, 42: 258 - 274.

[104] Fernandez-Funez P, Casas-Tinto S, Zhang Y, *et al*. In Vivo Generation of Neurotoxic Prion. Role for HSP 70 in Accumulation of Misfolded Isoform. Plos Genet 2009, 5 (6): 10005 - 10007.

[105] Ferreira P C, Ness F, Edwards S R, *et al*. The elimination of the yeast [PSI+] prion by guanidine hydrochloride is the result of Hsp104 inactivation. Mol. Microbiol. 2001, 40: 1357 - 1369.

[106] Ferrer I, Freixas M, Blanco R, *et al*. Selective PrP-like protein, Doppel immunoreactivity in dystropHic neurites of senile plaques in Alzheimer's disease, Neuropathol. Appl. Neurobiol 2004, 30: 329 - 337.

[107] Flechsig E, Hegyi I , Leimeroth R, *et al*. Expression of truncated PrP targeted to Purkinje cells of PrP knockout mice causes Purkinje cell death and ataxia. The EMBO Journal, 2003 ,22: 3095 - 3101.

[108] Foster J D, Hope J, Fraser H. Transmission of bovine spongiform encephalopathy to sheep and goats. Vet Rec. 1993,133:339 - 341.

[109] Foster J D, Parnham D, Chong A, *et al*. Clinical signs, histopathology and genetics of experimental transmission of BSE and natural scrapie to sheep and goats. Vet Rec. 2001,148:165 - 171.

[110] Fournier J G, Escaig-Haye F, Billette D V T, *et al*. Distribution and submicroscopic immunogold localization of cellular prion protein (PrP^{C}) in extracerebral tissues. Cell Tissue Res. 1998, 292(1): 77 - 84.

[111] Fraser H, Bruce M E, Chree A, *et al*. Transmission of bovine spongiform encephalopathy and scrapie to mice. J Gen Virol. 1992,73:1891 - 1897.

[112] Fraser H, Dickinson A G. Scrapie in mice. Agent-strain differences in the distribution and intensity of grey matter vacuolation. J Comp Pathol. 1973,83:29 - 40.

[113] Fraser H. Diversity in the neuropathology of scrapie-like diseases in animals. Br Med Bull. 1993,49:792 -809.

[114] Gabizon R, McKinley M P, Groth D, *et al*. Immunoaffinity purification and neutralization of scrapie prion infectivity. Proc. Natl. Acad. Sci. U. S. A. 1988,85, 6617 - 6621.

[115] Gajdusek C. Discussion on kuru, scrapie and the experimental kuru-like syndrome in chimpanzees. Curr Top Microbiol Immunol. 1967, 40: 59 - 63.

[116] Gajdusek D C, Gibbs C J, Alpers M. Experimental transmission of a Kuru-like syndrome to chimpanzees. Nature . 1966,209: 794 - 796.

[117] Gambetti P, Kong Q, Zou W, *et al*. Sporadic and familial CJD: classification and characterisation. Br Med Bull. 2003,66:213 - 239.

[118] Gambetti P, Parchi P, Chen S G. Hereditary Creutzfeldt-Jakob disease and fatal familial insomnia. Clin Lab Med . 2003,23: 43 - 64.

[119] Gambetti P, Parchi P. Insomnia in prion diseases: sporadic and familial. N Engl J

Med. 1999, 340: 1675 -1677.

[120] Genoud N, Behrens A, Miele G, *et al*. Disruption of Doppel prevent neurodegeneration in mice with extensive Prnp deletions. PNAS, 2004, 101: 4198 - 4203.

[121] Ghani A C, Ferguson N M, Donnelly C A, *et al*. Estimation of the number of people incubating variant CJD. Lancet. 1998,352:1353 - 1354.

[122] Gibbs C J Jr, Gajdusek D C, Asher D M, *et al*. Creutzfeldt-Jakob disease (spongiform encephalopathy): transmission to the chimpanzee. Science . 1968,161: 388 - 389.

[123] Gibbs C J Jr, Gajdusek D C. Experimental subacute spongiform virus encephalopathies in primates and other laboratory animals. Science. 1973,182: 67 - 68.

[124] Glatzel M, Giger O, Braun N, *et al*. The peripheral nervous system and the pathogenesis of prion diseases. Curr Mol Med. 2004, 4(4): 355 - 359.

[125] Glatzel M, Stoeck K, Seeger H, *et al*. Human prion diseases: molecular and clinical aspects. Arch Neurol. 2005,62:545 - 552.

[126] Goldfarb L G, Petersen R B, Tabaton M, *et al*. Fatal familial insomnia and familial Creutzfeldt-Jakob disease: disease phenotype determined by a DNA polymorphism. Science. 1992,258:806 - 808.

[127] Goldmann W, Martin T, Foster J, *et al*. Novel polymorphisms in the caprine PrP gene: a codon 142 mutation associated with scrapie incubation period. J Gen Virol . 1996,77: 2885 - 2891.

[128] Goloubinoff P, Rios P. The mechanism of Hsp70 chaperones:(entropic) pulling the models together. Trends in Biochemical Sciences, 2007, 32(8): 372 - 380.

[129] Gombojav A, Shimauchi I, Horiuchi M, *et al*. Susceptibility of transgenic mice expressing chimeric sheep, bovine and human PrP genes to sheep scrapie. J Vet Med Sci. 2003,65:341 - 347.

[130] Griffith J S . Self-replication and scrapie. Nature . 1967,215: 1043 - 1044.

[131] Gunther E C, Strittmatter S M. Beta-amyloid oligomers and cellular prion protein in Alzheimer's disease. J Mol Med . 2010, 88(4): 331 - 338.

[132] Hainfellner J A, Parchi P, Kitamoto T, *et al*. A novel phenotype in familial Creutzfeldt-Jakob disease: prion protein gene E200K mutation coupled with valine at codon 129 and type 2 protease-resistant prion protein. Ann Neurol. 1999,45:812 - 816.

[133] Halliday S, Houston F, Hunter N. Expression of PrP^{C} on cellular components of sheep blood. J Gen Virol . 2005, 86(Pt 5): 1571 - 1579.

[134] Hamir A N, Cutlip R C, Miller J M, *et al*. Preliminary findings on the experimental transmission of chronic wasting disease agent of mule deer to cattle. J Vet Diagn Invest. 2001,13:91 - 96.

[135] Hamir A N, Kunkle R A, Cutlip R C, *et al*. Experimental transmission of chronic wasting disease agent from mule deer to cattle by the intracerebral route. J Vet Diagn Invest. 2005,17:276 - 281.

[136] Hamir A N, Miller J M, Cutlip R C, *et al*. Experimental inoculation of scrapie and chronic

wasting disease agents in raccoons (Procyon lotor) Vet Rec. 2003,153:121 - 123.

[137] Heppner F L, Aguzzi A. Recent developments in prion immunotherapy. Curr. Opin. Immunol. 2004,16:594 - 598.

[138] Hill A F, Collinge J. Prion strains and species barriers. Contrib Microbiol. 2004,11: 33 - 49.

[139] Hill A F, Desbruslais M, *et al*. The same prion strain causes vCJD and BSE. Nature. 1997,389:448 - 50. 526.

[140] Hill A F, Joiner S, Linehan J. Species-barrier-independent prion replication in apparently resistant species. Proc Natl Acad Sci USA . 2000,97: 10248 - 10253.

[141] Hill A F, Joiner S, Wadsworth J D, *et al*. Molecular classification of sporadic Creutzfeldt - Jakob disease. Brain. 2003,126:1333 - 1346.

[142] Holada K, Vostal J G. Different levels of prion protein (PrP^C) expression on hamster, mouse and human blood cells. Br J Haematol . 2000, 110(2): 472 - 480.

[143] Holtzman, D A, Yang S, Drubin D G. Synthetic-lethal interactions identify two novel genes, SLA1 and SLA2, that control membrane cytoskeleton assembly in Saccharomyces cerevisiae. J. Cell Biol. 1993, 122: 635 - 644.

[144] Hope J, Morton L J, Farquhar C F. The major polypeptide of scrapie-associated fibrils (SAF) has the same size, charge distribution and N-terminal protein sequence as predicted for the normal brain protein (PrP). EMBO J. 1986,5:2591 - 2597.

[145] Horiuchi M, Priola SA, Chabry J, *et al*. Interactions between heterologous forms of prion protein: binding, inhibition of conversion, and species barriers. Proc Natl Acad Sci USA . 2000,97: 5836 - 5841.

[146] Horiuchi M, Yam az aki N, Ikeda T, *et al*. A cellular f orm of prion protein (PrP^C) exists in many nonneuronal tissues of seep. J Gen Virol, 1995, 76: 2583 - 2587.

[147] hosravani H,Zhang Y, Tsutsui S, *et al*. Prion proteinattenuates excitotoxicity by inhibiting NMDA receptors. J Cell Biol, 2008,181:551 - 565.

[148] Houston F, Goldmann W, Chong A. Prion diseases: BSE in sheep bred for resistance to infection. Nature. 2003, 423: 498.

[149] Hu W *et al*. Prion proteins: a biological role beyond prion diease. Acta Neurol Scand, 2007, 116 (2): 75 - 82.

[150] Hu W,Kieseier B,Frohman E, *et al*. Prion proteins: physiological functions and rolein neurological disorders. J Neurol Sci,2008,264:1 - 8.

[151] Hunter N, Dann J C, Bennett A D, *et al*. Are Sinc and the PrP gene congruent? Evidence from PrP gene analysis in Sinc congenic mice. J Gen Virol. 1992,73:2751 - 2755.

[152] Hunter N. Scrapie and experimental BSE in sheep. Br Med Bull . 2003,66: 171 - 183.

[153] Jarrett J T, Lansbury P T Jr. Seeding "one-dimensional crystallization" of amyloid: a pathogenic mechanism in Alzheimer's disease and scrapie? Cell . 1993,73: 1055 - 1058.

[154] Jones E M, Surewicz W K. Fibril conformation as the basis of species-and strain-dependent seeding specificity of mammalian prion amyloids. Cell. 2005,121:63 - 72.

[155] Jones G W, Masison D C. Saccharomyces cerevisiae Hsp70 mutations affect [PSI+] prion propagation and cell growth differently and implicate Hsp40 and tetratricopeptide repeat cochaperones in impairment of [PSI+]. Genetics 2003, 163: 495 - 506.

[156] Jung G M, Masison D C. Guanidine hydrochloride inhibits Hsp104 activity in vivo: A possible explanation for its effect in curing yeast prions. Curr. Microbiol. 2001, 43: 7 - 10.

[157] Jung G M, Jones G. Amino acid residue 184 of yeast Hsp104 chaperone is critical for prion-curing by guanidine, prion propagation, and thermotolerance. Proc. Natl Acad. Sci. USA . 2002, 99: 9936 - 9941.

[158] Jung G, Jones G, Wegrzyn R D. A role for cytosolic Hsp70 in yeast [PSI+] prion propagation and PSI+ as a cellular stress. Genetics. 2000, 156: 559 - 570.

[159] Kascsak R J, Rubenstein R, Merz P A, *et al*. Immunological comparison of scrapie-associated fibrils isolated from animals infected with four different scrapie strains. J Virol. 1986,59:676 - 683.

[160] Khalili-Shirazi A, Summers L, Linehan J, *et al*. PrP glycoforms are associated in a strain-specific ratio in native PrP^{Sc}. J Gen Virol. 2005,86:2635 - 2644.

[161] Kimberlin R H, Marsh R F. Comparison of scrapie and transmissible mink encephalopathy in hamsters. I. Biochemical studies of brain during development of disease. J Infect Dis . 1975,131: 97 - 103.

[162] Kimberlin R H, Walker C A. Competition between strains of scrapie depends on the blocking agent being infectious. Intervirology. 1985,23:74 - 81.

[163] Kimberlin R H, Walker C A. Evidence that the transmission of one source of scrapie agent to hamsters involves separation of agent strains from a mixture. J Gen Virol. 1978,39: 487 - 496.

[164] Kirkwood J K, Cunningham A A. Epidemiological observations on spongiform encephalopathies in captive wild animals in the British Isles. Vet Rec. 1994,135:296 - 303.

[165] Kitamoto T J, Tateishi J. Human prion diseases with variant prion protein. Phil Trans Roy Soc. Lomdonser B, 1994, 343, 391 - 398.

[166] Knaus K J, Morillas M, Swietnicki W, *et al*. Crystal structure of the human prion protein reveals a mechanism for oligomerization. Nat Struct Biol. 2001,8: 770 - 774.

[167] Kocisko D A, Come J H, Priola S A, *et al*. Cell-free formation of protease-resistant prion protein. Nature . 1994,370: 471 - 474.

[168] Kocisko D A, Priola S A, Raymond G J, *et al*. Species specificity in the cell-free conversion of prion protein to protease-resistant forms: a model for the scrapie species barrier. Proc Natl Acad Sci USA . 1995,92: 3923 -3927.

[169] Kong Q, Huang S, Zou W, *et al*. Chronic wasting disease of elk: transmissibility to humans examined by transgenic mouse models. J Neurosci. 2005,25:7944 - 7949.

[170] Kryndushkin D S, Smirnov V N, Ter-Avanesyan, *et al*. Increased expression of Hsp40 chaperones, transcriptional factors, and ribosomal protein Rpp0 can cure yeast prions. J. Biol. Chem. 2002, 277: 23702 -23708.

[171] Kushnirov V V, Kryndushkin D S, Boguta M, *et al*. Chaperones that cure yeast artificial [PSI+] and their prion-specific effects. Curr. Biol. 2000, 10: 1443 - 1446.

[172] Laplanche J L, Delasnerie L N, Brandel J P, *et al*. Molecular genetics of prion disease in France. Neurology, 1994, 442: 2347 - 2351.

[173] Lasmezas C I, Deslys J P, Robain O, *et al*. Transmission of the BSE agent to mice in the absence of detectable abnormal prion protein. Science. 1997,275:402 - 405.

[174] Lasmezas C I. Putative functions of PrP(C). Br Med Bull . 2003,66:61 - 70.

[175] Lee HS, Brown P, Cervenakova L, *et al*. Increased susceptibility to Kuru of carriers of the PRNP 129 methionine/methionine genotype. J Infect Dis. 2001,183:192 - 196.

[176] Li A, Sakaguchi S, Shigematsu K, *et al*. Physiological expression of the gene for PrP-like protein, PrPLP/Dpl, by brain endothelial cells and its ectopic expression in neurons of PrP-deficient mice ataxic due to Purkinje cell degeneration, Am. J. Pathol. , 2000, 157:1447 - 1452.

[177] Liemann S, Glockshuber R. Influence of amino acid substitutions related to inherited human prion diseases on the thermodynamic stability of the cellular prion protein. Biochemistry. 1999,38:3258 - 3267.

[178] Linden R, Martins V R, Prado M A, *et al*. Physiology of the prion protein. Physiol Rev . 2008, 88(2): 673 - 728.

[179] Llewelyn C A, Hewitt P E, Knight R S, *et al*. Possible transmission of variant Creutzfeldt-Jakob disease by blood transfusion. Lancet . 2004,363: 417 - 421.

[180] Lloyd S E, Thompson S R, Beck J A, *et al*. Identification and characterization of a novel mouse prion gene allele. Mamm Genome. 2004,15:383 - 389.

[181] Locht C, Chesebro B, Race R, *et al*. Molecular cloning and complete sequence of prion protein cDNA from mouse brain infected with the scrapie agent. Proc Natl Acad Sci USA . 1986, 83: 6372 - 6376.

[182] Lu K, Wang W, Xie Z L, *et al*. Expression and Structural Characterization of the Recombinant Human Doppel Protein. Biochemistry, 2000, 39:13575 - 13583.

[183] Luhr K M, Wallin R P, Ljunggren H G, *et al*. Processing and degradation of exogenous prion protein by CD11c(+) myeloid dendritic cells in vitro. J Virol. 2002, 76 (23): 12259 - 12264.

[184] Mabbott N A, MacPherson G G. Prions and their lethal journey to the brain. Nat Rev Microbiol . 2006, 4(3): 201 - 211.

[185] Mabbott N, *et al*. Prions and the blood and immune systems. Haematologica, 2005, 90: 542 - 548.

[186] Manuelidis E E, Gorgacz E J, Manuelidis L. Transmission of Creutzfeldt-Jakob disease with scrapie-like syndromes to mice. Nature. 1978,271:778 - 779.

[187] Marcos Z, Bodegas M E, Sesma M P, *et al*. Comparative study of PrP^C expression in rat, monkey, and cow gastrointestinal tract. Ann N Y Acad Sci . 2005, 1040: 391 - 394.

[188] Mark o P, Loren zo S, Bice S, *et al*. Shadoo, a new prot ein highly conserved from

fish to mammals and with similarity to prion prot ein. Gene, 2003, 314: 89-102.

[189] Marsh R F, Hadlow W J. Transmissible mink encephalopathy. Rev Sci Tech. 1992, 11: 539-550.

[190] Marsh R F, Kimberlin R H. Comparison of scrapie and transmissible mink encephalopathy in hamsters. II. Clinical signs, pathology, and pathogenesis. J Infect Dis . 1975,131: 104-110.

[191] Marsh R F, Kincaid A E, Bessen R A, *et al*. Interspecies Transmission of Chronic Wasting Disease Prions to Squirrel Monkeys (Saimiri sciureus) J Virol. 2005,79: 13794-13796.

[192] Masato Enari, Eckhard Flechig, Charles Weissmann. Scrapie prion protein accumulation by scrapieinfected neuroblastoma cells abrogated by exposure to a prion protein antibody. PNAS. 2001,98(16):9295-9299.

[193] McKinley M P, Bolton D C, Prusiner S B. A protease-resistant protein is a structural component of the scrapie prion. Cell. 1983, 35(1): 57-62.

[194] Mead S, Stumpf M P, Whitfield J, *et al*. Balancing selection at the prion protein gene consistent with prehistoric kurulike epidemics. Science. 2003,300:640-643.

[195] Medori R, Montagna P, Tritschler HJ, *et al*. Fatal familial insomnia: a second kindred with mutation of prion protein gene at codon 178. Neurology. 1992,42:669-670.

[196] Michael B Fischer, Christiane Roeckl, Petra Parizek, *et al*. Binding of disease-associated prion protein to plasminogen. Nature. 2000,408: 479-483.

[197] Mishra R S, Gu Y, Bose S, *et al*. Cell surface accumulation of a truncated transmembrane prion protein in GSS P102L. J Biol Chem, 2002, 277: 24554-24561.

[198] Montagna P, Cortelli P, Avoni P, *et al*. Clinical features of fatal familial insomnia: phenotypic variability in relation to a polymorphism at codon 129 of the prion protein gene. Brain Pathol. 1998,8:515-520.

[199] Moore R C, Lee I Y, Silverman G L, *et al*. Ataxia in prion protein (PrP) - deficient mice is associated with upregulation of the novel PrP-like protein Doppel. J Mol Biol 1999, 292: 797-817.

[200] Moore R A, Vorberg I, Priola S A. Species barriers in prion diseases-brief review. Arch Virol. 2005,(Suppl):187-202.

[201] Morales, K. Abid , C. Soto. The prion strain phenomenon: Molecular basis and unprecedented features, Biochim. Biophys. Acta. 2007,1772:681-691.

[202] Mulcahy E R, Bessen R A. Strain-specific Kinetics of Prion Protein Formation in Vitro and in Vivo. J Biol Chem. 2004,279:1643-1649.

[203] Muramoto T, Kitamoto T, Tateishi J, *et al*. Successful transmission of Creutzfeldt-Jakob disease from human to mouse verified by prion protein accumulation in mouse brains. Brain Res. 1992,599:309-316.

[204] N Hunter, J D Foster, W Goldmann, *et al*. Natural scrapie in a closed flock of Cheviot sheep occurs only in specific PrP genotypes. Archives of Virology. 1996,141,5:809-824.

[205] Ness F, Ferreira P, Cox B S, *et al*. Guanidine hydrochloride inhibits the generation of prion' seeds' but not prion protein aggregation in yeast. Mol. Cell. Biol. 2002,22: 5593 - 5605.

[206] Newnam G P, Wegrzyn R D, Lindquist S L, *et al*. Antagonistic interactions between yeast chaperones Hsp104 and Hsp70 in prion curing. Mol. Cell. Biol. 1999, 19: 1325 -1333.

[207] Nygaard H B, Strittmatter S M. Cellular prion protein mediates the toxicity of beta-amyloid oligomers: implications for Alzheimer disease. Arch Neurol. 2009, 66(11): 1325 - 1328.

[208] O'Rourke K I, Holyoak G R, Clark W W, *et al*. PrP genotypes and experimental scrapie in orally inoculated Suffolk sheep in the United States. J Gen Virol . 1997,78 (Pt 4): 975 - 978.

[209] Oesch B, Westaway D, Walchli M, *et al*. A cellular gene encodes scrapie PrP 27 - 30 protein. Cell. 1985,40: 735 - 746.

[210] Oka M, *et al*. Loss of Hsp70 - Hsp40 chaperone activity causes abnormal nuclear distribution and aberrant microtubule formation in M-phase of Saccharomyces cerevisiae. J. Biol. Chem . 1998, 273: 29727 - 29737.

[211] Owen F, Poulter M, Collinge J, *et al*. A codon 129 polymorpHism in the PRNP gene. Nucleic Acids Res, 1990, 18: 3103.

[212] Paar C, Wurm S, Pfarr W, *et al*. Prionprotein resides in membrane microclusters of the immunologicalsynapse during lymphocyte activation. Eur J Cell Biol, 2007, 86:253 - 264.

[213] Palmer M S, Dryden A J, Hughes J T, *et al*. Homozygous prion protein genotype predisposes to sporadic Creuzfeldt-Jakob disease. Nature, 1991, 353: 340 - 342.

[214] Paltrinieri S, Comazzi S, Spagnolo V, *et al*,. Bovine Doppfel (Dpl) and Prion Protein (PrP) Expression on LympHoid Tissue and Circulating Leukocytes. Journal of Histochemistry and Cytochemistry, 2004, 52: 1639 - 1645.

[215] Pan K M, Baldwin M, Nguyen J, *et al*. Conversion of alpha-helices into beta-sheets features in the formation of the scrapie prion proteins. Proc Natl Acad Sci USA, 1993, 90: 10962 - 10966.

[216] Parchi P, Castellani R, Capellari S, *et al*. Molecular basis of phenotypic variability in sporadic Creutzfeldt-Jakob disease. Ann Neurol, 1996, 39:767 - 778.

[217] Parchi P, Giese A, Capellari S, *et al*. Classification of sporadic Creutzfeldt-Jakob disease based on molecular and phenotypic analysis of 300 subjects. Ann Neurol, 1999, 46:224 - 233.

[218] Parchi P, Zou W, Wang W, *et al*. Genetic influence on the structural variations of the abnormal prion protein. Proc Natl Acad Sci U S A, 2000, 97:10168 - 10172.

[219] Pattison I H, Millson G C. Scrapie produced experimentally in goats with special reference to the clinical syndrome. J Comp Pathol, 1961, 71:101 - 109.

[220] Pattison I H. The relative susceptibility of sheep, goats and mice to two types of the goat scrapie agent. Res Vet Sci, 1966,7:207 - 212.

[221] Pearson G R, Wyatt J M, Gruffydd-Jones T J, *et al*. Feline spongiform encephalopathy: fibril and PrP studies. Vet Rec, 1992,131:307 - 310.

[222] Peretz D, Scott M R, Groth D, *et al*. Strain-specified relative conformational stability of the scrapie prion protein. Protein Sci, 2001,10:854 - 863.

[223] Peretz D, Williamson R A, Legname G, *et al*. A change in the conformation of prions accompanies the emergence of a new prion strain. Neuron, 2002,34:921 - 932.

[224] Peretz D, Williamson R A, Kaneko K, *et al*. Antibodies inhibit prion propagation and clear cell cultures of prion infectivity. Nature, 2001,412:739 - 743.

[225] Perrett S, Freeman S J, *et al*. Equilibrium folding properties of the yeast prion protein determinant Ure2. J. Mol. Biol, 1999, 290: 331 - 345.

[226] Petchanikow C, Saborio GP, Anderes L, *et al*. Biochemical and structural studies of the prion protein polymorphism. FEBS Lett, 2001,509:451 - 456.

[227] Petersen R B, Goldfarb L G, Tabaton M, *et al*. A novel mechanism of phenotypic heterogeneity demonstrated by the effect of a polymorphism on a pathogenic mutation in the PRNP (prion protein gene) Mol Neurobiol, 1994,8:99 - 103.

[228] Pocchiari M, Puopolo M, Croes EA, *et al*.. Predictors of survival in sporadic Creutzfeldt-Jakob disease and other human transmissible spongiform encephalopathies. Brain, 2004,127:2348 - 2359.

[229] Priola SA, Caughey B, Race RE, *et al*. Heterologous PrP molecules interfere with accumulation of protease-resistant PrP in scrapie-infected murine neuroblastoma cells. J Virol, 1994,68: 4873 - 4878.

[230] Priola S A, Chabry J, Chan K. Efficient conversion of normal prion protein (PrP) by abnormal hamster PrP is determined by homology at amino acid residue 155. J Virol, 2001,75: 4673 - 4680.

[231] Priola S A, Chesebro B . A single hamster PrP amino acid blocks conversion to protease-resistant PrP in scrapie-infected mouse neuroblastoma cells. J Virol, 1995, 69: 7754 - 7758.

[232] Priola S A, Lawson V A. Glycosylation influences cross-species formation of protease-resistant prion protein. EMBO J, 2001, 20: 6692 - 6699.

[233] Prusiner S B, Groth D F, Bolton D C, *et al*. Purification and structural studies of a major scrapie prion protein. Cell, 1984, 38(1): 127 - 134.

[234] Prusiner S B, McKinley M P, Bowman K A, *et al*. Scrapie prions aggregate to form amyloid-like birefringent rods. Cell, 1983, 35(2 Pt 1): 349 - 358.

[235] Prusiner S B, Scott M R, DeArmond S J, *et al*. Prion protein biology. Cell, 1998, 93 (3): 337 - 348.

[236] Prusiner S B, Scott M, Foster D, *et al*. Transgenetic studies implicate interaction between homologous PrP isoform in scraple prion replication. Cell, 1990,63:673 - 684.

[237] Prusiner S B, Groth D F, Bolton D C, *et al*. Purification and structural studies of a major scrapie prion protein. Cell, 1984,38:127 - 134.

[238] Prusiner S B. Novel proteinaceous infectious particles cause scrapie. Science. 1982, 216: 136 - 144.

[239] Prusiner S B. Prion diseases and the BSE crisis. Science, 1997,278: 245 - 251.

[240] Prusiner S B. Prions. Proc Natl Acad Sci USA, 1998,95:13363 - 13383.

[241] Prusiner S B. The prion diseases. Brain Pathol, 1998,8:499 - 513.

[242] Puckett C, Concannon P, Cas ey C, *et al*. Genomic structure of the human prion protein gene[J] . Am J H um Gen et, 1991, 49:320 - 329.

[243] Puoti G, Giaccone G, Rossi G, *et al*. Sporadic Creutzfeldt-Jakob disease: co-occurrence of different types of PrP(Sc) in the same brain. Neurology, 1999,53:2173 - 2176.

[244] Puoti G, Rossi G, Giaccone G, *et al*. Polymorphism at codon 129 of PRNP affects the phenotypic expression of Creutzfeldt-Jakob disease linked to E200K mutation. Ann Neurol, 2000,48:269 - 270.

[245] Race R, Chesebro B. Scrapie infectivity found in resistant species. Nature, 1998,392: 770.

[246] Race R E, Caughey B, Graham K, *et al*. Analyses of frequency of infection, specific infectivity, and prion protein biosynthesis in scrapie-infected neuroblastoma cell clones. J Virol, 1988,62: 2845 - 2849.

[247] Richardson E P Jr, Masters C L . The nosology of Creutzfeldt-Jakob disease and conditions related to the accumulation of PrPCJD in the nervous system. Brain Pathol , 1995. 5: 33 - 41.

[248] Roach A, Boylan K, Horvath S, *et al*. Characterization of cloned cDNA representing rat myelin basic protein: absence of expression in brain of shiverer mutant mice. Cell, 1983, 34(3): 799 - 806.

[249] Rubenstein R, Merz P A, Kascsak R J, *et al*. Scrapie-infected spleens: analysis of infectivity, scrapie-associated fibrils, and protease-resistant proteins. J Infect Dis, 1991,164:29 - 35.

[250] Russelakis C M, Saborio G P, Anderes L, *et al*. Changes in the glycosylation pattern of prion protein in murine scrapie: implications for the mechanism of neurodegeneration in prion diseases, J Biol Chem, 2002, 277, 36872 - 36877.

[251] Rybner-Barnier C, Jacquemot C, Cuche C, *et al*. Processing of the bovine spongiform encephalopathy-specific prion protein by dendritic cells. J Virol, 2006, 80(10): 4656 - 4663.

[252] Ryder S J, Hawkins S A, Dawson M, Wells G A. The neuropathology of experimental bovine spongiform encephalopathy in the pig. J Comp Pathol. 2000,122:131 - 143.

[253] Saborio G P, Permanne B, Soto C. Sensitive detection of pathological prion protein by cyclic amplification of protein misfolding. Nature, 2001, 411(6839): 810 - 813.

[254] Safar J, Wille H, Itri V, *et al*. Eight prion strains have PrP(Sc) molecules with dif-

ferent conformations. Nat Med, 1998,4:1157 - 1165.

[255] Sailer A, Bueler H, Fischer M, *et al*. No propagation of prions in mice devoid of PrP. Cell, 1994,77: 967 -968.

[256] Salman MD. Chronic wasting disease in deer and elk: scientific facts and findings. J Vet Med Sci, 2003,65: 761 - 768.

[257] Savina A, Furlan M, Vidal M, *et al*. Exosome Release Is Regulated by a Calcium-dependent Mechanism in K562 Cells. J Biol Chem, 2003, 278(22): 20083 - 20090.

[258] S B Prusiner. Novel proteinaceous infectious particles cause scrapie. Science, 1982, 216,(4542):136 - 144.

[259] Scheibel T, *et al*. Conducting nanowires built by controlled self-assembly of amyloid fibers and selective metal deposition. Proc. Natl Acad. Sci. USA, 2003, 100: 4527 - 4532.

[260] Schoch G, Seeger H, Bogousslavsky J, *et al*. Analysis of Prion Strains by PrP(Sc) Profiling in Sporadic Creutzfeldt-Jakob Disease. PLoS Med, 2005, 13 - 14.

[261] Scott M, Foster D, Mirenda C, *et al*. Transgenic mice expressing hamster prion protein produce species-specific scrapie infectivity and amyloid plaques. Cell, 1989,59: 847 - 857.

[262] Scott M, Groth D, Foster D, *et al*. Propagation of prions with artificial properties in transgenic mice expressing chimeric PrP genes. Cell, 1993,73: 979 - 988.

[263] Scott MR, Kohler R, Foster D, *et al*. Chimeric prion protein expression in cultured cells and transgenic mice. Protein Sci, 1992,1: 986 - 997.

[264] Sigurdson C J, Miller M W. Other animal prion diseases. Br Med Bull, 2003,66: 199 - 212.

[265] Sigurdsson E M, Sy M S, Li R, *et al*. Anti-prion antibodies for prophylaxis following prion exposure in mice. Neurosci. Lett, 2003,336, 185 - 187.

[266] Sklaviadis T, Akowitz A, Manuelidis EE, *et al*. Nucleic acid binding proteins in highly purified Creutzfeldt-Jakob disease preparations. Proc Natl Acad Sci USA, 1993,90: 5713 - 5717.

[267] Smith PG, Bradley R. Bovine spongiform encephalopathy (BSE) and its epidemiology. Br Med Bull, 2003,66: 185 - 198.

[268] Sondheimer N, Lopez N, Craig E A, *et al*. Lindquist, S. The role of Sis1 in the maintenance of the [RNQ+] prion. EMBO J, 2001, 20: 2435 - 2442.

[269] Soto C, Castilla J. The controversial protein-only hypothesis of prion propagation. Nat Med, 2004,10:S63 -S67.

[270] Soto C, Kascsak R J, Saborio G P, *et al*. Reversion of prion protein conformational changes by synthetic beta-sheet breaker peptides. Lancet, 2000,355:192 - 197.

[271] Soto C. Unfolding the role of protein misfolding in neurodegenerative diseases. Nat Rev Neurosci, 2003,4:49 -60.

[272] Souan L, Tal Y, Felling Y, *et al*. Modulation of proteinase-K resistant prion protein by prion peptide immunization. Eur. J. Immunol, 2001,31, 2338 - 2346.

[273] Stevens J C, Beck J, Lukic A, *et al*. Familial Alzheimer's disease and inherited prion

disease in the UK are poorly ascertained. J Neurol Neurosurg Psychiatry, 2011,82: 1054 - 1057

[274] Supattapone S, Muramoto T, Legname G, *et al*. Identification of two prion protein regions that modify scrapie incubation time. J Virol, 2001,75: 1408 - 1413.

[275] T eun van Rheede, Mar cel MW Smolen aars, Ole Mad sen, *et al*. Molecular evolution of the mammalian prion protein. Mol Bi ol Evol , 2003, 20: 111 - 121.

[276] Takahashi N, Roach A, Teplow D B, *et al*. Cloning and characterization of the myelin basic protein gene from mouse: one gene can encode both 14 kd and 18. 5 kd MBPs by alternate use of exons. Cell, 1985, 42(1): 139 - 148.

[277] Tanji K, Saeki K, Matsumoto Y, *et al*. Analysis of PrPc mRNA by in situ hybridization in brain, placenta, uterus and testis of rats. Intervirology, 1995, 38(6): 309 - 315.

[278] Tateishi J, Sato Y, Nagara H, *et al*. Experimental transmission of human subacute spongiform encephalopathy to small rodents. IV. Positive transmission from a typical case of Gerstmann-Straussler - Scheinker's disease. Acta Neuropathol (Berl), 1984, 64:85 - 88.

[279] Taylor D M, Woodgate S L. Bovine spongiform encephalopathy: the causal role of ruminant-derived protein in cattle diets. Rev Sci Tech, 1997,16:187 - 198.

[280] Taylor D M. Bovine spongiform encephalopathy (BSE): a stimulus to wider research. Med Lab Sci, 1992,49: 334 - 339.

[281] Telling G C, Scott M, Hsiao K K, *et al*. Transmission of Creutzfeldt-Jakob disease from humans to transgenic mice expressing chimeric human-mouse prion protein. Proc Natl Acad Sci USA, 1994,91: 9936 - 9940.

[282] Telling G C, Scott M, Mastrianni J, *et al*. Prion propagation in mice expressing human and chimeric PrP transgenes implicates the interaction of cellular PrP with another protein. Cell, 1995,83: 79 - 90.

[283] Ter-Avanesyan, M. D. *et al*. Deletion analysis of the SUP35 gene of the yeast Saccharomyces cerevisiae reveals two non-overlapping functional regions in the encoded protein. Mol. Microbiol, 1993, 7: 683 - 692.

[284] Thackray A M, Klein M A, Bujdoso R. Subclinical prion disease induced by oral inoculation. J Virol, 2003,77:7991 - 7998.

[285] Thual, C. Stability, folding, dimerization, and assembly properties of the yeast prion Ure2p. Biochemistry, 2001, 40: 1764 - 1773.

[286] Thumdee P, Ponsuksili S, Murani E, *et al*. Expression of the prion protein gene (PRNP) and cellular prion protein (PrP^C) in cattle and sheep fetuses and maternal tissues during pregnancy. Gene Expr, 2007, 13(4 - 5): 283 - 297.

[287] Tobler I, Gaus S E, Deboer T, *et al*. Altered circadian activity rhythms and sleep in mice devoid of prion protein. Nature, 1996,380: 639 -642.

[288] Tranulis M A, Espenes A, Comincini S, *et al*. The PrP-like protein Doppel gene in sheep and cattle: cDNA sequence and expression. Mamm Genome,2001,12: 376 - 379.

[289] Tranulis M A, Osland A, Bratberg B, *et al*. Prion protein gene polymorphisms in sheep with natural scrapie and healthy controls in Norway. J Gen Virol, 1999,80: 1073 - 1077.

[290] Vanik DL, Surewicz K A, Surewicz W K. Molecular basis of barriers for interspecies transmissibility of mammalian prions. Mol Cell, 2004,14:139 - 145.

[291] Vilotte J L, Soulier S, Essalmani R, *et al*. Markedly increased susceptibility to natural sheep scrapie of transgenic mice expressing ovine prp. J Virol, 2001,75: 5977 - 5984.

[292] Vincent Beringue, Jean-Luc Vilotte, Hubert Laude, *et al*. Prion agent diversity and species barrier. Vet. Res, 2008, 39:47 - 77.

[293] Vincenza CAMPANA, Lorena ZENTILIN, Ilaria MIRABILE, *et al*. Development of antibody fragments for immunotherapy of prion diseases. Biochem. J, 2009,418:507 - 515.

[294] Vorberg I, Groschup MH, Pfaff E, *et al*. Multiple amino acid residues within the rabbit prion protein inhibit formation of its abnormal isoform. J Virol, 2003, 77: 2003 -2009.

[295] W Goldmann, N Hunter, J D Foster, *et al*. Two alleles of a neural protein gene linked to scrapie in sheep. PNAS, 1990 ,87,(7): 2476 - 2480.

[296] Wadsworth J D, Hill A F, Beck J A, *et al*. Molecular and clinical classification of human prion disease. Br Med Bull, 2003,66: 241 - 254.

[297] Wadsworth J D, Hill A F, Joiner S, *et al*. Strain-specific prion-protein conformation determined by metal ions. Nat Cell Biol, 1999,1:55 - 59.

[298] Wang F, Wang X, Yuan C G, *et al*. Generating a prion with bacterially expressed recombinant prion protein. Science, 2010, 327(5969): 1132 - 1135.

[299] Weissmann C, Aguzzi A. Approaches to therapy of prion diseases. Annu Rev Med, 2005,56:321 - 344.

[300] Wells G A, Hawkins S A, Austin A R, *et al*. Studies of the transmissibility of the agent of bovine spongiform encephalopathy to pigs. J Gen Virol, 2003,84:1021 - 1031.

[301] Westaway D, Goodman PA, Mirenda CA, *et al*. Distinct prion proteins in short and long scrapie incubation period mice. Cell, 1987,51:651 - 662.

[302] White A R, Enever P, Tayebi M, *et al*. Monoclonal antibodies inhibit prion replication and delay the development of prion disease. Nature, 2003,422, 80 - 83.

[303] Wilesmith J W, Wells G A, Cranwell M P, *et al*. Bovine spongiform encephalopathy: epidemiological studies. Vet Rec, 1988,123:638 - 644.

[304] Will R. Variant Creutzfeldt-Jakob disease. Folia Neuropathol, 2004,42(Suppl A):77 - 83.

[305] Will R G, Ironside J W, Zeidler M, *et al*. A new variant of Creutzfeldt-Jakob disease in the UK. Lancet, 1996,347: 921 - 925.

[306] Williams E S, Miller M W. Chronic wasting disease in deer and elk in North America. Rev Sci Tech, 2002,21: 305 - 316.

[307] Williams E S. Chronic wasting disease. Vet Pathol, 2005,42:530 - 549.

[308] Williams E S. Scrapie and chronic wasting disease. Clin Lab Med, 2003,23: 139 -159.

[309] Wong B S, Clive C, Haswell S J, *et al*. Copper has differential effect on prion protein with polymorphism of position 129. Biochem Biophys Res Commun, 2000,269:726 - 731.

[310] Wong B S, Liu T, Li R, *et al*. Increased levels of oxidative stress markers detected in the brains of mice devoid of prion protein. J Neurochem, 2001,76: 565 - 572.

[311] Wuthrich K, Riek R. Three-dimensional structures of prion proteins. Adv Protein Chem, 2001,57: 55 - 82.

[312] Zahn R, Guntert P, von S C, *et al*. NMR structure of a variant human prion protein with two disulfide bridges. J Mol Biol, 2003,326: 225 - 234.

[313] Zahn R, Liu A, Luhrs T, *et al*. NMR solution structure of the human prion protein. Proc Natl Acad Sci USA, 2000,97:145 - 150.

[314] Zhang C C,Steele A D,Lindquist S, *et al*. Prion protein isexpressed on long-term repopulating hematopoietic stem cells andis important for their self-renewal. Proc Natl Acad Sci USA,2006,103:2184 - 2189.

[315] Zou S, Fang C, Schonberger L. Transfusion transmission of human prion diseases. Transfusion medicine reviews, 2008, 22(1): 58 - 69.

[316] Zuber C, Knackmuss S, Rey, *et al*. Single chain Fv antibodies directed against the 37 kDa/67 kDa laminin receptor as therapeutic tools in prion diseases. Mol. Immunol, 2008,5:144 - 151.

第3章

朊蛋白作用因子

3.1 PrP 与金属离子的关系

朊蛋白疾病，其组织病理学病变局限于神经系统，以神经元空泡化、灰质海绵状病变、神经元丧失、神经胶质和星形胶质细胞增生、病原因子 PrP^{Sc}蓄积和淀粉样蛋白斑块形成为特征，病变通常呈两侧对称。由正常蛋白 PrP^{C} 结构转化形成的致病性朊蛋白 PrP^{Sc}是现在公认的致病因子。现代研究认为，PrP^{C} 的结构转化源于种子 PrP^{Sc}的存在，即所谓的“种子”模型，但具体的转化机制现在仍不清楚。有报道称，一些金属离子，如 Cu^{2+}、Zn^{2+}、Ni^{2+}、Mn^{2+}、$Fe^{2+/3+}$ 等，对朊蛋白的功能及结构转化有重要影响。

3.1.1 金属离子与朊蛋白的结合

哺乳动物的 PrP 是由 250 多个氨基酸组成的蛋白质。PrP 基因的开放阅读框(open reading frame，ORF)包含在一个完整的外显子内，翻译后形成含有几个特征性的区域多肽，包括 N 端的信号肽、八肽重复区、多肽中央高度保守的疏水区和 C 端的疏水区。其中疏水区有 4 个保守区域，每一个保守区域有 1 个 α 螺旋结构以及 2 个 β 折叠。另外，在 C 端还有疏水的糖基化磷脂酰肌醇链(GPI)，可将朊蛋白固定在细胞膜上(图 3.1)。

在人类的朊蛋白结构上，八肽重复区的氨基酸序列为：PHGGGWGQ，该功能区与 Cu^{2+} 有比较强的亲和力，在与铜离子结合的过程中起重要作用，有报道称该区可以结合 5 个 Cu^{2+}，也有报道认为，该区结合金属离子的类型是多样性的，除可以结合 4～6 个 Cu^{2+} 外，对其他离子(Ni^{2+}，Zn^{2+} 或 Mn^{2+})也有一定的亲和力，但亲和力较弱(图 3.2)。另外，有人发现在多肽链 His96 和 His111 的周围，还有一个特异性更高的铜离子结合位点，对于这一观点现在还存在一些争议。Ildikó Turi 等人研究发现，朊蛋白结合 Ni^{2+} 的方式与 Cu^{2+} 相似，也是结合在多肽重复区的组氨酸残基上，并通过进一步的研究表明，结合在组氨酸残基咪唑环上的供电荷 N 原子上；他们还通过分别研究 HuPrP(91～115)，HuPrP(76～114)H85A 和 HuPrP(84～114)H96A 得出结论，His96 对 Ni^{2+} 的结合占优势，而 His111 对 Cu^{2+} 的结合占优势。此外，据报道称随年龄的增加，动物脑组织中金属离子的量呈增加趋势，而与朊蛋白结合的金属离子的量也增加。

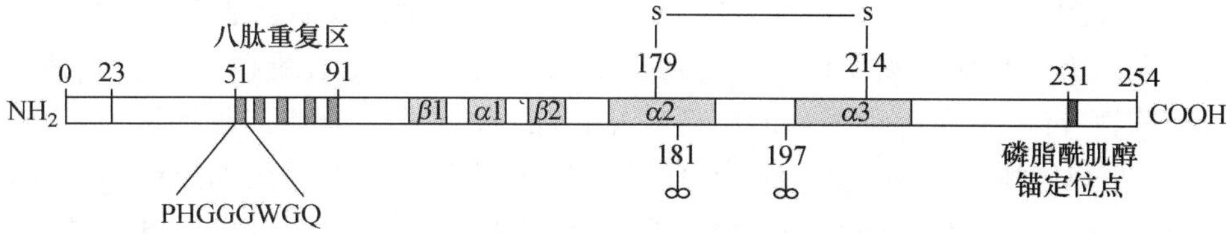

图 3.1 朊蛋白结构(Christopher J. Choi，2006)

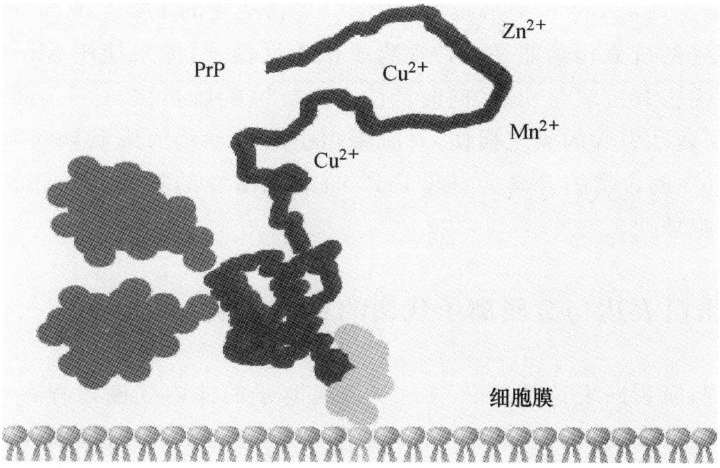

图 3.2 PrP 与金属离子的结合(Sylvain Lehmann，2002)

金属离子与朊蛋白结合后，不仅对结合部位的多肽分子结构产生比较显著的影响，而且对整个朊蛋白多肽链的分子结构也产生显著影响。Cu^{2+} 等金属离子可以影响 PrP^{C} 的构象转化；刘美丽等人也证实，在低 pH 条件下，Cu^{2+} 可以诱导 PrP^{C} 分子的 α 螺旋转化为 β 折叠。另外，也有人认为，朊蛋白的基因型对多肽 - Cu^{2+} 复合体的结构转化也有影响，只有疾病敏感型 PrP^{VRQ} 多肽 - Cu^{2+} 复合体可以转化为富含 β 折叠结构的构象形式。此外，Mn^{2+} 与 PrP^{C} 的结合也可以刺激其转化为富含 β 折叠的异常构象形式；并且有报道称，富含 β 折叠的朊蛋白构象具有抵抗 PK 消化的特性，这一特性与异常朊蛋白的致病性密切相关。

Mn^{2+} 与朊蛋白的结合通常被认为是与朊蛋白疾病相关的。已经有人研究发现，Mn^{2+} 取代 Cu^{2+} 与朊蛋白的结合导致了蛋白构象上 β 折叠结构的增加，并进而导致淀粉样纤维的形成增加。此外，还有研究认为，铁离子结合蛋白可以与致病性的朊蛋白 PrP^{Sc} 片段形成复合体，从而加强了 PrP^{Sc} 在肠黏膜上皮细胞内的转运，这也使外源性、致病性的 PrP^{Sc} 分子进入机体内的过程得到加强。

3.1.2 金属离子与膜蛋白 PrP^C 的抗氧化应激作用

正常的膜蛋白 PrP^C 一直被认为具有抗氧化功能、金属离子载体功能、细胞黏附分子功能和信号转导的功能，而对于其在朊蛋白疾病发生期间所表现的抗氧化应激功能，则是近年来的研究重点之一。

针对不同类型的朊蛋白疾病研究发现，在患病动物的脑组织，都会呈现比较严重的氧化损伤。但到底是因为氧化应激损伤诱导了朊蛋白疾病的发生，还是朊蛋白疾病引起脑组织对氧化应激的敏感性升高，从而出现明显的脑部氧化损伤，现在还不清楚。通常认为，正常膜蛋白 PrP^C 的存在，可以使脑组织对氧化应激有比较强的耐受性。这主要是因为在动物体内，正常的膜蛋白 PrP^C 具有超氧化物歧化酶(SOD)样活性，可以清除部分的氧自由基分子，保护脑组织免于损伤；很多实验室的研究也证明，PrP^C 是超氧化物歧化酶系统的重要组成之一。而一些重要的金属离子特别是 Cu^{2+}，则是膜蛋白 PrP^C 生物活性的重要组成部分。

有人认为 PrP^C 的抗氧化功能是一种铜离子依赖性模式，如果使用 Mn^{2+} 代替了 Cu^{2+}，则导致膜蛋白 PrP^C 失去其抗氧化功能，同时产生 PK 抗性的朊蛋白，这一结果也证实动物脑组织金属离子的平衡紊乱引起的氧化损伤，对朊蛋白引起的动物海绵状脑病有直接的影响。此外与 Cu^{2+} 不同，Fe^{2+} 的含量的升高会引起 PrP^C 抗氧化活性的降低和局部氧化应激损伤的加重，同时会引起细胞坏死。

3.1.3 朊蛋白表达与金属离子代谢的相互影响

现代研究发现，朊蛋白表达的变化与一些金属离子的体内代谢过程存在着相互的影响。在一些研究中，实验者证实，调整朊蛋白的表达量与细胞对 Cu^{2+} 的摄取、储存与排除密切相关，降低日粮中的 Cu^{2+} 量，反之也会降低膜蛋白 PrP^C 在脑内的表达。而日粮中 Mn^{2+} 含量升高时，PrP^C 的表达也会升高。

脑组织中的离子，约有 15% Zn^{2+} 的储存在突触前囊泡内，而在它的附近存在着大量的 PrP 蛋白分子，并通过其对 Zn^{2+} 的结合特性，作为 Zn^{2+} 的感应器或者是载体，调整其动态平衡。同时，Zn^{2+} 的存在也会加强膜蛋白 PrP^C 的内摄作用，这一过程与铜离子对 PrP^C 的调节作用相同，但 Mn^{2+} 则表现出反向的调节作用。

Mn^{2+} 与 Fe^{2+} 似乎和一些朊蛋白疾病的发生关系更为密切，往往在一些疾病过程中表现出显著的异常。研究发现，在一些 sCJD 病例的脑组织中，Mn^{2+} 的含量增加了几乎 10 倍，而在一些羊痒病及 CJD 疾病相关的过程中 Fe^{2+} 的含量也增加了 4～6 倍，这些现象可能是因为朊蛋白疾病导致了组织细胞内的 Mn^{2+} 与 Fe^{2+} 的代谢，引起离子平衡的紊乱。

总之，金属离子与朊蛋白的相互作用可以总结为以下几个特点：

(1)结合位点位于蛋白多肽的八肽重复区域；

(2)与氧化应激机制有关；

(3)可以调整金属离子的含量水平；

(4)与膜蛋白 PrP^C 的构象转化密切相关。

3.2 朊蛋白与核酸分子

虽然朊蛋白的结构转化形成致病性朊蛋白而引发疾病，是致使神经退行性病变的主要原因，但是对于其构象转化调节机制的认识没有统一。

当今研究发现，某些核酸分子在朊蛋白构象转化的过程中起重要作用。

Deleault 等人证明特定的 RNA 分子是 PrP^{Sc} 形成的细胞因子，RNA 的存在加速了由 PrP^{C} 向 PrP^{Sc} 的转化，但并不是没有 RNA 的参与就不能完成此转化。

Nandi 等人的研究也表明，核酸合成多肽引起了鼠重组朊蛋白多态性变化，从 α 螺旋形式转化为可溶性的 β 折叠，且呈纤维状。这种富含 β 折叠的肽段抑制了朊蛋白的聚集。小分子 RNA 能结合高度亲和性的人重组朊蛋白形成具有高度抗性的核酸蛋白复合物，这些结果表明了核酸能作为辅助因子促进 PrP^{C} 向致病性的朊蛋白结构转化。

PrP 能引起核酸分子的有序聚集形成浓缩球形分子，这是所有细胞型蛋白的唯一特性。而且浓缩核酸球形分子的形成，进而自发分离，也表明了 PrP 在核酸分子变性，或生物功能的改变等方面发挥重要的作用。大量的研究表明了朊蛋白和核酸的相互作用，使得朊蛋白的生物物理、生物化学和功能性方面发生改变。

核酸结合朊蛋白相互作用，朊蛋白功能改变而引发疾病。PrP^{Sc} 作为感染性分子的一部分，主要的蛋白组成成分，痒病相关纤维的出现是该类疾病的主要特征。一种附加的未知的辅助因子促进了 PrP^{C} 向 PrP^{Sc} 的转化。核酸分子促进了 PrP^{C} 获得了如 PrP^{Sc} 一样的结构和生物化学特性。

单链的 DNA 或蛋白成分与羊痒病相关纤维的形成有关。与 PrP^{Sc} 转化过渡物的形成，能改变朊蛋白的化学特性，利于朊蛋白的结构的转化。蛋白 X 可能是一种蛋白代谢物，或者是细胞型组成成分，包括 RNA 分子或 DNA 分子，可能起到裂解或伴侣蛋白作用。

mPrP/DNA 复合物与 mPrP 聚集通过 ANS 荧光检测，刚果红聚集物的衍射检测证实了 mPrP 聚集是由体外 DNAs 引起的，具备了与体内朊蛋白的相似的理化特性和显微变化特征。全长的朊蛋白结合 DNA 发生了蛋白的结构变化，对蛋白酶 K 产生抗性。尽管在 N 端结合 DNA，不能直接形成纤维，但是与 N 端的结合延续性导致了 C 端结构的变化。

正如 NA 结合能导致 PrP 结构的改变，PrP 结合也能改变 NAs 的结构。PrP 是一种碱性蛋白，结合阴离子核酸，形成核酸蛋白复合物。通过结合鼠 PrP 改变了线性的 DNA 的形态，导致了非同寻常的实时性 DNA 分子的聚集。电子显微图片显示浓缩的与 mPrP 相关的 DNA 纤维，不同于常规的核小体或 DNA 螺旋形结构。PrP 的生物学功能还没被确定，PrP 敲除鼠承担正常的发展和行为变化，暗示了 PrP 不是必需的。

Cordiero 等深入研究了 NA 引起的鼠朊蛋白和 DNA 相互作用，结合发生在朊蛋白的结构的 N 端，且动力学研究了 DNA 和毒性多肽的双向相互作用模式。揭示出 DNA 和朊蛋白的相互作用与二级结构的变化相关。DNA 介导的朊蛋白的结构转化，裂解反应被认为是参与转化的关键性作用。它揭示了 DNA 的双向作用，刺激了朊蛋白的结构转换使得 PrP^{Sc} 聚集，表明了在高比例的 PrP∶DNA 时，DNA 结合鼠 PrP^{C} 具有高度亲和力和转化为一种新的先前未知的富含 β 折叠的可溶性的朊蛋白。

DNA 作用也表明了这些蛋白结构稳定，显示了在低比例时维持正常朊蛋白的结构，不能聚集。但是在高比例时能形成可溶性的富含 β 折叠形式，刺激其转化。动力学模型构建代表了其可见的相互作用，NAs 和 PrP，产生一些未知的中间产物 PrP^{*}，而 DNA 在转化过程中的作用和转化的动态平衡中的影响。

3.3 其他与 PrP 作用的因子

一直以来，Prion 研究领域的专家和学者普遍认为，在机体内存在某些与 PrP 蛋白构象转化密切相关的蛋白或因子，它们直接参与了正常的 PrP^{C} 转化为 PrP^{Sc} 的过程，并可能在此过程中起促进或抑制作用。

3.3.1 Prions 及其伴侣分子

所有哺乳动物都存在正常的 PrP^{C}，其中神经元内的表达量最高，肝脏和胰腺次之。该蛋白在细胞内合成，被转运到细胞表面，而后摄入到细胞内，在细胞内被蛋白酶降解。PrP 基因表达的正常产物为 33～35 ku 的蛋白，对蛋白酶敏感，称为 PrP^{C}。致病型 PrP 是空间结构改变的 PrP^{C} 异构体，只有 27～30 ku，称为 PrP^{Sc}，即朊病毒，由于它具有部分抗蛋白酶水解的特性，又称为 PrP^{res}。PrP^{C} N 端含有由 22 个氨基酸残基组成的信号肽序列，C 端含有由 23 个氨基酸组成的糖基磷酸肌醇(glycosyl phosphatidyl inositol，GPI)锚定受体结合位点，以上这些均说明 PrP^{C} 是一种膜蛋白，已有研究表明它是定位于细胞膜上的穴样内陷类结构域。大量的研究结果都支持朊蛋白病的主要致病机理是由 PrP^{C} 转变为 PrP^{Sc}，但是否还有其他因子参与还未完全清楚。Kocisko 等在无细胞体系中研究 PrP^{C} 向 PrP^{Sc} 的转变过程，认为该过程需要有辅助因子的参与。

朊蛋白变构的辅助因子有：分子伴侣、硫酸乙酰肝素和 RNA 分子等。分子伴侣是一类蛋白质，其作用是保证合成过程中新生蛋白质链的正确折叠，一般情况下，它是在 ATP 的参与下与其底物蛋白结合，以防止形成蛋白质错误折叠。正常情况下，细胞内蛋白质的形成具有生理功能性高级结构，需要多肽正常折叠；基因突变等原因产生的异常蛋白质，能够被监视到并且被分解，这些过程都需要分子伴侣的参与。分子伴侣对细胞有着极其巧妙的调节机能，并且参与细胞内朊蛋白的转运。Welch 和 Kaneko 等认为分子伴侣对 PrP^{Sc} 的形成有着非常重要的作用，通过分子伴侣减少 PrP^{Sc} 的生成可能成为治疗朊蛋白病的方法之一。

内质网中的一种蛋白质 Bip 也可以与 PrP^{C} 相结合，使得 PrP 分子遗传 GSS 疾病突变 PrP Q217R 时间延长。PrP^{C} 结合的 Bip 可以通过蛋白激酶途径降解，阻止了构象的积聚，说明 Bip 可能是 PrP^{C} 成熟质量控制的一个分子伴侣。

3.3.2 PrP 和蛋白质 X

Prusiner 和他的同事在利用转基因鼠研究朊病毒的繁殖过程中发现除 PrP 外可能还有别的蛋白分子参与 PrP^{Sc} 的形成，此蛋白分子被命名为蛋白质 X。突变分析发现，在 PrP^{C} 分子结构表面有不同蛋白质X相互作用的不连续表位，它们是第167，171，214，218氨基酸残基。从已知的PrP^{Sc}三维结构得知这些残基位于PrP^{C}的HB和HC形成的V形结构的开口处，214位和218位氨基酸侧链从螺旋的表面突出与环区的167位和171位残基形成一个不连续的表位，是蛋白质X的结合位置。

Edenhofer等人利用双杂交显示法证明地鼠PrP^{C}同分子伴侣Hsp60之间存在特异的相互作用，其作用位点在PrP^{C}的180～210位的残基。其他实验也表明PrP^{C}和Hsp60存在于相同的亚细胞部位，由此可以推测Hsp60可能就是蛋白质X。

在PrP^{C}转变为新生PrP^{Sc}的过程中，PrP^{Sc}起一种模板作用。通过构象模板作用给予PrP^{Sc}抗蛋白酶片段一定大小，就可以为朊病毒毒株的产生和传播提供一种机制。而蛋白质X与PrP^{C}的结合可以促使PrP^{Sc}的形成。

许多潜在的PrP配基已经在体外的实验或在直接的分析中被证实。一些PrP配基是用遗传学的方法推导出来的。转基因实验已证实在接种体中PrP^{Sc}的氨基酸序列和宿主编码的PrP^{C}的配对程度能够影响朊蛋白跨种的能力。有实验证实：用仓鼠的朊蛋白感染小鼠，这种物种间的屏障作用能够通过转基因表达仓鼠的PrP^{C}得到减轻。虽然，在初期用人的朊蛋白感染小鼠使其表达人的PrP^{C}不是非常的成功，但是后来通过将人的PrP转基因添加到*prnp*基因敲除小鼠上或通过表达嵌合体——小鼠—人—小鼠的PrP^{C}分子的转基因解决了该问题。这些实验数据支持了配基的存在，这个配基被命名为蛋白质X，它与PrP^{C}相互作用，并且这种作用有物种间的特异性。人的PrP^{C}被假设与小鼠的X蛋白有微弱的相互作用，所以在竞争性小鼠PrP^{C}的存在下，人的PrP^{C}不能形成功能性复合体。用不同物种的PrP编码区进行混合和配对实验，该实验还包含了：位点突变的形成，了解假定的蛋白质X与PrP^{C}碳末端间断的抗原决定簇之间的连接位点。值得注意的是，这个抗原决定簇包含了位点171，一个具有Q/R多形性的位点，该位点与Suffolk绵羊对于自然痒病的抗性密切相关，还有Q219K，*Prnp*在日本人中的多形性，这可能赋予了日本人对于散发性克雅氏病的抵抗力。这些数据显示了在绵羊和人中与抗性相关的R171和K219PrP的多形性可能包含显性negative等位基因，这些等位基因可能抑制其与蛋白质X的连接。这个假设目前已被Tg小鼠的产生所证实，该小鼠可表达相等的*Prnp*等位基因Q171R和Q218K，这些小鼠显示了对于朊蛋白感染明显的抗性。

在PrP^{C}向PrP^{Sc}转变过程中，可能存在两种途径：①蛋白质X先与PrP^{C}上可及性较高的残基结合，发生相互作用，使PrP^{C}的构象发生变化，暴露出包埋在PrP^{C}分子内部的，而需与蛋白质X结合的残基，从而蛋白质X与PrP^{C}完全结合，而后PrP^{Sc}结合上去，使PrP^{C}转变成PrP^{Sc}。这种观点与Perrier等的观点比较相符。②预先存在的PrP^{Sc}作为分子伴侣，首先与PrP^{C}结合，发生相互作用，使PrP^{C}的构象发生变化，暴露出包埋在PrP^{C}分子内部的残基，这些残基可能就包括那些能与蛋白质X结合的位点；而PrP^{Sc}与PrP^{C}的这种相互作用可使PrP^{C}越过种间屏障，利于PrP^{C}向PrP^{Sc}转变。此时蛋白质X与PrP^{C}结合后，会促使PrP^{C}分子具有一种更易向PrP^{Sc}转变的趋势，从而PrP^{C}转变成PrP^{Sc}。这种观点与James等作为工作基础的假设是相一致的。由于PrP^{Sc}具有水不溶性，因此一旦反应进行将是不可逆的。这种推论与Masters等的模板指导假说比较相符，假说认为在PrP^{C}向PrP^{Sc}转变过程中会形成一种亚稳态的PrP寡聚复合物，而此复合物的形成需要蛋白质X的参与从而起到稳定复合物结构的作用。因此，PrP^{Sc}和蛋白质X先后与PrP^{C}结合是比较合理的，PrP^{C}的这种结构变化应该是存在的。这种现象在生物体中广泛存在，比如，在补体系统的经典激活途径中，C1作为C4和C2

的转化酶，当C1先与C4结合催化其裂解时，C1发生变构而利于结合C2，催化C2裂解。但这种推测是否正确，尚待实验观察作进一步的证实。

3.3.3 PrP和氨基端疏水氨基酸

现在，虽已知道PrP^{Sc}的β折叠含量高于PrP^{C}，PrP^{C}的α螺旋含量高于PrP^{Sc}，但是PrP^{C}向PrP^{Sc}的转化机理仍是无定论的。所以，研究蛋白质分子中α螺旋向β折叠转化的机理是很有助于PrP^{Sc}形成机理的探索的。

用设计合成的肽与蛋白质发生作用来研究复杂的蛋白质构象是很有价值的。在此思想基础上，有不少科研工作者进行了肽的设计，使之能进行构象转化，例如螺旋折叠结构的互变。实验发现蛋白质的构象改变是Ⅱ级结构间的长程作用与邻近氨基酸残基间的短程作用共同发挥效力的结果。Yuta Takahashi等的工作发现肽的N端疏水区的暴露可以使肽自发地进行α螺旋到β折叠构象的转变，同时也会形成纤维状物(fibril)。设计的肽如图3.3所示。

Ac—N-terminal a mino acids—ALEQKLAALEQKLA—GGC—NH_2

|

Ac—N-terminal a mino acids—ALEQKLAALEQKLA—GGC—NH_2

图3.3 设计的能自发进行构象转化的肽

合成的肽在缓冲溶液中可以自发地发生α螺旋到β折叠的构象转变。用CD(圆二色性谱)检测，可以发现N端带有疏水氨基酸，即N端为FGGLGGWGG的肽在培育96 h后光谱图有了变化，显示分子中α螺旋结构变成了β折叠结构。但是N端无疏水氨基酸，即N端为GG的肽不发生α螺旋结构向β折叠结构的转化。所以，可以推测，拥有N端的疏水氨基酸对于能自发发生α螺旋结构向β折叠结构转化的肽是非常重要的。另外，还发现此类蛋白质分子自组装形成纤维状结构的能力也依赖于N端疏水氨基酸残基。所以，N端的疏水氨基酸对肽的空间构象有重大的影响。

合成肽可以作为研究构象变化和蛋白质聚集的简单模型，用来推测自然界存在的蛋白质发生构象变化和聚集的过程。在此方面有机化学合成的优越性得到了体现，简化了生物化学家的科研任务。

3.3.4 PrP和有机溶剂

Shaked等通过对DMSO(二甲基亚砜)部分抑制PrP^{Sc}聚集的研究发现，在PrP^{C}向PrP^{Sc}转化过程中，第一步先形成具有一般生化特性(如蛋白酶抗性和去污剂不溶性)的PrP^{Sc}分子(此时还不具有感染性)，然后再转化成具有感染性的PrP^{Sc}结构。这说明，并非所有PrP^{Sc}的蛋白酶抗性和去污剂不溶性都与感染有关。Shaked还认为DMSO对可能PrP^{Sc}构象产生一定的修饰。

3.3.5 PrP和凝集素、多烯类抗生素

体内星形细胞产生的凝集素可与神经细胞上的PrP^{Sc}一起积累形成凝集素-纤维蛋白复

合物，并通过溶酶体降解作用从胞内清除，从而防止 PrP^{Sc} 的聚积，起到改善神经紊乱的作用。Mange 等研究发现，将多烯类抗生素（如两性霉素 B）加入培养的神经细胞中，可延长朊病毒感染的潜伏期。原因是两性霉素 B 可对膜上的 DMD 进行修饰，而 PrP^{C} 向 PrP^{Sc} 转化的一部分就发生在该区。

参考文献

[1] Aguzzi A, Montrasio F, Kaeser P S. Prions: health scareand biological challenge. Nature Rev. Mol. Cell Biol, 2001, (2): 118 - 126.

[2] Aigle M, Lacroute F. Genetical aspects of [URE3], a non-Mendelian, cytoplasmically-inherited mutation in yeast. Mol. Gen. Genet, 1975, (136): 327 - 335.

[3] Anshul Rana, Divya Gnaneswari, Saurabh Bansal, *et al*. Prion metal interaction: Is prion pathogenesis a cause or a consequence of metal imbalance? [J]. Chemico-Biological Interactions, 2009, (181): 282 - 291.

[4] Baxa U, Speransky V, Steven A C, *et al*. Mechanism of inactivation on prion conversion of the Saccharomyces cerevisiae Ure2 protein. Proc. Natl Acad. Sci. USA, 2002, 99: 5253 - 5260.

[5] Coustou V, Deleu C, Saupe S, *et al*. The proteinproduct of the het-s heterokaryon incompatibility gene of the fungus Podospora anserina behaves as a prion analog. Proc. Natl Acad. Sci. USA, 1997, (94): 9773 - 9778.

[6] Cox B S. A recessive lethal super-suppressor mutation in yeast and other psi phenomena. Heredity, 1971, (26): 211 - 232.

[7] Cox K H, *et al*. Saccharomyces cerevisiae GATA sequences function as TATA elements during nitrogen catabolite repression and when Gln3p is excluded from the nucleus by overproduction of Ure2p. J. Biol. Chem, 2000, (275): 17611 - 17618.

[8] Cox B S. [PSI], a cytoplasmic suppressor of supersuppressors in yeast. Heredity, 1965, (20): 505 - 521.

[9] DePace A H, Santoso A, Hillner P, *et al*. A critical role for amino-terminal glutamine/asparagine repeats in the formation and propagation of a yeast prion. Cell, 1998, (93): 1241 - 1252.

[10] Derkatch I L, Bradley M E, Zhou P, *et al*. Genetic and environmental factors affecting the de novo appearance of the PSI+ prion in Saccharomyces cerevisiae. Genetics, 1997, (147): 507 - 519.

[11] Derkatch I L, Chernoff Y O, Kushnirov V V, *et al*. Genesis and variability of [PSI] prion factors in Saccharomyces cerevisiae. Genetics, 1996, (144): 1375 - 1386.

[12] Eaglestone S S, Cox B S, Tuite M F. Translation termination efficiency can be regulated in Saccharomyces cerevisiae by environmental stress through a prion-mediated mechanism. EMBO J. 1999, (18): 1974 - 1981.

[13] Fernandez-Bellot E, Guillemet E, Cullin C. The yeast prion [URE3] can be greatly induced by a functional mutated URE2 allele. EMBO J, 2000,19:3215 - 3222.

[14] Glover J R, *et al*. Self-seeded fibers formed by Sup35, the protein determinant of PSI+, a heritable prion-like factor of S. cerevisiae. Cell, 1997,89:811 - 819.

[15] King C Y, *et al*. Prion-inducing domain 2 - 114 of yeast Sup35 protein transforms in vitro into amyloid-like filaments. Proc. Natl Acad. Sci. USA, 1997,94:6618 - 6622.

[16] Kochneva-Pervukhova N V, *et al*. Mechanism of inhibition of Psi(+) prion determinant propagation by a mutation of the N-terminus of the yeast Sup35 protein. EMBO J, 1998,17:5805 - 5810.

[17] Kulkarni A A, Abul-Hamd A T, Rai R, *et al*. Gln3p nuclear localization and interaction with Ure2p in Saccharomyces cerevisiae. J. Biol. Chem, 2001,276:32136 - 32144.

[18] Kushnirov V V, *et al*. Nucleotide sequence of the Sup2 (Sup35) Gene of Saccharomyces cerevisiae. Gene, 1988,66:45 - 54.

[19] Lacroute F. Non-Mendelian mutation allowing ureidosuccinic acid uptake in yeast. J. Bacteriol, 1971,106:519 - 522.

[20] Li L, Lindquist S. Creating a protein-based element of inheritance. Science, 2000,287: 661 - 664.

[21] Liu J J, Lindquist S. Oligopeptide-repeat expansions modulate 'protein-only' inheritance in yeast. Nature, 1999,400:573 - 576.

[22] Liu J J, Sondheimer N, Lindquist S L. Changes in the middle region of Sup35 profoundly alter the nature of epigenetic inheritance for the yeast prion [PSI+]. Proc. Natl Acad. Sci. USA, 2002,99:16446 -16453.

[23] Lund P M, Cox B S. Reversion analysis of [psi−] mutations in Saccharomyces cerevisiae. Genet. Res, 1981,37:173 - 182.

[24] Maddelein M L, Wickner R B. Two prion-inducing regions of Ure2p are non-overlapping. Mol. Cell. Biol, 1999,19:4516 - 4524.

[25] Maddelein M L, Dos Reis S, Duvezin-Caubet S, *et al*. Amyloid aggregates of the HET-s prion protein are infectious. Proc. Natl Acad. Sci. USA, 2002,99:7402 - 7407.

[26] Masison D C, Wickner R B. Prion-inducing domain of yeast Ure2p and protease resistance of Ure2p in prioncontaining cells. Science, 1995,270:93 - 95.

[27] Masison D C, Maddelein M L, Wickner R B. The prion model for [URE3] of yeast: spontaneous generation and requirements for propagation. Proc. Natl Acad. Sci. USA, 1997,94:12503 - 12508.

[28] McCready S J, Cox B S, McLaughlin C S. The extrachromosomal control of nonsense suppression in yeast: an analysis of the elimination of [psi+] in the presence of a nuclear gene PNM. Mol. Gen. Genet, 1977,150:265 - 270.

[29] Mei-li Liu, Yu-xing Li, Xiang-mei Zhou, *et al*. Copper(Ⅱ) Inhibits In vitro Conformational Conversion of Ovine Prion Protein Triggered by Low pH[J]. J. Biochem, 2008, 143:333 - 337.

[30] Michelitsch M D, Weissman J S. A census of glutamine/asparagine-rich regions: implications for their conserved function and the prediction of novel prions. Proc. Natl Acad. Sci. USA, 2000, 97: 11910 - 11915.

[31] Nakayashiki T, Ebihara K, Bannai H, *et al*. Yeast [PSI+]P'prions' that are cross-transmissible and susceptible beyond a species barrier through a quasi-prion state. Mol. Cell, 2001, 7: 1121 - 1130.

[32] Osherovich L Z, Weissman J S. Multiple Gln/Asn-rich prion domains confer susceptibility to induction of the yeast [PSI+] prion. Cell, 2001, 106: 183 - 194.

[33] Parham S N, Resende C G, Tuite M F. Oligopeptide repeats in the yeast protein Sup35p stabilize intermolecular prion interactions. EMBO J, 2001, 20: 2111 - 2119.

[34] Patino M M, Liu J J, Glover J R, *et al*. Support for the prion hypothesis for inheritance of a phenotypic trait in yeast. Science, 1996, 273: 622 - 626.

[35] Paushkin S V, Kushnirov V V, Smirnov V N, *et al*. In vitro propagation of the prion-like state of yeast Sup35 protein. Science, 1997, 277: 381 - 383.

[36] Paushkin S V, Kushnirov V V, Smirnov V N, *et al*. Propagation of the yeast prion-like [psi+] determinant is mediated by oligomerization of the SUP35-encoded polypeptide chain release factor. EMBO J, 1996. 15: 3127 - 3134.

[37] Prusiner S B, *et al*. Further purification and characterization of scrapie prions. Biochemistry, 1982, 21: 6942 -6950.

[38] Prusiner S B, *et al*. Scrapie prions aggregate to form amyloid-like birefringent rods. Cell, 1983, 35: 349 -358.

[39] Prusiner S B, Scott M R, DeArmond S J, *et al*. Prion protein biology. Cell, 1998, 93: 337 -348.

[40] Prusiner S B. Novel proteinaceous infectious particles cause scrapie. Science, 1982, 216: 136 - 144.

[41] Roger Deloncle, Olivier Guillard, Jean Louis Bind, *et al*. Free radical generation of protease-resistant prion after substitution of manganese for copper in bovine brain homogenate[J]. NeuroToxicology, 2006, (27): 437 -444.

[42] Schlumpberger, M. *et al*. The prion domain of yeast Ure2p induces autocatalytic formation of amyloid fibers by a recombinant fusion protein. Protein Sci, 2000, 9: 440 - 451.

[43] Silvia Kralovicova, Sarah N. Fontaine, Alexandra Alderton, *et al*. The effects of prion protein expression on metal metabolism[J]. Molecular and Cellular Neuroscience, 2009, (41): 135 - 147.

[44] Sondheimer N, Lindquist S. Rnq1: an epigenetic modifier of protein function in yeast. Mol. Cell, 2000, 5: 163 - 172.

[45] Sparrer H E, Santoso A, Szoka F C, *et al*. Evidence for the prion hypothesis: induction of the yeast [PSI+] factor by in vitro-converted Sup35 protein. Science, 2000, 289: 595 -599.

[46] Stansfield I *et al*. The products of the SUP45 (eRF1) and SUP35 genes interact to mediate

translation termination in Saccharomyces cerevisiae. EMBO J, 1995,14:4365 - 4373.

[47] Sylvain Lehmann. Metal ions and prion diseases[J]. Current Opinion in Chemical Biology,2002,6:187 - 192.

[48] Taylor K L, Cheng N,Williams R W,*et al*. Prion domain initiation of amyloid formation in vitro from native Ure2p. Science, 1999,283:1339 - 1343.

[49] Ter-Avanesyan M D,Dagkesamanskaya A R,Kushnirov V V, *et al*. The SUP35 omnipotent suppressor gene is involved in the maintenance of the non-Mendelian determinant [PSI+] in the yeast Saccharomyces cerevisiae. Genetics, 1994,137:671 - 676.

[50] True H L, Lindquist S L. A yeast prion provides a mechanism for genetic variation and phenotypic diversity. Nature, 2000,407:477 - 483.

[51] Tuite M F. Yeast prions and their prion-forming domain. Cell,2000,100:289 - 292.

[52] Uptain S M, Lindquist S. Prions as protein-based genetic elements. Ann. Rev. Microbiol, 2002,56:703 -741.

[53] Wickner R B. [URE3] as an altered URE2 protein:evidence for a prion analog in Saccharomyces cerevisiae. Science,1994,264:566 - 569.

[54] Wickner R B, *et al*. Yeast prions act as genes composed of self-propagating protein amyloids. Adv. Protein Chem, 2001,57:313 - 334.

[55] Young C S H, Cox B S. Extrachromosomal elements in a super-suppression system of yeast. I. A nuclear gene controlling the inheritance of the extrachromosomal elements. Heredity,1971,26:413 - 422.

第4章

朊蛋白疾病与其他神经退行性疾病的关系

朊蛋白疾病，其组织病理学病变局限于神经系统，以神经元空泡化、灰质海绵状病变、神经元丧失、神经胶质和星形胶质细胞增生、病原因子 PrP^{Sc} 蓄积和淀粉样蛋白斑块形成为特征。除朊蛋白疾病外，在人类还有多种常见的神经退行性疾病，如阿尔茨海默病(AD)、额颞痴呆(FTD)、亨廷顿舞蹈症(HD)、帕金森病(PD)等。与朊蛋白类似，这些疾病的发生均因正常神经组织中的一种或一类蛋白出现异常的构象，从而引起神经的退行性变化，导致疾病的发生。

1. 阿尔茨海默病

阿尔茨海默病(Alzheimer's disease，AD)是年龄相关的神经退行性疾病，临床主要表现为进行性记忆障碍、认知障碍和神经/精神异常。以大脑皮层出现老年斑(senile plaques，SP)和神经原纤维缠结(neurofibrillary tangles，NFT)为典型病理特征，同时伴有大脑学习记忆区域神经元突触减少。淀粉样 β 蛋白(β-amyloid protein，Aβ)是引起 AD 的关键病理因素。该病发生原因十分复杂，其中 β 淀粉样蛋白毒性学说、tau 蛋白过度磷酸化学说、基因突变学说、中枢胆碱能损伤学说等已得到普遍认可。近年来，由小胶质细胞介导的炎症学说也越来越受到重视。

β 淀粉样蛋白毒性学说的核心内容是 Aβ 在神经组织局部沉积，导致神经细胞退行性病变。Aβ 是由淀粉样蛋白前体(amyloid precursor protein，APP)剪切的 39～43 个氨基酸的短肽，APP 为一个选择性的夹板样、半单螺旋形的跨膜蛋白。Aβ 剪切后在一系列酶和分子伴侣的作用下折叠成熟。虽然不同亚型结构不尽相同，但成熟后的 Aβ 均有一个由反相平行的疏水 β 片层和一个 β 转角构成的发夹结构。两个 Aβ 通过此发夹结构形成球形的二聚体，二聚体中间存在一个由疏水氨基酸形成的非极性核心。两个或更多的 Aβ 通过这种相互作用形成寡聚体，这种寡聚体具有更强的细胞毒性，在 AD 的病理过程中发挥重要的作用。

在发生 AD 时，神经元纤维缠结(NFT)为特征性病理变化之一，其主要成分为成对螺旋丝(PHF)，tau 蛋白是组成 PHFNFT 的唯一必需成分。PHF 的亚单位主要是过度磷酸化的 tau 蛋白，和少量微管相关蛋白 MAP2、MAP5 等，NTF 过分形成时能继发性加入泛素蛋白、

AG 等。

正常老年人脑内也会有 tau 蛋白及少量磷酸化的 tau 蛋白，tau 蛋白为正常的生理蛋白，AD 脑中 tau 蛋白总量更多，但正常 tau 蛋白减少而异常过度磷酸化 tau 蛋白大量增加，过度磷酸化后其与微管蛋白的结合力降至正常的 1/10，丧失促进微管装配的功能，还可与微管蛋白竞争结合正常 tau 蛋白及其他大分子微管相关蛋白，并从微管上夺取这些蛋白，导致正常的微管解聚，异常过度磷酸化 tau 蛋白则自身聚集形成 PHF/NFT 结构。Tau 蛋白过度磷酸化不仅使其本身促微管组装活性降低，还通过消耗正常 tau、微管相关蛋白 MAP1 和 MAP2 进一步破坏微管，导致神经元功能紊乱和退行性改变，tau 蛋白的过度异常磷酸化可能是神经细胞凋亡的始动因素，到凋亡的最后阶段，tau 蛋白去磷酸化并被降解。Bcl - 2 蛋白是一种稳定蛋白，和其家族中的 bcl - Xl 都能在阻断细胞死亡中起作用，可通过改变细胞内细胞器的 Ca^{2+} 浓度而抑制凋亡。Bcl - 2 和 bcl - Xl 过量表达可抑制细胞凋亡及 caspase - 1、caspase - 3 蛋白酶的激活，可认为 tau 蛋白过度异常磷酸化后，bcl - 2 抗凋亡作用减弱。另外，在 NFT 形成过程中 Ca^{2+} 通过调节钙结合蛋白和钙激酶发挥作用，研究表明，微管运动影响细胞 Ca^{2+} 稳定性并使神经元死亡，由于异常磷酸化的 tau 蛋白降低微管的聚集能力，使得离子通道功能和神经元的兴奋性受到影响。

2. 额颞痴呆

额颞痴呆（frontotemporal dementia，FTD）又称为额颞叶变性（frontotemporal lobar degeneration，FTLD）是以局限性的额颞叶变性为特征的非阿尔茨海默病型变性疾病，为一组临床综合征，最早由 Gustafson 在 1987 年首先提出这一概念。一般认为 FTD 为仅次于 Alzheimer 病（AD）的早老性痴呆，有时可与运动神经元病（MND）、帕金森综合征并存。FTD 占痴呆的 10%左右，占早老性痴呆的 25%，有 3 种主要类型：Pick 病（PiD）、非特异性额叶变性、额叶变性合并脊髓前角神经元脱失。

病理表现为特征性局限性额颞叶萎缩，常可见 Pick 细胞和 Pick 包涵体。缺乏 AD 特征性神经元纤维缠结和淀粉样斑块。由于 FTD 早期有各种行为异常，易被误诊为 AD 和/或精神类疾病。FTD 与 AD 的区别在于 AD 通常早期出现认知功能障碍，主要表现为情景记忆的障碍；而 FTD 则早期出现人格改变、行为异常和言语障碍。部分患者可出现 Kluver-Bucy 综合征，而空间定向及近记忆保存较好；神经影像学显示额颞叶萎缩，而 AD 则表现为广泛性脑萎缩。

FTD 的脑部大体病理以额叶、颞叶前端局限性萎缩为主要特征。组织病理学显示有大量神经元丢失、胶质增生。然而，FTD 的分子神经病理学具有显著异质性。此前根据细胞内包涵体的成分而将 FTD 分为 tau 阳性和阴性两类，每类又有各自的亚型，其中 tau 蛋白阳性的包涵体，称 FTLD - tau 或 tau 蛋白病。大部分的 FTLD 为异常泛素蛋白阳性的包涵体，又称作 FTLD-U。

3. 亨廷顿舞蹈症

亨廷顿舞蹈症（Huntington disease，HD）是一种迟发性神经退行性遗传性疾病。1872 年，英国外科医生 George Huntington 首次描述了亨廷顿舞蹈症的临床及遗传特点。该病发病年龄一般为 30～50 岁，发病后 15～20 年后死亡。该病主要侵害基底节和大脑皮质，具有高度的区域选择性。基底节运动通路受损引发运动过度，即亨廷顿舞蹈症的主要临床症状——舞蹈样动作；大脑皮层受损导致患者认知功能障碍，晚期的亨廷顿舞蹈症多表现为痴呆。

现已确认在HD患者*It*-15基因外显子上产生扩增CAG重复序列的突变，是导致发生亨廷顿舞蹈症的主要原因。*It*-15基因CAG重复序列异常扩增产生两个直接结果，一是使野生型亨廷顿蛋白(wild Huntingtin，wHtt)缺失，二是产生突变型亨廷顿蛋白(mutant Huntingtin，mHtt)。

正常人群的wHtt广泛存在于大脑、睾丸、心脏、肝脏和肺中。在胚胎发育、造血及神经形成过程中，wHtt是必需的。在神经元中，wHtt可促进脑源性神经营养因子基因转录从而发挥其抗凋亡作用。此外，wHtt是动力蛋白复合体的一部分，它调控BDNF膜泡的微管运输。wHtt与Htt相关蛋白1(huntingtin associated protein 1，HAP1)结合形成复合体，调控P150、动力蛋白(dynein)、动力蛋白激活蛋白(dynactin)形成复合体，从而促进BDNF膜泡的微管运输。在HD患者中，mHtt与HAP1结合过强而无法调控P150、动力蛋白和动力蛋白激活蛋白形成正常复合体，降低BDNF膜泡的微管运输效率。这表明wHtt缺失使其功能丧失，对细胞产生致毒性作用。

在神经元中，mHtt的存在形式有单体、中间体、成熟聚集体(包涵体)和N端片段等。单体是由突变的*It*-15产生的全长mHtt，其非天然疏水基团暴露可增强与细胞膜和一些细胞内成分的异常相互作用。中间体是单体形成聚集体过程中的过渡形式，在成熟聚集体形成前，球状和原细纤维中间体是mHtt对细胞产生毒性的主要形式。聚集体(包涵体)形成的主要原因是受到组织转谷氨酸酶(tTG)催化及谷氨酰胺极性氨基侧链和水形成氢键。随着PolyQ过度延长，Htt在tTG的作用下发生交联而形成聚集体。所有形式的mHtt都被证实具有毒性，可以引起神经的退行性变化从而导致HD的发生。

4. 帕金森病

帕金森病(Parkinson disease，PD)是中老年人常见的神经系统变性疾病，主要病变是黑质、蓝斑及迷走神经背核等处的细胞变性坏死，多巴胺递质生成障碍，导致多巴胺能与胆碱能神经系统不平衡。临床上该病进展缓慢，主要症状包括静止性震颤、运动迟缓、肌强直及姿势步态异常等。PD的发病可能与遗传因素、环境因素、线粒体功能障碍等有关。有人提出，大脑中广泛存在的α-synuclein异常是发生PD的关键因素。

研究表明正常的α-synuclein蛋白代谢障碍可能导致大量α-synuclein蛋白聚集形成Lewy小体，这可能是散发性PD的主要原因。α-synuclein基因突变能促进α-synuclein蛋白原纤维的形成，而α-synuelein蛋白原纤维对神经元有毒性作用。试验证实，α-synuclein蛋白原纤维像某些细菌毒素一样能在细胞膜上形成小孔，使突触膜的渗透性增加，因此干扰多巴胺的储存；同时还因为损伤线粒体膜，导致跨膜电势的扩散和凋亡前因子的释放，促进神经细胞凋亡。

已有报道证实，parkin蛋白是PD疾病发生机制中的另一种关键蛋白。parkin基因首先在日本常染色体隐性遗传的青少年型PD(autosomal recessive juvenile Parkinson's disease，ARJPD)家族中被发现。Parkin蛋白在大脑，特别是黑质区有丰富表达，而ARJPD患者脑内缺乏parkin蛋白的表达，其作为一种泛素-蛋白连接酶参与蛋白降解。泛素-蛋白酶体系统(ubiquitin-proteasome system，UPS)负责胞浆内、膜内和内质网分泌通路内异常蛋白的分解代谢，是降解胞内异常蛋白的基本生化通路，其功能障碍将导致异常蛋白的聚积和细胞死亡。而parkin基因的病理性突变将导致parkin蛋白功能障碍，导致酶活性减弱或丧失，影响机体对蛋白的调控和异常蛋白的清除。目前，已经在10余个国家不同种族的家族性或散发PD患者中发现了大量 parkin 基因的突变，这提示 parkin 基因相关性 PD 在全世界范围的广泛分布，也说明 parkin 基因突变对 PD 发病机制方面的重要作用。

参考文献

[1] Andreasen N, Blennow K. CSF biomarkers for mild cognitive impairment and early Alzheimer 8 disease[J]. Clin Neurol Neurosurg, 2005, 107(3): 165 - 173.

[2] Arrasate M, Mitra S, Schweitzer E S, *et al*. Inclusion body formation reduces levels of mutant huntington and the risk of neuronal death[J]. Nature. 2004, 431: 805.

[3] Bibl M, Mollenhauer B, Lewczuk P, *et al*. Validation of amyloid - β peptides in CSF diagnosis of neurodegenerative dementias[J]. Mol Psychiatry, 2007, 12(7): 671 - 680.

[4] Burlina A B, Gibson K M, Ruitenbeek W, *et al*. Profound neurological phenotype in a patient presenting with disordered isoleucine and energy metabolism[J]. J Inherit Metab Dis, 1998, 21(8): 864 - 866.

[5] Caspersen C, Wang N, Yao J, *et al*. Mitochondrial Abeta: a potential focal point for fleuronal metabolic dysfunction in Ahheimer's disease[J]. Faseb J, 2005, 19 (14): 2040 - 2041.

[6] Cattaneo E, Zuccato C, Tartari M. Normal huntingtin function: an alternative approach to huntington's disease[J]. Neuroscience, 2005, 6: 919.

[7] Chartier-Harlin M C, Kaehergus J, Roumier C, *et al*. Aipha-synuclein locus duplication as a cause of familial Parkinson's disease[J]. Lancet, 2004, 364(9440): 1167 - 1169.

[8] Chen J X, Yan S D. Pathogenic role of mitochondrial amyloid-β peptide[J]. Expert Rev Neurother, 2007, 7(11): 1517 - 1525.

[9] Crouch P J, Harding S M, White A R, *et al*. Mechanisms of A13 mediated neurodegeneration in Alzheimer's disease[J]. Int J Biochem Cell Biol, 2008, 40(2): 181 - 198.

[10] Colombres M, Sagal J P, Inestrosa N C. An overview of the current and novel drugs for Alzheimer'S disease with particular reference to anti-cholinesterase compounds[J]. Curt Pharm Des, 2004, 10(25)9121 - 3130.

[11] Cortio, Hampe C, Darios F, *et al*. Parkinson's disease: from causes to mechanisms[J]. C R Biol, 2005, 328(2): 131 - 142.

[12] Cui L, Jeong H, Borovecki F, *et al*. Transcriptional repression of PGC-1alpha by mutant huntington leads to mitochondrial dysfunction and neurodegeneration[J]. Cell, 2006, 127: 59.

[13] Dauer W, Przedborski S. Parkinson's disease: mechanisms and models[J]. Neuron, 2003, 39(6): 889 - 909.

[14] Devi L, Prabhu B M, Galati D F, *et al*. Accumulation of amyloid precursor protein in the mitochondrial import channels of human Alzheimer's disease brain is associated with mitochondrial dysfunction[J]. J Neurosei, 2006, 26 (35): 9057 - 9068.

[15] Eriksen J L, Przedboraki S, Petrucelli L. Gene dosage and pathogenesis of Paridnson's

disease[J]. Trends Mol Med, 2005, 11(3): 91-96.

[16] Erkinjuntti T, Inzitari D, Pantoni L, *et al*. Limitations of clinical criteria for the diagnosis of vascular dementia in clinical trials[J]. Ann NY Acad Sci, 2000, 903(4): 262-272.

[17] Gouras G K, Almeida C G, Takahashi R H. Intraneuronal A beta accumulation and origin of plaques in Alzheimer's disease[J]. Neurobiol Aging, 2005, 26(9): 1235-1244.

[18] Hansson C A, Frykman S, Farmery M R, *et al*. Nieastrin, presenilin, APH-1 and PEN-2 form active-γ-secretase complexes in mitoehondria[J]. J Biol Chem, 2004, 279(49): 51654-51660.

[19] Hansson CA, Alikhani N, Behbahani H, *et al*. The amyloid β-peptide is imported into mitochondria via the TOM import machinery and localized to mitochondrial cristae[J]. Pmc Natl Acad Sci USA, 2008, 105(35): 13145-13150.

[20] Hodges J R. Frontotemporal dementia (Pick's disease): clinical features and assessment [JJ. Neurology, 2001, 56 (11 Suppl 4): S6-S10.

[21] Ikeda M, Ishikawa T, Tanabe H. Epidemiology of frontotemporal lobar degeneration [J]. Dement Getiatr Cogn Disord, 2004, 17(4): 265-268.

[22] Johnson J K, Diehl J, Mendez MF, *et al*. Frontotemporal lobar degeneration: demographic characteristics of 353 patients[J]. Arch Neurol, 2005, 62(6): 925-930.

[23] Labiri M, Gustafson T L, Majors E R. Expanded CAG repeats activate the DNA damage checkpoint pathway[J], Mol Cell, 2004, 15: 287.

[24] Kruger R, Kuhn W, Mtiller T, *et al*. Ala30Pro mutation in the gene encoding alpha-synuclein in Parkinson's disease[J]. Nat Genet, 1998, 18(2): 106-108.

[25] Mochizuki H. Gene therapy for Parkinson'disease[J]. Expert Rev Neurother, 2007, 7 (8): 957-960.

[26] Kusakabe M, Mangiari ni L, Laywell E D, *et al*. Loss of cortical and thalamic neuronal tenascin—C expression in a transgenic mouse expressing exon l of the human Huntington disease gene [J]. J Comput Neurol, 2001, 430: 485.

[27] MeKhann G M, Albert M S, Grossman M, *et al*. Clinical and pathological diagnosis of frontotemporal dementia: report of the Work Group on Frontotemporal Dementia and Pick's Disease[J]. Arch Neurol, 2001, 58(11): 1803-1809.

[28] Park H, Kim S, Scong Y, *et al*. Beta-amyloid precursor protein is a direct cleavage target of HtrA2 serine proteabe[J]. J Bid Chem, 2006, 281(45): 34277-34287.

[29] Pankratz N, Foroud T. Genetics of Parkinson disease [J]. Neuro Rx, 2004, 1(2): 235-242.

[30] Pereira E A, Aziz T Z. Parkinson's disease and primate research: past, present, and future[J]. Postgrad Med J, 2006, 82(967): 293-299.

[31] Picketing Brown S M. Review: Recent progress in frontotemporal lobar degeneration [J]. Neuropathol Appl Neurobiol, 2010, 36(1): 4-16.

[32] Piguet O, Brooks WS, Halliday GM, *et al*. Similar early clinical presentations in familial and non-familial frontotemporal dementia Ⅲ. J Neurol Neurosurg Psychiatry, 2004, 75

(12):1743 - 1745.

[33] Polymeropoulos M H,Lavedan C,Leroy E,*et al*. Mutation in the alpha-synuclein gene identified in families with Parkinson's disease[J]. Science,1997,276(5321):2045 -2047.

[34] Reddy P H. Amyloid beta, mitochondrial structural and functional dynamics in Alzbeimer's disease[J]. Exp Neurol,2009,218(2):286 - 292.

[35] Sawa A,Dulloor P,Yuji O,*et al*. Huntingtin is cleaed by caspases in the cytoplasm and translocated to the nucleus via perinuclear sites in Huntington's disease patient lymphoblasts[J]. Neurobiol Disease,2005,20:267.

[36] Selkoe D J. The amyloid hypothesis ofAlzheimer's disease:progress and problems on the road to therapeutics[J]. Science,2002,7(19):297 - 353.

[37] Shimura H,Hattori N,Kubo S,*et al*. Familial Parkinson disease gene product,park. in, is a ubiquitin-protein ligase[J]. Nat Genet,2000,25(3):302 - 305.

[38] Spiro C, Pelletier R, Rolfsmeier M L, *et al*. Inhibition of FEN-1 processing by DNA secondary structure at trinucleotide repeats[J]. Mol Cell,1999,4:1079.

[39] Spiro C, McMurray C T. Nuclease-deficient FEN-1 blocks Rad51/BRCA1-mediated repair and causes trinucleotide repeat instability [J]. Mol Cell Biol,2003,23:6063.

[40] Thomas B,Beal M F. Parkinson/s disease[J]. Hum Mol Genet,2007,16(2):R183 -194.

[41] Tanaka K,Suzuki T,Hattori N,*et al*. Ubiquitin,protcasome and parkin[J]. Biochim Biophys Acta,2004,1695(1 - 3):235 - 247.

[42] Wang R,Yan H,Tang X C. Progress in studies of huperzine A,a natural cholinesterase inhibitor from Chinese herbal medicine[J]. ActaPharmacol Sin,2006,27(1):1 - 26.

[43] Yan S D, Shi Y, Zhu A, *et al*. Role of ERAB/L - 3 - hydroxyacylcoenzyme A dehydrogenase type II activity in A beta-induced cytotoxicity[J]. Biol Chem, 1999, 274(4): 2145 -2156.

[44] Zarranz J J, Alegre J, Gomez-Esteban J C, *et al*. The new mutation, E46K, of Mpha-synuclein causes Parkinson and Lewy body dementia[J]. Ann Neurol,2004, 55 (2): 164 -173.

第 2 篇

各　论

第5章

疯 牛 病

5.1 概　　述

5.1.1 疯牛病的发生与发展

牛海绵状脑病(bovine spongiform encephalopathy,BSE)俗称"疯牛病(mad cow disease)",是传染性海绵状脑病(TSEs)的一种,属于牛的慢性消耗性致死性传染病。本病的主要特征是牛大脑呈海绵状病变,引起大脑功能退化,精神状态失常,共济失调,感觉过敏和中枢神经系统(CNS)灰质空泡化,染病后通常在 14～90 d 死亡。

1985 年 4 月 25 日,英国普仑顿庄园农场,一头乳牛发病,病情是原本安静,病后却变得有攻击性,会撞击其他母牛,很难控制。身体协调变差,被驱赶时,会摔倒,后腿尤其不稳,脚步东倒西歪。根据母牛攻击性行为和"慕雄狂"现象,兽医开始诊断为卵巢囊肿。初步治疗很成功,但隔了数周,母牛步履不稳和摔倒的情况越发严重了。兽医又考虑到可能是由于饲料中缺乏镁元素。补充了镁后,病牛病情不见改善,最后死亡。接下来 18 个月,普仑顿庄园又有 7 头母牛生病死亡。到了 1986 年,英格兰西南部三郡,有 3 个养牛场,也各发现了 3 起类似的病例。消息很快传遍了奶农业界。由于传染病通常都有一个传染病的疫点,然而病情分布在距离很远的好几个郡,令人十分意外。另外,牛群各成封闭的小团体,互不接触,也没有夹杂进口牛只。那么,这种病怎么可能从英国的一端跑到另一端去呢?而且这种病情跟过去已知的任何牛的疾病都不一样。1986 年 10 月,在英国《兽医记录》期刊上发表了第一份简短的报告,把这种牛的新疾病定义为"牛脑部海绵化病",亦即所谓的"疯牛病"。英国剑桥国家兽医中心实验室首次将这种病确诊为一种新型的疾病,兽医专家对病牛的大脑进行解剖时,发现的主要病理变化是病牛脑组织呈海绵状变性。稍后，通过电镜观察到了痒病相关纤维(scrapie associate fibrils,SAF)。1987 年，Wells 等首次公开对该病进行了报道。1987 年底，疯牛病蔓延到英格兰与威尔士各地的牛群，只有苏格兰幸免，此时确认的病例共有 420 例。更可怕的是，每个月病例都在增加。从 1989 年，每月至少 900 例确诊病例，到 1995 年 2 月时已累积至143 109例确诊的病例。到 2001 年 6 月，全英国已确诊病牛 177 962 头，涉及 35 181 个农场。截至 2010 年 9 月，世界动物卫生组织统计表明，全英国共发生疯牛病184 611例(英国疯牛病发生数量见表 5.1)。

表 5.1 每年全英国报道的疯牛病病例数

时间	奥尔德尼岛	大不列颠	根西岛	曼岛	泽西岛	北爱尔兰岛	全英国
1987 年及以前	0	442	4	0	0	0	446
1988	0	2 469	34	6	1	4	2 514
1989	0	7 137	52	6	4	29	7 228
1990	0	14 181	83	22	8	113	14 407
1991	0	25 032	75	67	15	170	25 359
1992	0	36 682	92	109	23	374	37 280
1993	0	34 370	115	111	35	459	35 090
1994	2	23 945	69	55	22	345	24 438
1995	0	14 302	44	33	10	173	14 562
1996	0	8 016	36	11	12	74	8 149
1997	0	4 312	44	9	5	23	4 393
1998	0	3 179	25	5	8	18	3 235
1999	0	2 274	11	3	6	7	2 301
2000	0	1 355	13	0	0	75	1 443
2001	0	1 113	2	0	0	87	1 202
2002	0	1 044	1	0	1	98	1 144
2003	0	549	0	0	0	62	611
2004	0	309	0	0	0	34	343
2005	0	203	0	0	0	22	225
2006	0	104	0	0	0	10	114
2007	0	53	0	0	0	14	67
2008	0	33	0	0	0	4	37
2009	0	9	0	0	0	3	12
2010	0	11	0	0	0	0	11
总计	2	181 124	700	437	150	2 198	184 611

除英国外，瑞士、葡萄牙、法国、爱尔兰、比利时、卢森堡、丹麦、荷兰、列支敦士登、加拿大、阿曼、法兰克福群岛也相继发生了 BSE。2001 年末和 2002 年初，新一轮疯牛病再次暴发，德国、西班牙、奥地利、芬兰、希腊、斯洛文尼亚、捷克、斯洛伐克、以色列、波兰及意大利的本地牛

也发生了疯牛病，日本也在2001年报告了亚洲首例疯牛病。这表明疯牛病已向西欧以外的国家蔓延；2003年，科技医疗水平都居世界前列的美国，最终也未能抵挡住疯牛病的侵袭。疯牛病已经扩散到欧洲、美洲和亚洲的几十个国家。尽管近几年在世界各国的共同努力下，全球疯牛病的发病率开始以每年50%的速度下降。然而2006年，美国、日本、加拿大、奥地利、葡萄牙又相继多次发现了新的疯牛病病例，就连兽医管理体制非常完善的瑞典也发现了首例疯牛病。疯牛病蔓延的势头仍然未得到有效遏制，再次引起了世界范围内的广泛关注，造成了巨大的经济损失和严重的社会恐慌(图5.1)。

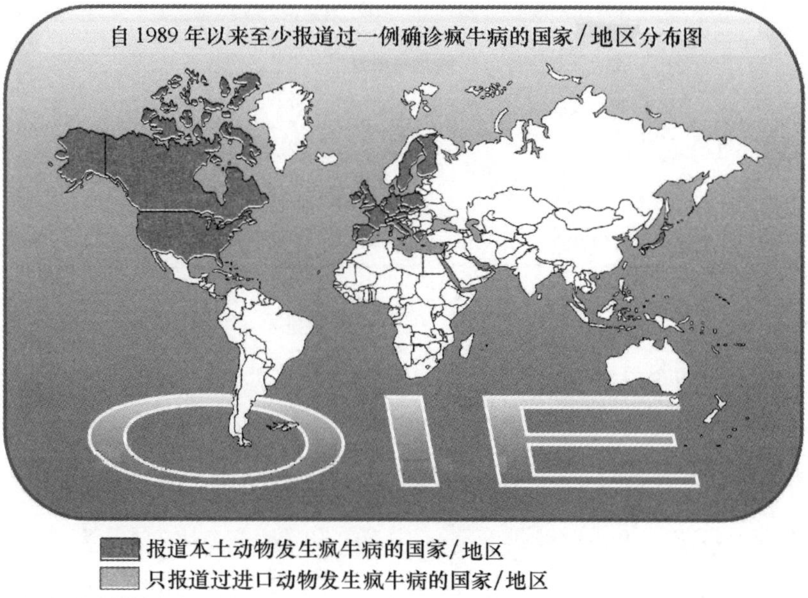

图5.1 1989—2010年疯牛病发生国家/地区分布图(来源:OIE网站)

目前，世界范围内(英国除外)已证实的疯牛病发病的国家及发病数见图5.2、表5.2。

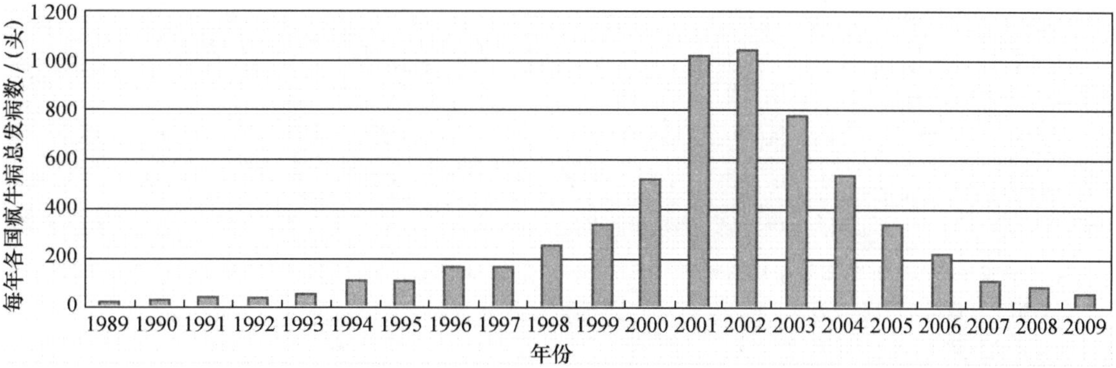

图5.2 各国每年疯牛病报道总病例数

表 5.2　世界范围内(英国除外)已证实的疯牛病发病的国家及发病数(来源:OIE 网站)

国家/年	89	90	91	92	93	94	95	96	97	98	99	00	01	02	03	04	05	06	07	08	09	10
澳大利亚	0	0	0	0	0	0	0	0	0	0	0	0	1	0	0	0	2	2	1	0	0	2
比利时	0	0	0	0	0	0	0	0	1	6	3	9	46	38	15	11	2	2	0	0	0	0
加拿大	0	0	0	0	1	0	0	0	0	0	0	0	0	0	2	1	1	5	3	4	1	1
捷克	0	0	0	0	0	0	0	0	0	0	0	0	2	2	4	7	8	3	2	0	2	0
丹麦	0	0	0	1	0	0	0	0	0	0	0	1	6	3	2	1	1	0	0	0	1	0
芬兰	0	0	0	0	0	0	0	0	0	0	0	0	1	0	0	0	0	0	0	0	0	0
法国	0	0	5	0	1	4	3	12	6	18	31	161	274	239	137	54	31	8	9	8	10	5
德国	0	0	0	1	0	3	0	0	2	0	0	7	125	106	54	65	32	16	4	2	2	0
希腊	0	0	0	0	0	0	0	0	0	0	0	0	1	0	0	0	0	0	0	0	0	0
爱尔兰	15	14	17	18	16	19	16	73	80	83	91	149	246	333	183	126	69	41	25	23	9	2
以色列	0	0	0	0	0	0	0	0	0	0	0	0	0	1	0	0	0	0	0	0	0	0
意大利[1]	0	0	0	0	0	2	0	0	0	0	0	0	48	38	29	7	8	7	2	1	2	0
日本	0	0	0	0	0	0	0	0	0	0	0	0	3	2	4	5	7	10	3	1	1	0
列支敦士登	0	0	0	0	0	0	0	0	0	2	0	0	0	0	0	0	0	0	0	0	0	0
卢森堡	0	0	0	0	0	0	0	0	1	0	0	0	0	1	0	0	1	0	0	0	0	0
荷兰[2]	0	0	0	0	0	0	0	0	2	2	2	2	20	24	19	6	3	2	2	1	0	1
波兰	0	0	0	0	0	0	0	0	0	0	0	0	0	4	5	11	19	10	9	5	4	2
葡萄牙	0	1	1	1	3	12	15	31	30	127	159	149	110	86	133	92	46	33	14	18	8	6
斯洛伐克	0	0	0	0	0	0	0	0	0	0	0	0	5	6	2	7	3	0	1	0	0	1
斯洛文尼亚	0	0	0	0	0	0	0	0	0	0	0	0	1	1	1	2	1	1	1	0	0	0
西班牙	0	0	0	0	0	0	0	0	0	0	0	2	82	127	167	137	98	68	36	25	18	13
瑞典[3]	0	0	0	0	0	0	0	0	0	0	0	0	0	0	0	0	0	1	0	0	0	0
瑞士	0	2	8	15	29	64	68	45	38	14	50	33	42	24	21	3	3	5	0	0	0	0
美国	0	0	0	0	0	0	0	0	0	0	0	0	0	0	1	0	1	1	0	0	0	0
总计	15	17	31	36	50	104	102	161	160	252	336	513	1013	1035	779	535	336	215	112	88	58	33

注:1. 数据统计截至 2010 年 6 月 30 日;

2. 数据统计截至 2010 年 9 月 9 日;

3. 数据统计截至 2010 年 6 月 30 日。

传染性海绵状脑病中最早被发现和认识的是羊的痒病(1732 年首次报道)。20 世纪 60 年代又发现了传染性水貂脑病(TME)、鹿和麋鹿的慢性消耗性病(CWD)。1985 年在英国首次发生了 BSEs,之后又在猫科动物中发生了多例 TSE,人类也能发生多种 TSEs,主要包括克雅氏病(CJD,1920 年首次报道)、格 - 斯二氏综合征(GSS,1936 年首次报道)、库鲁病(Kuru,1957 年首次报道)、致死性家族失眠症(FFI,1986 年首次报道)和新型变异性克雅氏病(vCJD,1996 年首次报道)。动物 TSEs 的发病率很低,20 世纪 80 年代以前,在野生或饲养的动物中没有大规模暴发流行。人类 CJD 自首次报道以来其发病率也一直比较稳定,每年每百万人 1～2 人发病,属罕见疾病。

1995 年报道了两例罕见的少年 CJD 病例,在随后的数月内又发现了 8 例相似的患者。所有这 10 例病人临床表现、病程、年龄、脑电图和影像学、病理学特征都与传统的 CJD 不同。因此命名这种克雅氏病为“新型克雅氏病(vCJD)”。截至 2011 年 3 月,vCJD 在英国发生 172 例,法国 25 例,西班牙 5 例,爱尔兰共和国 4 例,另外意大利、美国、加拿大、葡萄牙等国家也有发生(小于 4 例)(数据来源:The National Creutzfeldt-Jakob Disease Research & Surveillance Unit)。病人发病年龄大多为 16～52 岁(平均 28 岁),但在英国也发现 1 例 75 岁的 vCJD 患者,使这一疾病的感染年龄范围扩展到整个年龄组。研究发现患者脑部组织呈海绵状空洞,导致记忆力丧失,身体功能失调,精神错乱,并最终死亡。新型克雅氏病患者多以年轻人为主,发病时间平均为 14 个月。截至 2011 年 4 月 4 日已证实或疑似 vCJD 在英国已有 175 例,死亡 171 例(数据来源:The National Creutzfeldt-Jakob Disease Research & Surveillance Unit)。人们普遍的想法是动物的 TSEs 不能感染人类,但 1996 年 3 月英国宣布:人的 vCJD 可能是由于食用了被疯牛病病原污染的牛肉所致。从此,许多国家投入巨资开展 TSEs(特别是疯牛病)的研究(诊断试剂和方法、发病机理、流行病学等)和检测。

疯牛病等 TSE 类疾病与其他疾病病原不同,它并非由病毒、细菌、真菌或其他微生物引起。真正元凶目前认为是以错误方式折叠的朊蛋白。疯牛病的病原是一种蛋白质侵染因子即朊病毒,在电镜下可观察到大小为 50～200 nm,其核心部分是 4 nm 的细小纤维状物质,传染性颗粒为痒病相关纤维(SAF)。至今未确定该病原含有核酸。该病病原比一般的细菌和病毒抵抗力强,对甲醛溶液、紫外线不敏感,对强酸强碱有很强的抵抗力,用 2%的次氯酸钠或 90%的苯酚(石炭酸)经 2 h 以上才可灭活病原,在 121℃中能耐热 30 min 以上。对戊二醛、β-丙内酯、EDTA、核酸酶有很强的抵抗力,对理化因素如热、电离和紫外线等具有很强的抵抗力,这就是致病因子不因肉骨粉的炼制而灭活的原因。

然而科学家们对于海绵状脑病的发病机制仍然知之甚少。就目前所知,疯牛病等海绵状脑病不仅能在家畜牛之间相互传播,而且还能传染给猫、鹿等多种动物;但兔、马和犬等动物却似乎对此类疾病拥有天生的抵抗能力;其机制如何,尚有待于人们作进一步的探讨。关于人也能感染疯牛病这一消息在一些国家引发了食用牛肉是否安全的恐慌,并促使欧洲联盟在全世界禁止销售英国牛肉,包括活牛、牛的精液、胚胎以及所有来自宰牛的衍生医药和美容产品,使英国在经济上遭受巨大损失,甚至一度造成英国政府的政治危机、国际关系危机、经济危机和环境保护等问题。

自从英国发生首例疯牛病至今已有近 30 年了,全世界共发现患病牛190 592头,宰杀百万头以上,有近 200 人因感染疯牛病而死亡,造成的直接经济损失达数百亿美元。英国疯牛病大量增加始于 1990 年,为14 407例,距首例出现时间为 5 年,最高峰是 1992 年,37 280例,1996 年开始病例明显下降,1995 年14 562例,2000 年 1 443 例,2005 年 225 例,2010 年 11 例。疯牛病一直受到国际社会的高度重视,各国采取多种措施进行防制,但是,疯牛病传播的步伐几乎从未停止,已经从一个国家发展到 25 个国家、从一个洲扩展到 3 个洲。自英国 1985 年发现疯牛病以来，疯牛病的流行呈现出加强态势，不仅在欧洲的传播范围继续扩大，而且进入了亚洲的日本。通过分析疯牛病在英国和欧洲其他国家的流行情况，我们可以勾勒出疯牛病在日本及亚洲的发展趋势，以进一步认识疯牛病和提高实施措施的自觉性。

2001 年疯牛病流行有两个新特点，第一个新特点是流行的地域出现两次历史性突破：从西欧进入东欧、从欧洲进入亚洲。1985 年英国发现疯牛病，1989 年爱尔兰就报告了 15 个病例，至 1996 年有 8 个西欧国家发现了疯牛病，其中 3 个国家的病牛是进口来的。至 2000 年发现有疯牛病的国家达 12 个，其中只有一个国家的病牛来自进口。2001 年疯牛病已蔓延到 20 个国家，其中包括 3 个东欧国家和一个亚洲国家，并且都是本土疯牛病。第二个新特点是英国疯牛病病例持续下降而其他国家的病例继续上升。英国在 1985—1987 年确认了 446 个病例，1992 年是发现病例最多的一年，达37 280例。1990—1995 年高峰期发现 151 136 例。2001 年报告了 1 202个病例，为 14 年来的最低点。与英国的情况相反，欧洲其他国家从 1989 年发现疯牛病开始基本是一直上升，2001 年报告了1 010例，达到高峰，以后也开始下降。仅从病例数量上比较，它比英国的最低点还要低，但它是在各国政府采取了严密的防范措施和彻底的处理措施后出现的。上述情况说明了以下几点：①疯牛病病原体在英国的分布相当广泛，英国所采取的措施是有效的；防止疯牛病在其他国家扩散的措施有漏洞，疯牛病可能还有不为人类所知的传播方式和途径。②疯牛病选择日本不完全是偶然，分析其中原因发现了一定的必然性。联合国粮农组织(FAO)和世界卫生组织(WHO)的官员去年发出警告，有 100 多个国家面临疯牛病的威胁，其根据是 1986—1996 年这些国家从西欧进口活牛以及含有动物肉骨粉(MBM)的饲料。2001 年欧盟的一个专家小组对欧盟 15 国以外的 48 个国家发生疯牛病可能性进行了评估，把日本列为最危险的国家。日本政府当时虽然坚决拒绝了这个评估结论，不幸的是 3 个月后日本就发现并由英国实验室证实的首例疯牛病。实际上日本疯牛病和欧洲疯牛病有密切联系，日本曾从英国、意大利、丹麦、荷兰进口过大量肉骨粉饲料和用于饲料的油脂，还进口过活牛和可能污染了疯牛病病原体的牛肉。有专家推测，日本可能 1991 年就有了疯牛病。日本政府在发现疯牛病后立即着手调查其来源，还派员赴荷兰调查进口油脂的情况，同时采取一系列措施，控制疯牛病蔓延。日本发生疯牛病不能认为预防措施没有用，可能是采取措施晚了一步或者措施不完善以及执行不力。可以说，如果不是各国及时采取防范措施疯牛病肯定会进入更多国家。有人提出控制和消灭疯牛病的最有效的办法是扑杀烧毁所有的牛，实际上这个办法在各国都是行不通的。现在的每一个病例都是原始病例，其所在的牛群以前从未发生过疯牛病，由此看来切断物流路径绝不是容易做到的，在一个国家内部尚且如此，在世界范围内其难度更可想而知。③在日本及亚洲，疯牛病出现后的一段时间里病例不算很多，因为病原体容易最先感染那些最敏感的个体，若干年后会达到高峰，之后会趋于下降。日本疯牛病在亚洲会传播多远，取决于亚洲各国和地区是否从日本进口过感染了疯牛病病原体的牛肉、动物源性饲料及相关产品，取决于他们的处理方式是否安全。根据日本和亚洲国家、地区的经贸方式和规模以及畜牧经营方式和饲料结构推测，疯牛病在亚洲的传播范围会明显小于欧洲，可能不会超过 10 个国家。同时也应该看到，由于经济、政治、历史、民俗、宗教、体制等种种原因，发现和报告疯牛病可能受到比欧洲更多的干扰和阻力，这对于控制疯牛病传播显然是不利的。

疯牛病传播近年来表现为：英国的病例持续下降和其他国家的病例首次出现下降。英国的病例在 1992 年达到最高峰的37 280例，之后一直处于下降趋势，2002 年降至1 144例，比上一年少58例,2007年是67例,2010年仅11例。除英国以外的其他国家2003年共发现779例疯牛病,比2002年减少了384例(37.1%),这是自1990年统计以来,第一次有统计意义的明显的下降,确实是一件盼望已久的大好事。从2004—2010年OIE统计数据来看,新发生疯牛病国家还在增多,如2006年瑞士发生疯牛病;已发生疯牛病国家每年报道病例减少。疯牛病传播的态势是:总量在减少、地域在扩大。这说明由于采取了有效的控制措施,疯牛病传播的总体趋势正在弱化,但是控制措施可能还有漏洞或者还没有完全到位。为此,联合国粮农组织在美国发现疯牛病后再次提醒各国政府必须继续加强对疯牛病的监督、控制和检测,继续采取有效措施,防止疯牛病的传播和蔓延。

一项关于1996年以后出生的牛疯牛病流行病学研究调查表明,在英国实施强有力的法律来减少疯牛病发生以后,2008年12月3日检查了164例1996年后出生的牛,发现它们发生疯牛病的几率远小于1996年以前出生的牛。说明英国制定的关于控制疯牛病发生、传播的法律起到了作用。

联合国粮农组织曾警告说,所有曾经进口肉类和骨粉这类蛋白质的国家,都有潜在人类型疯牛症的风险,除了欧洲和日本外,东欧、中东、北非国家和印度最有可能暴发疯牛病。联合国的一位官员称,全世界有100多个国家面临疯牛病的危险。目前,许多国家和地区纷纷将美国的牛肉及相关制品拒之门外。

我国也加强了对疯牛病的检验,从进出口检疫和国内大规模普查两方面入手试图截住疯牛病的洪流,经过十几年的监控,至今为止中国大陆地区还没有发现疯牛病的存在。但我国台湾已见30例BSE,引起岛内极大的恐慌。而中国台湾的BSE有可能是从英国输入的,因为中国台湾曾经进口过英国牛产品及其制品。近10年来中国台湾曾出现过3例CJD。其中多数以不明原因感染,估计100万人中会有1人患CJD。据中国台湾卫生署清查的结果显示,中国台湾岛内所有的化妆品都是通过基因工程制造的,与牛体直接萃取并无关联,但部分业者会私下招揽民众打入牛胚胎制品,中国台湾卫生署表示,这些产品的安全性则不能保证。

5.1.2 促使BSE发生的因素与BSE发生后全球采取的控制措施

至2000年7月,英国超过34 000个牧场的176 000多头牛感染了该病;截至2010年9月,OIE统计表明,全英国共发生疯牛病184 611例,最高发病时间是在1993年1月,每月至少有1 000头牛发病。该病的发生可能是因为给牛喂养了含有患瘙痒病的羊的各种组织制成的肉骨粉而引起。1980年以前,牛羊骨肉粉的生产需要经过140℃以上的高温和有机溶剂处理,以消灭病菌和去除脂肪。但1980年以后,英国改变了动物饲料的加工方法,取消了加工过程中两个可以破坏TSEs病毒的关键步骤:①取消使用有机溶剂;②取消了长时间的高温消毒,致使足够量的TSEs病毒存在于牛、羊骨肉粉饲料中,牛在食用了这些饲料后,就感染了疯牛病,经过几年的潜伏期后发病。而该病在世界各国的更大范围的传播,则是大量可能带有疯牛病因子的饲料及危险性牛源制品出口造成的。

患疯牛病的病牛尸体具有传染性,其中具强传染性的部位包括:脑、脊髓、脑脊液、眼球。低传染性的部位包括:小肠、背根神经节、骨髓、肺、肝、肾、脾、胎盘、淋巴结。无传染性的部位包括:肌肉、乳汁、血、胰脏、胸腺、心脏、脂肪。由于难以了解流通中来自牛的产品及制品的加工方式和在加工过程中可能受到危险部位污染的程度,因此,对可能感染疯牛病因子的相关产品如明胶、血液及血产品等的安全性也不能肯定。

BSE 从一个国家或地区传入另一个国家或地区的主要途径有二：一是进口有 BSE 的国家或地区的活牛及与牛相关的产品，或被污染的饲料；二是进口有痒病国家或地区的活羊及与羊有关的产品，或者被污染的饲料。

现在防治的最大难度是，尽管疯牛可杀，但其"蛋白质传染因子"的致病途径不清，目前一般消毒措施均对其毫无作用。更为重要的是，与疯牛病直接相关的人的"疯牛病"——克雅氏病还可通过医疗途径传播，如使用可助人长高的生长激素，用于脑移植的硬脑脊膜等。2003 年，日本重金赔偿了部分因使用德国生产的硬脑脊膜导致患新型克雅氏病的病人，但接受这高达 11.6 亿日元赔偿的 20 个病人中，只有一位尚在人世。有专家指出，强迫本来是食草动物的牛食用同类的肉骨等组织，显然违背了自然规律。尽管这样做有益于人们的食物的富足，但人类也因此付出了沉重的代价。人们的饮食习惯与疾病的传播也有重要的关系。美国在 6 个州 10 多个养鹿场和野生鹿群中发现了"疯鹿病"（鹿的传染性海绵状脑病）病例，其病状与疯牛病相似。虽说尚无根据证明这种鹿病会传染给人，但也发现有 3 位新型克雅氏症病人有食用鹿肉的历史。

为预防疯牛病的发生与传播，欧盟和其他国家采取了以下预防控制措施。

(1)禁运疫区牛肉产品：对来自 BSE 疫区的国家和地区的活牛、牛胚胎、精液、牛奶制品、副产品等实行全面禁运，必要时禁令可延伸到所有哺乳动物、鸟类及宠物等。

(2)建立疫情报告制度：牧场主和兽医一旦发现疑似 BSE 必须及时向政府主管兽医部门报告，以便采取检测诊断等应急措施。

(3)屠宰与消毒防疫：屠宰已感染 BSE 的牛及其他动物并作安全销毁处理。

(4)禁止食用和利用：为防止带 BSE 的动物组织进入动物或人的食物链，规定人和动物禁止食用 6 月龄以上可能带有传染媒介的动物饲料、脑、脊髓、脾、肠管、腰肌、胸腔、内脏等软组织。禁止采用牛胸腺、扁桃腺、淋巴结等副产品作为生物制品原料。

(5)严格饲料加工工艺规定：保证生产加工肉骨粉的条件必须以彻底灭活 BSE 病原体（耐热传染性因子）的温度为加工工艺标准。

(6)防止循环污染：禁止使用牛、羊等动物的肉和骨等副产品作反刍动物的饲料添加剂。

未发生 BSE 国家应采取的防范措施主要有：①按照国际兽医局（OIE）和世界卫生组织（WHO）的建议，建立 BSE 监测网，将 BSE 规定为必须申报的法定传染病。②禁止用哺乳动物蛋白饲料（如肉骨粉、血粉等）饲喂家畜。③禁止从发生和流行 BSE 的国家进口活牛、牛胚胎、精液、脂肪、内脏（含肠衣）、动物蛋白饲料和其他含 BSE 不安全牛源材料的产品。④有计划地对过去从英国进口的牛和以胚胎及精液生产的牛进行兽医卫生监控。⑤对具有神经症状的病牛必须采取脑组织进行病理学检查，以确定是否是 BSE，一旦发现可疑病牛，立即隔离、消毒和报告上级有关部门确诊；对已确诊的病牛和可疑牛，甚至对整个牛群和与之相关联的牛全部扑杀，销毁尸体，并彻底进行消毒。⑥加强对 BSE 科学知识的宣传，提高兽医技术人员的诊断技能，通过 BSE 知识教育，及时发现疑似 BSE 病例。

虽然我国尚未见发生 BSE 的报道，但以前曾从英国进口种牛、种羊、胚胎和精液，1983 年从英国进口绵羊中曾检出过羊痒病。英国向我国香港大量输出牛肉，并由港转口深圳。因此，潜在的及随时被感染的可能性都将存在，尤其是我国已经加入 WTO，敞开了国门，一定要特别注意防范。我国首家疯牛病检测实验室，在引进国外技术的基础上不断完善检测技术，开展流行病学调查研究工作，为我国有效抵御疯牛病建设了技术屏障，目前检测技术已达到国际先进水平。1999 年，我国通过“948”项目，从瑞士和美国引进了疯牛病的检测方法和检测技术。从 2000 年至今，疯牛病检测实验室检测的牛脑样品和羊脑样品的检测结果均为阴性。这些检测结果为农业部动物检疫所国家流行病学中心所作“中国 BSE 风险因素定性分析与评估”报告得出的“中国是无疯牛病国家”提供了技术支持，也为我国向国际动物卫生组织申报“中国无疯牛病认证”积累了科学数据。

英国发生疯牛病后，法国、比利时、荷兰、瑞典等率先决定停止进口英国牛肉，德国则要求欧盟通过决议禁止英国牛肉进口，并要求英国采取根本措施，控制疯牛病发展和蔓延，其后意大利、葡萄牙、西班牙、芬兰、澳大利亚、新西兰、新加坡、日本和南非等 30 多个国家和地区颁布了禁止或限制进口英国牛肉的措施，巴西农业部还宣布了无限期禁止英国的牛奶、奶酪和黄油的进口；加蓬政府宣布，决定销毁全部库存的英国牛肉，并强化全国食品卫生检疫工作；秘鲁政府宣布，秘鲁除禁止进口的牛、牛油及牛的有关产品外，还禁止从北爱尔兰、法国、瑞士、爱尔兰共和国、葡萄牙等进口上述产品。1996 年 3 月 25 日，欧盟兽医委员会召开紧急会议，做出了禁止英国出口活牛、牛肉以及其他牛肉制品的决定，其中包括以下几项“临时性措施”，即禁止英国出口活牛、牛的精液和胚胎、牛肉以及相关的牛肉制品（食品、饲料以及有关的医药、美容产品），并禁止英国向除欧盟成员国以外的第三国出口活牛、牛肉及牛肉制品。同年 4 月1～3 日，欧盟 15 国农业部长会议同意欧盟做出的“禁止英国牛肉出口”的决定，规定凡超过 30 月龄的牛屠宰后不得作为人或动物的食品，也不能用于生产化妆品和药品；低于 30 月龄的牛屠宰后也必须严加监控，头、蹄、内脏销毁，英国兽医部门要有效地进行监控。英国疯牛病引起的新恐慌，已引起国际社会严重关注，各国政府纷纷宣布抵制英国牛肉进口，导致牛肉在各国市场上的销售急剧下降，对英国的农业生产是一个极大的打击，其损失是可想而知的。英国发现的 10 起克雅氏病，归结于是疯牛病的传染，这在开始还只是一种假设，后来通过动物实验，将疯牛病病原体和人新型克雅氏病病原体同时分别接种小鼠，从其潜伏期长短，临床症状和病理损伤模式等方面综合判定，这两种病系来源于同一朊病毒毒株。所以目前对待英国疯牛病除应按我国农业部规定的防制疯牛病传入的几条措施认真执行以外，还应回顾一下，在尚未宣布之前就已从患疯牛病的疫区，包括英国在内的其他一些国家如法国、瑞士、北爱尔兰共和国、葡萄牙等国进口种牛、牛精液、牛胚胎以及从我国香港直接进口或转口的牛肉以及配餐如牛扒、牛柳、牛百叶、西冷牛排等，切实做好疫情监督管理工作。同时，暂停我国饲料生产和制药行业采用羊组织制剂的冒险行为，尤其是应严格禁止用牛、羊等反刍动物的机体组织加工饲料，以免发生类似英国疯牛病的事件。如果时刻注意对牛饲料和供人食用的特定牛肉内脏采取一定的措施，并在畜牧场、屠宰场和肉类加工厂采取必要的严格措施，就可把疯牛病对人的传播危险降到最低限度。当前应密切注意加强对各国疫情监测，建立完善的疫情报告制度，继续深入地对本病开展研究，弄清与其他动物之间关系，尽快制定出一套简便、快速的检测方法，以对活畜在临床症状出现之前做出正确的诊断。

疯牛病出现后，特别是 vCJD 出现后，为预防疯牛病传入我国，农业部、国家质量监督检验检疫总局、卫生部、国家海关等部门曾单独或联合发文严防疯牛病传入我国。自 1990 年以来，先后发布了《关于严防牛海绵状脑病传入我国的通知》、《关于禁止在反刍动物饲料中添加和使用动物性饲料的通知》等一系列文件；1992 年，农业部制定并发布的《中华人民共和国过境动物一、二类传染病、寄生虫病名录》中将疯牛病列入一类病，严禁从有疯牛病的国家进口牛、牛胚胎、肉骨粉、牛肉及其产品如香肠、罐头等。农业部要求严格执行禁止使用同种动物源性蛋白饲料喂养同种动物的规定。擅自经营和使用欧盟成员国家生产的动物性饲料产品以及有疯牛病国家的反刍动物饲料或有痒病国家的羊肉骨粉者，必须立即就地销毁并依法追究当事人的责任。对禁止个人和非主管企业对疯牛病进行研究（包括病原、用病原或病料做动物实验等）以及引进相关生物性研究材料等都作了明确的规定。

1. 禁止从疫区进口动物饲料

即禁止从欧盟国家进口动物性饲料产品。规定将肉骨粉等动物饲料作为法定检疫检验的产品，并凭农业部颁发的进口饲料《登记许可证》接受报检。对已办理有关进口检疫审批手续的动物性饲料必须有出口国家官方出具的符合进境检疫证书证明其来源的动物品种。凡不符合规定的或没有办理有关进口检疫审批手续的动物性饲料产品一律作退回处理。

2. 加强对 BSE 的监测

指定农业部动物检疫所为全国 BSE 检测中心。规定全国各地必须对本地区所有进口牛（包括胚胎）及其后代喂过进口反刍动物性饲料的牛进行全面的追踪调查，并把调查结果报国家畜牧兽医局。发现牛表现类似 BSE 症状且经鉴别排除其他疾病时，应立即上报监测部门予以确诊。国外的事实证明，主动检测可以更准确地掌握本国疫情，如法国实施主动普查措施后显示了这项措施的益处，在 2000 年已确诊的 162 例疯牛病病例中，有 61 例是主动普查项目中查出来的。

3. 建立完善的健康记录档案

有关单位加强对所有进口牛及其后代、进口胚胎所生牛进行追踪监测，建立完整的资料档案。

4. 进一步诊断的规定

规定对具有神经症状的病牛必须采取脑组织送到指定的疯牛病检测实验室做进一步的诊断；送检的狂犬病标本若狂犬病检查阴性，还需作疯牛病检查。

5. 禁止生产和使用动物源性蛋白反刍动物饲料

鉴于英国发生疯牛病期间，已有大量的动物源性饲料流入第三国，其中就有非洲和亚洲一些国家和地区（包括中国大陆、中国香港、中国台湾），为了最大限度地消除疯牛病发生的风险，应制定更加严格的规定，禁止任何单位和个人生产带有动物源性蛋白（不包括鱼粉）的反刍动物饲料，禁止任何单位和个人用带有动物源性蛋白（不包括鱼粉）的反刍动物饲料饲喂反刍动物。

6. 加强培训工作

普及有关疯牛病临床症状、流行病学和实验诊断等方面的知识，提高广大人民群众的自我保护意识和执行防制措施的自觉性。

7. 加强对疯牛病防治技术的研究储备

组建疯牛病专家组，负责有关疯牛病信息的收集、研究，向政府提供咨询意见。该小组人员应来自全国各有关部门（如农业部、卫生部、国家出入境检验检疫局及有关院校和科研单位）。目前农业部疯牛病检测中心、中国农业大学疯牛病检测实验室已与瑞士、英国等国疯牛病国际参考实验室合作，共同开展疯牛病的防治研究工作。同时中国疾病预防控制中心、北京出入境检验检疫局也相继成立了朊病毒病检测诊断中心和疯牛病检测实验室。加强疯牛病防治技术的研究储备，必将在未来对疯牛病和人类相关疾病的防治中发挥重要作用。

5.1.3 疯牛病的临床症状与病理变化

该病表现的临床症状多种多样，多数病例表现出中枢神经系统的症状。常表现出神经紧张或焦躁不安、恐惧、惊跳、反射增强，具有攻击性，对声音及触摸等的感觉过敏或反射亢进，肌肉纤维性震颤或痉挛，有些患牛表现出头部、肩部肌肉颤抖和抽搐，后肢明显伸展，共济失调等神经功能紊乱性症状，其神经系统呈现亚急性或慢性退行性变化。BSE 无肉眼可见的病理变化，也无生物学和血液学异常变化。典型的组织病理学和分子学变化都集中在中枢神经系统。本病有三个典型的非炎性病理变化：

①出现双边对称的神经空泡，这包括灰质神经纤维网出现微泡即海绵状变化，这是 BSE 的主要空泡病变，BSE 很少见有其他类型的大空泡，而这类空泡是痒病的特征性病变。

②星形细胞肥大常伴随于空泡的形成。

③大脑淀粉样病变是痒病家族病的一个不常见的病理学特征，BSE 也存在淀粉样病变，但不多见。电镜下 BSE 牛脑的超微结构观察表明，牛脑干区有胶原纤维，且有抗蛋白酶蛋白聚集，二者含量均与其空泡化程度有关；另外，病牛前庭核复合体的神经元计数测定表明，该区神经元减少了一半，这是 BSE 的一个重要生理特征。

5.1.4 疯牛病的检测与诊断

疯牛病致病产物 PrP^{Sc} 具有蛋白酶抗性，不含有常规遗传物质（RNA 或 DNA），且在感染者体内既无特异性的免疫反应又无持续的生化、血液学改变，因此给 PrP^{Sc} 的检测特别是早期、快速的诊断带来了较大困难。发展早期、快速、灵敏的 PrP^{Sc} 诊断方法对 TSEs 的预防和治疗具有重大意义。

疯牛病的检测方法有多种，如组织病理学检测、实验动物接种检测法、免疫学检测、蛋白错误折叠循环扩增、毛细管电泳、光谱分析、血液学、尿液检测法、脑脊液检测等方法。PrP^{Sc} 的组织病理学检测主要是通过观察病变组织的组织切片，该法是最早应用于检测的方法之一。现在，人们在研究 PrP^{Sc} 中仍经常使用组织病理学检测，但这个方法有一定的局限性，不同传染性海绵脑病的病理学特征不同，且一般在动物死亡后才能进行，所以不适于快速诊断。免疫学检测是目前应用效果比较好的检测方法，能够迅速大量检测样品，其主要原理是利用抗原抗体反应，然后通过发光、显色等技术来扩大反应信号，以提高其灵敏度和准确性。包括免疫印迹（Western blot，WB）、酶联免疫吸附测定、免疫组织化学。WB 是现在常用的蛋白质检测方法。该法能检测出 PrP^{Sc} 的相对分子质量及糖基化情况，PrP^{Sc} 的糖基化类型可用于区分不同类型的 TSEs。酶联免疫吸附测定是在 WB 基础上建立的，灵敏度并不亚于 WB，具有快速和适合于大量标本筛选的特点。现在用于朊病毒检测的免疫组化技术已相当成熟、完备，灵敏度、特异性都很高，已成为确诊传染性海绵状脑病的金标准。蛋白错误折叠循环扩增（protein misfolding cyclic amplification，PMCA）由 Saborio 等创立，原理类似于 PCR 的体外扩增。该法基于体外少量 PrP^{Sc} 能使大量 PrP^{C} 构象发生转换，生成聚合物，形成 PrP^{Sc} 凝集物，用超声处理后生成许多小的 PrP^{Sc} 单位，再以这些小单位为“模板”，以 PrP^{C} 为“原料”继续合成 PrP^{Sc}，多次循环之后，扩增产物中 97％以上的蛋白具有蛋白酶抗性，蛋白酶消化后，WB 检测 PrP^{Sc}。该方法灵敏度高，为 PrP^{Sc} 的检测开辟了新的领域。

5.1.5 疯牛病的治疗

对于确诊已患疯牛病的牛已经不具有治疗价值，一般采取焚化的方法处理病牛。清理病牛所在的环境，进行彻底的消毒，防止疾病继续传染。虽然 TSEs 是致死性疾病，但科学家仍然在努力研究治疗该疾病的方法。研究者已尝试在体内和体外实验中使用聚磺酸多聚糖，如右旋糖苷硫酸盐、聚硫酸戊聚糖等，异源多聚阴离子 - 23 和多聚阴离子染料，如刚果红等，抗锥虫、丝虫药苏拉明，多烯抗生素，G 毒毛旋花苷，PrP 抗体，类固醇以及凋亡抑制剂等来治疗 TSEs。使用奎纳克林和氯丙嗪能抑制痒病病原感染的神经瘤细胞的朊病毒蛋白的形成，因为这两种药物能通过血脑屏障，能直接作为治疗 CJD 和其他 TSEs 的候选药物。但最近的研究表明，聚硫酸戊聚糖(PPS)能极大地延长疾病的潜伏期，两性霉素 B(Bamphotericin B)具有中等的治疗作用，而抗疟疾药物如奎纳克林则没有显著延长潜伏期的作用。关于筛选出可靠的确实有效的治疗 TSEs 的药物还需要进一步的研究和努力。

5.1.6 由 BSE 想到的

疯牛病是一种人畜共患性疾病，目前世界上已有 100 多个国家面临疯牛病的危险，疯牛病从 1985 年在英国发现后，20 世纪 90 年代初发展成为一个高潮，又逐渐扩展到西欧，21 世纪后又传播到亚洲，目前已经变成世界性的问题。

在自然界进化的历史长河中，我们不禁要问：为什么在过去的那么多个世纪中都没有出现的疾病却在科技发达的今天出现了呢？人们不是采取了种种措施来改良家畜品种，提高家畜质量了吗？可似乎这些具有优良品质的牛在疯牛病肆虐的环境下不堪一击。自从家畜的养殖实现高度机械化和集成化后，圈养动物都是按统一的规格饲养的。它们活动的空间非常狭小，吃的是人们配制的饲料，这些饲料中的各种成分及其所占的比例都是人们计算出来并编入电脑的。毫无疑问，为了让牲畜多长肉、多产奶，人们不断增加饲料中的激素含量，并强制性地在草食性动物的饲料中加入各种肉骨粉，从而导致了疯牛病的发生。反过来我们为人类自己想想，我们所吃的都是经过不断的遗传工程和基因工程改良物种的肉、蛋、奶，而在这些食品中也包含了各种各样的饲喂动物的激素、抗生素，这些食品对人类的危害是非常隐秘的，也许疯牛病只是冰山露出的一角，给我们敲响了警钟，如果人们再如此毫无顾忌地破坏自然规律，其结果是可想而知的。

随着人类基因组计划以及各种模式生物基因组测序的完成，生物基因的许多奥秘被不断地揭示出来，人们对于基因功能的认识也逐渐深入。事实上，许多功能基因其表达产物在发挥作用的过程中是位于同一代谢通路中的，其特点是环环相扣、密不可分。很多基因的表达以及其蛋白产物正常功能的发挥需要其他基因的协同作用，当人们根据外部性状来对生物进行改良的时候，在使某些具有优良品质或者说是使其按照人们的需要发展的同时，也很可能使得某些抗病基因失去活性，从而使这些经过基因改良牛对疯牛病的抵抗力降低而造成暴发流行。自然界中的物种之间保持着微妙的关系，这是长期自然选择的综合结果。人为地采取一些破坏自然状态与平衡的手段，建立人工自然，势必引起一定的混乱。正如很多人所担心的一样，克隆技术只能增加某一基因型的数量，如果大量克隆的话，其结果势必是产生一定的优势种群，导致该物种的基因比率失衡，并进一步破坏该物种基因的多样性；转基因动物、植物或许会因获得某些方面的优良品质而在某些方面发生畸变，许多年以后，这些品种或许会因其优势排挤掉其他物种，或许会因自身缺陷而逐渐覆灭，或许还会给其他的物种甚至人类带来致命的疾病。基因工程可以给人类社会带来突破性的转变，但也极有可能给人类社会带来无法预料的灾难。

那么，我们究竟应如何解决这一矛盾呢？其实人类更需要的是采用符合自然规律的生产方式和生态耕作制度，尽量使得自然界的物种能在自己的生存环境中不断地生存和繁衍，更不能单纯地受经济利益的驱动而不负责任地给家畜饲喂大量的生长激素及注射疫苗、抗生素等等。

疯牛病在欧洲的暴发以及在全球的蔓延，是一个沉痛的教训。很多人只是片面地认为这是政府决策失误的丑闻，是受经济利益左右而不顾人民健康的表现，但这仅仅是事实的一个方面，更多的是，疯牛病为人类对自然的干涉又一次敲响了警钟，给了人们一个反思的机会，让人们去认真地思考究竟应该如何维护自然、保护生态环境中与人类关系密切的生物群体，如何为自身和子孙后代的健康与幸福创造更加美好的未来。

从医学和生物学的角度来讲，疯牛病是具有重大意义的。在传统的观念中，疾病和瘟疫应该有病原体传播，而已知的最简单的生命物质——病毒，也至少要由核酸和蛋白质共同构成，对于蛋白质能否单独作为传染因子引起疾病并进一步传播开来，一直也是科学界争论的焦点。有人曾经提出过蛋白可以传播疾病的假说，而疯牛病的产生以及朊蛋白学说的提出，恰恰为这一假说提供了一定的依据。尽管当前我们对于疯牛病的真正起因尚未定论，但无论如何，这都为我们提供了一条新的思路，从辩证的角度来看，这也许就是事物的两面性：疯牛病不仅给人类社会带来巨大的灾难和造成巨大的损失，但同时也许会对科学的发展有所贡献。

科技是把双刃剑，对科技发展的无休止的追求是建立在人类对最大经济效益的追求的基础之上的，只要人类的贪欲还存在、科技发展的脚步就不能停止。人类为满足自己，从人类出现开始就没有停止过对大自然的索取，这种索取随着科技的发展变得越来越变本加厉，对自然界的伤害也越来越严重，随之自然界对人类的报复也越来越厉害。不容置疑，科学技术的发展确实给人类带来了巨大的利益，推动了人类社会的进步，使人类成为脱离其他生物物种的具有高智商的特殊种群，当别的动物还在茹毛饮血并与自然进行艰难的抗争时，人类已经能上天入地随心所欲地支配一切了；但是，人类并不是万能的，还不能与自然抗争一切，人类随时都有可能遭到自然的惩罚。或许一种科学技术由于运用的不妥当所造成的伤害需要用另外一种更高水平的科学技术来弥补，就像有了疯牛病可以利用先进的生物医学技术来补救一样。如果有一天人类再也无法弥补自己的过失，人类该何去何从呢？人类发明了电锯，使树木砍伐的效率大幅度提高，却导致森林覆盖率的大幅度减少，造成水土流失，使许多地方成为荒漠而无法生存。人类科技使生产技术提高形成大规模的工业生产模式，却导致了大规模的工业污染，极大破坏了人类的生存环境，导致酸雨、气候异常、臭氧层空洞、水质恶化等现象的出现；随着资源开采技术的发展，人类对自然界的矿藏进行掠夺性的开采，造成资源匮乏；随着医学技术的发展，人类的生存的质量、生存的时间得到了很大的提高，加上不知节制的生育，使人口数量急剧膨胀，进一步加剧了资源与人口之间的矛盾；核技术的发展为人类对能源的利用开辟了新途径，但是依靠此技术发展的核武器却成为始终笼罩在人类头上的阴云，人们不知道是否有一天自己会葬身在它的烈焰下；生物基因技术的发展是未来世界发展的趋势，人们在惊喜地谈论着人体的克隆、基因的筛选、人类基因图谱的绘制、更优秀的人种的发展、基因药物的开发等，却很少有人在认真思考这种科学技术的发展会对人类社会造成什么样的影响？我国一位优秀的生物学家曾经说，人类不可能也不能够完全破译自身的基因密码，一旦人类真的破译了自己的基因密码，那一天就是人类自取灭亡的日子。他说得是否正确将会被未来的事实证明，我们所要思考的是应该怎样看待科学技术的发展对于人类的影响，应该怎样有效地利用科学技术造福人类。科学技术的发展对人类的影响应该一分为二地看待：一方面，应该承认科技发展确实促进了人类自身的发展；科学技术发展对人类的经济发展、社会进步、思维方式的变革以及人类自身素质的提高等都起到了极大的推动作用，为人类提供了更好更有效的生活方式，人类能够有今天的成就完全离不开科技的进步；另一方面，科技的发展确实也对人类的生存环境和人类自身的发展起到了破坏作用，就像我们前面提到的疯牛病和其他一些例子。科技发展是一把双刃剑，它起的作用是好是坏，关键看人类是善用它还是滥用它：如果人类能够在保护自然、尊重自然和人类自身发展需要之间找到合理的平衡点，有效地利用科学技术，达到造福人类、适应自然的目的，那么科学技术的发展会对人类的进步和发展起到不可缺少的促进作用；反之，如果人类不能克服自己的贪欲，利用科技的优势向自然界进行无休止的索取，滥用科技、滥取资源，那么等待人类的不会是一个美好的明天。

5.2 流行病学

5.2.1 BSE 的分布

1985 年 4 月，在英格兰发现了第一例疯牛病。1986 年 11 月，英国的剑桥中央兽医实验室对其做了脑组织学检查，诊断为痒病样海绵状脑病。1987 年，Wells 等首次公开报道了该病。1989 年，疯牛病还是攻破了英国的近邻爱尔兰的大门。尽管欧洲各国纷纷采取预防措施，但是瑞士和法国 1990 年也各自发现了第一例疯牛病。到 1997 年 11 月，葡萄牙、丹麦、德国、荷兰、比利时也相继出现疯牛病。1998 年疯牛病又跨出了欧洲，来到南美洲的厄瓜多尔。2000 年后，西班牙、瑞典、捷克、希腊、斯洛伐克、芬兰、奥地利先后“沦陷”。2001 年 3 月，在与我国内蒙古接壤的蒙古国西部科布多省暴发了疯牛病，在该省的社特、曼许等 6 个县发现了 BSE。2001 年 10 月，在日本也发现了首例疯牛病病例。2002 年，以色列和波兰相继出现了国内首例疯牛病。2003 年 5 月，加拿大发现一例疯牛病，是北美大陆发现的首例疯牛病。2003 年 12 月，美国发现首例疯牛病。2006 年，瑞典也发现了首例疯牛病。虽然我国尚未发现疯牛病病例，但潜在发生的危险依然存在，应引起我们的高度重视。

近年来，各国对疯牛病很重视，制定相关法律法规预防疯牛病的发生和传播；大力投入科研经费来研究疯牛病，为预防、治疗疯牛病和公共卫生提供相应保障。可喜的是，英国疯牛病近十年来连续下降，至 2010 年时，只发生了 11 例。根据每年已经报道的疯牛病病例数，可以得到英国与其他国家发生疯牛病的趋势比较示意图，如图 5.3 所示。

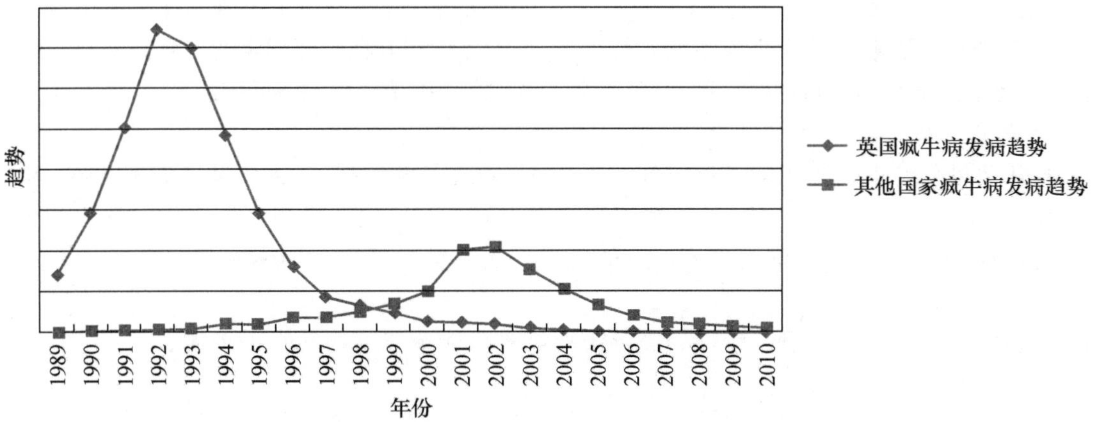

图 5.3 英国与其他国家发生疯牛病的趋势比较

5.2.2 传染源

英国早期的流行病学调查发现，出现最初几个疯牛病病例后不久，许多地方就有疯牛病病例发现，1～2 年内迅速波及英国广大地区。这说明疯牛病的流行不是由一个疫点向外扩散，而是由广泛存在于英国各地的一个共同传染源所引起。在排除输入动物或畜产品、使用疫苗、药物和农药及与痒病羊直接接触等因素后，所有病例唯一可能的共同传染源是被污染的市售精饲料——肉骨粉和脂肪。肉骨粉是从绵羊、牛、鸡的下水经高温化制生产的。英国绵羊饲养量大，且痒病患病率达 0.2%，致使大量痒病朊病毒进入化制厂。同时由于 20 世纪 70 年代至 80 年代初为了降低生产成本，肉骨粉生产工艺逐步由碳氢化合物溶剂提取的批次法改为连续法，致使痒病朊病毒未被完全灭活，残存于肉骨粉中。另一重要因素是英国 80 年代动物性饲料中肉骨粉含量由 1%猛增到 12%，以代替鱼粉和大豆的含量。此外，英国奶牛的饲养方法也促使了 BSE 的发生和流行。英国奶牛的牛犊 3～4 日龄即开始用代乳品喂养，直到 3～4 周龄。代乳品蛋白含量约为 16%，大部分为肉骨粉，而美国、日本等国则主要用植物蛋白。目前普遍认为造成 BSE 大规模暴发的主要原因是由于牛食用了含有羊痒病朊蛋白的肉骨粉所致。

5.2.3 传播途径

朊病毒对理化因素有极强的抵抗力，一旦污染环境将在较长时期维持传染状况，并可借助多种途径造成动物之间的传播。动物实验表明：PrP 感染存在着高剂量依赖性，非肠道途径比口服途径更易传播，暴露于脑或其他高滴度组织或不寻常饮食史等多个环境辅助因子时更易于感染本病。其中外伤手术、内科病或肠道线虫感染均可视为预置感染因素。

主要传播的途径有以下几种：

1. 食物链传播

疯牛病病原主要产生于病牛和病羊的尸体。自 1980 年后英国允许使用牛、羊尸体作为饲料去饲喂动物；后来，英国的肉骨粉加工者改变了肉骨粉的加工工艺，降低了加工过程中的温度和萃取有机溶剂的使用，从而使疯牛病病原体不能被破坏而保留，为疯牛病通过食物链传播创造了条件。BSE 流行的主要途径是通过消化道感染的，经饲料途径可使小鼠、山羊和绵羊人工感染 BSE。据报道，在发现疯牛病之前，每年英国出口到其他欧盟国家的肉骨粉达 10 万 t 以上，并广泛用作饲料和肥料，这也可能是疯牛病席卷欧洲各国的一个主要原因。

2. 垂直传播

指从父母代传染给子代。最近研究发现，BSE 能经母源传播，主要发生于潜伏晚期，但概率较低，只靠此方式不足以使 BSE 持续流行。对健康公牛后代与患病公牛后代的疯牛病发生率进行比较，未发现二者之间有差异。有研究已证实牛精液不会传染疯牛病。

3. 水平传播

指动物个体之间的传播。蜱(螨)类等吸血昆虫可能造成动物间水平传播。

4. 其他途径

英国有研究表明，BSE 病牛的粪便、口水、鼻液等分泌物也可能传播疯牛病。在病区淘汰患病种群后引入健康畜群仍可使健康牛发病，则可能与这种情况有关。

5.2.4 潜伏期

BSE 的潜伏期为 2～8 年，平均为 4～5 年。牛开始发病的年龄通常为 3～5 岁，2 岁以下罕见，迄今见到最年幼的病牛是 22 月龄，年龄最大的是 17 岁。调查表明，大多数病牛是出生后 1 年内被感染的。小牛感染 BSE 的危险性是成年牛的 30 倍，这可能与小牛肠道生理机能和非特异免疫未发育完全等因素有关。

5.2.5 易感动物

BSE 朊病毒的自然感染和实验感染的宿主范围很广。牛科动物(包括家牛、大羚羊、野牛等)易感。奶牛多发，因奶牛饲养时间比肉牛长，且肉骨粉用量大。猫科动物(包括家猫、虎、豹、貂、狮等)，实验动物和其他食肉动物亦有一定易感性，如小鼠、绵羊、山羊、猪、猫、羚羊、金丝猴等动物皆可表现典型的海绵状脑病变，但 BSE 朊病毒不感染仓鼠和鸡。BSE 的感染与性别、品种和遗传因素无关。

5.2.6 流行特征

被感染牛具有如下的发病特点：感染潜伏期长；不引起宿主免疫应答，不破坏宿主 B 细胞和 T 细胞的免疫功能；无炎症反应；慢性、退行性病理变化，不形成包涵体；不诱生干扰素，对干扰素不敏感；免疫抑制剂、免疫增强剂等不能改变潜伏期和病程；患本病后不会康复或减轻，最终结果是死亡。

传染性 PrP^{Sc} 为羊瘙痒病的病原体，在其他动物间的传播必须克服生物间种属屏障，这取决于两种生物间 PrP 蛋白序列的同源性、相似性，感染率约在 10％；感染过程中由于受到宿主免疫压力和相互适应的影响可能造成基因序列和空间构型的改变，以适应生物间传播并保证其自然感染状态。患病动物死亡后 PrP^{Sc} 扩散到环境中，受自然界理化因素的作用和影响可能使 PrP 出现基因序列变化，空间构型出现扭曲，旋转方向发生改变。这样就可能影响 PrP 致病力和传染性。

本病流行具有动物源性、自然疫源性疾病的特性，不需外界输入传染源而形成原始自然疫源地；PrP 突变或构型改变可通过遗传、环境、种属屏障等因素的影响所致；亦可通过食物链、吸血节肢动物和某些途径在小范围内维持感染的自然循环。某些易使传染源扩散的高危因素可造成暴发流行，而消除了高危因素后流行可终止，但目前使用敏感、简捷、经济的方法检测传染源，确定疫源地范围尚无解决，某些传播途径、机理和环节仍不确定，因而消除传染源、疫源地、治疗患者的对策仍在探索中。

5.2.7 BSE 与公共卫生的关系

1. BSE 与人类 TSEs 的关系

人类的朊病毒病主要包括克雅氏病、格斯特曼氏综合征、库鲁病和致死性家庭性失眠症，以及近年来发生的人的新型克雅氏病（vCJD）。克雅氏病是最常见的人朊病毒病，呈全球性分布，包括散发性（spCJD）、家族性（fCJD）和医源性（iCJD）。vCJD 是一种新型的人朊病毒病，于 BSE 发生和流行后约 10 年出现，集中分布于英国，在时间和空间上与 BSE 一致。1996 年等报道，给 3 只长尾猴脑内接种 BSE 分离物后约 3 年发病，临床表现、CNS 组织病理学变化（海绵状病变、PrP 斑块和 PrP 沉淀的形态和分布）与 CJD 十分相似，而以相同方法接种 spCJD 分离物的长尾猴临床和 CNS 组织病理学变化则类似 spCJD，这些长尾猴 PrP 基因 129 密码子都是 M 纯合子。

PrP^{vCJD} 和 PrP^{BSE} 的蛋白免疫印迹图谱（生化指纹）相同。根据双糖基化、单糖基化和未糖化 PrP 条带的大小、强度和糖型比，各型 CJD 病人的 PrP^{Sc} 的免疫印迹图谱可分为 4 型。1 型见于 129 MM 基因型的 spCJD，2 型见于 129 MM、MV 和 VV 基因型的 spCJD，外周感染的 129 MV 和 VV 基因型的 iCJD 为 3 型，外周和中枢感染的 129 MM 基因型 iCJD 分别为 1 型和 2 型，唯独 vCJD 为 4 型。这种特性经实验动物传代后一般不改变，糖型比尤为稳定。BSE 病牛、自然感染 BSE 的猫、感染 BSE 的长尾猴和小鼠 PrP^{Sc} 的免疫印迹图谱与 vCJD 基本相同，而和 CJD 不同。

vCJD 和 BSE 小鼠传递实验结果基本一致。Bruce 等报道，RⅢ 小鼠脑内感染 vCJD（3 例）的潜伏期和脑病损伤图与实验感染 BSE 的同一品系小鼠基本相同，而和 spCJD（6 例）感染的显著不同。Hib 等同时以只和表达人 PrP（$HuPrP^{+/+}/Prnp^{0/0}$）的转基因小鼠和非转基因小鼠（FVB）作实验，结果也类同。17 例各型 CJD 接种的转基因鼠几乎 100％发病，潜伏期也较短（187～337 d），而接种相同接种物的 FVB 小鼠则只有个别发病，潜伏期也长（257～569 d）。BSE 接种 FVB 小鼠 24 只，21 只发病，潜伏期为 446 d±26 d；接种转基因鼠 26 只，10 只发病，潜伏期为 602 d±50 d。6 例 vCJD 接种物的结果则与 CJD 相反而和 BSE 相似。vCJD 接种的 FVB 小鼠大部分发病（33/43），只是潜伏期较长（平均 317 d±17 d）；被接种的转基因小鼠则近半数发病（25/56），平均潜伏期为 228 d±15 d。接种 vCJD 和 BSE 的部分转基因小鼠均有持续后退症状，接种 CJD 的小鼠则全部无此症状。此外，无论是转基因还是非转基因小鼠，BSE 和 vCJD 所引起的 PrP^{Sc} 沉积模式也都十分相似。

Raymond 等以体外无细胞生化系统分析了各种动物 PrP^{Sc} 分子间的相互作用，证实 PrP^{Sc} 可使牛、绵羊、小鼠 PrP^{C} 部分转变为抗蛋白酶的 PrP，不能使仓鼠 PrP^{C} 转变为抗蛋白酶的

PrP，而对人 PrP^C 则仅可使之少量转变为抗蛋白酶的 PrP。这提示 BSE 可传给人，但人的易感性较其他动物易感性低。另外，在 PrP^C 的中心区牛和人的同源性比绵羊和人的同源性大。

2000 年美国 Scott 等发表了一项研究结果表明，引起疯牛病的传染性蛋白可导致变异性克雅氏病。在研究中，研究人员培育了可合成正常牛朊蛋白的转基因小鼠：第一组小鼠在接种了从 BSE 疯牛中提取的朊蛋白 250 d 后表现出神经系统症状；第二组小鼠在接种了从 vCJD 患者体内提取的朊蛋白 250 d 后表现出神经系统疾病症状；将从患病小鼠体内提取的朊病毒注射到第三组健康小鼠体内后，该组小鼠表现出同样的疾病症状。组织学检查显示，患病小鼠的脑损伤与人海绵状脑病相同。该研究提示，在可合成牛朊蛋白的转基因小鼠中产生了牛海绵状脑病朊蛋白，疯牛病的传染性蛋白可导致 vCJD。也有专家指出，虽然此研究支持牛海绵状脑病与人海绵状脑病有关，但要确定牛海绵状脑病可传染给人类还需要更直接的证据。

目前大量针对 BSE 与人 vCJD 感染因子的分析对比证实，人类 vCJD 与 BSE 的暴发密切相关。首先，疯牛病与人类 vCJD 在流行病学上具有高度的时空吻合性；其次，实验动物上疯牛病和 vCJD 感染因子在发病潜伏期、临床病程、朊蛋白在脑组织中的分布一致；另外，对疯牛病感染因子和 vCJD 感染因子进行电泳分析的结果表明，两者的电泳图谱相同。

以上研究结果从不同侧面提示 vCJD 与 BSE 相关。1996 年，英国对 10 例变异性克雅氏病的以往病史，分析其遗传因素，并尽量探讨可能的原因，依据现有的资料，推断这些病例与疯牛病有关；同年，英国卫生部、农渔食品部和有关专家顾问委员会分析认为人类变异性克雅氏病与疯牛病的传染有关，这是首次明确疯牛病与人类疾病之间的关系。2000 年 10 月 26 日，英国发表的《牛海绵状脑病调查报告》确认 vCJD 是感染疯牛病引起的，进一步肯定了疯牛病感染人这一重要基本问题。

鉴于下列因素，英国大规模流行 vCJD 的可能性似乎不大。这些因素是：英国已采取了种种预防措施，人对 BSE 的易感性不高；经口感染所需感染剂量大而一般牛肉制品即使有感染性滴度也不高；1985—1995 年虽有 70 多万人处于潜伏期的 BSE 感染牛进入人食物链，但只占屠宰总数的 3%，且多在 30 月龄以下（潜伏期未过半），CNS 有高度感染性的可能性不大；近年新出现的 CJD 病例不多。但人感染 BSE 的可能性不能完全排除，因为在 1989 年 11 月英国禁止人食用指定牛下水前，牛脑匀浆一直作为黏合剂生产汉堡包、香肠、酥饼等食品。

直至今天，克雅氏病的传播途径与方式尚未完全清楚。已经发现 1% 克雅氏病可通过医源性传播，多为神经外科术后或接受垂体提取激素治疗，应用硬膜电极者，移植人类尸体硬脑膜，用硬脑膜制品栓塞颅外动脉，肝移植，角膜移植甚至胃肠内窥镜检查，均有传染 CJD 的危险因素，并具有家族遗传性（10%～15%），余下的 85% 为散发性病例。虽然没有人类直接垂直传播的证据，但在动物试验中证明 CJD 可通过胎盘传播。

2. 朊病毒疾病在人群间的传播途径

PrP 在人群的传播可能来自不同的机制，该病主要存在以下几种传播途径：

（1）消化道途径：经口感染为主要途径。一般通过食用感染或污染的牛、羊肉及制品，其次为食用动物脂肪、明胶制造的糖果、食品等，在 Kuru 地区举行吃食人脑的宗教仪式中接触患者脑组织也可传播人的 TSEs。英国以前有用牛脑和脊髓匀浆作黏合剂生产汉堡包、香肠、酥饼等食品，朊病毒因而进入食物链。

（2）通过破损皮肤、黏膜：使用牛、羊组织（器官）生产化妆品（口红、羊胎素、嫩肤霜等），经手涂抹到口、鼻、眼结膜、黏膜从而进入体内;在屠宰加工牛、羊肉的过程中亦存在感染危险。朊病毒进入血循环系统,感染血细胞或淋巴细胞,再进一步感染大脑神经系统;致病因素感染外周神经系统,如胃肠中的神经末梢,进入外周神经,通过逆行传递,沿着外周神经系统感染至中枢神经系统。

(3)血液途径:使用或接种牛血清、牛肉浸膏生产的疫苗,用人、动物组织(垂体、胸腺)生产的胸腺素(胸腺肽)、生长激素等。人可以经输血感染疯牛病。英国卫生大臣曾宣布,该国的一名病人 1996 年 3 月曾经接受输血,于 2003 年秋天患疯牛病而死亡。经查实,供血者是一名已证实的疯牛病感染者,也已死亡,他在当年献血时并没有表现出任何疯牛病症状。尽管还需要做很多工作才能最终确定,但是不得不承认这是全球首次出现疑似血液感染疯牛病的病例。在此之前,疯牛病的感染途径主要是喂食朊病毒污染的饲料、食用污染的牛肉、牛的垂直传播、罕见的手术感染等。美国曾禁止在英国生活 6 个月以上的人献血,这在当时只是一项防范措施,如今却得到了实例证明。现在,医学界将面临一个难题:如何在疯牛病患者还没有任何症状的时候就发现其携带的朊病毒,以保证患者的用血安全,避免出现与患者愿望相反的致命伤害,也避免医疗机构为此承担的责任。

(4)医源性:使用污染的器械、组织移植(角膜、硬脑膜等),脑部电极植入,肌肉注射污染的生长因子等造成人感染 TSEs。有报道称发生的 100 多例 CJD 与此途径有关。

3. BSE 与化妆品的关系

首先应该明确,疯牛病是可传播性的疾病,某些化妆品传播疯牛病的可能性在 1990 年首次被提出,虽然当时认为这种危险十分遥远,但随着 vCJD 的出现也日益受到重视。如果化妆品中含有疯牛病感染因子,按照目前的提取处理方法很难做到彻底灭活。虽然没有证据显示长期皮肤接触感染因子可以传播疯牛病,但皮肤黏膜小伤口的感染、眼睛接触的眼球感染、唇膏被舔的消化道感染在理论上仍具有危险性。许多欧美国家制定了一系列的法规和安全措施,包括禁止使用脑、脊髓等"高危"组织,并列出了详细的禁止使用的组织名单,明确了一些专业机构和组织监控化妆品安全的职能和责任。

但要注意并不是所有的进口化妆品都会传播疯牛病,必须是来自国外疯牛病疫区用动物源性原料成分生产的化妆品或国外非疯牛病疫区使用了来自疯牛病疫区的动物源性原料成分生产的化妆品才能传播疯牛病。来自疯牛病疫区的化妆品最有可能含牛、羊等动物源性原料成分的是抗皱、抗衰老及具有生物活性的高级护肤美容制品。而香水类化妆品就没有问题,它的主要原料是香精和酒精,可以说是安全的。

我国对来自国外疯牛病疫区用动物源性原料成分生产的化妆品,或国外非疯牛病疫区使用了来自疯牛病疫区的动物源性原料成分生产的化妆品是绝对禁止进口的。为防止疯牛病传入我国,保护我国人民的身体健康,根据《中华人民共和国进出境动植物检疫法》、《中华人民共和国进出口商品检验法》和《化妆品卫生监督条例》的规定,卫生部、国家质量监督检验检疫总局于 2002 年 3 月 4 日发布第 1 号公告,卫生部于 2002 年 3 月 4 日发布第 2 号公告。为进一步规范进口化妆品的管理,国家质量监督检验检疫总局、卫生部决定对从疯牛病疫区进口化妆品管理措施进行调整,2007 年 7 月 30 日发布了 2007 年第 116 号公告,并于 2007 年 8 月 31 日实施,同时废止原中华人民共和国卫生部与国家质量监督检验检疫总局联合发布的 2002 年 1 号公告。现行公告的主要内容包括:①禁止含有本公告附件所列来自疯牛病疫区的高风险物质的化妆品及化妆品原料进口。来自疯牛病疫区的高风险物质清单由卫生部和国家质量监督检验检疫总局根据风险分析结果进行调整并公布。②进口商在向国务院卫生行政主管部门申报办理卫生许可批件(或备案证书)和向出入境检验检疫机构报检时,不再提供由疯牛病疫区国家主管部门或其授权机构出具的“化妆品证书”。③进口含本公告附件所列疯牛病疫区高风险物质化妆品和化妆品原料的将依法进行处理。

化妆品中禁、限用的来自疯牛病疫区的高风险物质清单见本节后所附内容。

2002年2号公告:自2002年3月14日起,凡从“疯牛病”发生国家或地区进口的化妆品,向卫生部申报时,申报单位需提供生产国或地区出具的官方检疫证书,证明该化妆品不含有发生疯牛病国家或地区牛、羊的脑及神经组织、内脏、胎盘和血液(含提取物)等动物源性原料成分。

有关部门一直严把进口关,化妆品等严禁从疯牛病疫区进口。有关专家认为,市民在购买和使用进口化妆品时,还是应该多加小心。选用化妆品时要注意以下几点:①弄清楚该品牌的产品是否来自疯牛病疫区;②是否能提供输出国或地区官方出具的动物检疫证书、产品中文标签;③检查化妆品说明书是否含有牛、羊的脑及神经组织、内脏、胎盘、血液等动物源性成分,如果含有,则要看是否来自疯牛病疫区;④检查化妆品是否经有关部门检验检疫,有无检验检疫部门的检验标志等。使用美白、抗皱、抗衰老及绵羊油、牛胎膜、羊胎膜等美容护肤用品要谨慎。因为合资企业及国内一些企业生产的含动物源性的化妆品中大部分原料依赖进口,有的口红成分是从牛的内脏中提取的,涂在唇上危害性更大,应特别注意。

4. BSE与生物化学试剂、医疗用品的关系

疯牛病的病原因子是一种蛋白质侵染因子即朊病毒,在电镜下可观察到其大小为50～200 nm,其核心部分是4 nm的细小纤维状物质,传染性颗粒为痒病相关纤维(SAF)。至今未确定该病原含有核酸,但该病原对常见的生物化学试剂,物理因素如热、紫外线等比一般的细菌和病毒抵抗力强。用2%的次氯酸钠或90%的苯酚经24 h以上才可灭活病原;对戊二醇、β-丙内酯、EDTA、多种核酸酶(核糖核酸酶A和Ⅲ,脱氧核糖核酸酶)、高温(高压蒸汽消毒134～138℃ 18 min不完全灭活)有非凡的抵抗力;对离子辐射(γ射线)、超声等也具有很强的抵抗力;对紫外线(波长254 nm)照射的抵抗力较一般病毒高40～200倍,比马铃薯纺锤形块茎病毒高10倍,对250 nm和280 nm紫外线的抵抗力比对237 nm紫外线强;动物组织中的病原,经过油脂提炼后仍有部分存活,病原在土壤中可存活3年。

在生产过程中使用牛源材料的医药产品在临床上早已被广泛使用,主要包括以下三大类。第一类是直接的牛源成分,如牛源组织细胞、牛源蛋白、牛源组织提取物、牛源激素类。这类产品中包括了一些从高危组织制备的生物活性成分,而且在制备过程中为了保持其生物学活性,不能进行严格的高温、高压消毒。这些产品大部分都是通过肌肉注射、静脉注射或蛛网膜下腔注射等方式用于人体,因此一旦有污染就很有可能造成感染。第二类是以牛源组织为原材料制备的医疗产品,主要为外科手术时使用的肠线,其原材料为牛肠,其中可能含有大量的淋巴组织,是中度危险物质。在生产过程中虽然经过一定程度消毒灭菌处理,但很难保证彻底灭活疯牛病感染因子。同时在使用时是直接植入病人体内,最终被机体吸收,因此一旦有污染也不能排除造成感染的可能性。第三类是在生产过程中使用过牛源物质的产品,这类产品主要包括各种疫苗。其中利用真核细胞(哺乳动物细胞、昆虫细胞)生产各种疫苗的过程中必须使用大量的牛血清,利用原核细胞生产各种疫苗的过程中使用牛肉浸膏或提取物。虽然血液属于极低或无感染性组织,但最近英国的一项研究显示,实验感染疯牛病牛脑组织的羊,其潜伏期血液可引起被接种羊发病。所以,不能忽视牛血液传染疯牛病的危险性。

5. BSE与肉骨粉的关系

BSE的传染源至今为止还没有确切的证据，尽管其他的传播形式还没有被排除，受到污染的肉骨粉(meat and bone meal，MBNM)目前被认为是最有可能的疾病载体。肉骨粉是指牲畜屠宰后其骨骸、内脏、毛发等非食用组织经粉碎和高温处理后而制成的一种动物蛋白饲料。因为BSE感染因子对于常规的消毒灭菌手段有很强的耐受性，使得患有疯牛病和羊痒病的牛、羊等动物的肉和骨头制成的肉骨粉喂养动物可能导致疯牛病和羊瘙痒病的传播。

自从BSE发生后，一些事件和相应的政策对动物产品的生产产生很大影响。1986年，英国发生首例疯牛病，从1988年开始，禁止利用肉骨粉饲喂牲畜，严格防止动物源性产品进入易感动物食物链。1996年证实疯牛病可以传染给人。对30月龄以上的牛进行严格的检疫和对感染动物进行宰杀。从1989年到2005年欧盟相继制定了一系列法律、法规禁止动物源性蛋白饲料的使用(表5.3)。日本采取了与欧盟相似的管理办法来管理动物源性的饲料生产，以防范疯牛病(表5.4)。

表5.3 欧盟关于动物源性饲料的使用规定

原料	饲料			
	反刍动物	猪	家禽	鱼
反刍动物	永久禁止 2001/999/EC	暂时禁止 2003/1234/EC	暂时禁止 2003/1234/EC	暂时禁止 2003/1234/EC
猪	永久禁止 2001/999/EC	永久禁止 2002/1774/EC	暂时禁止 2003/1234/EC	暂时禁止 2003/1234/EC
家禽	暂时禁止 2003/1234/EC	暂时禁止 2003/1234/EC	永久禁止 2002/1774/EC	禁止 2003/1234/EC
鱼	暂时禁止 2003/1234/EC	允许	允许	永久禁止 2002/1774/EC

表5.4 日本关于动物源性饲料的使用规定(刘贤等，2008)

饲料	来源	家畜			
		反刍	猪	鸡	鱼
凝胶，胶原质	哺乳动物	○	○	○	○
奶制品	哺乳动物	○	○	○	○
血粉、血浆	反刍动物	×	×	×	×
	猪、马、鸡	×	○	○	○
鱼粉	鱼、贝、甲壳类	×	○	○	○
鸡肉，羽毛粉	鸡	×	○	○	○
水解蛋白，蒸汽骨粉	鸡	×	○	○	○
肉骨粉，水解蛋白，蒸汽骨粉	猪	×	○	○	○
	猪、鸡混合	×	○	○	○
	反刍	×	×	×	×
含动物蛋白的食品工业废弃物	哺乳动物、鸡、鱼、贝、甲壳类	×	○	○	×

注：○表示允许使用；×表示禁止使用。

疯牛病和羊瘙痒病的致病因子都是朊蛋白。肉骨粉等动物性饲料的安全性问题已引起世界各国的高度重视，国家质检总局等部委曾多次联合发布通告，禁止从发生疯牛病和羊痒病的国家进口含有牛源性成分和羊源性成分的肉骨粉等动物性饲料。绵羊和山羊都可以患羊痒病，而国外养殖的绵羊数量又远远高于山羊，肉骨粉中主要含的是绵羊成分，可见检测绵羊成分比检测山羊成分更为重要。目前，质检系统对肉骨粉中羊源性成分检测的方法采用优化的PCR方法对进口动物源性饲料中牛、羊源性成分进行检测，这为我国抵御疯牛病和羊瘙痒病传入我国发挥了重要作用。我国利用该方法对进口的牛肉骨粉进行了检测，从14批、5 456 t、价值138万美元的进口美国和加拿大肉骨粉中连续检测出羊源性成分，按照国家质检总局的规定，这些肉骨粉已经和正在被退运出境，切实把好国门检疫关。

目前，动物源性饲料成分的检测方法中显微镜检测技术是相对可靠，也是欧盟官方唯一认定的可用于仲裁检测的标准方法，主要是采用光学显微镜根据动物源性饲料各种组织的结构特征和细胞特征进行分析。动物源性饲料的显微镜检测方法首先由欧盟标准EC/88/1998给出，后来修订为EC/2003/126，近期又最新修订为EC/152/2009。这种方法可以检测出低于0.1%的肉骨粉含量，几乎不存在假阴性。

6. BSE与饲料工业的关系

英国牛羊养殖业是比较发达的，因此，与之相关的屠宰业及肉制品业也比较发达。在屠宰厂内产生的牛羊内脏、骨头、脂肪和血液等下脚料也较丰富，这些蛋白资源的利用引起饲料加工业的有关人士注意。将这些下脚料经过消毒处理，制成富含蛋白质的混合饲料，无疑有较大的经济效益。20世纪70年代以后，英国的饲料加工业在还没有关于疯牛病的知识的情况下，采用了牛羊屠宰后的下脚料，经过长时间的低温消毒，加工成动物蛋白，混合在牛羊等饲料内，既降低了饲料成本，还利用了宝贵的动物性蛋白资源，并有利于环境保护工作。但是，事与愿违，牛羊下脚料制成的饲料却成了BSE疾病的传播源。英国政府早在1988年7月，立即根据有关专家的建议，禁止采用动物下脚料作加工牛羊饲料的原料。1996年，英国政府又宣布在猪饲料中也适用这一禁令。

饲料加工业的概念本来是将各种饲料原料，按不同饲养对象，不同营养要求，不同生产目的，生产出不同品种、规格、等级产品的工业。饲料加工业以饲料产品为载体将营养物质供给养殖对象，但是它也可成为供给有害物质(如蛋白感染素)的载体，使养殖对象得病致死。英国的疯牛病正说明这一问题。我国的饲料产量位居世界各国前列，目前已达4 000余万t。从英国的疯牛病事件中，应得到启示和有益的借鉴。虽然国家已采取了动植物检疫的严格控制措施，但从饲料行业本身来说，不应仅仅局限于就事论事。

(1)从观念上把饲料提高到关系到食品质量的高度。饲料是动物的粮食，因而对其品质的要求不如对人的食品那样高，甚至将发霉、变质的原料用于饲料中。实际上，动物不健康或患病，同样会把有害物质带到人体中来。疯牛病事件，过去日本的水俣病事件，都是动物体内有害物质向人体转移的事例。

(2)对瘟疫事件不要估息。英国的疯牛病事件就是英国政府对此不重视，不坚决果断处理，以致酿成大患。我国幅员辽阔，养殖品种众多，即使未发生疯牛病，也要考虑其他物种的瘟疫。如对虾的病毒灾害等，都是波及全国的大事件。当我国还是一方净土时，国外或境外早有发生。而我国的一些养虾业者为图高利从国外空运感染病毒的虾的种苗在国内养殖，使病毒在国内迅速传播开来，造成重大损失。这些都应引以为鉴，不要姑息以致瘟疫蔓延。

(3)利用动物下脚料要有科学的消毒程序。英国利用动物下脚料的消毒手段,仅仅用低温处理,是不科学的。据我国专家近年来在虾病上所做的研究与观察,长时间低温处理并不能将病毒灭活,而高温处理却甚为有效。实验室试验表明,只需将病毒置于55～70℃下1 h即可将大部分病毒灭活。灭活病毒的手段很多,并不仅仅是温度处理一种,其他物理、化学手段也可运用。要重视研究有针对性的灭活病毒的方法,采用科学的消毒程序。

(4)加速饲料科研步伐,开展边缘学科交流工作。我国饲料工业起步晚,需要进一步加快科研步伐,杜绝类似"疯牛病"事件的情况在我国发生。饲料加工业又是跨部门、跨学科的产业,因此,开展跨学科的研究交流工作,共同攻关是十分必要的。

(5)尽快为饲料立法。有鉴于"疯牛病"事件在英国的发生,饲料工业行业的立法工作更加紧迫,要尽快颁布饲料工业行业的管理法规,以规范饲料工业健康发展,并有益于人体健康。

附：　　　　化妆品中禁、限用的来自疯牛病疫区的高风险物质清单

一、禁用物质清单

(一)牛源性物质:脑、眼、脊髓、头骨、脊椎骨(不包括尾椎骨)、脊柱、扁桃体、回肠末端、背根神经节、三叉神经节、血液和血液制品、舌(指舌肌含有杯状乳突)。

(二)羊源性物质:头骨(包括脑、神经节和眼)、脊柱(包括神经节和脊髓)、扁桃体、胸腺、脾脏、小肠、肾上腺、胰腺、肝脏以及这些组织制备的蛋白制品,血液和血液制品、舌(指舌肌含有杯状乳突)。

二、限用物质清单

(一)限用牛源性物质:骨制明胶和胶原、含蛋白的牛油脂和磷酸二钙、含蛋白的牛油脂衍生物。

(二)限用牛源性物质需满足的加工条件

1. 骨制明胶和胶原

原料骨(不包括头骨和椎骨)需经以下程序进行加工处理:

(1)高压冲洗(脱脂);

(2)酸洗软化,去除矿物质;

(3)长时间碱处理;

(4)过滤;

(5)138℃以上至少灭菌消毒30 min,或使用可降低感染性的其他等效方法。

2. 含蛋白的牛油脂和磷酸二钙

来源于经过宰前和宰后检验的牛,并剔除了脑、眼、脊髓、脊柱、扁桃体、回肠末端等特殊风险物质。

3. 含蛋白的牛油脂衍生物

需经高温、高压的水解、皂化和酯交换方法生产。

5.3 临床与病理

引起BSE的真正原因目前尚不清楚,人们对于BSE病原的认识最初都来源于对羊痒病病原的研究,而随着传染性海绵状脑病的不断发生,BSE在严重危害畜牧业发展的同时,也威胁着公共卫生安全以及全人类健康。要深入研究其发病机制,首先要做到准确地发现BSE。目前研究

重点在于其临床与病理变化等方面，以便为寻找可行的防治 BSE 方法做好基础准备。

5.3.1 临床症状和病理变化

该病表现的临床症状多种多样，BSE 多发生在 4～6 岁的牛，较小的可发生于 20 月龄牛，老的可见 19 岁。大多数病牛在 1 岁内感染，潜伏期长，可达 2～6 年，发病隐蔽，病程较长(数周到数月)。BSE 感染牛，其神经系统呈现亚急性或慢性退行性变化，常表现出神经紧张或焦躁不安、恐惧、惊跳反射增强，具有攻击性，对声音及触摸等的感觉过敏或反射亢进，肌肉纤维性震颤或痉挛等症状，另外，有些患牛还会出现头部、肩部肌肉颤抖和抽搐，后肢明显伸展，共济失调等神经功能紊乱性症状。患牛还呈现出反刍减少、心动过缓、心率改变，70%～73%的患牛体况下降、体重减轻、产奶量减少，约 79%的患牛在病程发展的某一阶段，常出现上述全身症状或某种神经症状。根据患畜的行为、性情改变以及运动障碍等方面的异常表现可做出初步诊断。如病畜不愿进入挤乳间或不愿通过其他门道、在牧地上独自离开畜群休息地、不安或知觉过敏，特别是挤乳时用力乱踢，这主要见于放牧的非泌乳牛，由于管理较粗放，导致不易发现轻微的异常变化。有些病例则为起立困难，随着病情的发展，患畜逐渐表现为步态不稳、共济失调、全身麻痹、行为反常、焦躁不安、恐惧、磨牙等症状。病畜由于胆怯、恐惧，当有人靠近或追逼时往往出现攻击行为。对触觉和声音的敏感性增强，感觉过敏或反射亢进，惊跳反射增强，患牛头、颈和肩部肌肉常震颤，有时波及全身。在安静和熟悉的环境下饲养，病牛以上症状略微减轻，但几周后病情仍旧继续恶化。尽管绝大多数患牛食欲良好，但大多数的患牛表现为体重逐渐减轻、产奶量减少，体况下降。Wilesmith 等统计分析了17 154例确诊的 BSE 病例，86%呈现焦躁不安，78%性情改变，77%共济失调，75%感觉过敏。97%的病例至少有焦躁不安、感觉过敏和共济失调这三大主要症状中的一种症状。

BSE 无肉眼可见的病理变化，也无生物学和血液学异常变化。典型的组织病理学和分子学变化都集中在中枢神经系统，概括有 3 个典型的非炎性病理变化：

①出现两边对称的空泡化病变，包括灰质神经纤维网出现海绵状变化，这是 BSE 的主要的空泡病变。BSE 很少见有其他类型的大空泡，而这类空泡是痒病的特征性病变。

②星形细胞肥大常伴随于空泡的形成。

③大脑淀粉样病变是痒病家族病的一个不常见的病理学特征，BSE 也存在淀粉样病变，但不多见。

5.3.2 发病机理

关于 BSE 致病因子的假说有很多，但目前最受关注的一种病原学假说即 Prusiner 教授所提出的朊蛋白学说。

5.3.2.1 朊蛋白学说

对于 BSE 的致病原因，科学家们提出了多种假说，其中人们普遍认同的学说是美国加州大学 Prusiner 教授提出的朊蛋白学说，也因此 Prusiner 教授获得了 1997 年诺贝尔或生理学医学奖。他认为，生物体内朊蛋白(PrP)发生构象畸变是导致 BSE 发生的主要原因，许多人或动物中枢神经海绵状变性的疾病均由 PrP 的突变引起。异常构象的朊蛋白(PrP^{Sc},Sc 代表 Scrapie)可以通过消化道、淋巴、外周神经,最后传播至脑部,以指数增长的方式诱导正常朊蛋白构象发生改变,而大量 PrP^{Sc}将在脑部聚集沉淀,并且导致胶质细胞增多,然后使脑组织海绵体化、空泡化,甚至产生淀粉样斑等,最终引起脑部神经功能紊乱,导致动物死亡。

有研究证明,缺乏 PrP^{C} 的实验小鼠对朊毒体具有抗性。而如果将 PrP^{Sc}注入健康动物体内,那么 PrP^{Sc}可以继续增加并对宿主产生致病作用。目前认为 PrP^{Sc}复制途径大致是:PrP^{Sc}经过一定传播途径进入机体后,1 个 PrP^{Sc}分子作用于 1 个 PrP^{C} 分子,正常 PrP^{C} 的氨基末端有 15 个氨基酸为 PrP^{Sc}结构域,当与 PrP^{Sc}接触时,PrP^{C} 在其胁迫下发生构象变化,首先形成 PrP^{Sc}二聚体,接着 2 个 PrP^{Sc}分子再分别作用于 2 个 PrP^{C} 分子,形成 4 个 PrP^{Sc}分子,如此循环进行,当神经元内 PrP^{Sc}积累到一定浓度时则可引起细胞死亡。Ma 等认为,PrP^{Sc}由于具有抵抗蛋白酶的特性而聚集在神经元溶酶体,并使其膨胀破裂,溶酶体酶和 PrP^{Sc}的释放则可进一步导致邻近脑组织产生病理性损害,最终形成海绵状脑病变。Brown 和 Klein 等分别从病理生理学和免疫学角度进行了研究。Brown 等通过实验发现 PrP^{Sc}中第 106~126 位氨基酸的片段可以形成原纤维,并对神经元细胞产生毒性,而且在此过程中,小神经胶质细胞扮演着重要的介导角色。Klein 等研究了免疫 T、B 细胞在机体感染 BSE 中起的作用,而对于 B 细胞异常的小鼠来说,由于 B 细胞不能发挥其免疫作用而发病,由此可见,B 细胞功能异常在朊病的感染中扮演了重要角色。上述这些原因以及其他尚未明了的原因最终都可导致神经细胞发生凋亡并形成空泡状结构,进而可能导致各种信号传导发生紊乱,临床上表现为运动失调、恐惧、生物钟紊乱等症状。

5.3.2.2 PrP^{C} 和 PrP^{Sc}的结构

朊蛋白主要分布于动物神经元细胞表面,是机体正常表达的一种糖蛋白,它是由单拷贝染色体基因的单一外显子编码的。牛编码的 PrP 基因分别位于第 13 号染色体上。正常表达的朊蛋白(PrP^{C})构象的二级结构中 α 螺旋占 42%,β 折叠占 3%,具有一定的生理功能(目前尚未完全明确);而异常构象朊蛋白的 α 螺旋占 30%、β 折叠占 43%,具有强致病性(表 5.5)。PrP^{C} 和 PrP^{Sc}的氨基酸序列没有差别,正常动物脑中只有 PrP^{C} 没有 PrP^{Sc},PrP^{C} 通过构象转变成 PrP^{Sc},即形成致病性朊蛋白,可引起 BSE、羊瘙痒症及人的新变异型克雅氏病(vCJD)等传染性疾病。牛的 PrP^{C} 在许多正常组织和细胞中都有表达,如脑、神经元、淋巴细胞、单核细胞及血小板、造血干细胞等。PrP^{C} 由 253~254 个氨基酸组成,分子质量 33~37 ku,结构已清楚(图 5.4)。N 端有 22 个氨基酸的信号肽,接下来是一段由 5 或 6 个富含甘氨酸及氨基酸的 8 肽重复区。C 端在113~135 氨基酸处,有一段跨膜区,C 端最后切去 21 个氨基酸并组装上一个脂多糖,称糖基磷脂酰肌醇(GPI),所以称 PrP^{Sc}为一种糖基磷脂酰肌醇蛋白,以磷脂的脂肪酸入膜。多肽链中还有一个二硫键及两个 N—糖基化位点,糖基的结构尚不清楚。基因的开放阅读框架包含在一个完整的外显子内,因此基因表达不可能在 RNA 编辑或翻译后加工过程中出错。

朊蛋白的功能仍不十分清楚。1996 年报道完全缺失 PrP 基因的动物($PrnP^{0/0}$),在其神经细胞表面虽无 PrP^{C} 表达,但却可正常生长。科学家发现 $PrnP^{0/0}$动物在脑内由于 γ-氨基丁酸(GABA)受体介导的抑制作用受损,而造成长期的兴奋状态,导致周期性的节律改变。PrP^{C} 还可参与经有丝分裂素诱导的淋巴细胞活化调节神经细胞内钙的浓度。有研究报道 PrP^{C} 分子的 N 端与铜离子的亲和力很高,$PrnP^{0/0}$ 动物组织内铜离子含量低于正常的 20 倍,可能 PrP^{C} 是其载体。铜是超氧化物歧化酶(SOD)的组成成分,有抗氧化的作用,如 PrP^{C} 缺失,铜离子不能转运细胞，SOD活性降低，从而易受氧化的攻击。同时铜离子也参与 PrP^{C} 到 PrP^{Sc} 的转化。最近有科学家提出，PrP^{C} 可能是一种信号转导蛋白，其信号转导主要发生于神经细胞的轴突上。他通过用一种鼠科神经分化细胞研究 PrP^{C} 依赖的信号转导，这一过程是在抗体介导的叉链中实现的。在实验中 PrP^{C} 和酪氨酸激酶有密切联系，而且该种细胞有激发 PrP^{C} 依赖的酪氨酸激酶活性的作用，而此作用可被血液中的复合胺、去甲肾上腺素及孕激素等所抑制。

表 5.5　细胞型和致病性朊蛋白的比较

比较项目	PrP^{C}	PrP^{Sc}
立体结构	α螺旋 42% β螺旋 3%	α螺旋 30% β螺旋 43%
对蛋白酶K	易被溶解	有一定抵抗力
对去污剂(SDS)溶解性	可溶性	不可溶性
存在细胞位置	胞浆膜上	胞浆中或细胞外
致病性	无	有

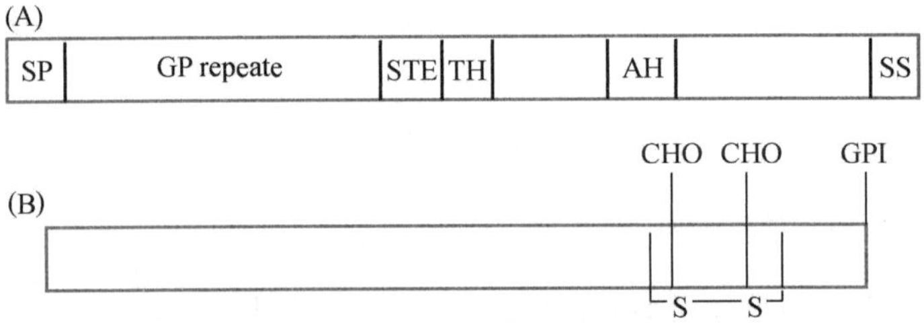

图 5.4　PrP^{C} 的结构示意图

(A)新生的朊蛋白；(B)内质网修饰后的朊蛋白。

PrP^{C} 首先在核糖体合成，然后运转到内质网进行折叠，该过程需要分子伴侣(chaperone)的参与，然后运送至高尔基体进行糖基化修饰，最后到细胞膜。它所在的膜区有特殊性，需富含胆固醇、磷脂、糖脂。在此区与特定蛋白质结合，如小窝蛋白(caveolin)，在此膜的微区分离(sortine)内陷形成囊泡，由小囊泡送到质膜表面，进行内吞(endocytosis)，将PrP释放到胞内，PrP一部分经胞内菌进行降解，另一部分又回到膜上(图5.5)。现知许多蛋白质有分子伴侣作用，如GroEL，Hsp104等。Kaneko实验证实小窝蛋白、胆固醇都是 PrP^{C} 转化成 PrP^{Sc} 所必需。

PrP^{Sc} 聚集体形成的基本机制为：新合成的多肽链向天然构象转化以及自然状态蛋白质的伸展过程是通过确定的中间产物进行下去的。部分中间产物能够自我结合形成不同大小和结构的非天然状态的低聚体，在此过程中，一个特定的分子通过两个面与两个临近分子相互作用。作为与朊病毒相关的多肽，帕金森、老年痴呆症和亨廷顿舞蹈症构成多种折叠中间体，它们具有形成这种寡聚体的高度倾向。在其他接触面与其他非天然态多肽发生分子间相互作用时，这种寡聚体的稳定性会增加。因此限制非天然态多肽聚集的速度阶段是稳定低聚体的形成过程。以该寡聚体为核心然后通过招募新的非天然态单体进行增殖。当一个分子连接到寡聚体上时，就会形成另一个亚单位的结合位点，因此该稳定核心的增殖是无限制的(图5.6)。

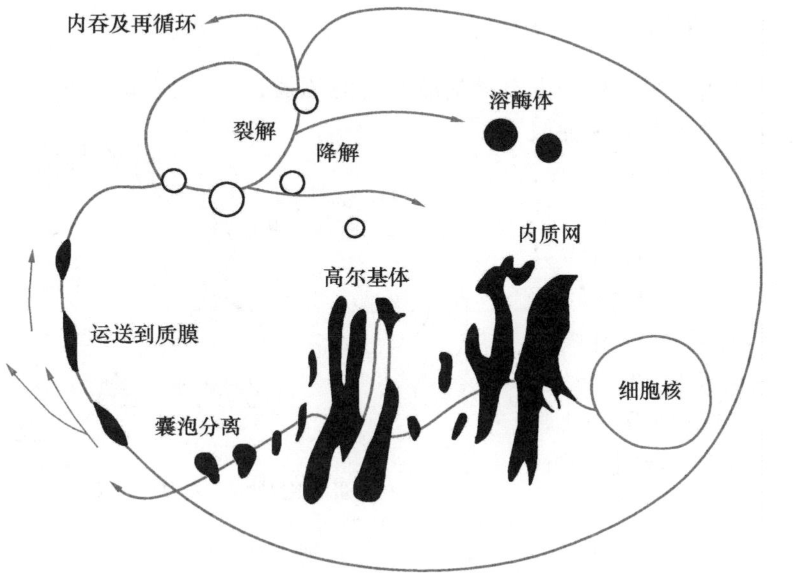

图 5.5 **PrP^C 生物合成及运转示意图**

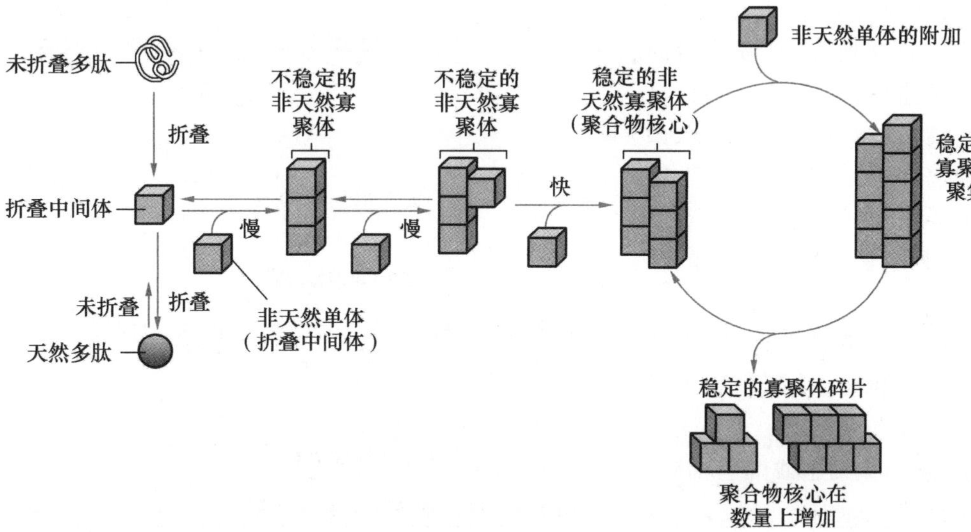

图 5.6 **PrP^Sc 聚集体形成的基本机制**(P. Brundin,2010)

细胞摄取朊病毒以及细胞间传播朊病毒的可能途径如下:细胞内形成的朊病毒聚集物可以通过细胞膜间隙或损伤处被动释放,也许伴随着细胞死亡过程。细胞质中的聚集物可以通过胞吐作用主动释放,很可能在自噬捕获或者在内涵体和溶酶体系统中的不完全消化后进行的(图 5.7A)。同样,连接在细胞膜成分上的蛋白质聚集物也可以通过质膜的细胞间隙被动或通过胞吐作用主动进入细胞。通过内吞作用摄取的聚集体必须经过生物膜到达细胞质,在这里它们可以结合其成分蛋白进行延伸(图 5.7B)。在细胞内形成或者由细胞摄取的蛋白质聚集体,也可以活跃地在细胞间传播,很可能是通过分子马达和纳米管之类的细胞骨架成分来传播的(图 5.7C)。

5.3.2.3 BSE 的传播途径

目前多数学者认为经口食污染肉食是最可能的传播途径；但在对发病人员的调查中发现其中有素食者或是仅在奶牛场度假者，这表明可能存在其他传播途径。由于 PrP^{Sc} 本身在自然界中能抵抗多种物理化学物质，可以在自然界中长期存活并保持其传染性，可污染草场、环境、自然或经吸血媒介（蜱等）感染小啮齿动物，肉食动物（猫、虎、狮等）进而感染草食动物（牛、羊、羚等）最后到人，结合 Kuru 病的模式，其传播可能在解剖尸体、涂抹、进食人脑的过程中经破损的皮肤黏膜、结膜而感染，而消化道的途径可能仅限于胃上部的口腔、食管黏膜感染（因胃酸作用可使其传染性降低），而呼吸道，血液传播的可能也不好排除。以上方式类似自然疫源性疾病的动物源性传播（如肾综合征出血热）。某些媒介生物可能在维持本病自然感染上起重要作用，而具有自然疫源性疾病的某些特征。

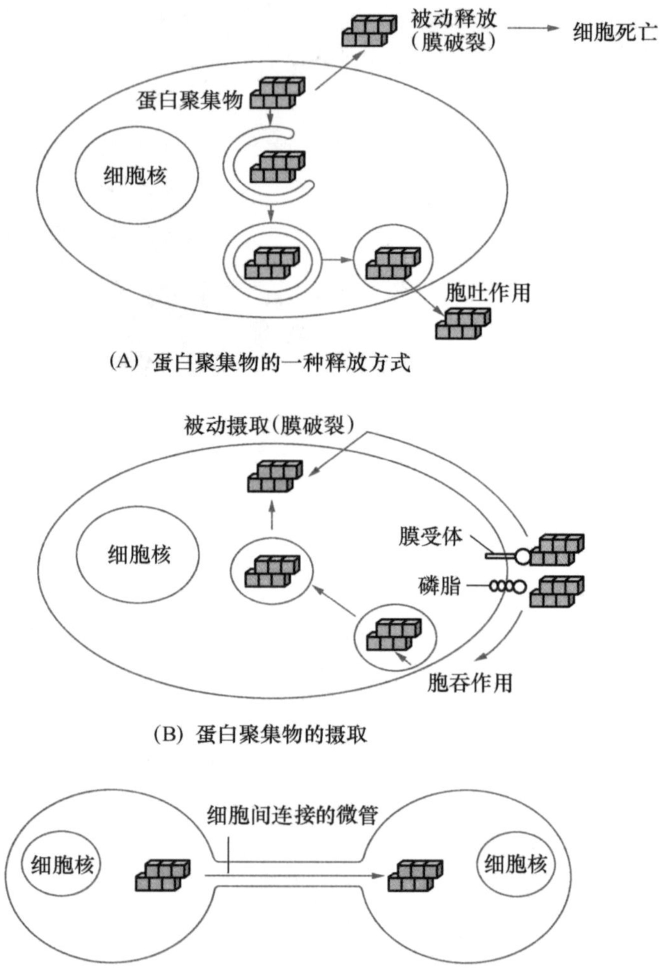

(A) 蛋白聚集物的一种释放方式

(B) 蛋白聚集物的摄取

(C) 细胞间传播

图 5.7 通过细胞摄取和释放朊病毒聚集体的可能途径

BSE 的消化道感染途径：①致病因子进入牛胃肠中，不能被胃肠中的蛋白消化酶所破坏；②进入血循环系统，感染血细胞或淋巴细胞，再进一步感染大脑神经系统；③致病因子感染外周神经系统，如胃肠中的神经末梢，进入外周神经，通过逆行传递，沿着外周神经系统感染至中枢神经系统；④致病因子进入细胞，在神经元溶酶体中沉积，大脑中填满 PrP^{Sc} 及伴随的杆状淀粉样（amyloid）颗粒状溶酶体，会突然爆炸并损害细胞，当宿主的神经细胞死亡后，在脑组织中留下许多小孔如海绵状空泡，释放出的 PrP^{Sc} 又会袭击另外的细胞。除可以通过肠道途径使牛感染 BSE 外，还有多种非肠道途径能使牛感染 BSE，而 BSE 发生的潜伏期和神经病理损伤模式则与多种因素有关，如宿主 PrP 基因的基因型，病原因子的毒株，感染途径等。

在认识到 BSE 的传染性和人畜共患病前，TSEs 的主要病例是羊瘙痒病，但并未证实羊痒病能够自然感染绵羊和山羊以外的动物。据研究证明，羊痒病的发病机理主要在实验室中通过啮齿动物进行研究，通过外周非神经途径感染后，病原体的复制能够通过淋巴网状组织

(LRS)检测。当病原体的感染途径确定后,随后的复制和增殖的过程就在 LRS 中进行。在中枢神经系统(CNS)的复制过程,而非通过 CNS 途径感染的,现已证明是非脑内注射感染的病例,病原因子都是通过外周神经系统(PNS)传染 CNS。然而,TSEs 的传播是取决于不同宿主和病原体相互依赖的多种因素决定的。而且自然宿主和实验宿主体内的传播途径也很可能不同。随着 BSE 的发生和肉骨粉的食源性传播,经口的种间传播的研究越来越重要了。

有研究发现,人工经口给予牛 100 g 剂量感染 BSE 的牛脑匀浆液,历时 4 个月的时间后使牛感染后宰杀,取其各个组织脏器,对小鼠进行口服感染观察,观察其病理变化,最早出现临床症状是于感染后的第 35 个月,非神经组织的易感性确定为末梢回肠。在 CNS 系统最早出现 PrP^{Sc},并具有感染性,外周的交感神经也具有感染性,最有趣的是,胸骨骨髓也表现出感染性。以前的研究只证明 CNS 具有感染性,对于 LRS 系统的感染性研究进行得相对较少,研究显示,病理变化和 PrP^{Sc} 主要存在 CNS 中,90%的病例都是在潜伏期后期才能检测到 PrP^{Sc} 的存在,通过口服感染牛发生 BSE 后的发病机理与羊等其他动物的 TSEs,在很多方面都很类似,LRS 中 PrP^{Sc} 的量很微小,这也说明 LRS 在口服感染 BSE 的病牛发病中作用不明显,而 LRS 中病原因子的广泛存在也使得水平传播占据主要地位。LRS 中病原因子数量微弱可以有助于疾病的防控。

近年来科学家们一直没有间断有关于 BSE 发病机理的研究,酵母朊蛋白的发现,不但为 BSE 发生机制的研究提供了一个简易而安全的模型,还为朊蛋白理论提供了有力的补充。科学家们通过近年来的研究,基本已经验证了朊蛋白理论的正确性,而其他任何一种关于发病机理的假设都难于找到充分的证据加以证明,这些假说也就变得不攻自破。

5.4 检测与诊断

牛海绵样脑病被国际兽疫局列为 B 类动物传染病,在我国被列为Ⅰ类动物疫病。世界上许多国家都对 BSE 的病原学、流行病学、发病学、病理学、诊断学、防治学进行了不同程度的研究。其中 BSE 的快速和准确诊断对于控制该病的进一步传播、防止 BSE 疫情扩散具有重要意义,并为开发出预防及治疗该病的有效药物奠定基础。

5.4.1 传统的诊断方法

对于人类和动物来说,最基本的诊断方法是建立在临床症状的分析和死后组织学的诊断上的。典型的组织病理学和分子学变化都集中在中枢神经系统。

5.4.1.1 组织病理学诊断

疯牛病既没有生化或血清学异常,也没有任何肉眼可见的剖检病变。中枢神经组织病理学变化可以作为诊断 BSE 的重要参考。患牛只是在中枢神经系统出现特征性的组织学病变。当可疑 BSE 病例被屠宰后,首要的诊断方法是病理组织学检查,这是评价其他方法是否有效的标准。根据中枢神经系统的组织病理学变化对 BSE 做出诊断的病理学方法,已经成为 BSE 临床确诊的基础。组织病理学检查同样能对 BSE 特有的脑病表型做出确诊。

1. 取材方法

正确地进行病料取材决定了病理组织学诊断的成败，要注意取材部位、取材时间、操作方法、样品处理等要点。牛死后要尽快取出脑组织，为了获取理想的诊断用病料，必要时可对临床上可疑的患病牛静脉注射高浓度巴比妥酸盐溶液，使其致死后采样，然后进行病料固定以及组织学处理。在BSE尚未发生或发生可能性小的国家或洲，要按照标准的神经病理学方法检查成年牛的神经性疾病。其他则取决于当地要求，如是否要作出鉴别诊断等。如要取新鲜材料用作检测特异性PrP，就要从延髓的闩部后侧切取完整的冠状部分(2～4 g)(图5.8)，注意千万不要损坏脑闩部位。操作之前要冻存这些组织，如果剩下的还要取样用作病理组织学检查，则将其置于10%福尔马林固定液中固定，此外固定液要充足且每周换2次，固定2周后将脑切成冠状薄片。如要缩短固定时间，可以将新鲜脑干切成小的冠状片块，留下完整的闩部区域、小脑脚和前丘供诊断使用。应用加温、振荡、微波等方法，可以使这些脑干的小片块固定时间缩短至2～5 d。经过2个月的固定，脑的其他部分可进行鉴别诊断。首先在延髓的闩部选择一块切下，用常规方法10%福尔马林固定，石蜡包埋；切成4～6 μm厚的切片，经H.E染色，显微镜下检查特征性的海绵状变化和神经元空泡。如果由于病变太小或因组织自溶、损坏，导致从组织学上不能阐明确切的结果，就需要进行其他实验，如免疫组化或免疫印迹等。

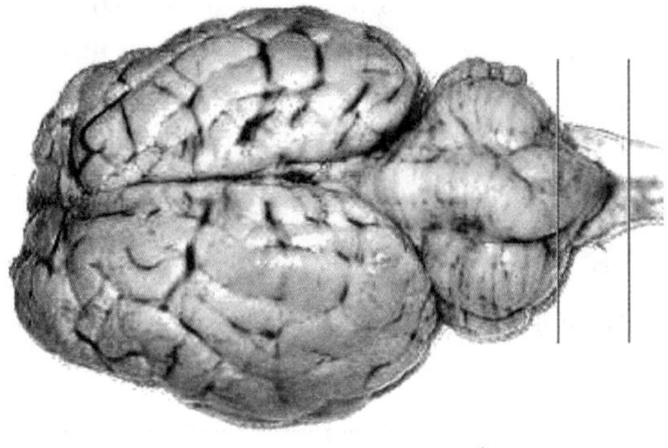

图5.8　延髓脑闩部位

2. 诊断依据

疯牛病的组织病理学变化是神经变性，与绵羊痒病非常相似。最显著的特征是灰质中的神经纤维网出现空泡化或海绵样变化，神经元核团内可见单个或多个空泡(图5.9A、B、C)。在光学显微镜下，BSE的海绵状变化主要是空泡化变化，呈两侧性分布，其广度与该病严重程度一致。BSE最重要的病变是延髓(脑闩)部位灰质神经纤维网出现中等数量的不连续的卵形或球形空泡，其中脑干的一些神经核空泡化最严重。对于只有微小的或非典型病变的BSE病例，除了要观察脑闩外，还需要检查大脑其他部位，以便在病理学上作出鉴别诊断。神经胶质增生是BSE组织学变化的又一个特征(图5.10)，增生主要集中在空泡化变化部位，这一点同痒病类似。应用特殊染料或免疫组化法有利于检查神经胶质细胞的增生，例如用免疫组化法发现胶质纤维酸性蛋白(GFAP)增多即说明神经胶质细胞的增生。

患牛与正常对照牛相比，神经元数目减少；许多脑干核的神经元出现单个或多个空泡，有大量研究已经检测了BSE中空泡化变化的数量分布，对双侧临床感染的脑进行的研究显示，最终得出结论，在下列部位发生的空泡密度最大：延髓(孤束核、髓束核、三叉神经细胞核、前庭核和网状结构)、中脑中央灰质、下丘脑副脑室区、丘脑和间隔区。相比而言，在小脑、海马、大脑皮层和基底核中的空泡变化较小。空泡变性常伴发星状胶质细胞肥大，有时伴有轻度的噬神经元现象和胶质细胞增生。大脑淀粉样病变是瘙痒病家族病的一个常见的病理学特征，牛海绵状脑病也存在淀粉样病变，脑组织中淀粉样核心周围有海绵样变性形成的“花瓣”，发现这种菊花样的特征性病变时即可诊断为BSE。BSE空泡化病变的损伤模式，不同病例之间都保持着高度一致，采取病牛脑干延髓闩部切片检查，99%以上的病例可出现空泡变化，可作为确诊依据。未获得肯定结果时，再检查其他脑区的切片。这是一种很简便的常规方法，适合处理大量标本使用。需要注意的是，健康牛的神经元偶尔亦可见空泡，特别是红核；在制作切片时，也可人为地产生小空洞，这多出现于白质。在这些情况下，都没有变性的病损，应注意鉴别。

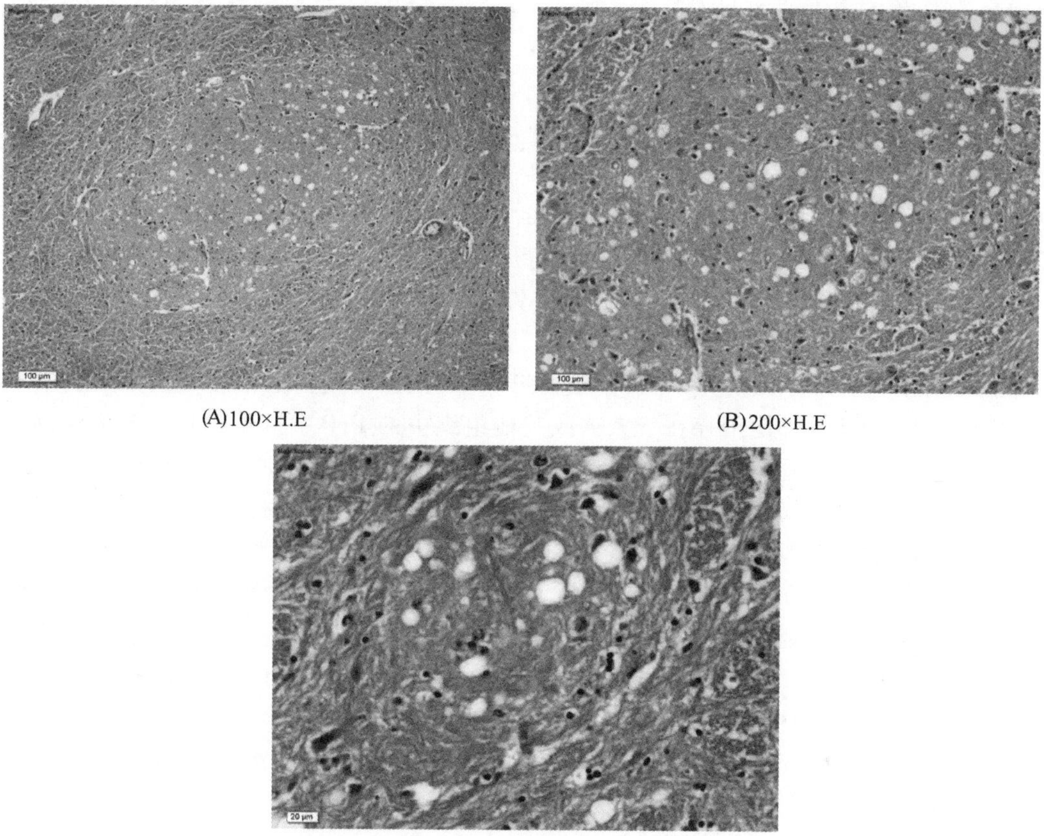

(A)100×H.E　(B)200×H.E

(C)400×H.E

图 5.9　空泡变化

BSE组织病理学表现可概括为3个显著的非炎症性病理变化：一是在神经系统特殊解剖部位出现双边对称性神经元空泡化具有重要的诊断价值，这包括灰质神经纤维网出现微泡即海绵状变化，这是牛海绵状脑病的主要空泡病变；二是星状胶质细胞的过度肥大，常伴随有空泡化现象；三是虽然大脑淀粉样病变为痒病家族病的一个常见的病理学特征，但牛海绵状脑病的淀粉样病变却不多见。另外，组织病理学检查未能证实的临床可疑BSE病例，有一部分(约22.5%)具有局灶性白质海绵层水肿病变。这种海绵层水肿是白质的空泡化，主要局限于

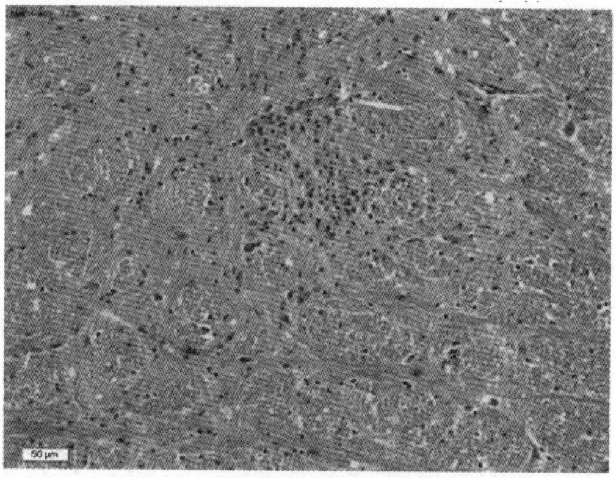

图 5.10　(200×H. E)胶质细胞增生，形成胶质细胞结节

中脑的黑质，有时延伸至丘脑内囊，约13%的BSE病牛有此种病变。在肝脑病和肾脑病患牛及作肝毒性实验研究的绵羊也曾见此种病变，但不局限于黑质。目前对此种病变的原因还不清楚。由于这种临床可疑BSE牛多见于冬季，因此推测可能与饲养管理有关，或者和代谢异常、肝脏机能障碍有联系。海绵层水肿与海绵状变性不同，海绵层水肿不是BSE的特征病变，在组织病理学检查时，应注意区分。

5.4.1.2 分子病理学检查

除了痒病家族应有特征性组织病理变化外，牛脑组织提取液中还含有大量的异常纤维，例如细胞膜糖蛋白-痒病相关纤维蛋白(SAF)，它是PrP的衍生物，当被检材料不适合做组织病理学检查时，检查SAF尤为重要，将冰冻保存的脑和脊髓作为被检测材料，即使是死后自溶的脑组织也可使用。病料经超速离心纯化后，用蛋白酶消化，电镜下检查SAF。SAF容易纯化，可从正常的膜糖蛋白PrP中提取，PrP存在于许多组织中，尤其是脑组织。在痒病感染过程中，这种正常的蛋白经过不正常的转录后修饰，从而具有形成原纤维的能力，这种修饰过的蛋白对蛋白水解酶具有部分抵抗力，可聚积在脑组织中，比正常蛋白的浓度高约10倍。科学家认为，BSE及人类CJD，都是由存在于大脑或其他组织中的PrP引起的。PrP不像细菌、病毒等可以通过抗体检查或遗传物质检测来查明，它不依赖任何遗传物质就能复制并引起致命的传染，PrP异常的折叠形态能将脑组织变成海绵样，最终导致脑萎缩和脑坏死。SAF可从明显自溶的脑组织中分离到，因此，如果取材部位正确、采集的病料新鲜时，检测PrP衍生物的方法则成为组织学诊断方法的有益辅助手段。目前有3种方法可检测SAF：用电子显微镜可观察其特征形状；电镜检查痒病相关纤维，在对羊痒病进行研究时，将痒病羊脑组织提纯、负染，在电镜下可以看到呈纤维状或管状的物质；纯化或粗提SAF，聚丙烯酰胺凝胶电泳后再进行蛋白印迹检测，可检测变性的PrP。这种方法对疯牛病的确诊非常重要。纯化的粗制SAF样品可经PAGE(聚丙烯酰胺凝胶)电泳后，进行Western blotting分析。但该方法不是检测SAF(它在电泳前已经解体)而是其组成蛋白，即修饰过的PrP，由于其具有蛋白酶抗性，因此可以区别于正常蛋白。通过检测到可靠的SAF就可以确诊BSE，脑组织学检测方便、可靠，但有时候某些病例不适合作组织学检测，例如，如果组织切除及固定严重延迟，SAF解体，就不适合活体检测，那么就必须用其他的方法。SAF的蛋白酶抗性使得它们可以从明显分解的脑组织中分离出来，但SAF只能从新鲜或冷冻的脑中得到纯化，而固定过的脑组织的结果不太好。

5.4.1.3 免疫组织化学诊断法

免疫组织化学法(immunohistochemistry，IHC)指应用免疫学和免疫化学的原理，检测机体内具有抗原性的化学物质或细胞与组织等成分的技术，也可用来检测抗体，也称免疫细胞化学法(ICC)或夹心免疫实验，IHC技术为临床病理诊断提供了重要的依据。免疫组化法检测脑组织中的PrP^{Sc}，是国际上重要的朊病毒病检测方法之一。组织化学法的操作步骤包括组织固定与制作切片、组织染色、结构观察等三大步骤。组织固定和制片要防止自溶，使组织与细胞保持其生活时和死亡时的形态结构，保存其中要检测的化学物质。不同的固定剂、处理方式或制片手段都可能造成组织或细胞内某些物质发生弥散、位移、溶解而丧失或改变其某些生物性质(如酶解能力、抗体-抗原结合能力等)，因此组织化学方法要选择恰当的固定剂、处理方式或制片手段。

免疫组织化学又称免疫细胞化学，此种诊断方法是指用 PrP 特异性抗血清或单抗，在经蛋白酶处理的脑组织切片上进行免疫染色反应。BSE 免疫组化重点检查对象是脑闩部的迷走神经核群及周围灰质区，若发现大量紫红色染色颗粒，且呈双侧对称性，即可判为 BSE 阳性。免疫组织化学技术具有如下要求：组织、细胞结构或组织、细胞内的检测目的物必须保存良好；能在光学显微镜或电子显微镜下观察到标志物，如成色、沉淀、荧光、同位素、高电子密度的标志物。此外，反应结构的标志不仅能定性，而且通常还要考虑定量，检测手段要具有高度的敏感性、特异性和可重复性的特点。

采取标本应做到及时恰当，如应在机体死后或处死后最短时间内采取标本，并立即冰冻或固定；对活检或手术切除的标本也应立即切取组织块冰冻或固定。随着学科及相关技术的不断发展，组织化学方法也有了很大的进步。由早期的依靠某些物质的化学反应、成色反应、亲和反应等显示一些化学成分的组织化学方法，是在组织学技术的特殊染色的基础上发展到后来的依靠某些酶的活性，使酶活动过程中的产物在原位形成沉淀而形成的酶组织化学。单克隆抗体技术的问世，产生了免疫组织化学法，以及酶反应与免疫学结合的酶联免疫方法。这些方法在 BSE 的诊断中都各有其特点和检测的灵敏度。刘雨田等使用自制的单克隆抗体 4C11 进行了牛海绵状脑病阳性切片和羊痒病阳性切片的免疫组化检测，免疫反应结果很好。可见，在今后开展我国的 BSE 和羊痒病的检测工作时，可以用自制的单克隆抗体 4C11 替代昂贵的进口单抗 6H4。用 SAF 的抗体对病牛脑组织切片进行免疫组织化学染色，可以检出变性的 PrP。不同品种牛的正常 PrP 氨基酸序列的主要片段高度专一，不必纯化每头病牛的 SAF 来制备其抗体，因为 SAF 抗体能与正常的 PrP 反应结合，所以检测需用蛋白酶把它清除掉。脑干中的组织病变最严重，免疫组织化学检查也发现，脑干中的 PrP^{Sc} 含量也最高。

免疫组织化学显示抗体与抗原特异性结合的信号有荧光素、酶标或金属颗粒标记等。根据这些显示手段，大致可分为免疫荧光技术、免疫酶标技术及免疫金属标记技术，其中以免疫酶标技术最为常用。最早的免疫组化技术依靠荧光分子(荧光染料)直接与组织抗原 - 抗体结合，这种直接技术简单、快速，但对大多数抗原检测来说，敏感性不够，因为它只能检测高水平表达的抗原。

在过去的几十年中，人们一直在努力提高检测的敏感性。通过对抗原的表位修复可以大大提高实验的敏感性。在 Fraenkel-Conrat 等人经过一系列生物化学研究，经 1991 年 Shi 等人发展，逐渐形成了加热、酶消化、酸水解等抗原修复方法。抗原修复的方法选择，关系到组织抗原能否暴露充分，这对免疫组化染色效果有很大影响。因此应当根据不同的抗原特点，采用不同的修复方法。目前，用于免疫组化中修复朊病毒蛋白的方法主要有苦味酸和/或甲酸处理、切片在 121℃高压蒸汽或微波煮沸和 4 mol 硫氰酸胍处理。一抗和检测试剂盒的成分也决定着所有实验的敏感性。对于免疫组织化学检测法，国际上还没有一个统一的程序，不同的实验室采用的具体程序和试剂有很大不同。如加拿大食品检验局国家外来疾病中心疯牛病实验室(以下简称加拿大 BSE 实验室)和英国动物健康研究所疯牛病实验室(以下简称英国 BSE 实验室)检测朊病毒病所使用的程序在抗原修复方法、一抗、检测试剂盒、显色剂等方面都不一样，简述如下。

加拿大 BSE 实验室检测脑组织中 PrP^{Sc} 免疫组化程序：

➢切片脱蜡(将切片浸入二甲苯脱蜡 2 次，每次 5 min；无水乙醇中 2 次，每次 2 min；95%

乙醇溶液2次，每次2 min；70%乙醇溶液2 min；自来水冲洗1 min)。

➤浸入去离子水中1 min。

➤在98%的甲酸中浸泡8 min，以去除感染性及进行抗原修复。

➤浸入TBS(pH=7.6的Tris盐酸缓冲液)中3次，每次5 min。

➤切片放在高压灭菌中的抗原修复液中，在120℃高压20 min。

➤将容器放在冷水中，使切片冷却到室温。

➤将切片置于Sequenza盖片板上放入Shandon Sequenza免疫染色玻片盒中。

➤在切片的顶部加入2 mLTBS，保持5 min，使切片回到中性pH值。

➤加入500 μL 3%过氧化氢溶液10 min，以淬灭内源性的过氧化物酶的活性。

➤加入2 mL TBST(含吐温20的TBS，DAKO S3303)冲洗5 min。

➤第一抗体使用F99，用DAKO抗体稀释缓冲液1∶1 000稀释，加入100 μL，孵育10 min。

➤加入2 mL TBST冲洗5 min。

➤加入LSAB2 Kit中的标记有生物素的第二抗体100 μL，孵育10 min。

➤加入2 mL TBST冲洗5 min。

➤加入LSAB2 Kit中的标记有抗生蛋白链霉素复合物100 μL，孵育10 min。

➤加入2 mL TBST冲洗5 min。

➤按试剂要求在使用前配好DAB显色剂，加入500 μL，孵育3～5 min。

➤将切片从Shandon架取出，移走盖玻片，放入浸在去离子水中的玻片架上。

➤自来水冲洗1 min。

➤浸入Gill氏苏木素染液，染色3～5 min(根据染液使用时间进行调整)。

➤自来水冲洗2 min。

➤浸入Scott's Tap水中促蓝1 min。

➤自来水冲洗4 min。

➤脱水：按顺序浸入70%乙醇溶液1次、95%乙醇溶液2次、无水乙醇2次，每次2 min，二甲苯2次，每次2 min。

➤封片(中性树胶)。自然干燥后，在光学显微镜下观察。

英国BSE实验室检测脑组织中PrP^{Sc}免疫组化程序：

➤常规脱蜡。

➤将切片放入沸腾的去离子水在微波炉中加热20 min，保持水沸腾。

➤将切片浸入PBS 5 min(切片可在空气中自然冷却2 min)。

➤切片浸入含1% H_2O_2的无水甲醇溶液中10 min。

➤自来水洗1 min。

➤PBS洗2 min。

➤在切片上滴加0.1%胰酶缓冲液(1份digest - All 2A+3份digest - All 2B)，湿盒孵育15 min，自来水洗1 min。PBS洗两次，每次5 min。

➤在切片上满加Vectastain ABC Kit中的正常马血清，湿盒孵育20 min。

➤蘸掉正常血清，滴加第一抗体FH11(抗体用PBS稀释，终浓度为5 μg/mL)，湿盒孵育2 h或4℃过夜(最好过夜)。

➢PBS 洗 3 次，每次 5 min。

➢滴加 ABC Kit 中标记有生物素的抗鼠马血清(第二抗体)，湿盒孵育 60 min。

➢PBS 洗 5 min。

➢在切片上滴加 VectastainABC Kit 中的 ABC 试剂，湿盒中孵育 20 min。

➢PBS 洗 5 min。

➢给组织切片上滴加 ABC 底物显色剂，反应 20 min。

➢PBS 洗 5 min，再用自来水洗 1 min。

➢用苏木素染色液对切片复染 2～4 min。

➢自来水洗，直至不掉色为止。

➢甘油乙烯酒精(glycerol vinyl alcohol)水溶液封片。自然干燥后，在光学显微镜下观察。

5.4.1.4 免疫血清学诊断技术

最敏感和特异的方法无疑是实验室感染实验动物后进行诊断。将可能感染的组织和已经观察到临床症状的组织匀浆注射给实验动物(一般是颅内注射)。动物死后再用传统的检测方法(如组织病理学，免疫组织学或者 Western blot)进行确诊。由于实用性，此类实验动物一般选择啮齿类动物。最近有种过表达 PrP 的转基因小鼠，可以显著缩短病原孵育的时间。

到目前为止，Western blot 用来检测组织抽提物中的 PrP^{Sc} 已经超过了 20 年。Western blot 是 20 世纪 70 年代末 80 年代初，在蛋白质凝胶和固相免疫测定的基础上发展起来的，它结合了凝胶电泳分辨率高和固相免疫测定的特异敏感等多种优点，与免疫沉淀法比较，这种方法无需对靶蛋白进行同位素标记。Western blot 具有从混杂抗原中检测出特定抗原，或从多克隆抗体中检测出单克隆抗体的优越性，还可以对转移到固相膜上的蛋白质进行连续分析，具有蛋白质反应均一性、固相膜保存时间长等优点，因此该技术被广泛地用于蛋白质、基础医学和临床医学的研究。常规的检测步骤如下。

1. 抗体的制备(也可使用购买的一抗和二抗)

a. 将纯化的牛 PrP^{C} 溶解于磷酸盐缓冲液 PBS 中，浓度 1 mg/mL。

b. 1 mL 上述 PrP^{C} 溶液中加入 1 mL 弗氏完全佐剂，乳化。

c. 每只白兔(2～4 kg)皮下注射 0.5 mL 进行初次免疫。2 周后将牛 PrP^{C} 蛋白与弗氏不完全佐剂等体积混合，乳化后直接进行肌肉注射以加强免疫。2 周后再一次加强免疫。

d. ELISA 检测抗血清的效价。

2. 样品采集与处理

a. 正常及初步诊断为 BSE 的牛脑，或人工接种朊病毒的小鼠脑，脑组织按参考文献进行预处理，－70℃冻存待检。

b. 以预冷的裂解液将 1 g 脑组织制成 10%的匀浆，3 000 r/min 离心 10 min，除去细胞碎片。

裂解液 10 mmol/L Tris HCl(pH 7.4)

100 mmol/L NaCl

0.5%NP - 40

0.5%脱氧胆酸钠

10 mmol/L EDTA

c. 上清液中加入 50 μg/mL 蛋白酶 K，37℃消化 1 h。

d. 立即加入 5 mmol/L 苯甲基磺酰氟(PMSF)终止反应。

3. Western blot

a. 脑组织匀浆液与 SDS - 载体缓冲液等体积混合，置沸水中水浴 5 min。

b. 上样进行 15%SDS - PAGE 分离。

c. 电泳结束后，用 MiniT - Blot 将蛋白电转移至硝酸纤维素膜上，4℃，100 V，1 h。

d. 用 5%脱脂奶粉 PBS 溶液室温封闭 1 h。

e. 抗体用封闭液按 1∶300 稀释，将膜置于其中，室温作用 2 h。

f. 与 1∶2 000稀释的辣根过氧化物酶标记的羊抗兔 IgG 作用 1 h。

g. 用 Supersignal West Pico Trail Kit 显示印迹。

5.4.2　1999 年和 2003 年欧盟委员会批准的几种检测方法

1. 瑞士 Prionics AG 公司的 Prionics-Check 试验

试验的技术原理就是免疫印迹试验，试验中用来识别 PrP^{res} 的单克隆抗体是该公司生产的 6H4 单克隆抗体。其方法是：将被检牛脑组织做成匀浆悬液，分成两份，一份用蛋白酶 K 消化，一份不消化，进行 SDS-PAGE 电泳、转印、抗原抗体反应。若被检脑组织悬液中存在抗蛋白酶 K 的 PrP^{Sc} 就可判定其为阳性。

2. Enfer Scientific 公司研制的方法

该方法是一种化学发光的酶联免疫吸附试验(ELISA)。其原理是：将经过蛋白酶 K 消化的牛脑组织悬液加入到包被有多克隆抗体的反应板上，牛脑组织悬液中含有的 PrP^{Sc} 就会与多克隆抗体结合，并与随后加入的第一抗体结合。后者又与之后加入的酶标记的第二抗体结合。最后加入的底物，在酶的作用下就会发光。结果就可判为阳性。如果牛脑组织悬液中没有 PrP^{Sc}，加入的底物就不会发光。

3. Bio-Rad 公司的 TeSeE 试验

该方法是利用两种单克隆抗体识别 PrP^{Sc} 不同位点的一种夹心酶联免疫试验。第一抗体被固定在固相上，加入被检样品，再加入酶标记的第二抗体及其底物。

爱尔兰建立的 PrP 的 ELISA 检测方法，24 h 内即可出结果。主要用于实验研究，特别是转基因小鼠脑内各种 PrP 基因表达产物的定量测定。用加样器将纯化的脑组织匀浆加到硝酸纤维素膜上，每个样品 5 μL。进行预处理后，加入生物素标记的抗体，再加上抗生物素和生物素与过氧化物酶的结合物。切下硝酸纤维膜上的每个印迹斑点，放入 96 孔板的孔内，加入底物，显色，用硫酸终止反应。在分光光度计上测定各孔的光密度(492 nm)，与标准曲线对照，即可查出 PrP 的含量。

4. 瑞士 Prionics 的 LIA 试验

瑞士 Prionics 的 LIA 试验(Prionics-Check Luminescence immunoassy)是一种发光免疫试验，此方法使用两株不同的单抗来检测抗蛋白酶 K 的 PrP 片段。脑组织悬液在缓冲液中剧烈搅拌，然后进行蛋白酶水解处理，再与辣根过氧化物酶标记的检测抗体孵育，最后把蛋白 - 抗体结合物转移到另一块包被有针对 PrP 的捕获抗体的微量板上，通过底物的化学发光反应可以检测到是否有与捕获抗体结合的复合物。试验中，可直接使用蛋白酶消化过的脑组织悬液，无需提纯或离心。

5. 美国 InPro 公司的 CDI-5 试验

InPro CDI-5 试验是一种构象依赖免疫试验(CDI)。试验中，使用了两种放射性标记的高亲和力的重组抗体片段(Fabs)捕获和检测 PrP。其原理是：这些抗体能识别暴露在正常 PrP^{C} 表面的构象依赖表位，且这种构象表位在变性的条件下也暴露在致病性 PrP^{Sc} 表面。利用时间分辨荧光技术，检测 Fab 对正常 PrP^{C} 和异常 PrP^{Sc} 表面构象依赖表位亲和力的差异，得出检测结果。本试验的敏感性和特异性均为 100%，能检测到最低浓度为 1 ng/mL 的 PrP。

欧盟于 2004 年 11 月 8 日公布了"诊断牛海绵状脑病的十种快速宰后检测方法"，包括：荷兰 CEDI 诊断公司研制的检测方法、侧流免疫层析条(lateral flow immunochromatographic strip)方法、日本东京 Fujirebio 公司研发的一步法 ELISA、美国 IDEXX 公司 BSE 抗原检测试剂盒、法国 Montpellier institut Pourquier 化学发光免疫试验、德国 Leipzig Labor Diagnostik Leipzig GmbH 夹心 ELISA 试验、瑞士 Prionics AG 公司的测流免疫试验(Prionics-Check PrioSTRIP)、德国 Roboscreen GmbH 公司的夹心免疫试验、德国罗氏诊断有限公司夹心 ELISA 试验、爱尔兰 Enfer 公司的 TSEs 试剂盒。

5.4.3 其他检测方法

PrP^{Sc} 检测是 TSEs 的特异诊断方法，它不仅可用于死后的组织病理学检查，还可用于活体的生前诊断。不过，目前所得到的抗体多数都不能区分 PrP^{Sc} 和 PrP^{C}，诊断的特异性取决于抗蛋白酶消化后 PrP 核心片段的存在，当 BSE 病牛中枢神经系统出现特征性的组织学变化时，该病牛已经处于潜伏期末，因此病变病理学诊断和免疫细胞组织化学只能用于死后诊断，而且需要较长时间。Western blot 方法已经在上面提过，下面简单介绍一下其他几种方法。

1. 组织印迹法(Histoblot)

将冰冻切片组织融化后转移到硝酸纤维膜上，进行免疫染色，检查 PrP^{Sc}。至今，中国科学院研制了一种可以识别 PrP^{Sc} 的兔抗牛朊病毒正常成熟蛋白的抗血清 T1 通过免疫印迹试验检测了感染羊痒病的金黄地鼠脑匀浆，并发现其有特异性免疫反应。

2. 酶检测法诊断

俄罗斯动物保护研究所和俄罗斯科学院生物有机化学研究所的专家共同开发出了用人工抗体和特殊的酶检测 BSE 的新方法。根据 prion 的特点，俄罗斯科学家用人工方法合成了该种蛋白质，并培育出了带有彩色标记、能攻击正常和变异 prion 的一种抗体，在对牛脑组织进行检测前，专家们先向脑组织中注入一种特殊的酶，这种酶只能与正常的 prion 融合在一起，尔后专家又将新型抗体注入脑组织，让它们簇拥在 prion 周围并进行攻击，显微镜下观察可见，所有 prion 的周围都会出现彩色亮点，通过观察这些蛋白质是否与特殊酶发生融合便可辨别出哪些是变异的 prion，从而判定被检测牛是否已经染病。测试结果表明，采用如上检测方法能够发现早期形成的变异 prion，与病理切片检测法相比，该方法更加快速准确。

有报道说，通过简单的验血过程就能检测出变异的蛋白质数量。但目前，如果生物体内只含有数量极少的变异蛋白质，科学家还不能通过验血检测出其数量，因而进一步发展和完善该项技术仍然是一个艰巨的任务。

5.4.4 诊断方法的进展

5.4.4.1 BSE 的死前诊断进展

如我们所见，朊蛋白疾病检测的基础是以检测异常朊蛋白（PrP^{Sc}或 PrP^{res}）为基础的。这种方法对于分析 BSE 的流行病学以及建立检测小反刍动物的活体检查方法是非常有用的，但是目前为止并没有达到诊断朊蛋白疾病的所有要求。这些检测方法只适用于死后组织采集，因此不能用于早期的临床前诊断。目前，没有检测方法可以利用活体动物或人的一种易获得的样品进行可靠的诊断，例如血液或尿液。这个问题由于输血而显得更为严重，因为目前已经很好地证实 vCJD 可以通过血液传播。为了寻找能够进行早期 TSEs 诊断的标志，已经付出了大量努力。

1997 年世界卫生组织 TSEs 专家会议提出了各种人朊病毒病的诊断标准，此标准的基本原理也适用于动物。生前根据临床症状和流行病学资料可建立初步诊断，确诊必须采用脑组织病理学检查、PrP^{Sc}检测（细胞免疫化学检查、免疫印迹、组织印迹、ELISA 等）及 PrP 基因分析。1998 年爱尔兰报道了一种 BSE 免疫学检测法，2 h 可报告结果，1 d 可检测 1.4 万头牛，可保证 BSE 牛的肉不进入市场。1999 年 7 月 Moynagh 等报道了三种较理想的方法：单抗检测 PrP^{Sc}的免疫印迹法（Prionics）；多克隆抗体检测 PrP^{Sc}的化学发光 ELISA（Enfer）；在变性和浓缩后用两种单抗检测 PrP^{Sc}的夹心免疫测定法（CEA），此三法敏感性和特异性均为 100%。这三种方法都可作为病牛临床诊断和屠宰牛过筛试验的检查方法，并在出现临床症状前检出感染动物。生物学测定法已广泛用于朊病毒病的实验研究，其缺点是潜伏期长、费时、费力，但转基因小鼠的出现为此方法开辟了广阔的前景。

5.4.4.2 临床诊断

可以根据 BSE 的临床症状做出初步诊断。BSE 感染牛通常发生植物神经机能障碍：反刍减少、心动过缓、心律改变；在痒病中常见的瘙痒症状在 BSE 患牛偶尔也能发生，但通常不是主要症状；血液学检查和血液生化检查一般无异常。有些疾病如低镁血症、神经型酮病、李氏杆菌病、狂犬病、铅中毒、大脑皮层坏死症及神经系统肿瘤等，这些疾病在临床上都表现为一定程度的神经症状，BSE 应注意与此区别。

5.4.4.3 其他诊断方法

由于导致 BSE 的朊蛋白对牛无免疫原性，病理学的检测方法目前只能用于死后诊断；PrP^{C} 和 PrP^{Sc}基因结构上的完全一致，使得分子诊断无法从基因水平进行鉴定，只能从蛋白入手，而两者蛋白也仅三级结构有差异，这也为 BSE 的分子诊断方法的开发造成了困难。BSE 最主要的病理特征是脑部的 PrP^{Sc}大量积累，这也导致了活体检测方法进展缓慢。近几年来，BSE 的流行已给许多国家尤其是欧共体各国的畜牧业带来了巨大的经济损失，并开始威胁人类健康。目前一个国家的 BSE 风险程度、发病状况及监测系统的完善程度成为牛及牛产品国际贸易中的一个重要参考指标。其中监测系统是否有效，关键取决于检测技术的有效性。虽然人们已开发出各种病牛尸检方法，但这并不能有效地防止 BSE 的传播和降低经济损失。因此，如何对牛进行活体检测已成为生物界竞相研究的热点。虽然目前BSE的活体检测技术还不成熟，但进展很快，下面简单总结一下近年来BSE活体检测的一些方法及相关研究。

BSE研究早期，动物活体检测的唯一方法就是根据临床症状诊断，鉴于BSE患病牲畜的病变部位主要集中在脑部，给死前检验的取样工作带来一定难度。尽管早在1990年就开始了BSE的活体诊断研究，但进展一直较慢，于是研究工作者开始考虑从脑部以外的地方取样。选取适当的取样途径将对活体检测具有重要作用，目前已有一些以除脑以外的组织为材料进行BSE检测的方法报道，如尿液、脑脊液、血液、淋巴液、扁桃体等。

1. 血液检测

血液中的某些代谢产物的浓度发生波动可以在BSE中显示出变化时，虽然它们本身不可能用于诊断，但可以辅助诊断，例如存在于正常动物中的一些蛋白质，当CJD或BSE使中枢神经组织受到损伤时大量释放到脑脊液或血液中。这些变化可能是疾病特异性的，对其进行检测也许是一种有效的诊断方法。目前正在利用这些蛋白质开发新诊断检测方法，但当临床症状不是很明显时，这种诊断方法将只能在感染晚期进行检测。

澳大利亚和瑞士的研究者已经发现一种普通的血液成分，即血纤维蛋白溶酶原，可以黏附到PrP^{Sc}上，但却不能黏附到PrP^{C}上。研究者发现当用6 mol/L的尿素或胍破坏PrP^{Sc}的构型时，这种结合性则消失。在血纤维蛋白溶酶原的第Ⅰ-Ⅲ kringles片段中的赖氨酸是第一个结合位点，在其单独存在时仍具有结合活性，可独立完成结合反应。因此，血纤维蛋白溶酶原成为区分正常朊蛋白和病原性朊蛋白的第一个内源性因子。这个发现为朊蛋白疾病如何进展以及如何清除已受到感染的血液制品提供了新的线索。研究者们使用的蛋白是鼠血液中的血纤维蛋白溶酶原，他们用这种蛋白来包被一些磁性珠子，并把它们与感染PrP^{Sc}的小鼠和羊的脑组织样本进行混合。当他们重新提取这些磁性珠子时，发现这种蛋白的外面沾满了PrP^{Sc}，但却不是PrP^{C}。这些研究者也利用这种珠子来提取CJD病人脑组织中的PrP^{Sc}，也获得成功。因为这种包被了血纤维蛋白溶酶原的珠子能提取出PrP^{Sc}，所以这项技术可用于BSE早期的检测。目前这项技术正在开发中。1999年，美国农业部的Schmerr MJ博士开发的毛细管电泳(CIE)是一种可用于死前检测的方法，该法的特别之处在于其需要的样品量相当少，可以通过化验血液样品检测患瘙痒病的羊，也可以检测患慢性消耗性疾病的麋鹿。Schmerr等人开发了一种针对几种传染性海绵状脑病的新的血液学检测方法，这种方法在氨基合成过程中利用荧光来标记异常朊蛋白C末端的218～232这段多肽，并以该多肽作为抗原表位来获得抗体。用传统方法从动物身上得到血浆后用蛋白酶K处理以破坏正常的朊蛋白，并随后提取异常朊蛋白，然后和抗体混合物进行共同培养，最后利用毛细电泳法检测。通过测定结合抗体对游离抗体的比值可对结果进行测定，与对照相比，峰比值超过70％表示阴性。所有的不患有传染性海绵状脑病的动物的峰比值和对照相比超过75％，而患有传染性海绵状脑病的动物则表现出游离抗体的大量增加以及相应结合抗体峰的下降，该结果和免疫印迹得到的结果具有相关性。这种方法为早期和潜伏期检测传染性海绵状脑病带来了希望，尤其是可以进行活体检测。伯凌根-因格海姆制药公司也发明了一种血液检测法，这种方法与检查糖尿病用的血糖测试法相似。先将从病牛身上分离出来的BSE抗酶用发光剂进行处理，然后将其与从受检牛身上抽的血样进行混合，接着用一种“洗涤剂”清洗掉其中的细菌、病毒等所有干扰成分。经过发光剂处理的抗酶会在血样中寻找BSE病原体，一旦发现，就会立即标识。这样，检测人员就“可以根据染色法来断定”受检对象是否已经感染了 BSE。这种检测方法仅需要 20 min 便可得到结果，但这种方法的可靠性和有效性尚待证实。也有公司开发出死前检测方法，可以对外周血液检查，进行 BSE 诊断，如 DELFIA(R)荧光免疫分析技术，可以分析人血和其组成中的 PrP^{C}，而 PrP^{C} 大多数发现存在于血浆(68.5%)和血小板(26.5%)中。

2. 尿液检测

1991 年 CVL 的 Roy Jackman 开始探索牲畜 BSE 鉴别的电化学尿检，该方法最初一直用于检验染上瘙痒病的羊。电化学尿检法检验 3 种尿代谢物：尿酸、硫酸儿茶酚和一种未知物，该方法可用于 BSE 的诊断，然而最初的试验得到假阳性结果。为了改进这种方法，1996 年 8 月开始同巴黎的 Barritaults 教授小组开始进一步的合作研究，到 1998 年，才在感染 BSE 的牲畜尿中分离并鉴别到了代谢标记产物 T(以前在 CVL 中鉴定认为是一个未知的标记物)。已计划对这一代谢产物特性进行分析，并进一步鉴别其他的代谢产物，希望找到一种尿液检测标记物。

以色列哈达萨医学院专家宣布，他们发明了一种用尿样检测确诊 BSE 和相关的人类新型克雅氏病的方法。他们认为，按照常识，蛋白质多半会在肾脏中被分解降解，不会进入尿液，这是人们以前没有发明 BSE 尿检法的一个重要原因。但实际上，变异 PrP 蛋白在感染传染性海绵状脑病的仓鼠、牛和人尿液中仍可被检测到。把具有蛋白酶抗性 PrP 蛋白接种到仓鼠的脑内可在仓鼠症状出现以前就可检测变异的 PrP 蛋白。但是把在这种尿中检测到的变异 PrP 蛋白($UPrP^{Sc}$)接种到仓鼠脑内 270 d 后，却没有发现任何临床症状，表明 $UPrP^{Sc}$ 与接种到脑中的具有蛋白酶抗性 PrP 蛋白具有不同的抗原性质。这些发现很可能为潜伏期检测和诊断 BSE 提供新的方法，并理解 PrP 在体内的代谢途径提供新的思路。

3. 脑脊液检测

Bieschke 等利用共焦的双色荧光联合光谱开发了一种在脑脊液中检测 PrP^{Sc} 的方法，该方法使用了两种标记不同荧光染料的单克隆抗体，一种单克隆抗体 3F4 用 Alexa - 488(绿色)标记，而另一种 12F10 用 Cy5(红色)标记。利用这种双抗体、双色系统可在光谱上区分结合抗体和非结合抗体，因为只有结合了目标分子的抗体才能在绿色和红色光路中显示出信号。除了单克隆抗体 3F4 可以和对照蛋白进行非特异的结合外，不存在其他非特异结合。该方法的检测限为 0.6 $pgPrP^{Sc}$，但该方法在脑脊液中的灵敏度仅为 21%，而对聚集的 PrP^{Sc} 的特异性是 100%。目前已确定 PrP^{Sc} 可在 CJD 病人的脑脊液中聚集。由德国联邦政府研究部资助，朊蛋白研究专家 Manfred Eigen 和 Jians Kretzschmar 教授合作，利用共聚焦双色荧光相互作用谱设计的一种新的诊断技术设备，该设备可直接检测脑脊液(CSF)中的朊蛋白来达到诊断的目的。用荧光物质对脑脊液中朊蛋白颗粒进行标记，这种标记的朊蛋白颗粒可以用激光扫描进行高灵敏度鉴定。该检测技术的灵敏度明显高于 Western blot 分析。这种特异性试剂检测方法在将来可能成为 CJD 或其他朊蛋白疾病诊断手段，也可以检测其他疾病相关的蛋白颗粒，从而应用于某些疾病的早期诊断。

4. 心电图检测

在英国的曼彻斯特大学的 Chris Pomfrett 等利用高分辨率的心电图来监测在感染 BSE 的早期阶段的心律变异信号，从而来检测 BSE 以及诊断人类变异克雅氏病。Pomfrett 认为 TSEs 的感染是沿着迷走神经由肠道进入脑干区 - 孤束核，而该区域控制着呼吸性窦性心率失常。BSE 可能是唯一可增高窦性心律失常的疾病。通过对实验室的 150 头牛(分为低剂量、高剂量和对照组)的心律变化进行检测,发现2头出现严重呼吸性窦性心律失常的牛已死亡,而且该信号在病牛死亡前8个月就可检测到。另外,高剂量组与低剂量组相比,出现较严重的呼吸性窦性心律失常。

目前,根据荧光相关光谱(FCS)技术建立了一种高灵敏度的探测病理性 PrP^{Sc} 聚合物的方法。FCS 以电流聚焦的方式作为一种分析工具得到广泛的应用,近来双色交叉相关 FCS 为 DNA 杂交、酶动力学、聚集动力学的研究提供了一个新的工具,已广泛应用于高通量的同源性分析,通常 FCS 用于研究纳克级或皮克级的小分子单体蛋白或多聚核苷酸。单一荧光标记分子通过开放体积的单元,扩散造成的波动可以用于计算单侧扩散系数,并进一步计算分子的大小。体积单元内通过一个高倍孔径的显微镜物镜聚焦并共成像在一个单光子计数探测器上,对通过聚焦的分子的可能大小要求限制了其应用于很稀有靶标的相关分析。

用荧光标记的探针分子部分代替单节显性的 hP,致病的 PrP^{Sc}(靶)的种子聚合物可以变成强荧光标记。当靶分子很少时,其信号必须从非结合的探针分子中分离开来,而这些非结合型的探针分子超过 10^6 因子。当通过共聚焦探测腔时,靶分子发出的荧光突然增强至游离的荧光标记探针信号以上,这样靶和探针可以通过它们的相对荧光强度区分开,这一原理应用于检测阿尔茨海默病患者的 CSF 中 β-淀粉样多肽的沉积。最近有报道,基于这一原理,研发了一种超灵敏度的定性检测方法,用双色扫描设备,可以检测在 10～15 mol/L PrP^{Sc} 的病理性沉积,这样即可检测到 CJD 病例的 CSF 中 PrP^{Sc} 的沉积。

在2003年举行的美国化学学会(American Chemical Society)第226届全国会议上,UCSF(University of California,San Francisco)的研究人员报道了他们研制的检测传染性 prion 蛋白的新方法,这种称为构象依赖性免疫测定方法(conformation dependent immunoassay,CDI)比现在应用的普通免疫测定方法能检测出更微量的 prion 蛋白,而且5 h即可出结果,不需要通常的几天,大大提高了检测速度。目前,这种方法检测出8株 prion,其中包括分别导致绵羊痒病、鹿的慢性消耗性疾病和 BSE 的各株 prion。

CDI 也可检测脑组织中的 prion 蛋白,在实验小鼠中可检测到感染小鼠肌肉组织中的 prion。研究人员表示,应用 CDI 对组织或血液的检测方法有望在不久的将来出台,到时该方法将可用于检测活动物。该方法的准确性相当高,对西班牙、德国和英国的11 000头屠宰的牛检测结果完全与现在应用的方法相符,而且在实验室和田间试验中,还没有发现假阴性或假阳性结果。另外,该方法的另一突出优点是自动化,因此可以用于大量动物的筛选。

目前已有多家公司的试剂盒在市场销售。如 Pronics 方法正用于瘙痒病及那些1996年前出生的 BSE 病例的日常检测,也用于近期死亡牲畜的检查;Enfer 和 Pronics 也在进行商业检测;CEA 方法已于2000年8月由 BIO-RAD 公司推向市场,试剂盒已销往许多欧洲国家,用于筛查30月龄以上的牛脑组织。PE 公司也在销售其商品化的试剂盒,由于其高灵敏度使得 VLA 愿意使用其产品。MAFF 则一直投入大量资金致力于开发活体诊断技术,但至今尚无有效的方法。大量的研究后发现,TSEs 的诊断可以通过多种方法进行:组织病理学诊断、免疫组织化学诊断、ELISA 诊断、免疫印迹诊断、组织印迹诊断、电镜诊断、毛细管电泳诊断等。其中免疫组织化学诊断方法具有特异性高、成本低、操作简单、准确等特点而被世界动物卫生组织确定为法定 TSEs 诊断方法之一,在进行免疫组织化学诊断时要同时进行组织病理学诊断(H.E 染色),这两种方法是密切相关的。

5.4.5 研究热点

5.4.5.1 错叠蛋白循环扩增技术(PMCA)

由于组织中的PrP^{Sc}的数量的限制,导致了各种检测手段只能应用于BSE晚期的诊断。所以在大多数情况下,只能在验尸分析时,从脑组织中检测PrP^{Sc}。但是研究表明,PrP^{Sc}在出现症状前的许多组织中就已出现,这就为从非脑源组织中早期检测PrP^{Sc}提供了可行性。为了使外周组织朊蛋白的临床前检测更为便利,Claudio Soto's实验组将注意力集中到血液上,并且发明了一种原始的方法,即将样品中的PrP^{Sc}通过错误折叠循环扩增方法进行扩增(PMCA)。这种方法的原理是模仿聚合酶链式反应扩增DNA的方法模拟病理进程(但是没有加入外源性聚合酶)。所以这一技术也被称为蛋白质的PCR,检测限可降为6～12 pg。即PrP^{Sc}在过量PrP^{C}的情况下可以使PrP^{Sc}聚集物扩增,然后通过声裂法将聚集物打散,再促进新的聚集物的形成。形成的PrP^{Sc}聚集物的量取决于设定的循环次数。早期的报道中,只有少量扩增(10～50倍),但是随后的优化和自动化可以扩增几百万倍。

简单地说,错叠蛋白循环扩增技术(PMCA)就是把目前实验手段不能检测到的微量PrP^{Sc}扩增到可以检测水平的一种技术。在牛感染PrP^{Sc}后尚未出现临床症状的这段时间里,仅有微量的宿主PrP^{C}转变成PrP^{Sc},一般方法很难检测到这些微量的PrP^{Sc}。PMCA技术可以在体外将这些微量的PrP^{Sc}作为蛋白质的模板,将过量的PrP^{C}快速转化成PrP^{Sc},从而达到检测水平。PMCA程序可与现行的许多检测系统联用,来进一步降低检测的阈值。因此PMCA技术的开发为症状出现前进行系统组织或体液的传染性海绵状脑组织的诊断带来了可行性,很可能成为一种更敏感的检测方法。

PMCA具有极大的潜力并且确定是血液检测手段中最具有前景的方法。出于实践的考虑,血液检测需要考虑敏感性、特异性、一些技术改善等。为了适应常规分析,需要简化处理、减少持续时间以及较好的控制。此外,对于同种物种的PrP^{C}浓缩物(大脑抽提物或者纯化的PrP^{C})作为扩增目标的需求,成为实践上的阻碍。假设通过仓鼠模型获得的结果可以扩展至其他种类的哺乳动物,那么这个问题就可以通过使用重组PrP和按照近期提出的快速程序来解决。然而,出于实践的目的,PMCA必须使用比从仓鼠模型采取的样品更具有代表性的血样来证实其有效性(敏感性和特异性都接近100%)。Supattapone's实验室最近提出的结论是,在没有预先存在朊蛋白的情况下传染性PrP^{Sc}也可以重新随机的生成,而这种增加与按照常规条件使用这种方法的特性相关。

5.4.5.2 利用红细胞分化相关因子(EDRF)进行检测

为了攻克BSE的诊断难关,英国的中洛锡安郡罗斯林研究所的Gino Miele等人利用cDNA的差异显示分析,来鉴定在朊蛋白疾病中具有异常表达的EDRF转录物。根据一项研究,朊病毒侵入大脑前首先在脾脏复制,由此他们推测朊病毒可能会影响基因表达,于是他们分析了来自正常小鼠脾脏和TSEs感染小鼠脾脏的大约1万份RNA转录物。结果发现,在感染小鼠的脾脏中,EDRF的转录水平下降,不仅如此,受感染小鼠的血液和骨髓也存在EDRF的减少,在羊痒病患羊和BSE患牛的骨髓中,EDRF的水平同样低于正常。由此判断,不论EDRF

是否参与致病，它可能会成为很好的诊断标记物。

过去 15 年来想对 BSE 进行免疫接种是科学家的梦想，但都失败了。BSE 的发病原因早已深知，由朊蛋白的变构引起的，而正常的朊蛋白（PrP^{C}）分布在各种细胞，最多在脑细胞，一旦变构（PrP^{Sc}）即会发病，但困难的是抗体不识别变构的 PrP^{Sc}。2004 年 1 月 13 日，加拿大多伦多大学 Janet Wong 报道在他们学校神经退化性疾病研究中心 Dr. Neil Cashman 等有一个新的发现。Cashman 研究组发现有三个氨基酸——Try - Try - Arg 是变构后才出现，他们认为这 3 个氨基酸 PrP^{C} 的侧链，正常时是隐藏在结构里，变构时才暴露，所以这是 PrP^{Sc} 的特征，而且种族有共性（人、牛、小鼠、仓鼠、羊、麋鹿），他们正在研究如何应用这特征，研制诊断方法及药物。这些发现对 BSE 的预防及治疗提出了新的希望。

自从 1996 年疯牛病大暴发并产生了传播给人类的恐慌以来，迫切需要发明一种简单快速的诊断方法来进行大规模的流行病学调查，以及对流行特征或者动物食品的常规检测进行更准确的评估，例如在进入食物链或者工业循环前对所有牛群的检测。出现了一类快速的诊断方法，都以 PrP^{Sc} 的免疫学检测为基础，是检测 TSEs 唯一可信赖的鉴别标志。2001 年 1 月 1 日和 2006 年 12 月 31 日期间，欧共体内部差不多检测了 60 000 000 头牛（几乎 90%是在屠宰场），其中检测出4 800多头 BSE 的病例，其中在屠宰场检出大约1 170头，3 700 头是在工厂的风险动物聚集区检测出来的。与此同时，被动检测方法共检测出2 361例 BSE 病例。因此，快速检测可以有效地保护消费者的利益，首先是更好地保证肉类安全，其次是因为从人类的消费品中召回了1 000多例感染牛。这种快速检测方法已经广泛用于欧洲各国（奥地利、捷克共和国、芬兰、德国、希腊、荷兰、意大利、卢森堡、波兰、斯洛伐克、斯洛文尼亚、西班牙），以及日本、加拿大和美国。最后，快速检测可以更多精确跟踪调查流行病学，在低流行率时检测流行情况，这些都清晰地展现了欧洲 BSE 流行病学有了显著的下降。欧洲现用山羊和绵羊的监督程序是在 2002 年 3 月建立的，本质上是为了收集流行病学数据，和迫使成员国检测一定量的屠宰动物或来自于风险区的动物。2002 年和 2006 年期间，检测了将近 300 万头，其中检测出 13 000多个羊痒病病例。鉴于 TSEs 毒株的多样性，2005 年欧洲建立了生物化学检测方法，主要是为了检测小反刍动物的 BSE 毒株。国内参考真空吸引分娩中执行的专门检测方法，是建立在 Western blotting 技术的。

随着对 BSE 研究的不断深入和科学技术的进步，相信不久的将来人们一定能够发明某种方法以准确、快速、有效地诊断该病，保证畜牧业健康发展和人类安全。

5.5 防　　治

5.5.1 概述

BSE 的流行对人类社会的政治、经济、公共卫生等诸多方面都产生了巨大影响，这并不是一个简单的人畜共患传染病，而是人类社会面临的巨大危机，是关系到全人类卫生健康的一件大事。因此，人类应该如何采取有效的措施预防 BSE 的再次发生和流行，将是对全人类的一个严峻考验，各国政府都应该和必须采取必要的措施，预防 BSE 在更大范围内的发生和流行。

BSE 的潜伏期很长，可达数年至十几年，牛在潜伏期内无明显的异常临床表现，而一旦表现出明显的临床症状后，目前还没有有效的治疗方法。由于引起 BSE 的致病因子无法激活宿主保护性的免疫反应，因此想通过免疫接种来预防此病不是个好办法。然而 BSE 不是烈性传染病，可以根据其流行病学研究规律寻找其他方法进行预防。流行病学表明 BSE 主要是经消化道感染，因此预防 BSE 主要还应该从切断传播途径和控制传染源上着手。BSE 的预防工作可以从两个方面进行：一是预防 BSE 在牛群之间的进一步传播；二是预防 BSE 在人类中的传播。切断 BSE 传染源和传播途径，加强 BSE 的基础研究，了解 BSE 的致病机制，才能科学地、有效地遏制 BSE 的流行，减少它们对人类健康和社会的危害。

为此，世界卫生组织于 1996 年 4 月召开了海绵状脑病专家会议，会议建议：①呈现海绵状脑病（含 BSE）症状的动物的任何部分或其产品不得进入人和动物的食品链。②所有国家必须扑杀病畜，并稳妥安全地处理这些动物的尸体和产品。③所有国家必须重新检查动物原料的化制方法，保证其方法能有效灭活病原因子。④每个国家应根据国际兽医局的建议，建立 BSE 的持续监察和强制申报制度。如没有监察资料，应认为该国 BSE 状况不明。⑤本国土生土长的牛发生 BSE，该国不得允许可能含有 BSE 病原因子的组织进入人和动物的任何食品链。⑥建议所有国家应禁止在反刍动物饲料中使用反刍动物组织。专家们还提出一些灭活病原因子的方法，以确保人畜的安全；同时认为用被 BSE 污染的畜产品原料生产的化妆品和一些医药产品对公共卫生可具有危险性。

5.5.2 防制体系

为了遏制 TSEs 的传播，世界上许多国家制定了严格的规章制度，建立了规范的防制体系。

5.5.2.1 欧盟的安全管理

2001 年欧盟成立了完善的质量控制管理机构——欧盟食品安全管理局。主要负责监视整个食品链。欧盟出台了一系列关于 BSE 控制和饲料安全的法规，概括起来主要包括以下 4 个方面：①BSE 被动监测与主动检测计划及捕杀政策；②剔除指定风险物质（SRM）；③安全地销毁风险物质；④动物源性饲料禁令。欧盟强化了畜产品质量安全控制标准。实施严格而统一的质量安全体系。欧盟在 1996 年开始实施 HACCP 体系，并在欧盟食品卫生法中作出规定。要求畜产品生产和加工企业必须认识到生产的各个环节都应注意质量安全，并确保在 HACCP 系统上建立、实施、维持和修正适当的畜产品安全措施。为应对 BSE 问题，欧盟于 1997 年开始逐步建立了食品信息可追踪系统，以作为畜产品质量安全控制的重要手段。按照欧盟《食品法》的规定，食品、饲料、供食品制造用的家畜以及与食品、饲料制造相关的物品，其在生产、加工、流通的各个阶段必须确立食品信息可追踪系统。

5.5.2.2 加拿大的安全管理

加拿大于 1997 年通过了《加拿大食品检验局法》，组建了加拿大食品检验局，统一行使包括饲料和畜产品在内的食品安全监管和执法权。实行农场食品安全认可计划和 BSE 防范计划。加拿大动物源性饲料成分实行批准和监控制度已超过 40 年。1997 年针对 BSE 加拿大对联邦《饲料法》做了全面修改，增加了禁止使用反刍动物源性饲料饲喂哺乳动物，禁止反刍动物蛋白提炼产品作动物饲料，禁止特殊危险物质作动物饲料等多项规定。现已形成以《饲料法》为主体，以《新饲料管理规定》、《动物饲料限制和禁止规定》和《加药饲料生产管理暂行规定》为补充的饲料法律体系。加拿大食品检验局通过实施国家监督抽查计划，重点对动物源性饲料限制和禁止规定的执行情况、新产品审定和标识、产品登记、产品销售前的安全评定和产品销售后的安全监测进行监督。加拿大饲料产品质量标准和检测方法系统、配套、统一。饲料质量标准涵盖了饲料原料、饲料产品、饲料添加剂、药物饲料添加剂等各类饲料产品，规定了产品质量规格和有毒有害物质残留限量标准，并与国际食品法典委员会和国际兽医局(OIE)的标准接轨。加拿大的饲料检测体系由两个官方饲料检测实验室和两个具有第三方公正的实验室组成。加拿大食品检验局制定并实施"国家饲料检测计划"。对饲料企业进行统检。所有饲料企业每年至少接受一次突击检查：对养殖企业进行随机抽检，一半以上的养殖企业要接受抽样检测。加拿大的药品及药物添加剂企业全部通过 GMP 认证。饲料加工企业开始全面推行 HACCP 认证。此外，通过加大对违规企业的处罚、加强监管措施、加大监管经费等手段把 BSE 防范工作落到实处。

5.5.2.3 美国的安全管理

美国的安全措施主要有：健全的畜产品质量安全法律、法规、标准体系；对畜产品生产、加工、贮运、销售过程进行全程控制；严密的畜产品质量安全管理组织机构体系；强化生产源头控制和进出口检疫。美国国会通过法律的制定来确保食品质量安全。制定质量标准体系是其保障畜产品质量安全的一项重要措施。畜产品质量安全方面，美国已建立了包括养殖、加工、运输、贮存诸环节在内的全程控制的畜产品质量安全控制体系。1996 年 7 月，美国农业部发布了关于肉类和禽类加工产品的新规定，以及关于企业和检测人员进行检测的新程序。该体系的内容主要包括：所有联邦和州检验的肉类屠宰加工厂，必须制定危害分析和关键控制点(HACCP)计划来监督和控制生产操作过程；所有联邦和其受监督的畜产品生产企业，必须制定书面的操作程序卫生标准。

5.5.2.4 荷兰的安全体系

荷兰是世界上奶牛业最发达的国家之一。长期以来荷兰政府对奶牛、饲料、牧场、牛奶检测、奶制品加工、最终产品都有严格的书面标准，并要求乳制品必须达到各项标准。在产业链的各个环节也必须严格按照质量控制标准去组织生产。这些标准或以法令或以行业规章的方式颁布执行，这些法令、规章是在政府和行业的各个参与者广泛协商的基础上产生的，并由政府或行业授权的权威机构监督执行。荷兰推行奶牛健康和健康记录的主要措施为：每一头奶牛必须拥有健康证明(强制性)；经常性疾病控制检疫、监测奶牛登记注册(强制性)。对于饲料荷兰也有具体的规定和要求。只有符合 ISO 9002 质量管理标准和 HACCP 技术标准并获得优良制造实践证书的企业才允许向牧场提供混合饲料。动物饲料商品委员会负责签发优良制造实践证书，由动物饲料质量服务机构和全国牲畜肉类检测服务机构负责产品检验和对质量法规执行情况进行监督。饲料制造过程的质量保证通过执行以下标准来实现：质量管理标准；用料成分检测标准监测有害成分；饲料制造设备的技术标准；制造和储存的卫生标准；饲料产品最终检验标准(成分和质量)；最终产品和用料的运输、储存标准。

5.5.2.5 日本的安全体系

日本于2001年9月确诊第一例疯牛病以后，日本农林渔业部(Ministry of Agriculture, Forests and Fisheries, MAFF)、日本厚生劳动省和2003年创立的食品安全委员会和其朊病专家委员会共同着手颁发了一系列的安全措施。MAFF负责牛场疾病的控制；日本厚生劳动省负责动物的屠宰；而食品安全委员会和其朊病专家委员会负责与疯牛病相关的风险因子的评估。日本采取了一系列的检测和诊断方法。

5.5.2.6 瑞典的BSE控制体系

为防止BSE的发生，瑞典在奶牛群的疾病预防、治疗以及疫病的防制等方面做了大量切实可行的工作。在全国实施了Friskko计划(奶牛群健康计划)，该计划的核心是以疫病的早期预防为主，治疗为辅，改变了过去"有病治病"的被动思想。2004年瑞典有300多个奶农协会为牛奶生产者提供服务，50多位兽医深入全国参加该计划。对每头奶牛都实行身份和注册管理。牛的所有健康记录被存储在互联网上的全国奶协数据库中供查询。瑞典的牛场大都采取以放牧为主、补饲为辅的饲养管理方式。草场都是经过精心维护的人工草场。牧草也是专门为奶牛饲养而选育出来的品种，只有那些具有良好操作规范(GMP)合格证书的饲料企业才被允许向牛场提供混合饲料。

5.5.2.7 英国的预防策略

英国作为最先发现BSE和疫情流行最严重的国家，为防制BSE和防止BSE危害人类健康，在1988年6月至1996年5月，先后采取了一系列防制措施。主要包括：①规定BSE为必须申报的法定传染病，对病畜予以扑杀并焚化其尸体，由政府给予一定补偿。②禁止使用反刍动物的蛋白质作饲料，1994年又发布禁止用哺乳动物的蛋白质饲料喂一切家畜和鱼等，1996年再次规定禁止用哺乳动物原料制造肉骨粉作肥料。③禁止将6月龄以上牛的指定牛下水(SBO)给人食用。SBO包括脑、脊髓、扁桃体、胸腺、脾及十二指肠至直肠的肠段(包括小肠制成的肠衣)，不包括胃和食道。1994年又颁布6月龄以下牛的SBO禁止供人食用，禁止销售被处死的病牛肉、畜产品和病牛的乳制品。④禁止向所有国家出口牛肉及其制成的成品、半成品和医药原料等。实践证明，英国采取这些防制措施后使BSE疫情得到控制，从1993年起BSE的发病率逐年下降。1998年3月9日，英国政府成立BSE调查小组，对BSE暴发的经过和处理过程进行调查。其目的是通过调查将揭示导致BSE传播的原因，从中汲取教训。

未发生BSE的国家应采取的防范措施主要有：①按照国际兽医局(OIE)和世界卫生组织(WHO)的建议，建立BSE监测网，将BSE规定为必须申报的法定传染病。②禁止用反刍动物制成的蛋白质饲料喂养反刍动物，制定出安全、有效的动物性原料加工成饲料或其他产品的化制方法，以确保能有效灭活其病原因子。③禁止从BSE疫区和国家进口活牛、牛胚胎、精液、脂肪、蛋白饲料、牛肉、内脏及有关制品。④对以前从英国进口的牛、胚胎、精液和其他产品的地区和相关地区进行兽医卫生监控。对有神经症状的病牛必须对其脑组织进行病理学检查；对送检的狂犬病标本即便是狂犬病检查阴性者也需要作BSE组织病理学检查。⑤一旦发现可疑病牛，立即隔离、消毒和报告上级有关部门确诊；对已确诊的病牛和可疑牛，甚至对整个牛群和与之相关联的牛全部扑杀，销毁尸体，并彻底进行消毒。⑥加强对BSE科学知识的宣传，提高兽医技术人员的诊断技能，同时提高群众对 BSE 的认识和执行 BSE 防制措施的自觉性。

5.5.3 BSE 防治的经验与教训

虽然目前 BSE 笼罩在人们心头的阴影已逐渐消逝，但英国和欧盟在 BSE 发生、流行期间，对 BSE 采取的应对措施对于我们今后有效预防 BSE 及其他的一些人畜共患传染病将有许多有益的启示。

5.5.3.1 经验

畜牧业是英国的支柱产业之一，生产的牛肉和小牛肉满足了国内市场 97%的需求。生产的牛奶，则 100%满足了国内市场牛奶的需求和国内几乎 70%的牛油和干酪的需求，牛奶的产值，每年达几亿英镑，占英国农业总产值的 38%。自发生 BSE 以来，已经有17 000多头牛被诊断有 BSE，屠宰了4 700 000多头牛，数以千计以此为生的农民和商人受到损失。因此英国政府很重视动物疾病的监测和研究。英国早在 1894 年就由农业部委任了一个兽医实验室服务机构，并于 1905 年正式开始兽医学研究，在 1917 年成立了兽医中心实验室(CLV)。1922 年，又在英格兰和威尔士建立了兽医学研究网络，对动物疾病进行持续不断的监督。应该说，英国完善和先进的兽医学研究体制，在 BSE 这场巨大的灾难面前，发挥了积极的作用。

1. 相信科学，加强基础理论研究

1986 年 9 月英国首次检出 BSE 后，英国政府高度重视，及时成立了 BSE 的调查研究小组，成立了多个专家委员会负责 BSE 的研究、咨询工作，并且根据研究结果一步步调整政策和策略，采取相应的决策。在 1986 年底就由英国 CVL 流行病学部门开始对 BSE 进行进一步的调查，观察 BSE 暴发的来源，在研究认为 BSE 暴发的原因可能是在其饲料中添加了羊瘙痒病的羊肉和骨制品后，1988 年 7 月，英国颁布了《反刍动物饲喂禁令》，禁止将具有潜在感染性的反刍动物蛋白成分加入到牲畜的饲料中，以保护动物的健康。随后英国政府又根据研究结果相继出台了很多的法规和禁令，这些法规和禁令都是建立在科学的基础上，正是依靠这些科学研究的基础，发挥尊重科学，按科学规律办事的实事求是的态度和工作作风，英国政府在处理 BSE 的事件上，才显得从容不迫，有理有据。使可疑 BSE 的报告病例从 1992 年高峰时期的平均每月3 737例，逐渐降低到 2000 年的平均每月 156 例，而 BSE 的发病率也从 1992 年高峰时期的平均每月3 057例，逐渐降低到 2000 年的平均每月 103 例。

2. 加强国际间的合作和沟通

在 BSE 发生之后，英国先后成立了多个专家委员会进行 BSE 的研究、咨询工作，投入大量的资金，而且与国内外同行通力合作，寻找检测牲畜饲料中哺乳动物源性蛋白成分的方法，朊蛋白的分离、检测、灭活方法等，极大地推动了 BSE 研究过程的进展，为英国有效、快速消灭 BSE 奠定了坚实的基础。为保障人类健康，BSE 在英国流行期间，欧盟也在相应调整着应对措施，1989 年 7 月，欧盟禁止英国出口出生在 1988 年 7 月 18 日之前的牛及其感染了的后代或者可疑感染的雌牛。

1990 年 3 月，欧盟规定英国出口的生牛，年龄不得超过 6 个月。在任何一个年龄段被感染了的牛后代，或者可疑感染的雌牛仍然禁止出口。而出口的牛肉，则要求确保是不超过 6 月龄的小牛肉。1990 年后，欧盟再一次强制规定，英国只能出口小于 6 月龄无 BSE 起源的牛、无 BSE 起源的牛骨头或者没有骨头并剔除了淋巴组织的健康牛肉，而且这些牛肉必须是来自于没有 BSE 发生的地区。在 1994 年 12 月，欧盟委员会做出决定，在 1992 年 1 月后出生的牛的肉，可以无需剔除淋巴组织而直接出口。1995 年 7 月又将此决定改为不到 30 月龄的牛肉可无需剔除淋巴组织。欧盟通过上述的一系列措施，有力地保护了欧洲各国人民的健康，避免了 BSE 在欧洲大陆乃至更广范围内的扩散；同时，欧盟制定的上述措施，也为其他国家和地区防止 BSE 的传入和流行，起到了积极的作用。

5.5.3.2 教训

虽然英国在控制 BSE 的过程中投入了大量的人力、物力和财力，积累了丰富的经验，但 BSE 作为一个新发生的人畜共患传染病，人们对它的发病原因、发病规律、流行特征还不清楚，制定的防控措施还不得当，对社会造成的危害还缺乏正确认识，因此应该在科学研究的基础上，不断总结经验和教训，不断完善和发展防控体系。归纳起来应吸取以下几方面的教训。

1. 认识不够，宣传不到位，科研投入不足

尽管英国政府在发生 BSE 不久就成立了研究和调查机构，但由于 BSE 的传染源——流行于羊群中的羊瘙痒病，已经有 200 多年的历史，一直未对牲畜和人类健康造成大的损害。因此，一开始，人们对 BSE 造成的危害并未给予足够的重视，投入的科研力量不够，未能对 BSE 项目及时的重点支持，研究基金发放迟缓，延误了最佳研究时机，又由于社会宣传工作不得力，认识力度不够，英国政府制定的各项政策、措施，没有充分的宣传，因此，有些措施一开始就没有很好地执行。

2. 防治措施不健全，执行不严格

在英国发生 BSE 的早期，由于人们对 BSE 造成的危害认识不足，英国政府早期制定的措施不健全，贯彻执行的力度不够严格，施行力度不够，因此使患 BSE 的病牛早已进入人类食物链，反刍类动物蛋白成分进入了牲畜饲料，导致更多的牛患病，同时由于没有相应的补偿措施，使农场主遭受巨大的经济损失，因此使某些政策和法规的执行遇到了困难，执行不彻底。

5.5.4 我国的预防措施

BSE 已经从西欧传到东欧、亚洲和北美洲，似乎正跨越洲际不断蔓延，从地理分布上已经逼近中国，加强我国朊病毒与人畜构象病的研究，制定进一步的 BSE 防制策略和饲料安全政策已势在必行。我国政府为防治 BSE 传入我国先后制定了一系列政策，采取了相应的有力措施，建立了自我风险评估机制。

早在 1990 年 6 月我国农业部就下发了关于严防牛海绵状脑病传入我国的通知，决定停止从英国进口牛、精液、胚胎、牛肉、骨粉。1992 年 6 月发布的《进境动物一、二类传染病寄生虫名录》中将 BSE 列为一类传染病。1996 年 3 月农业部又发布了《关于重申严防牛海绵状脑病传入我国的通知》，禁止从有 BSE 国家进口牛及制品。为了防止此病的传入，国家动植物检疫机关采取了多项措施，主要包括：①禁止从有 BSE 的国家进口牛及制品。②加大牛制品的检疫监管力度，对违章进口的单位除进行处罚外，货物一律销毁或原样退回。③密切注意此病在

世界范围内的发展动向及时制定相应措施。④加强旅检和邮检工作，严禁邮寄或旅客携带牛肉及制品入境。⑤来自疫区国家的国际航行船舶，在我国停留期间，对船舱的牛肉及制品进行封存处理。⑥请有关单位密切配合，并做好宣传工作。2000 年 12 月 30 日，农业部、原国家出入境检验检疫局和外经贸部联合发出《关于加强肉骨粉等动物性饲料产品管理的通知》。

2001 年 3 月农业部和原国家出入境检验检疫局发布《关于禁止在反刍动物饲料中添加和使用动物饲料的通知》(143 号公告)再次重审这一规定。为防止 BSE 传入，保护中国畜牧业安全和人体健康，农业部、国家出入境检验检疫局于 3 月 16 日发布公告，采取 9 项措施，防患于未然。①禁止直接或间接从发生 BSE 的国家或地区进口牛、牛胚胎、牛精液、牛肉类产品(包括牛内脏)及其制品、反刍动物源性饲料。②禁止从欧盟成员国进口动物源性饲料产品，严格执行农业部、对外贸易经济合作部和国家出入境检验检疫局联合下发的《关于加强肉骨粉等动物性饲料产品管理的通知》。③禁止从欧盟成员国进口牛、牛胚胎、牛精液、牛肉类产品(包括牛内脏)及其制品。④禁止携带、邮寄上述所列物品进境。⑤凡截获的走私进境的上述物品，一律在就近的出入境检验检疫机构监督下做销毁处理。⑥对途经中国或在中国停留的国际航行船舶、飞机、火车等，如发现来自 BSE 国家或地区的上述物品，一律作封存处理。⑦截至目前发生 BSE 的国家为：英国、爱尔兰、瑞士、法国、比利时、卢森堡、荷兰、德国、葡萄牙、丹麦、意大利、西班牙、列支敦士登。今后，凡有新发生 BSE 的国家，将自动列入上述名录。⑧凡违反上述规定者，由出入境检验检疫机构按《中华人民共和国进出境动植物检疫法》等有关规定处理。⑨各出入境检验检疫机构、各级动物防疫监督机构要分别按《中华人民共和国进出境动植物检疫法》和《中华人民共和国动物防疫法》的有关规定，密切配合，做好检疫、防疫和监督工作。

2003 年 5 月 21 日，世界动物卫生组织和加拿大食品检验署均向我国通报，在加拿大艾伯塔省发生一例 BSE。为防止 BSE 传入我国，保护畜牧业安全和人体健康，农业部于 2003 年 5 月 22 日发出《关于防止 BSE 从加拿大传入我国的紧急通知》(农牧发[2003]11 号)。①根据农业部和原国家出入境检验检疫局第 143 号公告，现将加拿大列入发生 BSE 国家名录，从即日起，禁止从加拿大进口牛、牛胚胎、牛精液、牛肉类产品及其制品、反刍动物源性饲料。请各出入境检验检疫机构、各级动物防疫监督机构严格依据《中华人民共和国进出境动植物检疫法》、《中华人民共和国动物防疫法》和第 143 号公告有关规定，密切配合，做好检疫、防疫和监督工作，严防 BSE 传入我国。②动物防疫监督机构要按照农业部《牛海绵状脑病检测方案》和全国 BSE 风险因子调查结果，立即对近年来从加拿大进口的牛(包括胚胎)及其后代(包括杂交后代)进行重点监测。发现异常情况立即向农业部畜牧兽医局报告，对疑似病例要立即采样送农业部动物检疫所国家外来动物疫病诊断中心确诊。2003 年 12 月 28 日美国农业部向世界动物卫生组织通报：确认在华盛顿州发生了 BSE。为防止 BSE 传入我国，保护畜牧业生产和公共卫生安全，2004 年 1 月 14 日农业部发出《关于防止 BSE 从美国传入我国的通知》(农牧发，[2004]1 号)。通知如下：①根据 2003 年 3 月农业部和原国家出入境检验检疫局第 143 号公告，现将美国列入发生 BSE 的国家名录。②请各出入境检验检疫机构、各级动物防疫监督机构严格按照第 143 号公告的有关规定，密切配合，做好检疫、防疫和监督工作，严防 BSE 传入我国。③本通知自发布之日起执行。

5.5.5 关于我国防治 BSE 的建议

1. 提高认识，意识到 BSE 的危害性，加强对 BSE 的监测工作，严防 BSE 传入我国

据目前资料显示，中国是无 BSE 国家。中国的牛主要是牧区放养和农区散养，很少用配合饲料。国内的牛、羊内脏均为人所食用，只有部分牛羊骨、血、水解蛋白等被用来生产少量的反刍动物源性蛋白饲料，而且全都用于猪和禽的饲料，因此我国没有传播 BSE 的基本要素。然而，从全球 BSE 的流行状态来看，形势并不容乐观。BSE 已经从欧洲扩散开来，开始在亚洲和北美洲出现，呈现向全球蔓延的态势，并在地域上逼近了我国，对我国畜牧业生产、公共卫生和国家经济安全构成了威胁。因此，我们必须提高警惕，千万不能麻痹大意，应严格执行我国农业部、卫生部和质检总局关于禁止从发生 BSE 国家或地区进口牛、牛胚胎、牛精液、牛肉类产品及其制品、反刍动物源性饲料的规定，加强对有关的入境动物和动物产品的检验检疫，切实有效地御疫于国门之外，以保护我国人民和动物的生命与健康。

2. 加强对 BSE 防治知识的普及宣传，切实做好国内动物的 BSE 调查、检测和防治工作

利用报纸、电台、电视、网络和图书等大众传媒宣传 BSE 的危害和防治知识。制订培训计划，每年定期对诊断技术人员进行培训。根据《中华人民共和国动物防疫法》和《中华人民共和国进出境动植物检疫法》，以及《饲料和饲料添加剂管理条例》等有关法律法规的规定，严格禁止从发生 BSE 的 23 个国家进口牛及其产品(包括可能传播 BSE 的饲料产品和生物制品)。2001 年以来，农业部根据 OIE(世界动物卫生组织)有关标准，在全国实施 BSE 监测计划，开展对 BSE 的主动监测和被动监测。重点对 1990 年以来所有进口牛(包括胚胎及其后代)进行全面追踪调查，并将这类牛群作为重点牛群长期追踪监控。到目前为止，共检测牛脑组织达7 267头份，样品数量超过 OIE 规定的最低检测数量要求。普及 BSE 防制知识，包括 BSE 的发生历史、病原因子、流行病学、感染途径、临床症状及其对畜牧业生产、人体健康和社会经济的危害性等，让各级畜牧兽医管理人员、动物防疫监督人员、基层畜牧兽医技术人员以及饲养员认识 BSE、了解 BSE。一旦发现异常情况，及时向当地畜牧兽医部门报告，对疑似病例立即采样送农业部动物检疫所国家外来动物疫病诊断中心进行检测。如有确诊病例，应采取严格的控制措施。

3. 对 BSE 要有一个正确的认识，不要谈“疯”色变，以免引起不必要的社会恐慌

虽然 BSE 对动物和人类的危害性很大，但我国目前还没有发现 BSE 病例，只要人们提高防范意识，措施得当，严格 BSE 的监测、检测、诊断和防制措施，防止 BSE 从国外传入，相信 BSE 在我国将会得到很好的预防。

5.5.6 治疗

牛海绵状脑病(BSE)、羊痒病(scrapie)、传染性水貂脑病(TME)、克雅氏病(CJD)等都是由朊蛋白引起的人和哺乳动物的神经退行性致死性疾病。虽然目前从细胞和分子水平上对朊蛋白疾病研究有了进一步了解，但对该类疾病的治疗还不能达到预期的目标。

在正常哺乳动物的细胞中存在着正常的单基因所编码的膜结合糖蛋白 PrP^C，这种 PrP^C 可被蛋白酶完全消化，二级结构主要为 α 螺旋(α - helix)，没有 β 折叠(β - sheet)，不具有感染性，当 PrP^C 的二级结构发生变化形成 PrP^{Sc} 时，α 螺旋减少，β 折叠增多(43%)，并在动物脑中

大量积累，形成海绵状空泡。PrP^C 向 PrP^{Sc} 的空间构象的转变是引起该类疾病的关键。因此有人提出可通过阻断、控制、减少 PrP^C 的合成或者向 PrP^{Sc} 的转变，从而防止朊病毒病的发生。如可以采取针对 PrP mRNA 设计反义寡核苷酸，破坏 PrP^C 基因转录而来的 mRNA，阻断 PrP^C 分子的合成；稳定 PrP^C 分子结构使其不容易转变为 PrP^{Sc} 或者破坏 PrP^{Sc} 的稳定性，从而易于清除；阻止 PrP^C 作为新生 PrP^{Sc} 复制的模板，干扰 PrP^C 同 PrP^{Sc} 的结合；阻断蛋白质 X（在 PrP^C 转变为 PrP^{Sc} 的过程中起到重要作用的一种辅助分子）同 PrP^{Sc} 的结合等。基于分子结构的途径，目前在这方面已取得了一定的研究进展，如 Prusiner 教授等根据可能的化学目录，寻找能模仿空间构象和构成显性负抑制区多肽性 PrP 残基 168、172、215 和 219 表位的结构分析，搜索到1 000种候选分子，已有 63 个化合物检测出可抑制 PrP^{Sc} 形成；研究表明在瘙痒病感染的鼠神经细胞瘤（ScN2a）中，有两种化合物 Cp - 60[2 - 氨基 - 6 - (2 - 氨基苯)硫代 - 4 - (2 - 呋喃)嘌嘧啶 - 3,5 - 二碳氰]和 Cp - 62 可抑制 PrP^{Sc} 形成；多聚阴离子聚糖能降低小鼠对瘙痒病的易感性，研究认为多聚阴离子聚糖阻止了 PrP^{Sc} 定位到细胞膜上（在此 PrP^C 可以转变为 PrP^{Sc}），从而阻止了 PrP^{Sc} 的积累，如硫酸葡聚糖来抑制淀粉样物质的前体蛋白的形成；二甲基亚砜、N - 氧化三甲氨等能稳定 PrP^C 的结构，防止它同 PrP^{Sc} 的结合，从而阻止由 PrP^C 形成 PrP^{Sc}；利用抗体或核酸等阻止 PrP^{Sc} 同 PrP^C 结合；用 β 折叠断裂多肽（iPrP13）进行蛋白酶抗性 PrP^{Sc} 处理，明显地可以将这种蛋白的蛋白酶抗性逆转到类似 PrP^C 的状态；刚果红、两性霉素 B 有可能是治疗 TSEs 的潜在药物。

慕尼黑大学 2006 年 12 月 1 日发布消息说，该大学和波恩大学以及马普研究所的研究人员合作，从被感染了 Scrapie 病毒的实验鼠脑蛋白分子中发现了一种物质，这种物质能明显延长被感染的实验鼠的生命，并可以制成疫苗用来预防和治疗疯牛病。

导致疯牛病的带病毒蛋白质分子会感染大脑中健康的蛋白质分子，引起连锁反应和破坏脑组织，患疯牛病的牛会因机体和脑组织损害而很快死亡。然而，研究人员在感染了 Scrapie 病毒的实验鼠身上发现，即使实验鼠脑组织中没有健康的蛋白质分子，依然能够很好地存活。据此，研究人员从实验鼠的脑细胞中提取到了这种特殊物质。慕尼黑大学的研究人员称，利用这种物质制成的疫苗，能有效地预防疯牛病，但能否用于人类预防和治疗克雅氏病还需深入研究。

参考文献

[1] 白雪，万家余，等. 朊病毒检测和诊断方法的研究进展[J]. 现代生物医学进展，2009,9(3)：595 - 597.

[2] 陈如明，陈国柱. 疯牛病的研究进展[J]. 畜牧与兽医，2004,36(2)：41 - 44.

[3] 陈宪春. “疯牛病”对饲料加工业的启示[J]. 中国饲料，1996(10)：8 - 9.

[4] 伏小平. 疯牛病及动物海绵状脑病防制[M]. 金盾出版社，2003.

[5] 高瑞萍，刘辉. 疯牛病病原体的研究及我国防控体系的建设[J]. 肉类研究，2010(7)：46 -49.

[6] 高彦生. 疯牛病非典型病例的发现与我国应对措施的建议[J]. 中国畜牧兽医，2004,31(1)：42 - 44.

[7] 郭志儒. 美国采取进一步措施防止疯牛病[J]. 中国兽医学报，2001,6:551.
[8] 郭志儒. 农业部、国家出入境检验检疫局发布公告防止疯牛病传入中国[J]. 中国兽医学报，2001,3:222.
[9] 黄中武. 超级疯牛病[M]. 北京:科学普及出版社，2000.
[10] 景志忠,李克斌,瞿惠玲. 疯牛病研究进展[J]. 动物医学进展，2001,22(3):11-16.
[11] 李华威,朱淑文,华修国. 疯牛病活体检测的研究进展[J]. 黑龙江畜牧兽医，2003,7:53-54.
[12] 李通瑞. 英国"疯牛病"风波纪实[J]. 中国兽医杂志,1996,22(11):61-62.
[13] 林荣泉. 疯牛病的现状及预防措施[J]. 江西畜牧兽医杂志,2001,6:3-4.
[14] 刘丽波,崔克. 疯牛病的研究进展[J]. 云南农业科技,2009 年增刊:105-110.
[15] 刘贤,韩鲁佳,蒋训鹏,等. 动物源性饲料显微镜检测技术研究[A]. 纪念中国农业工程学会成立三十周年暨中国农业工程学会 2009 年学术年会[C],2009.
[16] 马贵平,李炎鑫,等. 疯牛病(BSE)的检测方法[J]. 中国动物检疫,2005,22(4):32-33.
[17] 马文丽,郑文岭. 疯牛病的分子基础与临床[M]. 科学出版社，2003.
[18] 米保国. 疯牛病研究的最新进展及我国采取的对策[J]. 天津畜牧兽医，1997,14(1):3-4.
[19] 宁章勇,赵德明,杨建民,等. 牛中枢神经系统疾病脑组织的病理形态学及诊断[J]. 中国动物检疫,2004,21(3):41-44.
[20] 农牧发[2003]11 号. 农业部发出关于防止疯牛病从加拿大传入我国的紧急通知. 中国兽药杂志,2003,37(6):4.
[21] 农牧发[2004]1 号. 关于防止疯牛病从美国传入我国的紧急通知[J]. 饲料博览,2004,2:14.
[22] 农业部发布我国对疯牛病检测结果公告. 中国兽药杂志,2004,38(7):3.
[23] 秦玉昌,吕小文,等. 疯牛病的研究动态和我国防控体系建设[J]. 饲料工业,2006,27(1):2-6.
[24] 秦贞奎. 世纪恐慌 疯牛病 & 炭疽[M]. 北京:中国城市出版社,2002.
[25] 闰志宪,刘玉亮. 疯牛病的检测技术与防治. 中国动物检疫,2010(27):63-67.
[26] 史新立,谭芳奕. 疯牛病病原体研究及动物源性医疗器械产品安全性思考[J]. 中国修复重建外科杂志,2006,20(11):1138-1144.
[27] 孙建,张明爱,霍晓波. 疯牛病研究进展及世界各国的防治对策[J]. 中国奶牛,2007(9):41-43.
[28] 孙映雪,王志亮. 新近发现的非典型疯牛病介绍[J]. 中国动物检疫,2004,21(6):39.
[29] 田海燕. 免疫组化法检测脑组织中软病毒蛋白(PrP^{Sc})的敏感性和特异性研究[D].
[30] 王辉暖,赵德明. 疯牛病和羊痒病 Western blotting 检测方法的建立[J]. 中国兽医学报,2007,27(1):66-69.
[31] 王琼. 浅谈疯牛病之病因及其检测手段[J]. 化学教育,2002,9:1-3.
[32] 王小军,张海涛,鲍恩东. 牛海绵样脑病(疯牛病)的诊断技术与神经病理学研究现状[J]. 畜牧与兽医,2002,34(2):35-37.
[33] 王永康. 朊病毒病临床病理学诊断[J]. 国外医学生理、病理科学与临床分册,1998,18(3):238-240.

[34] 魏锁成. 疯牛病诊断技术现状及前景[J]. 西北民族大学学报,2003,24(9):76-78.
[35] 肖良,李通瑞,段小红. 疯牛病给英国带来的灾难[J]. 世界农业,1997,215 (3):42-43.
[36] 闫志宪,刘玉亮,等. 疯牛病的检测技术与防治[J]. 中国动物检疫,2010,27(5):63-65.
[37] 周建涛,潘秋香. 疯牛病病原体研究进展[J]. 生物学通报,2001,36:16-17.
[38] 庄仁礼. 疯牛病及其防制措施[J]. 中国兽医科技,1999,29(2):21-23.
[39] Aldridge Susan. Novel BSE test systems[J]. Genetic engeneering news,2001,21(6):1.
[40] Anon. The WHO recommendations on BSE:what they mean to the United States[J]. Journal of the American Veterinary Medical Association. 1996,208(11):1771-1772.
[41] Anon. Bovine spongiform encephalopathy'mad cow disease'[J]. Nutrition Reviews. 1996,54(7):208-210.
[42] Atarashi R, Moore R A, Sim V L, *et al*. Ultrasensitive detection of scrapie prion protein using seeded conversion of recombinant prion protein[J]. Nat. Methods,2007,4:645-650.
[43] Austin A R, Hawkins S A C, Kelay N S, *et al*. New observations on the clinical signs of BSE and scrapie[J]. European Commission Agriculture,1994,347-358.
[44] Austin A R, Pawson L, Meek S, *et al*. Abnormalities of heart rate and rhythm in bovine spongiform encephalopathy[J]. Vet. Rec. ,1997,141:352-357.
[45] B W Brunelle,A N Hamir,T Baron, *et al*. Polymorphisms of the prion gene promoter region that influence classical bovine spongiform encephalopathy susceptibility are not applicable to other transmissible spongiform encephalopathies in cattle American Society of Animal Science[J]. J. Anim Sci,2007,85:3142-3147.
[46] Bankamp A, Schad L R. Comparison of TSE,TGSE,and CPMG measurement techniques for MR polymer gel dosimetry[J]. Magnetic Resonance Imaging, 2003, 21: 929-939.
[47] Beeks M, Baldauf E, Casens S, *et al*. Western blot mapping of disease-specific amyloid in various animal species and humans with transmissible spongiform encephalopathies using a high-yield purification method [J]. J. Gen. Virol. ,1995,76:2567-2576.
[48] Belay E,Gambetti P,Schonberger L, *et al*. Creutzfeldt-Jakob disease in unusually young patients who consumed venison[J] Arch Neurol,2001,58:1673-1678.
[49] Belay E D, R A Maddox,E S Williams, *et al*. Chronic wasting disease and potential transmission to humans[J]. Emerg Infect Dis,2004,10:977-984.
[50] Bieschke J,Giese A. ,Schulz-Schaeffer, *et al*. Ultrasensitivedetection of pathological prion protein aggregates by dual-color scanning for in-Tensely fluorescent targets[J]. Proc NatlA cad SciU SA,2000,97(10):5468-5473.
[51] Billinis C, V Psychas,L Leontides,et al. Prion protein gene polymorphisms in healthy and scrapie-affected sheep in Greece[J]. J Gen Virol,2004,85:547-554.
[52] Bradley R, J W Wilesmith. Epidemiology and control of bovine spongiform encephalopathy (BSE) [J]. Br Med Bull,1991,49:912-959.
[53] Breithaup H. Mad deer-The North American version of prion disease[J]. EMBO Rep,

2002,3:1117 - 1119.
[54] Briant K N. It's mad cow:a review of analytical methodology for detecting BSE/TSE [J]. Trends in analytical chemistry,2002,21(2):82 - 89.
[55] Bruce M E, Will R G, Ironside J W, *et al*. Transmissions to mice indicate that'new variant' CJD is caused by the BSE agent[J]. Nature,1997,389,498 - 501.
[56] Caughey,Byron. Prion protein interconversions and TSE diseases[J]. Neurobiology of Aging,2000,21:209.
[57] Caughey,Byron,Chesebro, *et al*. Prion protein and the transmissible spongiform encephalopathies[J]. Trends in Cell Biology,1997,7,2:56 - 62.
[58] Chazot G, Broussole E, Lapras C I, *et al*. New variant of creutzfeldt-Jakob disease in a 26-year-old French man[J]. The Lancet,1996,347:1181.
[59] Collinge J, Sidle K C L, Mesds J, *et al*. Molecular analysis of prion strain variation and the aetiology of'new variant' CJD[J]. Nature,1996,383,685 - 690.
[60] Collins,Prof Steven J,Lawson, *et al*. Transmissible spongiform encephalopathies[J]. The Lancet,2004,363,9402:51 - 61.
[61] Comegna E. New regulations to contain BSE[J]. Informatore Agrario. 2001,57:34,19 - 20.
[62] Cooley WA,Clark JK,Ryder SJ. Evaluation of a rapid western immunoblotting procedure for the diagnosis of bovine spongiform encephalopathy (BSE) in the UK[J]. J Comp Pathol,2001,125(l):64.
[63] Dawson M. Bovine spongiform encephalopathy:a review of the UK situation[J]. Bulletin of the International Dairy Federation. 1991,No. 257,26 - 28;
[64] Dealler SF,Lacey RW. Transmissible spongiform encephalopathies:the threat of BSE to man[J]. Food Microbiology. 1990,7:4,253 - 279.
[65] Deleault N R, Harris B T, Rees J R, *et al*. From the cover:formation of native prions from minimal components in vitro[J]. Proc. Natl. Acad. Sci. USA,2007,104:9741 - 9746.
[66] Deslys J P, A Jaegly,J. Huillard d'Aignaux, *et al*. Genotype at codon 129 and susceptibility to Creutzfeldt-Jakob disease[J]. Lancet,1998,351:1251 - 1254.
[67] Diringer H, Beekes M, Ozel M, *et al*. Highly infectious purified preparations of disease-specific amyloid of transmissible spongiform encephalopathies are not devoid of nucleic acids of viral size[J]. Intervirology,1997,40:238 - 246.
[68] Dormont. Prions,BSE and food[J]. International Journal of Food Microbiology,2002, 78:181 - 189.
[69] Engling F P,Jorgenson J S,Paradies Severin I, *et al*. Evidence of animal meal in feeds [J]. Kraftfutter Feed Magazine,2000,1:14 - 17.
[70] GARCIA A F,HEINDL P,VOIGT H, *et al*. Dual nature of the infectious prion protein revealed by high pressure [J]. J Biol Chem,2005,280(11):9842 - 9847.
[71] Ghani AC,Donnelly CA,Ferguson NM, *et al*. Updated projec-scrapie cases and cull sheep from scrapie-affected farms in tions of future vCJD deaths in the UK[J]. J Comp

Pathol 2002; 127:264 - 733:1 - 4.

[72] Goldmann W, Hunter N, Martin T, *et al*. Different forms of the bovine PrP gene have five or six copies of a short G C rich element within the protein coding exon[J]. Journal of General Virology. 1991,72:1,201 -204.

[73] Grassi J,Comoy E,Simon S, *et al*. Rapid test for the preclinical post-mortem diagnosis of BSE in central nervous system tissue[J]. Vet Rec,2001,149(19):577.

[74] Green A J. Cerebrospinal fluid brain-derived proteins in the diagnosis of Alzheimer'S disease and Creutzfeldt-Jakob disease[J]. Neuropathol Appl Neurobiol,2002,28(6):427 -440.

[75] Gregori,Luisa,McCombie, *et al*. Effectiveness of leucoreduction for removal of infectivity of transmissible spongiform encephalopathies from blood[J]. The Lancet,2004,9433:529 - 531.

[76] Griffin J. K, Cashman N R. Progress in prion vaccines and immunotherapies[J]. Expert Opin Biol ther,2005,5(1):97 - 110.

[77] Haberman A M, Shlomchik M J. Reassessing the function of immune-complex retention by follicular dendritic cells[J]. Nature Rev. Immunol. 2003(3):757 - 764.

[78] Hamir A N, J M Miller, R A Kunkle, *et al*. Susceptibility of cattle to first-passage intracerebral inoculation with chronic wasting disease agent from whitetailed deer[J]. Vet. Pathol,2007,44:487 - 493.

[79] Harman J L,Silva C J. Bovine spongiform encephalopathy. Journal American Veterinary Medical Association[J]. 2009,234(1):59 - 72.

[80] Harris D. Mad cow disease and related spongiform encephalopathies[M]. Springer-verlag Berlin,New York:Heidelberg press,2004.

[81] Heaton M P, K A Leymaster, *et al*. Prion gene sequence variation within diverse groups of U. S. sheep,beef cattle,and deer[J]. Mamm Genome,2003,14:765 - 777.

[82] Heppner F L, Aguzzi A. Recent developments in prion immunotherapy[J]. Current Opinion in Immunology,2004,16(5):594 - 598.

[83] Hill A F, M Desbruslais,*et al*. The same prion strain causes nvCJD and BSE[J]. Nature,1997,389:448 - 450.

[84] Hoyle,R. The link between Creutzfeldt Jakob disease and BSE[J]. Nature Biotechnology. 1997,15(4):295.

[85] Hunter N, W Goldmann,E Marshall, *et al*. Sheep and goats:natural and experimental TSEs and factors influencing incidence of disease[J]. Arch Virol,2000,16:181 - 188.

[86] Ironside J W. Prion disease in man[J]. J Pathol,1998,186:227.

[87] J W Wilesmith, J B M Ryan, *et al*. Descriptive epidemiological features of cases of bovine spongiform encephalopathy born after July 31,1996 in Great Britain[J]. Veterinary Record 2010;167:279 - 286.

[88] Johnson C,Johnson J,Clayton M, *et al*. Prion protein gene heterogeneity in free-ranging white-tailed deer within the chronic wasting disease affected region of Wisconsin

[J]. J Wildl Dis,2003,39:576 - 581.

[89] Kurt Giles,David V. Glidden. Resistance of Bovine Spongiform Encephalopathy (BSE) Prions to Inactivation. Plos Pathogen[J]. 2008,november.

[90] Lacey R W. Mad cow disease:the history of BSE in Britain. St. Helier (United Kingdom) [J]. Cypsela Publications. 1994, 215.

[91] Laffiing AJ,Baird A,Birkett CR,et al. A monoclonal antibody that enables specific immunohistological detection of prion protein in bovine spongiform encephalopathy cases [J]. NeurosciLett,2001,300(2):99.

[92] Laurent M. Autocatalytic processes in cooperative mechanisms of prion diseases[J]. FEBS Letters. 1997; 407(1):1 - 6.

[93] M E Arnold, J B M Ryan. Estimating the temporal relationship between PrPSc detection and incubation period in experimental bovine spongiform encephalopathy of cattle [J]. Journal General Virology,2007(88):3198 - 3208.

[94] Ma J,Wollnann R,Lindquist S. Neurotoxicity and neurodi-generation: when PrP accumulates in the cytosol[J]. Science,2002,298:1781 - 1785.

[95] MacKnight C. Clinical implications of bovine spongiform encephalopathy[J]. Clinical Infectious Diseases. 2001,32:12,1726 - 1731; 37 ref.

[96] Madeiros,CA. BSE safety precautions[J]. Veterinary Record. 1989,125:3,73.

[97] McCracken R M, McIlroy S G, Denny G O, *et al*. Epidemiological studies of bovine spongiform encephalopathy in Great Britain and Northern Ireland[A]. Proceedings of a meeting held at the Queen's University,Belfast on April 4th,5th and 6th 1990. 1990, 84 -100;

[98] Moon, H W. Bovine spongiform encephalopathy: hypothetical risk of emergence as a zoonotic foodborne epidemic[J]. Journal of Food Protection. 1996; 59(10):1106 - 1111.

[99] Newgard J R,Rouse G C, M cVicker J K,et al. Novel method for detecting bovine immunoglobulin G in dried porcine plasma as an indicator of bovine plasmacontamination [J]. J Agric Food Chem,2002,50(11):3094.

[100] Nielsen K,Widdison J,Balachandran A, *et al*. Failure to demonstrate involvement of antibodies to Acinetobacter calcoaceticus in transmissible spongiform encephalopathies of animals[J]. Veterinary Immunology and Immunopathology,2002,89:97 - 205.

[101] Nielsen K,Widdison J, Balachandran A, *et al*. Failure to demonstrate involvement of antibodies to Acinetobacter calcoaceticus in transmissible spongiform encephalopathies of animals[J]. Veterinary Immunology and Immunopathology,2002,89:197 - 205.

[102] Parveen I,Moorby J,Allison G, *et al*. The use of non-prion biomarkers for the diagnosis of transmissible spongiform encephalopathies in the live animal[J]. Vet. Res. 2005,36:665 - 683.

[103] Patrik Brundin,Ronald Melki, Ron Kopito. Prion-like transmission of protein aggregates in neurodegenerative diseases[J]. Nat Rev Mol Cell Biol. 2010 April; 11(4): 301 - 307.

[104] Pattison I H. Origins of BSE[J]. Veterinary Record. 1991,128:11,262 - 263.

[105] Prusiner S B. Molecular biology and pathogenesis of prion diseases. Trends in Biochemical Sciences. 1996, 21(12):482 - 487.

[106] Prusiner S B. Prions[J]. Proc Natl Acad Sci USA. 1998,95:13363 - 13383.

[107] Qingzhong Kong, Mengjie Zheng. Evaluation of the Human Transmission Risk of an Atypical Bovine Spongiform Encephalopathy Prion Strain[J]. Journal of Virology. 2008(82):3697 - 3701.

[108] Rasmussen, SB. Bovine spongiform encephalopathy[J]. Dansk Veterinaertidsskrift, 1989,72:11,637 - 640.

[109] Raymond G J, A Bossers, *et al*. Evidence of a molecular barrier limiting susceptibility of humans, cattle and sheep to chronic wasting disease[J]. The EMBO J, 2000, 19: 4425 - 4430.

[110] Saa P, Castilla J, Soto C. Ultra-efficient replication of infectious prions by automated protein misfolding cyclic amplification[J]. J. Biol. Chem, 2006, 281:35245 - 35252.

[111] Saborio G P, Bruno P. Claudio Soto. Sensitive detection of pathological prion protein by cyclic amplification of protein misfolding[J]. Nature, 2001, 41 1:810 - 813.

[112] Saborio G P, Permanne B, Soto C. Sensitive detection of pathological prion protein by cyclic amplification of protein misfolding[J]. Nature, 2001, 411:810 - 813.

[113] Schmerr M J, Jenny A. A diagnostic test for scrapie infected sheep using a capillary electrophoresis immunoassay with fluorescent-labeledpeptides[J]. Electro Phoresis, 1998, 19(3):409-414.

[114] Schrnerr M J, Jenny A. Cutlip RC. Use of capillary sodiumdodecyl sul-fategel electrophoresis to detect the prion protein extracted from scrapie infected sheep[J]. J Chromatogr Biomed Sci App 1, 1997, 12, 697(122):223 - 229.

[115] Schudel A A, Carrillo BJ. Bovine spongiform encephalopathy (BSE)[J]. Veterinaria Argentina. 1990, 7:69, 634, 636 - 637.

[116] Simmons M M, Spiropoulos J, Hawkins S A C, *et al*. Approaches to investigating transmission of spongiform encephalopathies in domestic animals using BSE as an exemple[J]. Vet. Res, 2008, 39:34.

[117] Soto C, Anderes L, Suardi S, *et al*., Pre-symptomatic detection of prions by cyclic amplification of protein misfolding[J]. FEBS Lett, 2005, 579:638 - 642.

[118] Stack M, Jeffrey M, Gubbins S, *et al*. Monitoring for bovine spongiform encephalopathy in sheep in Great Britain[J]. J. Gen. Virol, 2006, 87:2099 - 2107.

[119] Stack M J, Chaplin M J, Clark J. Differentiation of prion protein glycoforms from naturally occurring sheep scrapie, sheep-passaged scrapie strains (CH1641 and SSBP1), bovine spongiform encephalopathy (BSE) cases and Romney and Cheviot breed sheep experimentally inoculated with BSE using two monoclonal antibodies[J]. Acta Neuropathol, 2002, 104:279 - 286.

[120] Stober M. Bovine spongiform encephalopathy (BSE) present state of knowledge and

control measures[J]. Deutsche Tierarztliche Wochenschrift. 1990,97:12,540 - 544.

[121] Sxhaler O,Fatzer R,Stack M, *et al*. Validation of a Western immunoblotting procedure for bovine PrP detection and its use as a rapid surveillance method for the diagnosis of bovine spongiform encephalopathy. [J]. Acta Neurophol,1999,98:437 - 443.

[122] Taylor D M. Bovine spongiform encephalopathy and human health. Veterinary-Record. , 1989,125:16,413 - 415.

[123] Tirmenstein Mark A, Watson Brain W, Haar Nancy C, *et al*. Sensitive method for measuring tissue α-tocopherol and α-tocopheryloxybutyric acid by high-performance liquid chromatography with fluorometric detection[J]. Biomedical Sciences and Applications,1998,707:308 - 311.

[124] Torsten Seuberlich,Catherine Botteron,Sylvie L. Benestad, *et al*. Atypical scrapie in a swiss goat and implications for transmissible spongiform encephalopathy surveillance [J]. Journal of Veterinary Diagnostic Investigation,2007,19(1):2 - 8.

[125] Tsui,Alber. Diagnostics for conditional heteroscedasticity models[J]. Mathematics and Computers in Simulation,2004,64:113 - 119.

[126] Wadsworth JD,Joiner S,Hill A F, *et al*. Tissue distribution of protease resistant prion protein in variant creualeldt-Jakob disease using A highly sensititive immunoblotting assay[J]. Lancet,2001,358(9277):164.

[127] Warwicker J. Species barriers in a model for specific prion protein dimerisation. Biochemical and Biophysical[J]. Research Communications. 1997,232(2):508 - 512.

[128] Westaway D, P A Goodmann,C A Mirenda, *et al*. Distinct prion proteins in short and long scrapie incubation period mice[J]. Cell,1987,51:651 - 662.

[129] Wilesmith JW, Wells GAH, Cranwell Mp, *et al*. Bovine spongiform encephalopathy: epidemiological studies[J]. Veterinary Record. 1988,123:25,638 - 644.

[130] Winter MH,Aldridge BM,Scott PR, *et al*. Occurrence of 14 cases of bovine spongiform encephalopathy in a closed dairy herd[J]. British Veterinary Journal. 1989,145: 191 - 194.

[131] Wopfner F, G Weidenhöfer, R Schneider, *et al*. Analysis of 27 mammalian and 9 mvian PrPs reveals high conservation of flexible regions of the prion protein[J]. J Mol Biol,1999,289:1163 - 1178.

[132] Wrathall A E. Risks of transmission of spongiform encephalopathies by reproductive technologies in domesticated ruminants[J]. Livestock Production Science,2000,62(3): 287 - 316.

第6章

羊 痒 病

6.1 概　　述

羊痒病历史悠久，迄今已有260多年的记载，是最早所知的传染性海绵状脑病，多发于绵羊和山羊，目前在世界许多地方流行。典型的绵羊痒病作为传染性海绵状脑病的模型，最早于1732年在英国的大不列颠被发现。非典型的羊痒病于1998年在挪威被确认，但是在此之前在英国和其他地区已经有报道，英国的非典型病例最早可以追溯到1987年。

1732年，欧洲英格兰的绵羊发生了一种怪病，这种病能引起绵羊和山羊发生一种缓慢发展的致死性中枢神经系统疾病，主要临床症状表现为患病羊只出现共济失调、麻痹、衰弱和严重的皮肤瘙痒，病畜死亡率100%，该病被人们命名为羊痒病(scrapie)。自此，羊痒病开始广泛传播。在法国，第一例疑似病例发生在1883年，但是没有发现脑部的空泡变化。1936年，科学家们将患病绵羊的脑脊液通过细菌滤器除菌处理后经眼内接种健康绵羊，经过14～22个月的潜伏期后发生了羊痒病，以此证明了羊痒病具有传染性。1939年，英国因福尔马林灭活的羊跳跃病疫苗被羊痒病致病因子污染而导致大批羊发生痒病。1946年，在使用羊脑组织灭活苗(甲醛灭活)预防羊跳跃病时，由于未察觉出制苗用的绵羊为痒病患畜，这批疫苗注射后2年，有1 500头绵羊死于痒病，引起世界震惊。这种带痒病病原的疫苗可能是造成羊痒病大量发生的一种原因。1755年，羊痒病的广泛传播，成为当时苏格兰、英格兰、冰岛、法国、德国等国家或地区的一个严重的问题。美国1947年发现羊痒病，曾投入大量的精力和财力设法予以根除，但至今仍有发生。

痒病又称慢性传染性脑炎，又名驴跑病、瘙痒病、震颤病、摩擦病或摇摆病，其是由朊病毒引起的成年绵羊和山羊的一种慢性发展的中枢神经系统变性疾病。主要表现为高度发痒，进行性的运动失调、衰弱和麻痹。通常都经过数月而死亡，因此很少见于18个月以下的羊只。

6.1.1 痒病在世界各国的分布

自然痒病已经存在两个半世纪以上，分布相当广泛。痒病原是欧洲国家的地方病，特别是在西欧国家很流行，最早的病例来源于18世纪到19世纪的英国和德国，尽管有证据表明18世纪之前在北欧和奥匈地区就有痒病存在。历史上关于痒病的记录，英国是在1732年，德国是在1759年。18世纪到19世纪期间，痒病在英国和欧洲大陆的很多羊群中都存在。后来随着人们对羊毛产量的大大需求和羊群的频繁运输，疫病蔓延到了全世界范围内（表6.1）。

表6.1 由于运输病羊导致发生过羊痒病的国家

时间	国 家	时间	国 家
1878	冰岛	1938	加拿大
1947	美国	1952	新西兰
1952	澳大利亚	1958	挪威
1961	印度	1963	比利时
1964	匈牙利	1966	南非
1970	肯尼亚	1973	德国
1976	意大利	1977	巴西
1979	也门	1988	瑞典
1988	塞浦路斯	1990	日本

在20世纪20年代到50年代之间，羊痒病成为英国萨福克羊的主要疾病，造成了巨大的经济损失。瑞典2004年有该病发生的报道，加拿大、美国、巴西、埃塞俄比亚、日本都有本病的存在，以色列从1993年就有本病的发生，20世纪50年代，澳大利亚和新西兰有本病的报道，然而这些国家通过严格的健康措施，现在已经是"无痒"国家，南非上一次报道痒病的发生在1972年，至今没有类似的报道。很多国家没有痒病的发生，一些国家这方面的信息不完整，因此不同国家组织调查活动的强度和有效性有很大的区别。

根据OIE公布的疫情资料和有关资料，目前全世界已有30多个国家或地区曾发生过羊痒病。我国1983年从进口的羊中发现痒病，并迅速进行了扑杀和销毁处理，再没有发病的报道。

参照OIE官方网站的数据和资料，总结了世界范围内的各个国家羊痒病疫病状况表，其中包括从未发生羊痒病的国家或地区、在报道期间未发生疫病的国家或地区、有痒病感染病例存在但是没有临床症状的国家或地区、存在痒病临床感染病例和疫病局限在特定区域内的国家或地区名单（表6.2、表6.3、表6.4、表6.5、表6.6）。

表 6.2 从未发生羊痒病的国家或地区

国家或地区	最新报道日期	监　测
阿富汗	7—12 月,2010	无特定监测
安道尔	7—12 月,2007	无特定监测
安哥拉	7—12 月,2010	无特定监测
阿根廷	1—6 月,2010	大体监测
巴林	7—12 月,2009	无特定监测
孟加拉	1—6 月,2010	无特定监测
巴巴多斯岛	7—12 月,2007	无特定监测
伯利兹城	7—12 月,2010	大体监测
不丹	1—6 月,2010	无特定监测
玻利维亚	1—6 月,2010	无特定监测
波斯尼亚和黑塞哥维那	7—12 月,2010	无特定监测
喀麦隆	7—12 月,2009	无特定监测
开曼群岛	7—12 月,2006	大体监测
中非共和国	7—12 月,2010	无特定监测
智利	7—12 月,2010	无特定监测
中国	1—6 月,2010	大体和靶向监测
中国台北	1—6 月,2010	靶向监测
哥伦比亚	1—6 月,2010	无特定监测
科索沃	7—12 月,2009	无特定监测
哥斯达黎加	7—12 月,2010	无特定监测
克罗地亚	1—6 月,2010	无特定监测
古巴	1—6 月,2010	无特定监测
丹麦	7—12 月,2010	大体和靶向监测
吉布提	7—12 月,2010	无特定监测
多米尼加	1—6 月,2010	大体监测
厄瓜多尔	1—6 月,2010	无特定监测
埃及	7—12 月,2010	无特定监测
萨尔瓦多	1—6 月,2010	无特定监测
爱沙尼亚	7—12 月,2010	靶向监测
埃塞俄比亚	7—12 月,2010	大体监测
斐济	7—12 月,2008	无特定监测
马其顿	7—12 月,2010	大体监测
法属波利尼西亚	7—12 月,2010	无特定监测

续表 6.2

国家或地区	最新报道日期	监　测
格鲁吉亚	7—12 月,2010	无特定监测
格陵兰	7—12 月,2009	无特定监测
瓜德罗普岛	7—12 月,2010	大体和靶向监测
危地马拉	1—6 月,2010	无特定监测
几内亚	7—12 月,2010	无特定监测
圭亚那	1—6 月,2010	大体监测
海地	7—12 月,2010	无特定监测
洪都拉斯	1—6 月,2010	无特定监测
中国香港	1—6 月,2010	无特定监测
印度	1—6 月,2010	大体监测
印度尼西亚	7—12 月,2009	无特定监测
伊朗	7—12 月,2009	无特定监测
伊拉克	7—12 月,2008	无特定监测
牙买加	1—6 月,2010	无特定监测
约旦	1—6 月,2010	无特定监测
哈萨克斯坦	7—12 月,2010	无特定监测
肯尼亚	1—6 月,2010	大体和靶向监测
科威特	1—6 月,2010	无特定监测
吉尔吉斯斯坦	1—6 月,2008	大体和靶向监测
老挝	7—12 月,2009	无特定监测
拉脱维亚	7—12 月,2010	大体监测
黎巴嫩	1—6 月,2010	无特定监测
莱索托	7—12 月,2010	无特定监测
利比亚	1—6 月,2010	无特定监测
立陶宛	7—12 月,2010	大体监测
马达加斯加	1—6 月,2010	无特定监测
马拉维	7—12 月,2010	无特定监测
马来西亚	7—12 月,2010	大体监测
马尔代夫	7—12 月,2010	无特定监测
马耳他	7—12 月,2008	无特定监测
毛里求斯	1—6 月,2010	无特定监测
墨西哥	1—6 月,2010	靶向监测
密克罗尼西亚	7—12 月,2009	无特定监测
摩尔达维亚	7—12 月,2010	大体监测
蒙古	1—6 月,2010	大体监测

续表 6.2

国家或地区	最新报道日期	监　测
摩洛哥	1—6 月,2010	无特定监测
缅甸	1—6 月,2010	无特定监测
尼泊尔	1—6 月,2010	无特定监测
新喀里多尼亚	7—12 月,2010	无特定监测
尼加拉瓜	7—12 月,2010	无特定监测
尼日利亚	1—6 月,2010	大体监测
巴拿马	7—12 月,2010	无特定监测
巴拉圭	1—6 月,2010	无特定监测
秘鲁	1—6 月,2010	无特定监测
菲律宾	7—12 月,2009	无特定监测
波兰	1—6 月,2010	大体和靶向监测
萨摩亚群岛	1—6 月,2010	大体监测
圣马力诺	7—12 月,2010	无特定监测
塞舌尔	7—12 月,2010	大体监测
新加坡	7—12 月,2010	无特定监测
斯里兰卡	1—6 月,2010	无特定监测
圣文森和格林纳斯	7—12 月,2010	无特定监测
苏丹	7—12 月,2010	无特定监测
苏里南	7—12 月,2008	无特定监测
斯威士兰	7—12 月,2010	大体监测
多哥	7—12 月,2010	无特定监测
特立尼达和多巴哥	1—6 月,2008	无特定监测
突尼斯	1—6 月,2010	大体监测
乌克兰	1—6 月,2010	大体监测
阿拉伯	7—12 月,2009	无特定监测
乌拉圭	7—12 月,2010	大体和靶向监测
乌兹别克斯坦	1—6 月,2008	无特定监测
瓦努阿图	7—12 月,2009	无特定监测
委内瑞拉	7—12 月,2009	无特定监测
越南	7—12 月,2009	大体监测
沃利斯和富图纳群岛	7—12 月,2007	大体监测
赞比亚	1—6 月,2010	无特定监测
津巴布韦	1—6 月,2010	无特定监测

表 6.3 在报道期间未发生疫病的国家或地区

国家或地区	最新报告日期	家养动物		野生动物	
		监测状况	最后出现的日期	监测状况	最后出现的日期
澳大利亚	1—6 月,2010	大体和靶向监测	1952	大体和靶向监测	1952
奥地利	1—6 月,2010	无特定监测	2000	无特定监测	—
阿塞拜疆	7—12 月,2010	无特定监测	—	无特定监测	—
巴西	1—6 月,2010	大体监测	12/2009	大体监测	—
保加利亚	7—12 月,2010	无特定监测	06/2010	无特定监测	—
捷克	7—12 月,2010	靶向监测	2008	无特定监测	—
加蓬	7—12 月,2010	无特定监测	—	无特定监测	—
加纳	7—12 月,2010	无特定监测	—	无特定监测	—
以色列	1—6 月,2010	大体监测	2008	无特定监测	—
日本	7—12 月,2009	大体和靶向监测	04/2005	无特定监测	—
朝鲜	1—6 月,2010	无特定监测	—	无特定监测	—
列支敦士登	7—12 月,2010	大体监测	—	大体监测	—
黑山共和国	7—12 月,2010	无特定监测	—	无特定监测	—
纳米比亚	7—12 月,2010	无特定监测	—	无特定监测	—
新西兰	7—12 月,2010	大体和靶向监测	1954	大体和靶向监测	1954
巴勒斯坦	7—12 月,2010	无特定监测	12/2009	无特定监测	—
卡塔尔	1—6 月,2010	无特定监测	—	无特定监测	—
塞尔维亚	7—12 月,2010	无特定监测	—	无特定监测	—
斯洛文尼亚	7—12 月,2010	无特定监测	06/2010	无特定监测	—
索马里	7—12 月,2010	无特定监测	—	无特定监测	—
南非	7—12 月,2009	大体监测	1972	大体监测	1972
瑞典	1—6 月,2010	大体监测	1986	无特定监测	—
瑞士	7—12 月,2010	大体监测	05/2005	大体监测	—
叙利亚	7—12 月,2010	大体监测	—	无特定监测	—

表 6.4 有痒病感染病例存在但是没有临床症状的国家或地区

国家或地区	最新报道日期	家 养	野 生
芬兰	7—12 月,2010	√	×
德国	7—12 月,2010	√	×
爱尔兰	7—12 月,2010	√	×
挪威	7—12 月,2010	√	×
罗马尼亚	1—6 月,2010	√	×
斯洛伐克	7—12 月,2010	√	×

表 6.5 存在痒病临床感染病例的国家或地区

国家或地区	最新报道日期	家 养	野 生
加拿大	7—12 月,2010	√	×
塞浦路斯	1—6 月,2010	√	×
希腊	7—12 月,2009	√	×
冰岛	7—12 月,2010	√	×
意大利	1—6 月,2010	√	×
荷兰	1—6 月,2010	√	×
西班牙	1—6 月,2010	√	×
大不列颠	1—6 月,2010	√	×
美国	1—6 月,2010	√	×

表 6.6 疫病局限在特定区域内的国家或地区

国家或地区	最新报道日期	家 养	野 生
法国	1—6 月,2010	√	×
匈牙利	1—6 月,2010	√	×
葡萄牙	7—12 月,2010	√	×

世界各国对于羊痒病的控制措施(application of control measures)包括法定疫病级别(notifiable disease)、监测级别(monitoring)、大体监测(general surveillance)和靶向监测(targeted surveillance)等级别。图 6.1 至图 6.4 为不同级别的分布图。

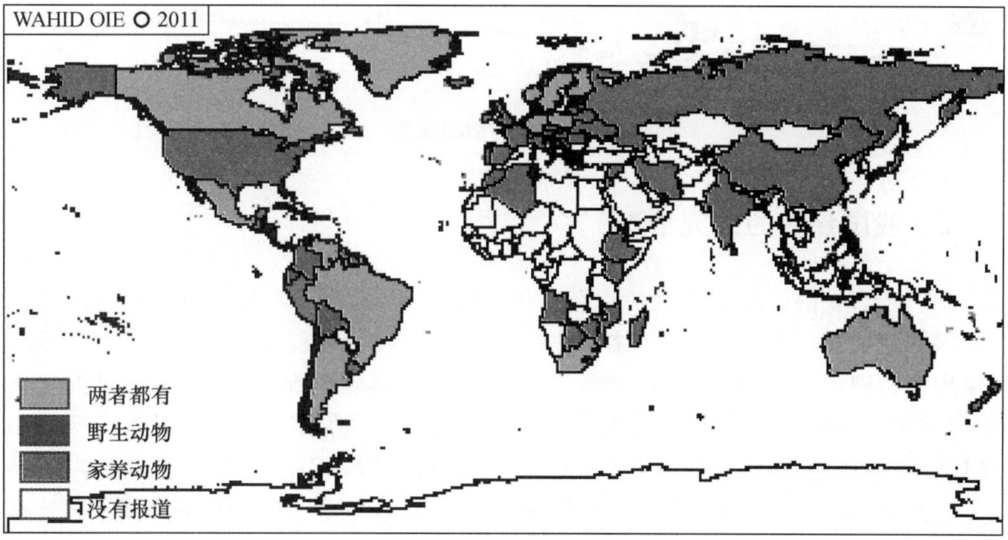

图 6.1 法定疫病级别

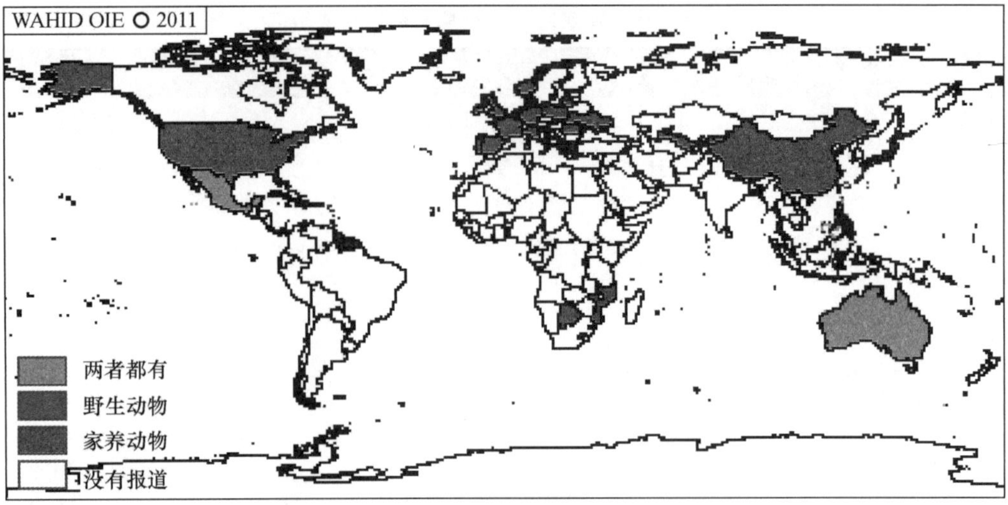

图 6.2　监测级别

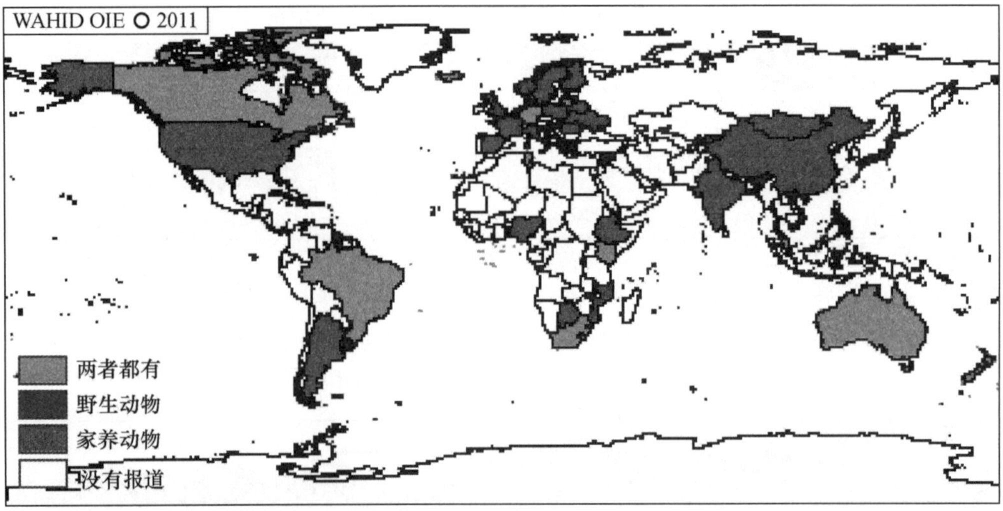

图 6.3　大体监测级别

6.1.2　我国痒病的研究情况

从 2002 年起，我国着手进行对动物海绵状脑病的 P3 实验室和相关检测实验室的建设和改造。中国农业大学国家动物海绵状脑病检测实验室及其他实验室连续 7 年承担了我国疯牛病和羊痒病的监测任务，对我国羊群进行了广泛的流行病学调查研究，做了大量的实验室工作，在我国首次发现痒病疑似病例，取得了突破性的进展，并在 2003 年 10 月 209 次香山科学会议(朊病毒与人畜构象病的研究进展及对策)上汇报、交流，引起 7 位院士的肯定和高度重视。相关实验室每年都进行 BSE 和羊痒病的病理组织学和分子病理学的筛查工作，迄今为止，未有羊痒病阳性病例发现的报道。

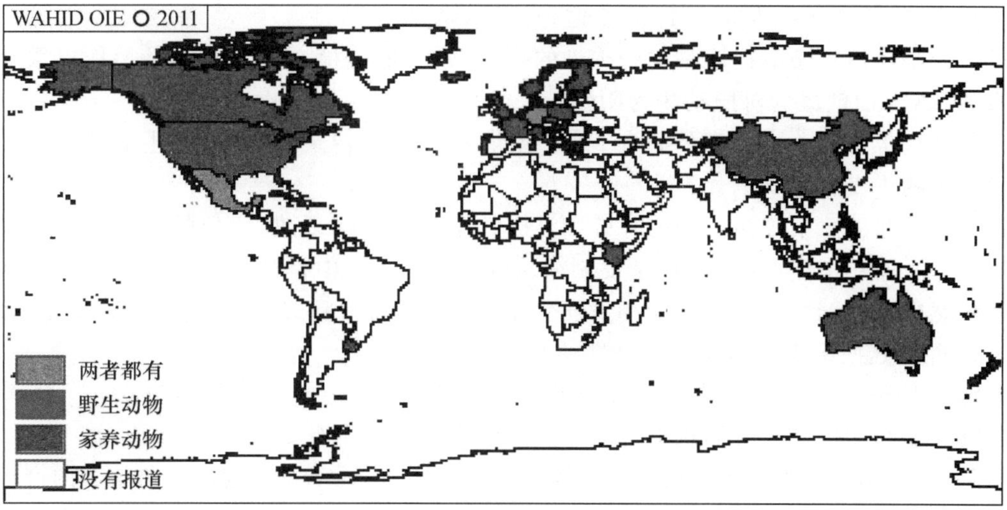

图 6.4 靶向监测级别

6.1.3 羊痒病病原

现在普遍接受的观点是：羊痒病的致病因子是瘙痒病相关纤维（scrapie-associated fibrils, SAF），这种纤维源自正常宿主编码蛋白的 prion 蛋白，分子质量为 27～30 ku，SAF 在电镜下观察大小为 50～200 nm，其核心部分是 4 nm 的细小纤维状物质。Prion 蛋白是具有蛋白酶抗性的，也不能被一般理化因子破坏。例如，紫外线和离子辐射的长时间照射也不能使其灭活。朊病毒对热的抵抗力也很强，在 80℃下加热 30 min，其感染性无明显改变。患病动物的脑组织悬液煮沸 3 h 后，感染滴度虽然有所降低，但仍然具有感染性；在 103.42 kPa 121℃蒸汽中高压 60 min，也不能使其完全灭活，脑内接种仍可使绵羊发病。在实验中，脑组织匀浆后 360℃灭菌 1 h，感染滴度虽大幅度下降，但仍未完全灭活，在进行 10 倍稀释后仍可感染实验小鼠。在外界环境中一般条件下可以存活若干年。用 20%福尔马林溶液将痒病因子在 37℃处理 18 h，0.35%福尔马林溶液处理 3 个月，仍不完全失活。室温条件下，该物质在 10%～12%福尔马林溶液中可存活 28 个月。经 10%福尔马林溶液固定数周包埋于石蜡中的痒病脑组织，18 个月脱蜡后仍有感染性。感染的脑组织经福尔马林溶液固定 48 h，再高压蒸汽消毒（134℃，30 min）感染滴度仅下降 log1.8 LD_{50}；不固定，直接高压蒸汽消毒感染滴度可下降 log5.3 LD_{50}；先高压蒸汽消毒再固定则可使感染滴度下降 log6.8 LD_{50}。感染的脑组织在 4℃下经 12.5%戊二醛或 19%过氧乙酸作用 16 h 也不完全失活。在 100%乙醇内置于 20℃下，经 2 周仍有感染性。

朊病毒对于一些有机溶剂的抵抗力也很强。例如，用乙醚、丙酮或氯仿等溶剂处理朊病毒后，虽然可使感染滴度降低，但不完全失活，仍然能够感染小鼠。5 mol/L 的氢氧化钠、90%苯酚、5%次氯酸钠、碘酊、6～8 mol/L 的尿素、1%十二烷基磺酸钠对痒病病原体有很强的灭活作用。此外，它对 β-丙内酯和对非离子清洁剂，如 NP40，去氧胆酸钠有很强的抵抗力。

痒病相关纤维有两种存在方式，即Ⅰ型纤维和Ⅱ型纤维。Ⅰ型纤维的直径为 11～14 nm，由两根直径 4～6 nm 的原纤维互相螺旋盘绕而形成，螺距为 40～80 nm。Ⅱ型纤维直径为 29～34 nm，由 4 根相同的原纤维组成，各根原纤维之间间隙为 3～4 nm，每 100～120 nm 出现一个狭窄区，狭窄处直径为9～11 nm。这种纤维具有如下特性：

①无论是自然感染动物还是实验感染的痒病动物，电镜检查其脑和脊髓抽样提取物均可以观察到SAF，而健康的对照动物为阴性。

②传统病毒（如semliki森林病毒M突变株、嗜神经反转录病毒等）诱生的动物海绵状脑病的脑抽提物中没有SAF。

③皮下或腹腔感染痒病动物的脾脏和淋巴结中虽然无病理改变，但是抽提物中可以检测到SAF，因为这些组织是羊痒病因子复制或从外周组织进入中枢神经系统的途径。

④被感染动物脑组织出现病变和发病之前，脑组织和脾脏提取物中既存在SAF，且出现SAF的时间与这些组织开始具有感染性的时间相吻合。

⑤SAF的纯化程度越高，抽提物的感染滴度就会越大。

⑥其他动物的传染性海绵状脑病的抽提物中都已经证实有SAF的存在。

可见，痒病相关纤维是传染性海绵状脑病的致病因子，而不是病理改变条件下的产物。将不同来源的羊痒病病原接种小鼠，产生的疾病并不完全相同，说明羊痒病的病原体有多种病原株。研究进一步发现，因病原株的不同，受感染动物组织病理改变的变化也不同。至今，已有22种羊瘙痒病致病株被鉴定。

分子生物学方法已经被用于分离绵羊的痒病因子，目的是看是否有证据来证明痒病是由BSE因子引起的，但迄今还没有找到证据。这与Bruce在欧盟委员会的报道一致。他把在BSE流行时期从英国绵羊分离到的几个分离物进行株型分类，但是没有一个因子具有BSE特性。Somerville于1997年用生物化学方法对几种痒病毒株进行分型后得出结论：在控制实验条件的情况下PrP糖基比率可用于区别不同型株，尽管有一些株之间存在重复。然而，他们也认为，跟其他株一样，该比率在原代或传代后可能改变，因此不一定能反映祖代株的特性。今后分子学方法在绵羊痒病中的应用会取得进展，但目前对不同因子以及在实际中应用确切的方法来判定绵羊中这些因子与不同PrP基因间如何作用还了解甚少。

研究发现，在自然感染羊痒病的绵羊和试验性感染羊痒病的山羊体内，不同组织的易感性也存在差异。在自然感染痒病的绵羊体内，易感性最高的组织是脑和脊髓，易感性中等的是淋巴结、脾、扁桃体、回肠、盲肠以及外周神经，易感性较低的是脑脊液、坐骨神经、脑垂体、鼻腔黏膜、肾上腺、胰腺、肝、骨髓、胸腺和乳腺淋巴结等，没有受到感染的组织有血结、腮腺、颌下腺、舌下腺、甲状腺、心脏、肺、肾、骨骼肌、乳腺、睾丸。在试验性感染痒病的山羊体内（脑内和皮下接种），易感性最高的组织是脑和脊髓，易感性中等的是咽喉淋巴结、肩前淋巴结、股前淋巴结、脾、扁桃体和肾上腺，易感性较低的是脑脊液、坐骨神经、脑垂体、鼻腔黏膜、回肠、盲肠、结肠、肝等，没有受到感染的组织是血结、唾液腺、甲状腺、心、肺、肾、骨骼肌、骨髓、胰腺等。

在自然感染羊痒病的羊淋巴网状系统内，不同品种的羊PrP^{Sc}出现的时间不同，Romanov绵羊出现在2月龄，Texel和Swifter绵羊出现在4月龄，而Suffolk绵羊直到8月龄才出现。病原从淋巴网状系统转移到神经系统的方式尚不清楚。最近有研究发现，在易感品种绵羊的从食管到直肠的肠神经系统内检测到了PrP^{Sc}；在易感性较低的绵羊体内，前胃、小肠和大肠检测到了PrP^{Sc}，食管内没有发现；在绵羊和山羊的全血或血浆内没有分离到痒病病原。表明病原在淋巴网状系统复制后，通过靶神经，如内脏植物性神经纤维，扩散到中枢神经系统。但是必须注意，在绵羊或山羊的某些组织、分泌物或粪便内没有检测到病原，并不说明病原不存在，可能存在的量少或检测方法不灵敏所致。

Andreoletti(2000)和他的同事对自然感染的 Romanov 绵羊进行了细致的研究，发现病原通过口腔途径感染，是从回肠的集合淋巴结进入的，最早在集合淋巴结和与肠相关的淋巴组织内检测到病原。通过淋巴/血液通路在次级淋巴网状系统内复制和传播。流行病学发现，较小的反刍动物易感 TSEs，这与幼龄和老龄动物肠淋巴组织的活性以及大分子物质穿过肠壁的结构不同一致。但是这并不排除其他的传播途径，如通过破损的皮肤、结膜等。

羊痒病的起源一直是个争议的话题。有 3 种假说阐述了其可能的致病机理(表 6.7)。目前，关于痒病因子的结构问题被科学界普遍接受的是 PrP^{C} 蛋白结构假说，研究表明 PrP^{C} 的基因结构及其编码蛋白的序列是高度保守的。人、仓鼠、小鼠、绵羊、牛、水貂之间 PrP^{C} 的同源性高于 80%。已经被测定的非灵长类动物和人的 PrP^{C} 氨基酸同源性为 92.9%～99.6%。发生替代的位置是 PrP^{Sc} 二级结构和三级结构提供特殊信息的位置。借助光学方法研究表明 PrP^{C} 和 PrP^{Sc} 在氨基酸序列上完全一致，仅在三级结构上有所不同；PrP^{C} 具有 40%α 螺旋，没有 β 折叠，而传染性的 PrP^{Sc} 具有 43%的 β 折叠。多个 β 折叠使之溶解度降低，抗蛋白酶水解能力增强，更容易在胞内聚集成淀粉样斑状结构。在三级结构上的差别，使得 PrP^{Sc} 在标准条件下能部分抵抗蛋白酶 K 的消化，而 PrP^{C} 则被蛋白酶 K 完全消化。

表 6.7 关于羊痒病起源的 3 种假说

假说	感染物质	复制模式	支持的观点	反对的观点
Prion	唯一蛋白质	反向运输，蛋白直接合成或者宿主反转录的诱导	重组的朊蛋白具有传染性	没有考虑一些品系的毒种及变异性
Virino	蛋白质和核酸；宿主编码的蛋白质和具有调节作用的核酸	宿主酶编码的核酸作为模板		缺少特异性的核酸
Virus	蛋白质和核酸；病毒特异性的核酸编码蛋白	相当于标准的病毒	PrP^{Sc} 和感染性不相关	缺少免疫反应，对物理和化学物质具有极强的抵抗力，没有候选的病毒

6.1.4 非典型性羊痒病

经典的羊痒病(classical scrapie，CS)，又被称为典型性羊痒病，是感染小反刍动物的慢性传染性神经退行性疾病，其病理表现为脑部空泡化和具有蛋白酶抗性的蛋白物质沉着，同 BSE 以及 CJD 一样，隶属于 TSEs 的范畴，这种疾病以渐进性的方式贯穿于整个病程，最终导致神经系统的退行性的变化。全世界范围内除了澳大利亚和新西兰以外，几乎都有经典的羊痒病分布。欧洲的羊群也极有可能被暴露在疯牛病感染的环境中。自然条件下发生的羊痒病是不是由于接触了疯牛病的感染物质，这种可能性并不能排除。在实验条件下，BSE 感染物质可以在羊群中进行水平传播，如果在常规的饲养模式下发生这种传播，BSE 感染因子就可能长期的存在于羊群中，对公众健康和安全产生极大的威胁。

非典型性羊痒病(atypical scrapie)也存在了相当长的时间,但是确诊是1998年在挪威的羊群中,发现了这种新的TSE类型,就是被称为Nor98的羊痒病,又被称为非经典型的羊痒病(nonclassical scrapie)。从1998年起,在欧洲的每一个国家都几乎发生过相似的病例,包括澳大利亚、加拿大、马尔维纳斯群岛、新西兰和美国。美国的第一例确诊时间是2007年。非经典的和经典的羊痒病一样,都不会对人类健康产生很大的威胁。欧盟引进了主动监测体系,并从2002年开始用以针对性的检测快速增长的非经典型的羊痒病病例。在某些采用OIE推荐方法无效的地区,在采用不同快速诊断方法检测 PrP^{Sc} 的时,发现非典型性的病例检测结果具有差异性。区别之一就是发现脑部的病理学变化和 PrP^{Sc} 的沉积部位,与经典型的相比,非典型性的 PrP^{Sc} 更多的沉积在小脑和皮质区,而不是脑干部位,而且外周组织中没有发现 PrP^{Sc}。具有AHQ或者AF141RQ基因的羊群可能与这种疾病的发生相关。在2005年,欧洲食品安全部门提出了区分典型性和非典型性羊痒病的方法,经典羊痒病的检测方法为Bio-Rad TeSeE (test A);Bio-Rad TeSeE Sheep/Goat(test G);IDEXX Herd-Check BSE-Scrapie Antigen Test Kit (test F);Enfer TSE Test v. 2.0 (test C);InPro CDI-5,Institut Pourquier Scrapie Test;Prionics Check LIA Small Ruminants (test D);Prionics Check WB Small Ruminants (test B),检测样品取自于脑干部位。检测非典型性羊痒病的病例,同上述方法,test D用以检测小脑样品,tests A,Fand G检测脑干样品。

经典和非经典的羊痒病是完全不同的两种疾病,具有独特特征(表6.8)。2009年,OIE

表6.8 非典型羊痒病与经典羊痒病的区别

比较项目	非典型性羊痒病	经典羊痒病
传染性	在自然条件下,完全暴露在感染环境下,低传染性或者不具有传染性;科学家认为非典型性病例的发生是由于随机性的正常蛋白构象改变引起的(类似于散发性)	隶属传染性疾病,在自然感染条件下,能够传染给其他山羊或者绵羊
分布	在很多国家都有发生,这些国家都采用了敏感方法进行精细监测。在不同的羊群中都有发现,极有较强的随机性	在非典型病例发生的一些国家,没有发现典型性病例。经典型病例通常呈片状或者束状发生
在某个羊群中的感染数量	在一个羊群中,很少有多于一个病例同时发生。如果同群中有两个病例发生,羊群通常大于500只	经典的羊痒病通常感染同群中2只以上的羊
临床发病动物的平均年龄	临床症状记录很少,通常是在屠宰时发现的,通常大于5岁	3~5岁是发病的高峰期
临床症状	临床记录极少被报道。另外,瘙痒等症状基本没有出现过	频繁瘙痒,神经症状
对抗疾病的基因型的变异	没有发现极有保护性的基因型	有的羊具有经典羊痒病抗性的基因型,但是有可能发生非典型痒病

鉴于实验室的发现，包括建议将非典型性羊痒病作为独立的疾病。这就意味着非典型性痒病是一种不必向 OIE 报告的疾病，而且不纳入到交易的检测范畴内。

如果发现了非典型性羊痒病病例或者追溯到某个农场的某个羊群，必须采取相应的手段进行控制。农场主需要寻求联邦或者国家兽医的帮助。①确诊阳性动物。②告知农场主关于羊痒病的资料以及控制措施。③检查阳性动物是不是在本群内所生或者有生育后代，如果有的话，兽医需要协助国家动物安全权威部门，在确诊之前保证阳性动物不能转移；帮助农场制定长达五年的羊群监测计划；在确诊之前，将同群的其他羊只进行打耳标处理。④确诊为阳性的动物将归类于低风险暴露动物，允许农场主进行转移处理或者买卖。

6.2 流行病学

6.2.1 传染源

研究认为，出现临床症状前的羊可能是传染源，但尚不清楚某些动物是否成为携带者，即已经感染、携带病原但还没有出现临床症状。最近的大多数研究表明，小鼠携带了仓鼠的 263K 痒病病原，大约在一年内没有病原复制的现象，也没有 PrP^{Sc} 出现，然后进入病原适应和复制期。在大多数病例中，病原活性期也没有检测到 PrP^{Sc}，因此在根除痒病的育种计划中，确定是否有病原耐受和适应情况非常重要。

1. 易感动物

羊痒病多发生于绵羊和山羊。绵羊与山羊间可以接触传播。病羊的脑脊髓悬液经脑内接种甚至皮下注射，均可引起易感羊发病，将易感的脑组织经肠道注射（或经口服）于小鼠、大鼠、仓鼠、水貂和猴子都引起试验性痒病。小鼠和仓鼠是痒病最主要的实验动物。脑内、腹腔内、皮下、皮内、肌内、眼内和经口接种都可感染成功，脑内接种最有效。

新大陆卷尾猴、普通松鼠猴、黑掌蜘蛛猴和旧大陆长尾猴、恒河猴对痒病也易感。

2. 潜伏期和发病年龄

痒病的潜伏期常在 1 年以上，最长可达 8 年，但是在一些商业性羊场由于养殖的时间比较短，因此一般检测不到。痒病病程变化很大，从几周到数月，个体、品种和地区的差异很大。尽管该病常发生在老年母羊、公羊和阉割羊中，羊群痒病发病高峰为多为 2～5 岁（图 6.5）。脑内接种实验动物的潜伏期和发病后的存活期试验表明，长尾猴为 27～73 个月和 2～8 个月，普通松鼠猴为 24～35 个月（小鼠适应毒为 14 个月）和 1～3 个月，黑掌蜘蛛猴为 24～38 个月和3～10.5个月。用长尾猴病毒接种，亦可使卷尾猴感染，潜伏期 32～35 或 5 个月，存活期 3～5 个月。用患病绵羊和山羊脑或小鼠适应毒接种黑猩猩，观察 191～211 个月，未见发病。

3. 痒病的传染来源和储存宿主

病畜（绵羊和山羊）是本病的传染来源和主要储存宿主。许多国家发生痒病都是引进病羊或处于潜伏期的感染羊所致。某些国家（如冰岛）和牧场发现痒病后将整个羊群全部清除，再从安全区引进羊又重新发病，因此怀疑可能存在其他储存宿主。

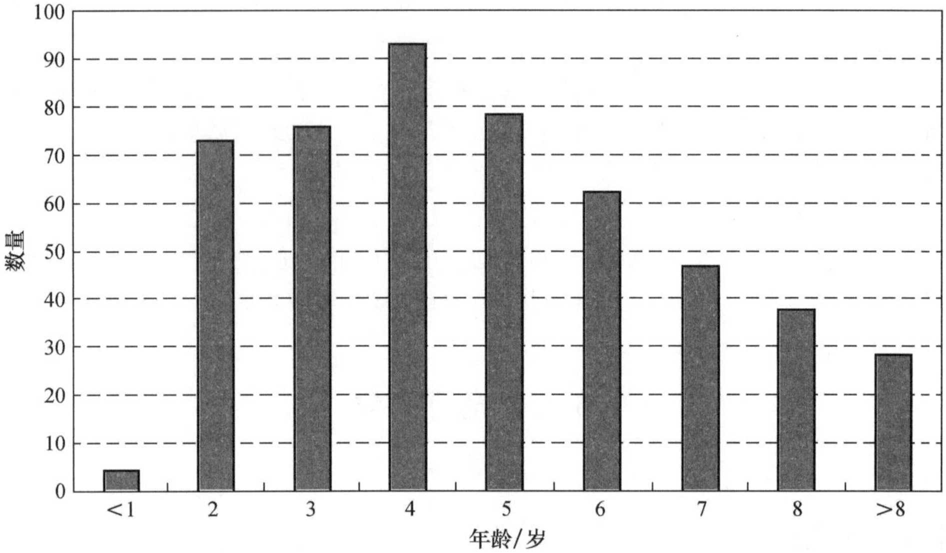

图 6.5　**某发病羊群的发病年龄统计**

1996 年 4 月，Wisniewski 和 Sigurdarson 报道，螨可能是痒病的媒介或自然储存宿主。他们在冰岛 5 个痒病农场，在移去感染羊 1.5～4.5 个月后，收集草地和干草上的螨，例如，害嗜磷螨、小粗脚粉螨、长食酪螨、普通肉食螨和跗线螨。以农场为单位，将充分洗涤后的螨研碎，悬浮于磷酸缓冲盐水中，离心后将上清和重悬的沉淀，分别脑内和腹腔内接种小鼠，共接种 71 只小鼠，结果在 3 个农场标本接种的 52 只小鼠中，有 10 只发病，潜伏期 339～444 d，病鼠脑 PrP^{Sc} 检查全部阳性。其中一个农场的标本浓缩 200 倍作 Western blot 检测为阳性，这一实验结果只是初步的，还有待进一步证实。

4. 品种对痒病的抗性

几十年来，人们已经认识到有些品种的羊对羊痒病具有高度的抵抗性，而有些品种的羊则是高度易感的。有趣的是，羊痒病在易感宿主的增殖是通过品种差异实现的。绵羊和山羊对痒病都是易感的，但是品种之间易感性的差别很大，Scrapie 在流行病学上具有比较明显的家族史。某些羊种易感，尤以 Suffolk 品种绵羊最易感，发病率可达 50%，而 Rambouillet、Targhee 和 Hampshire 品种的绵羊感染性较低。

5. 痒病相关基因

在英格兰，研究人员把痒病因子 SSBP/Ⅰ试验性感染 Cheviot 绵羊两个不同的品系，发现潜伏期受到一对称为 *Sip* 基因的控制，它有 sA（潜伏期短）和 pA（潜伏期长）两个等位基因。随后对仓鼠进行的感染性试验证明，编码仓鼠 PrP 的基因与绵羊的 *Sip* 基因一致。近年来，PrP 基因完全取代了 *Sip* 基因。对 Cheviot 绵羊及其他羊群详尽的研究后发现，PrP 基因有 3 个多态性密码子与感染和潜伏期有关，136 位点的颉氨酸（V）与易感性有关，而丙氨酸（A）与抗性有关；171 位点编码的谷氨酸（Q）和组氨酸（H）与易感性有关，而精氨酸（R）与抗性有关；154 位点编码的组氨酸（H）与易感性有关，而精氨酸（R）与抗性有关。其中 5 种发生率最高的基因型 ARR、ARQ、AHQ、ARH、VRQ 代表了绵羊中可能出现的 15 种 PrP 基因型。这 15 种基因型的易感性见表 6.9。

表 6.9 英国每年 100 万只各种基因型绵羊中痒病发生数量及国家的抗痒病计划

基因型	发生数量	采取的措施	基因型	发生数量	采取的措施
ARR/ARR	0	A	ARQ/ARH	5.2	C
ARR/AHQ	0.3	B	ARQ/ARQ	36.9	C
ARR/ARQ	0.4	B	ARR/VRQ	6.3	D
ARR/ARH	0	B	AHQ/VRQ	0.7	E
AHQ/AHQ	5.0	C	ARQ/VRQ	225.4	E
ARQ/AHQ	8.7	C	ARH/VRQ	405.0	E
AHQ/ARH	0	C	VRQ/VRQ	544.5	E
ARH/ARH	2.0	C			

注:A,本基因型大多数有痒病抗性。B,本基因型有痒病抗性,但是进一步育种时应该选育。C,有较小的抗性,可以卖掉或在某一阶段用于育种。D,有易感性,特殊条件下可用于选育计划。E,高易感性,不能用于育种,羔羊宰杀或阉割。

6. 品种抗性的基因基础

(1)纯合基因和杂合基因。痒病是一种传染性疾病,它的潜伏时间和对临床疾病的敏感性受遗传控制。各种品种的绵羊自然(人工)感染痒病与特定的等位基因间的关系已有文献报道。通过遗传育种选择携带低敏感基因的动物可降低患痒病的风险。

羊 PRNP 包含 prion 蛋白 254 个氨基酸的遗传密码。一个密码子编码一种氨基酸(3 个 DNA 碱基)。DNA 序列在许多位点不同,在这些位点,相应的氨基酸代表不同的序列,应用单个字母表示每个氨基酸。大多与敏感性和潜伏时间相关的密码子分别编码氨基酸 136(A 或 V),154(R 或 H),171(Q、R 或 H)。对英国和美国不同品种绵羊的主要等位基因总结于表 6.10中。每只绵羊继承两拷贝基因,分别来自父、母本。而该等位基因可能相同(同源动物),或许也可能不同(在不同动物),并且两个等位基因综合代表动物的痒病敏感性基因型。

表 6.10 已报道美国、英国绵羊 PRNP 等位基因的分布

主要的等位基因	品种
ARQ 和 ARR	英国 Suffolk,英国 Cotswold,美国 Dorset
ARQ、ARR 和 VRQ	英国 Poll Dorset,英国 Border Leicester
ARQ、AHQ、VRQ、ARR 和 ARH	美国 Suffolk*,英国 Texel
ARQ、ARR 和 AHQ	英国 Bluefaced Leicester
ARQ、ARR、AHQ 和 VRQ	英国 Cheviot,美国 Cheviot,英国 Swaledale,英国 Welsh Mountain

注:* 对美国 Suffolk 绵羊调查(未发表资料)表明等位基因出现频率大约 ARQ 70%,ARR 25%,VRQ、AHQ、ARH 5%。最常见的二倍体基因型是 ARQ/ARQ(占被调查无痒病可疑绵羊的 45%),ARQ/ARR(约 35%),ARR/ARR(约 10%),VRQ/ARQ 或 VRQ/ARR(约 5%);其他所有基因型约为 5%。

(2)多种易感基因。宿主的基因型和感染因子的株系是决定其易感性的两个主要因素。目前已经鉴定出:某些基因型的羊对羊痒病易感。羊基因组中,在 136、154、171 三个密码子处存在 8 种基因多态性,并导致了 6 个氨基酸的变异。136 和 171 这两个密码子的多态性与羊的易感性有关,并能导致寿命的减少。某些品系的羊更趋向于在这两个密码子处具有特殊的

基因型，不同品系的羊在这 3 个密码子处基因型存在差异。某些基因型的羊具有对羊痒病的抗性较强，而有些则易发。羊痒病主要发生在萨福克羊、切维厄特绵羊、无角短毛羊、汉普郡羊。萨福克羊的基因型为 $A_{136}R_{154}Q_{171}$，对羊痒病易感、易发。基因型为 QQ_{171} 品系的羊可表现出对痒病具有更强的易感性。136 密码子处为缬氨酸的羊我们称之为缬氨酸系羊（尤其指切维厄特绵羊、设得兰群岛羊），对痒病具有易感性。然而，只有 VQR 基因型品系的羊容易出现临床症状。

在这 3 个密码子处，氨基酸的变异影响羊痒病的潜伏期。而羊痒病病原因子株系的差异影响 PrP^C 向 PrP^{Sc} 的转变率或对羊痒病的抗性。

(3)杂交抗性品种的生产。Goldman 在 1996 年分析杂交山羊的等位基因后发现，4 种不同的 PrP 蛋白被推断出来，其中 3 种是山羊所特有的，第四种是山羊和绵羊共有的。在实验室中 BSE 因子，CH1 641 和经过绵羊传代的 ME 痒病因子攻毒以后，密码子 142 的双倍型性引起潜伏期的增加。随后 Goldman 在 1998 年报道了不同山羊已知的最短的 PrP 基因的鉴定，与其他的物种，例如绵羊、牛、人的具有 5 个或 6 个八肽的重复区的 PrP 基因相比较，该基因只具有 3 个八肽的重复区。其中，八肽的重复数目在人类变化比较大，这些变化可能与 TSEs 的发生有关。检测的 111 只山羊中 14 只携带有 3 个八肽重复的等位基因。实验中用 SSBP/1 经过大脑途径对 1 只杂交山羊和 4 只纯种的山羊进行攻毒，试验结果表明，杂交山羊的潜伏期为 968 d，然而 4 只纯种的山羊的潜伏期却只有 620 d。这些数据表明 PrP 基因发生了改变，并且实验中的所用的 TSEs 因子所识别的具有致病性。

(4)痒病 PrP 序列的多态性。依据目前的研究已知，绵羊 PrP 基因密码子 136、154 和 171 具有多态性。密码子 136(VaL 或 ALa)和 171(Arg 或 GLn)的双态性和绵羊痒病的易感性有关。PrP—VaL 和 PrP—ALa，分别和 *Sip* sA 和 *Sip* pA 连锁，PrP 和 *Sip* 基因可能是同一基因。实验证明阳性系雪维特绵羊具有 *VaL* 等位基因，其纯合子和杂合子对皮下接种 SSBP/1 痒病分离物 100%发病。潜伏期(VaL/VaL)136×(GLn/GLn)171 基因型羊最短[(170±16)d]，(VaL/ALa)136×(GLn/GLn)171 基因型羊次之[(260±15)d]，(VaL/ALa)136×(GLn/Arg)171 基因型羊最长[(364±17)d]。两密码子纯合子与两密码子杂合子的平均潜伏期相差达 190 d。由此可见，绵羊对 SSBP/1 的易感性主要由密码子 136 决定，Val 纯合子和杂合子均易感，前者易感性更高，ALa136 纯合子不感染。Arg171 对潜伏期有一定修饰作用(延长)。

VaL136 已被发现于很多品种的痒病羊。在法国罗曼诺夫和法兰西之岛绵羊中，痒病羊具有 VaL136 的频率显著高于同群的健康羊。斯韦尔达尔羊的研究结果也相同，用一痒病朊病毒毒株攻击选育出的 81 头易感性低的羊全部有 ALa136，且 89%为纯合子；而来自不同羊群的 53 头患痒病的斯韦尔达尔辛则 95%为 VaL136 携带者，其中 70%为杂合子，25%为纯合子，仅 5%是 ALa136 纯合子。在实验感染痒病朊病毒毒株 CH1641 时，易感性则主要由密码子 171 决定，和感染 SSBP/1 的情形正好相反。无论是皮下还是脑内感染，发病的绵羊都是(GLn/GLn)纯合子，杂合子和 Arg171 纯合子不发病。

以上实验证明，PrP 密码子 136 和 171 的双态性控制着绵羊痒病的发病率和修饰其潜伏期，而且这些密码子的机能效应因感染朊病毒毒株(或分离物)的不同而不同。传染病遗传学中表现型取决于宿主基因型和病原体毒株这一基本原则也适用于自然宿主的 TSEs。对于选育能抗痒病的绵羊品种来说这一实验结果也很重要，因为选育对某株病原因子易感性低的基因型绵羊会无意中富集了对另一株病原因子易感性高的基因型绵羊。

山羊 PrP 基因的多态性发生在 21、23、49、142、143、154、168、220、240 位点。迄今为止，仅发现一对与羊瘙痒病有关。142 位密码子的多态性（I - M）与山羊瘙痒病潜伏期的改变有关。羊瘙痒病的发生与 143 位点密码子的多态性（H - R），171 位多态性（HH）有关，在希腊，15 例自然发生的羊瘙痒病中有 13 例是 HH 型，另外两例是 HR 型，没有临床症状和组织学变化。这些病例在脑部都检测到了 PrP^{Sc}。在同一羊群中，154 位点如果是 H，则羊只具有瘙痒病抗性，与绵羊的 154 位点的 R 作用相似。

6.2.2 传播途径

关于瘙痒病在绵羊之间与绵羊和山羊之间的传播已经有很多的报道，包括感染剂量和疾病反应的情况，即感染的程度影响着疾病的潜伏期。人们推测，绵羊出生时比出生后 3 个月更容易感染瘙痒病。目前已经报道有多种途径可传播瘙痒病。

瘙痒病在自然条件下可以传播，然而对于它的传播途径人们并不了解。瘙痒病因子能在土壤中存活很长时间，环境污染和胎膜感染可能使病原从母羊传给羊羔和在成年羊之间传播。瘙痒病因子可能通过口服途径进入机体。人和动物的 TSEs 如 vCJD 和 BSE，前者是人类的 TSEs，与食用 BSE 污染的食品有关。医疗事故引起的 TSEs 也时有报道。实际上有超过 200 例的病例是由于用尸源性的生长激素来治疗神经外科疾病而引起。自 2003 年以来，有 3 例病例被证明可能通过输血感染 vCJD。也有动物医源性传播的例子如 1936 年英国发生的瘙痒病，该病是由污染的疫苗引起的。最近在意大利，人们发现瘙痒病的暴发与福尔马林灭活的针对传染性头巾蝇疫苗的使用有关联。这种疫苗是用感染支原体头巾蝇的绵羊的大脑和乳腺匀浆制备的。

羊瘙痒病的传播路径还不是很清楚，但是感染中的羔羊首先在扁桃体、咽后和肠系膜淋巴结和小肠中发现感染。这说明感染是通过消化道进行的，来源可能是在出生前的羊水环境中或者产后的外界环境中。羊群的易感性很大程度上取决于羊瘙痒病毒株品系和羊群的基因型，感染性物质的作用似乎不是最重要的，PrP 基因型对朊蛋白从肠腔中摄入没有影响。感染的过程可以分为大致三期：肠相关淋巴组织入侵（GALT invasion）、淋巴系统分散（lymphatic dissemination）和神经侵入（neuroinvasion）。

6.2.2.1 GALT 入侵

在经口感染后，自然感染羊瘙痒病的 1 月龄的 VRQ/VRQ 的羊，PrP^{Sc} 在肠系膜淋巴组织，特别是扁桃体和派伊尔氏淋巴结中沉积，瘙痒病因子可能通过 M 细胞（membranous/microfold cell）穿过小肠黏膜，M 细胞是一种专门从肠腔内摄取大分子的细胞，瘙痒病因子还可能通过肠绒毛的上皮细胞进入黏膜。随后在淋巴组织的生发中心的树突状细胞和巨噬细胞中发现有 PrP^{Sc} 沉积，然后感染性的朊病因子在肠道淋巴系统中复制，并在非肠道淋巴系统和神经系统（CNS）中传播。Gonzalez 等（2006）报道从直肠黏膜的淋巴组织中检测早期的 PrP^{Sc}。不同基因型的绵羊 LRS 中 PrP^{Sc} 的分布有所不同，VRQ/VRQ、ARQ/ARQ 基因型绵羊的致病途径相似，虽然 PrP 在 ARQ/ARQ 绵羊的 LRS 中的沉积比在 VRQ/VRQ 绵羊的 LRS 中沉积缓慢得多，而 VRQ/ARR 基因型的绵羊缺乏淋巴入侵。

6.2.2.2 淋巴系统分散

当树突状细胞和巨噬细胞传出淋巴系统时，血液同时产生在其他淋巴组织，特别是脾脏和淋巴结内进行 Non-GALT 分布，随后进入皮质和副皮质窦。在此期间，PrP^{Sc}可以在淋巴组织内很容易被检测到，这表明通过分析采集的活体组织来确诊动物感染痒病的方法已经取得重大进步。但是有的研究表明这个过程可能没有淋巴系统的参与。

6.2.2.3 神经入侵

在自然感染的羊痒病病例中，神经系统的侵入是在潜伏期间发生的。神经侵入的因子尚不明确。但是，可以肯定的是，基因型不是唯一的因素。组织和细胞内的 PrP^{Sc}定位表明 PrP^{Sc}通过不同的路径分布，可能是通过肠神经系统（已证实）；起源于感染后的非 GALT 淋巴组织的外周神经末端；通过淋巴液；通过血液流动。传输至中枢神经系统（CNS）起源于肠神经系统的侵入，可能是 Peyer's 结，通过交感神经和副交感神经上行传入大脑。进入中枢神经系统的门户是迷走神经的背侧运动核团，迷走神经包括副交感神经元细胞体，支配颈部、胸腔以及腹腔的脏器，并且脊髓的中间柱，包括支配腹腔脏器的节前神经元胞体，在这个地方，羊痒病感染物质最终蔓延至整个神经轴。对 PrP^{Sc}在外周神经系统的连续检测，早期将卫星细胞作为靶细胞，表明淋巴结借助阳性细胞进行外周传播。淋巴窦内和淋巴系统内的 PrP^{Sc}阳性细胞表明通过淋巴进行传播。一些病羊脑部病灶内的 PrP^{Sc}表明通过血液进行传播也是有可能的。

最近的研究主要致力于活动物痒病检测诊断方法的建立，已经建立了从血液中检测 PrP^{Sc}的可行性方法，如 PMCA。世界卫生组织根据 PrP^{Sc}或其感染性将反刍动物组织分为两大类：高度感染性组织包括中枢神经系统以及与中枢神经系统有关的组织；较低感染性组织包括外周神经系统、淋巴系统、骨髓、肠道、肝脏、肾脏、肾上腺、胰腺和胎盘。同时也发现血管、骨骼肌、舌、唾液腺、鼻黏膜、体液（血液和脑脊液）有感染性，在其他的组织上没有检测到具有感染性的 PrP^{Sc}。通过口服、腹腔接种、脑内接种的方式研究 BSE 在绵羊上的致病机理，与 BSE 在牛上的致病机理相比，BSE 在绵羊上广泛分布在全身各组织，而 BSE 在牛上主要分布在中枢神经系统，ARQ/ARQ 基因型的绵羊对 BSE 最易感。Houston 等（2003）报道，19 只 ARR/ARR 基因型的羊脑内接种 BSE 后，有 3 只羊在经历了很长的潜伏期后出现临床症状，而接种 AQR/ARR 基因型的羊没有出现临床症状，脑内接种能有效的诱导感染，但试验结果并不能表明在自然条件下 ARR/ARR 基因型的羊对 BSE 易感，然而 Andreoletti 等在 6 只口服接种 BSE 的 ARR/ARR 基因型的羊中 1 只羊的肾脏中检测到了 PrP^{Sc}。

羊痒病在羊群中的水平传播是通过接触而感染的，这一点已经得到证实。但是，是否被感染的所有材料和东西都具有感染性还不能确定。被感染母羊的胎盘能够将病原经口和消化道传给健康的羊只。被感染的胎盘和羊水中可以检测到 PrP^{Sc}的存在，经口和消化道摄入被污染的上述物质或者其他物品被认为在传播羊痒病的过程中起着非常重要的作用。Andereoletti 等证明胎盘有 PrP^{Sc}，他们指出根据羊的基因型判定 PrP^{Sc}可能存在于胎盘的子叶中。实际上，PrP^{Sc}只存在于携带易感基因型 VRQ/VRQ、ARQ/VRQ 和 ARQ/ARQ 的羊胎盘中。此外，还证明 PrP^{Sc}主要存在于胎儿滋养层细胞中。胎盘中存在着感染性物质，这就说明在产仔期可能会增加感染的风险。羊痒病较易发生在合群喂养的羊群中。羊痒病致病因子对外界因素的极大抵抗力使得其可能长期存在于环境中而不失活。有实验证明，羊痒病感染物质至少能在环境中存活 3 年，被接种过羊痒病金黄地鼠的脑组织污染的土壤在 3 年后仍有部分感染性。后来的研究证明 TSEs 物质能够与土壤中的某些矿物质牢固地结合，在冰岛进行的流行病学调查时，发现痒病物质在环境中至少存活 16 年。感染物质的长期存在于外界环境中为疫病的水平传播提供了有利的条件，表明根除羊痒病具有相当大的难度，同时给我们敲响了警钟，在处理患病动物的尸体时，埋葬处理风险是很大的。但是，随后的研究表明，堆肥处理可以使得动物尸体和废弃物上的 PrP^{Sc}得到一定程度的降低。

在实践中，母体传播被认为是最有可能的。垂直传播是感染疫病的父母在受精时通过生殖质或者在胚胎形成和发育过程中通过子宫将感染物质传播给后代。科学家经过长时间的研究，证实了垂直传播方式在该疾病中起着重要的作用。Dickinson 在 1996 年的两项实验研究中观察到，注射过羊痒病感染的脑组织的怀孕母羊，在产下的 4 只小羊中，有 2 只分别于生后 8 个月和 13 个月发生羊痒病。然而依据以往的报道，自然发生的羊痒病病例一般需要 18 个月或更长的时间。因此，Dickinson 和有关学者认为发病的羊可能是通过垂直传播而发病，尽管后来有的学者提出一两例事实并不能够充分的说明问题，一次实验也不能提供确凿的证据。在 1974 年，Dickinson 等人对某农场的羊群进行研究，结果发现受到痒病感染母羊的后代发病率可高达 62%，明显地高于未受感染羊群的 38%的发病率。亲本都感染的子代与父母未感染羊痒病的后代相比，发生痒病的危险性要高。而且，母畜比公畜痒病的患病情况严重。但在后来的研究中发现，小鼠中痒病垂直传播的可能性很小。羊群中的大部分痒病不是由于其父母患有痒病，而是通过水平传播而感染。山羊痒病的发生比绵羊相对低一些。绵羊的痒病能够自然地传染给山羊，并且羊的痒病通常都发生在那些与患痒病的绵羊接触过的山羊上。欧盟兽医委员会在 1996 年对初乳、牛奶及奶制品做了一个安全性评价，结果表明这些产品的危险性很小，国际兽医局的官员对此观点持认可的态度。

医源性传播是通过医疗介入而传播，这一传播途径在 1986 年时已经由几个科研小组证实。1937 年的首例病例报告与羊群跳跃病的免疫接种相关，这些疫苗是用 5 天前被脑内接种福尔马林灭活跳跃病毒的羊脑、脊髓和脾制成的盐溶液，并且将这些疫苗以皮内注射的方式接种。随后在这些免疫接种的羊群内甚至在很少发生羊瘙痒病的羊群内发生了羊瘙痒病。很明显，这批跳跃病疫苗被羊瘙痒病病原体感染过。

2004 年，爱丁堡大学 Joanne Mohan 和他的同事做了一项研究，他们是先将基因缺失小鼠(在淋巴组织的滤泡状树突状细胞和其他的骨髓源细胞中且少 PrP^{C} 的表达基因)的皮肤擦伤，然后用痒病致病因子攻毒，结果表明成熟的滤泡树突状细胞是痒病因子在淋巴组织中积聚所必需的，并且在随后通过相同的途径将小鼠暴露于 TSEs 而引起脑部的感染作用中具有重要作用。

6.2.3 痒病的流行特征和规律

现在普遍认为：痒病的发生和地区分布不是固定的，而且与一些相关报道一致。例如，在德国该病于 1780—1820 年非常流行，但是现在已经消失。在英国，大量的调查后指出，一段时期内 17%～34%的牧羊人遇到过至少一例痒病。在荷兰，Morgan 研究指出每年羊群的痒病发病率在 0.3%～1.8%之间，英国羊群中的发病率为 2%，冰岛为 3%～5%，极个别羊群的发病率高达 20%～30%。不同的品种，发病率各有一个大致的范围。1959 年，Gordon 和 Pattison 用感染的脑接种 24 个品种总共1 027头绵羊，以调查痒病的发病率，发现英国北部的绵羊品种 Herdwicks 发病率高达 78%，而 Dorset Down 的发病率几乎为 0。痒病发病率在品种间的不同可能反映了寄主基因的易感性不同，感染的痒病因子不同，因子株型也存在差别。痒病病例多数发生在 2.5～3.5 岁的绵羊中。公羊和母羊都可感染，母羊感染数量相对较多，这与母羊在数量上占优势有关。

6.2.4 痒病与公共卫生的关系

至今还没有发现羊痒病在临床和流行病学上与人类疾病有关。研究表明羊痒病不致人类发病，至少在自然状态下如此。

1. 羊痒病与生物侵入

欧盟科学指导委员会日前发表公报指出：由于“疯牛病”可能在羊群中传染，“疯羊病”的威胁不能排除。“生物入侵”是指“疯牛病”、“口蹄疫”、“西尼罗河脑炎”、“外来新城病”、“猪霍乱”、“鸡流感”、“心水病”等动物疾病的流行与传播。其特点是不受时间和国界限制，可以传播到世界各地，传染给任何生物，造成巨大的危害。

据光明日报报道，“生物入侵”给受害国和地区造成的经济损失是相当惨重的。据悉，英国已花费了约 62.5 亿美元用于消除“疯牛病”造成的混乱，大约 400 万头牛被屠宰，英国牛肉制品的出口下降了 99%。受“疯牛病”的影响，法国的牛肉销售下降了 25%，出口减少约 40%。为了应付疯牛病带来的损失，欧盟至少需支出 30 亿欧元，远远超出了原定的 12 亿欧元预算。

“生物入侵”还对人类生命造成危害。“疯牛病”最早于 1986 年在英国发现。科学家推测，可能是病牛或病羊的尸体被加工成了动物饲料，从而引起疾病大规模传播。1990 年 5 月，英国科学家宣布，他们在猫身上发现了类似疯牛病的疾病。科学界由此开始严肃对待疯牛病是否可能传染给人的问题，并逐渐确认疯牛病传染给人后可能表现为新型克雅氏病。1996 年 3 月，英国政府正式承认疯牛病有可能传染给人。牛津大学在英国《自然》杂志上公布的报告估计，全球将有 13.6 万人最终患病。迄今，英国已有 86 人死于新型克雅氏病，另有 8 人被怀疑感染了这种疾病。

“生物入侵”也成为国家间关系恶化的诱因。1999 年 10 月，法国以保护消费者健康为由，违抗欧盟命令，将英国牛肉拒于国门之外。双边关系受到影响。后来，当法国也发现疯牛时，其他盟国采取了同样的政策，迅速对法国牛肉实行抵制。德国发现疯牛后，也遭到同样待遇。如此这般，各国混战不休。2001 年 2 月，加拿大政府以巴西未就是否存在疯牛病问题向加方提供资料为由，突然宣布暂停从巴西进口牛肉及牛肉制品，并要求加国内所有销售部门立即将进口的巴西牛肉制品撤出货架。巴西总统和外交部长马上发表声明，要求加取消上述决定，否则巴西将采取报复措施。巴西议会同时决定，中止审议两国引渡协议和警方合作协议，停发加拿大人来巴西的旅游和工作签证。

更令人担忧的是“生物入侵”有可能成为恐怖活动的手段。在经济全球化的今天，世界贸易、旅游的迅速发展为“生物入侵”打开了方便之门。各国对于“生物入侵”不可掉以轻心。它已经给各国的食品安全、生命安全、经济安全、政治安全敲响了警钟。

2. 羊痒病和 BSE 传播的关系

1986 年英国疯牛病的暴发使得人们对羊痒病的研究兴趣大增，有的科学家认为疯牛病起源于羊痒病，但是研究证明，不同痒病的致病因子接种牛脑，会导致不同的疾病表型，并且是不同于疯牛病的表型，如果将接种羊痒病致病因子的牛脑进行分离接种小鼠时，也不具备疯牛病的特征，所以这种认识很快被否定。加之疯牛病传染人类，羊痒病不传染人类。但有研究认为，两种疾病之间可能存在某种关系，但是并不能排除 BSE 传播给羊的可能。

痒病早已在美国、法国、英国、比利时、德国和南非等国发生。早在疯牛病发现之前几年，英国曾在羊群中发现一种被称为“痒病”的羊脑病，人们把死后的病羊加工成蛋白饲料添加剂用来喂牛，致使牛群发病。

在实验条件下，绵羊很容易经口感染 BSE 病原，出现与羊痒病相似的症状。与牛不同的是，即使在感染初期绵羊身体的大部分组织具有很强的传染性。

6.3 临床与病理

羊痒病是绵羊和山羊自然发生的一种动物传染性海绵状脑病，它可以引起疯牛病(BSE)，该病在世界多国均有发生。研究表明，传染性海绵状脑病中只有 CJD 和典型羊痒病可以进行水平传播，非典型羊痒病(atypical scrapie)水平传播能力很弱，该特性增加了典型羊痒病在某些地区存在的持续性及根除的复杂性。

该病潜伏期较长，可能经过数月才能发病，发病早期症状不明显，但病程迅速。其最常见的临床症状为体重减轻和皮肤损伤，但这两种都不是特征性症状，其他疾病也可引起类似症状。死后剖检可见脑组织发生海绵状变化和空泡变性。

6.3.1 痒病的临床症状

感染早期并无明显临床症状，患畜饮食正常，但体重消减。随着致病因子的累积，患畜发生临床症状且症状明显。主要包括采食减少，情绪低落，呈木僵状态，孤僻离群，共济失调，身体虚弱，偏好不正常姿势站立或是斜躺，蜷缩，喜欢向后缩成一团，震颤，神经性瘙痒，脱毛且毛皮损坏，新生毛发生长不良，流涎，鼻、口、四肢处沾有反刍物，发生无意识或刺激性啃咬行为，对刺激的反应过度敏感，缺乏攻击性行为。目前，该病还没有有效的治疗方案，患畜经过一系列临床表现后死亡。

1. 瘙痒

羊痒病的名字来源于绵羊瘙痒的症状。主要表现为患畜强力摩擦皮肤，致使摩擦部位被毛凌乱、脱毛甚至发生破损流血；啃咬皮肤，患畜用后肢或角抓搔身体，以致被毛广泛脱落(图 6.6，图 6.7)，胸侧、肋部和躯体的后 1/4 部尤为明显。持续性的瘙痒经常会引起擦伤部位皮肤发生感染，包括被毛脱落区、头部、面部和四肢等。触诊患畜腰骶区域时，常表现出特征性的“轻咬反射”。

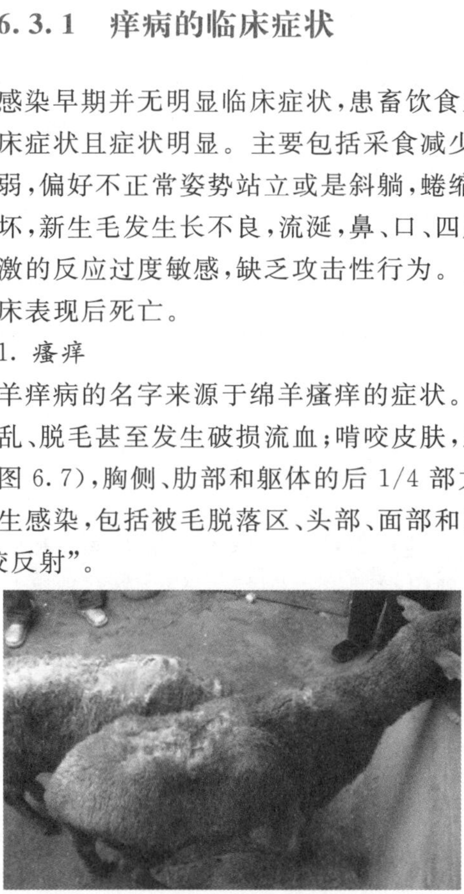

图 6.6 病羊背部出现大面积的脱毛

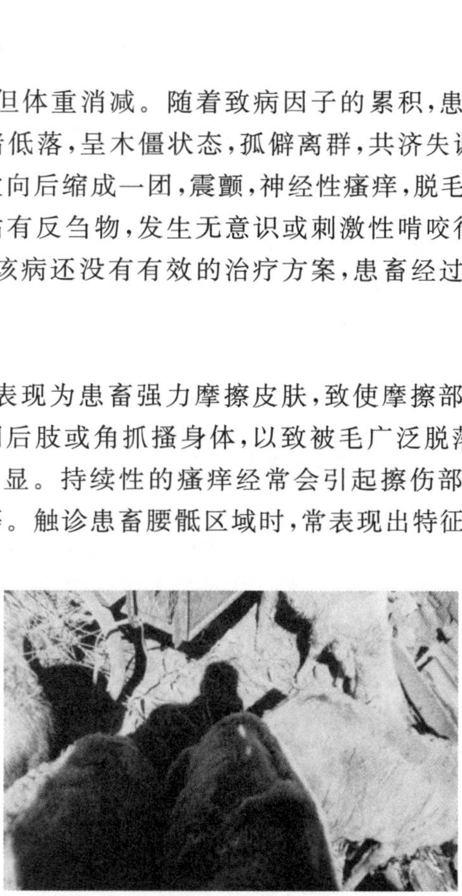

图 6.7 病羊背部脱毛，被毛凌乱

2. 共济失调

初期表现为转弯僵硬,后肢落地困难、摇摆,前肢高踏或有类似马快步走的动作,被驱赶时表现更为明显。病羊蹒跚或跌倒后,通常能迅速恢复站立姿势。病情恶化时,后肢出现严重的共济失调,甚至行动发生摇摆或站立困难,绵羊需用后肢依靠围栏起立或保持平衡。最后体力衰竭,卧地不起。

3. 过度敏感

这是痒病的另一个特征性症状。安静状态下,患畜与正常羊无异,但在突发噪声、运动过度或应激后,则会出现震颤或突然抽搐倒地等现象(图 6.8)。

非典型羊痒病(atypical scrapie)临床症状不明显,但相对典型羊痒病而言,非典型羊痒病中患畜多是老龄羊。

图 6.8 病羊表现出的神经症状

6.3.2 实验室痒病感染模型症状

1. 仓鼠感染模型

羊痒病鼠发病机理分为 3 步:变性朊蛋白沉积、突触变性;行为改变,空泡化发展,膜去极化,但是具体时间不确定;出现临床症状,大量的神经性退化,动作电位破坏。

潜伏期早期,被感染的仓鼠饮水减少,时有食欲亢奋现象。发病最早期症状呈极度兴奋,继而冷漠,乃至嗜睡。病鼠运动失调,尾失去正常的可屈曲性,并有出血现象。全身状况逐步恶化,最终死亡。

2. 绵羊感染模型

最初临床症状包括被感染的绵羊体质下降,身体呈蜷缩状,并有类似兔跳的行为;随着病程进展病情加剧,病羊磨牙,随意运动障碍,出现抖颤、共济失调,并伴发进行性消瘦。同自然感染痒病的患畜临床症状类似。

6.3.3 病理变化

羊痒病没有可见的肉眼病变,病变主要限于中枢神经系统。尸体解剖仅见摩擦和啃咬引起的皮肤创伤和消瘦,内脏常无肉眼可见病变。病理组织学检查患畜脑干和脊髓,典型病变为中枢神经组织空泡变性,广泛的星形胶质细胞增生和肥大,无炎症反应,两侧呈现对称性的退行性变化,即神经元内出现一个或多个空泡,空泡呈圆形或卵圆形,界限明显。神经基质空泡化而呈现海绵状疏松,基质纤维分解形成许多小孔。神经元空泡化主要见于延髓、脑桥、中脑、脊髓,大脑通常不受侵害。健康羊偶尔也可见空泡,但数量较少,每个视野一般不超过 1 个,患痒病的则较多。

1. 最佳取材部位

痒病的病理组织学检查,取材部位非常关键,通常取材部位在脑干脑闩(obex)区域;羊死后要尽快取材,确保材料新鲜。具体操作方法见图 6.9。

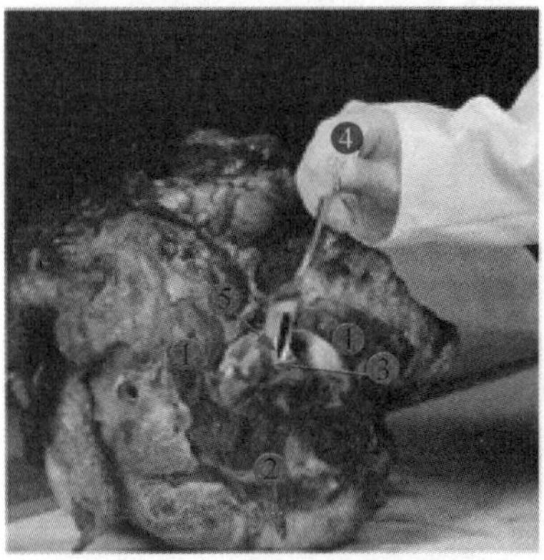

(A)

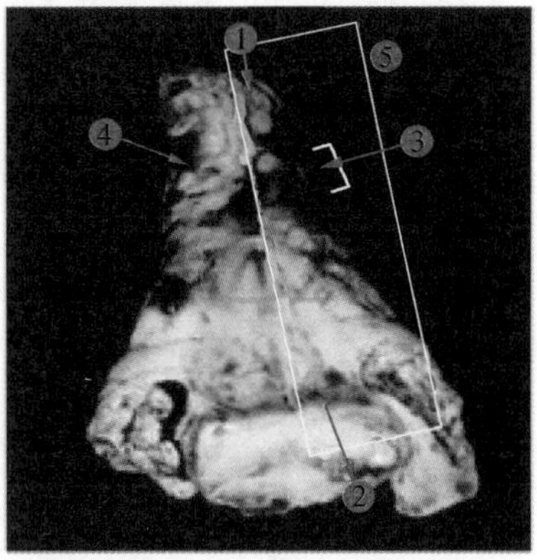

(B)

图 6.9 脑组织的最佳取材部位

(A)1. 颅骨 2. 头顶部 3. 脊椎 4. 屠宰场取样勺 5. 勺子插入点；

(B)1. 脊椎 2. 脑 3. 脑闩(obex) 4. 用于 PrP 检测的部位 5. 常用于组织学或免疫组化诊断研究的部位。

2. 病理变化

将所取病料在10%的福尔马林缓冲液中固定1周，移入冷的(PBS 0.1 mol，pH=7.4)缓冲液再固定1周，常规脱水，石蜡包埋，制片(厚5～10 μm)，H. E 染色。

痒病的形态学变化主要集中于中枢神经系统，其他器官没有明显的病理变化。中枢神经系统病变主要包括空泡化变性、星状胶质细胞病变和淀粉样病变。

(1)空泡化变性：中枢神经系统的病变主要集中于脑干的神经核团。与正常脑组织相比，阳性病例神经元的空泡化是自然病例最突出和恒定的病变，显著表现为胞浆内出现的空泡大、呈圆形或卵圆形，其内不含着色的液体或被伊红染成淡红色，界限明显，胞核被挤于一侧，甚至消失，空泡化伴有染色质溶解，细胞皱缩，神经元坏死和噬神经元现象(图 6.10，图 6.11，图 6.12，图 6.13)。孤束核和前庭核神经网状结构等可见明显的空泡样变，神经元中有单个或多个大小不等的卵圆形或圆形空泡，病变在脑干灰质部两侧呈对称状分布。随着病情的持续，空泡化细胞增多。

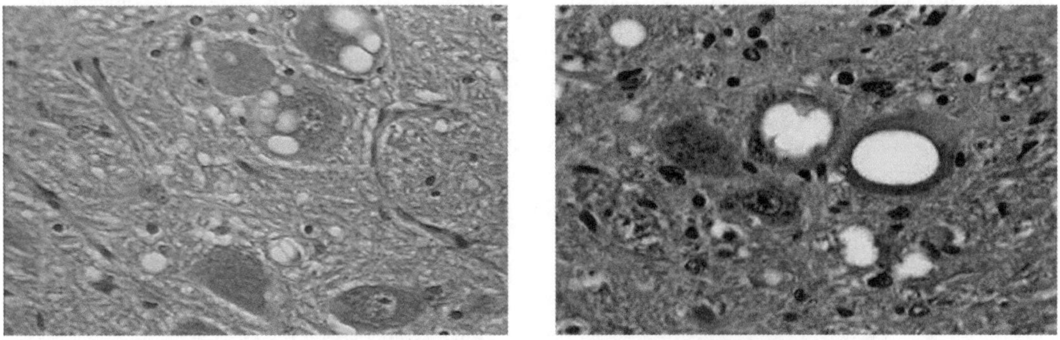

图 6.10 标准羊痒病阳性结果(来自英国羊痒病实验室)

(2)星状胶质细胞病变：星状胶质细胞增生、肥大，且呈弥漫性或局灶性，多见于脑干的灰质团块和小脑皮质内。

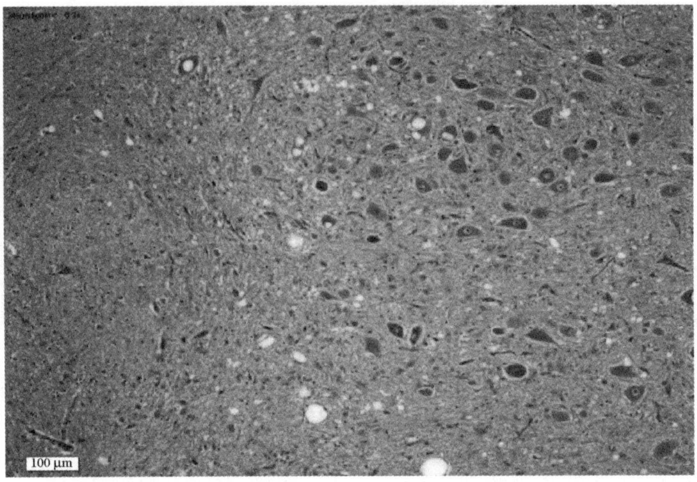

图 6.11　羊痒病羊脑切片可见明显的空泡化变性

注：H. E 染色，100×，图片采自中国农业大学国家动物海绵状脑病实验室收藏切片。

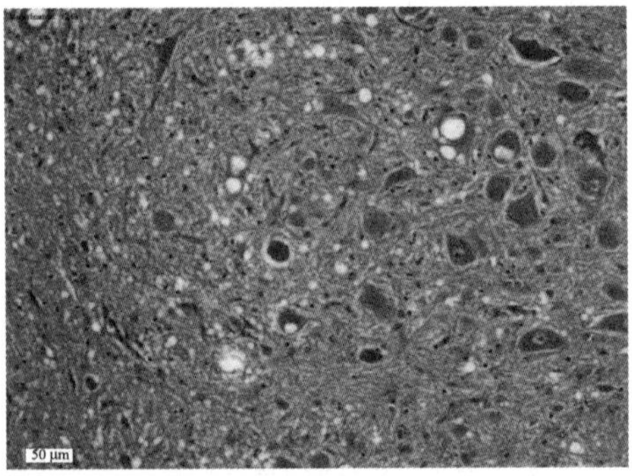

图 6.12　羊痒病羊脑切片(200×)

注：H. E 染色，图片采自中国农业大学国家动物海绵状脑病实验室收藏切片。

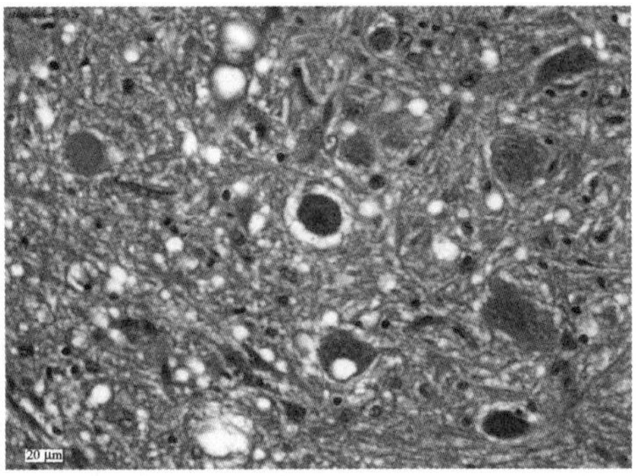

图 6-13　羊痒病羊脑切片(400×)

注：H. E 染色，图片采自中国农业大学国家动物海绵状脑病实验室收藏切片。

(3)淀粉样病变：有的病例在小脑分子层和颗粒层可见淀粉样斑块，有的脑血管淀粉样病变(图 6.14)。但在绵羊中并不多见。Xuemin Ye 等(1998)报道痒病感染仓鼠实验动物模型，在软脑膜下、脑血管内以及室管膜内有淀粉样病变，这可能取决于动物的品种和痒病病原的毒株。

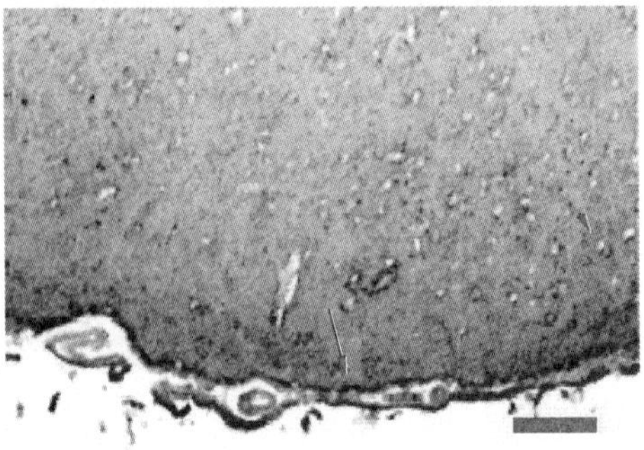

(A)

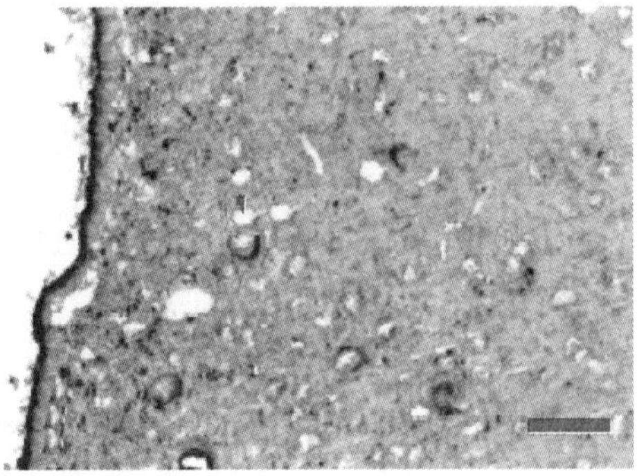

(B)

图 6.14　痒病感染仓鼠软脑膜和脑血管内有淀粉样物质沉积(Xuemin Ye，1998)

6.4 检测与诊断

羊对羊痒病的感染主要受两种因素的影响：一是基因。136、154、171 三个位点的氨基酸具有多态性，若是 VRQ 3 种氨基酸，则非常易感羊痒病，若是 ARR 则有抗性，若是 ARQ/H 则是中度易感性。二是感染剂量。用于检测的淋巴结数量也与抽样程序、动物年龄和感染程度有关。在直肠黏膜检查中，随着年龄增大，可用的淋巴结数量也减少了。第三眼睑的抽样检查好于直肠黏膜检查。疯牛病和羊痒病不一样，疯牛病的症状只局限于大脑且在内脏的淋巴组织中程度也很小，而羊痒病的病变蛋白会出现在非脑组织，包括一些淋巴器官、肾和脾。

羊痒病缺乏特征性的临床症状和表现，没有炎症和免疫学反应，仅借助临床观察难以进行诊断，必须借助实验室的研究方法才能确诊。传统痒病诊断依靠死后剖检，患畜检查脑，综合其海绵状变化，神经元退化，有无空泡以及有无星形胶质细胞增生来判断疾病有无。

目前痒病的诊断一般采用多种方法的联合应用。Prion 假设提出之后，免疫组化和免疫印迹分析方法检测逐渐成为羊痒病的黄金诊断标准，并且该法对亚临床感染绵羊 PrP^{Sc}沉积的检测可能更敏感、更准确。PrP^{Sc}最早沉积在脑部的迷走神经背动核(与闩脑水平，延髓中的一个小结构)；通过检查脑和肠淋巴组织包涵体会提高诊断方法的敏感性，该部位 PrP^{Sc}沉积表明 prion 在中枢神经系统至少繁殖 1 年以上。结合病理组织学检查可以更加准确地诊断。

早期病例的准确诊断需要仔细收集延髓，并对石蜡包埋的组织进行适当定位。当前还没有用于免疫组化试验的抗体来区分 PrP^{Sc}和正常细胞 PrP^{C}，但对病料经福尔马林固定，甲酸预处理，蛋白酶消化消除 PrP^{C} 免疫学反应，这些程序运用许多检测系统中。

在感染羊的组织中 PrP^{C} 和 PrP^{Sc}同时存在；PrP^{C} 和 PrP^{Sc}的相对数量因畜种、年龄，感染时间长短以及不同基因型而异。对于未经固定的组织可用辅助诊断技术进行检测，包括免疫斑点转印检测抗蛋白酶 K 的 prion 蛋白，利用电镜检查痒病相关纤维(SAF)；未感染绵羊的同源物 PrP^{C} 与抗 PrP 抗体反应表现出 3 个典型的反应带，这些反应带分别代表了无糖基化蛋白前体和单、双糖基化 PrP 分子。

痒病诊断可以采用多种方法：组织病理学诊断、免疫组织化学诊断、免疫印迹诊断、组织印迹诊断、电镜诊断、毛细管电泳诊断等。其中免疫组织化学诊断方法具有特异性高、成本低、操作简单、准确等特点，被世界动物卫生组织确定为法定疯牛病诊断方法之一，在进行免疫组织化学诊断时要同时进行组织病理学诊断(H. E 染色)，这两种方法是密切相关的。对于羊痒病常采取多种方法联合应用，现就各种检查方法的侧重点进行介绍。

6.4.1 临床诊断

痒病的临床症状持续期差异较大，一般维持 1 周或数月不等，往往转归为死亡。该病临床症状因患病品种个体而异，差异可能是受到宿主遗传型和病原株的影响。因此，痒病个别病例的诊断非常困难，无论羊群的监测情况如何，轻微的临床症状可能难以辨认，绵羊可以在没有任何先兆症状的情况下死亡，此时应通过实验室诊断方法来检测其感染情况。

自然感染病例潜伏期为1～5年或更长，大多数痒病临床病例发生在2～5岁绵羊，1岁以下的绵羊少见。某些情况下，由于绵羊商品的生命期缩短，或某些品种绵羊的遗传基础能够抵抗和降低本病流行，可能未出现明显的临床症状或不表现症状，但本病能感染大多数品种的绵羊。痒病病例临床症状通常会逐渐加重，只有通过反复检查，才能发现行为方面的变化。临床检查中行为方面的变化具体参照本章第6.3节，此处不做赘述。其中，比较有效的痒病临床判断方法是：刺激患畜的腰骶区域时，若啃咬反射延伸到头颈部、并引起咀嚼动作，则可判定患畜阳性，这种方法会达到50%左右的准确率。

羊痒病的诊断除了观察临床症状外，必须结合实验室检验。

痒病早期临床症状可能类似于成年绵羊的某些其他疾病，应注意鉴别诊断。这类疾病包括：体外寄生虫病、伪狂犬病、狂犬病、脑炎李斯特菌病、绵羊进行性肺炎（梅迪/维斯纳）、妊娠毒血症（酮病）、低镁血症以及化学和植物中毒。仔细观察每种疾病的临床症状，并注意从以下几个方面加以鉴别：

①外寄生虫病：如虱和螨。用杀虫剂处理即可。

②伪狂犬病：该病在反刍动物中临床经过很短，只有36～48 h，高热，有与猪接触的经历。

③狂犬病：临床经过大于10 d，需通过尸体剖检鉴别。

④李斯特菌病：有发热症状，在绵羊和山羊中病程都短。

⑤绵羊进行性肺炎：用血清检验可以排除。但患畜也可能同时患有肺炎和羊痒病。

⑥妊娠毒血症（绵羊酮病）：如果错过了全部的妊娠毒血症早期症状的话，排除比较困难。不过用死后剖检和尿酮测定的方法可以加以鉴定。

⑦化学物质和植物中毒：检查毒物来源，但是生前确诊较为困难。

6.4.2 实验室诊断

在下述实验室诊断方法中，大部分都会运用到福尔马林固定石蜡切片法。有实验小组将传统的福尔马林固定法进行了改良，经验证后发现，效果优于传统福尔马林法，这种方法与传统方法相比，速度比较快，而且没有组织损失。

现将改进方法的步骤简述如下：预处理：脱蜡部分在含或不含10 μg/mL PK的含0.1% PBST的磷酸盐缓冲剂中室温下孵育10 min后，在3%的双氧水中室温下孵育10 min。在150 mmol氢氧化钠溶液中60℃下静置10 min。并且121℃下10 mmol柠檬酸盐中高压蒸汽3 min。

这种简便方法加上PK消化后的免组效果跟高温抗原修复得到的效果一样，而且避免了免疫标记缺失和被检病料部分缺失。用强碱来恢复蛋白结构的原理仍不清楚，但氢氧化钠预处理可以提高疯牛病和羊痒病的免组检测效果。同时在检测鹿的慢性消耗性疾病方面也有很好的效果。

运用下述诊断方法时，可根据需要来选择传统或改良的福尔马林固定石蜡切片法。

6.4.2.1 病理组织学诊断

病理学检查是痒病诊断中常用的方法，脑组织的病理组织学检查仍是死后确诊临床痒病的重要实验室诊断方法之一。

痒病没有可见的肉眼病变，病理组织学变化主要集中于中枢神经系统，对于临床疑似病例或死亡病例根据需要取材，10%福尔马林固定1周后，常规组织学制片，光学显微镜观察。因为淋巴组织中传染性因子的蓄积先于在中枢神经系统沉积，检测淋巴组织 PrP^{Sc} 作为绵羊痒病早期诊断的基础。对临床可疑病例，进行麻醉后，人工保定，使用一次性活检钳采集第三眼睑 4 mm 淋巴组织样品，根据需要进行病理学检查。第三眼睑检查对于处于潜伏期14月龄以上的亚临床感染羊诊断有用。用该检查方法出现结果阳性的羊在检查后3～20个月，即在3～4岁时发病。第三眼睑检查敏感性约为88%，特异性为97%以上，当前该检查方法在美国、加拿大已进行大规模的田间试验。1996年，Schreuder 等报道，生前取扁桃体作 PrP^{Sc} 免疫组织化学检查可作为自然感染羊临床前期的早期诊断方法，自然感染易感羊羔于10月龄即呈现阳性。

病变特征主要限于中枢神经系统，表现为神经组织变性，没有特征性炎症反应和白质原发性变性。最严重的变化是神经元空泡化，神经元核周体有单个或多个圆形的特征性空泡。在神经元变化过程中，空泡使灰质神经纤维形成明显的海绵状变化，空泡变化还伴随有一些易变的、不明显的显微特征，包括神经元变性的其他形态——出现明显暗的、皱缩的神经元，也可能出现神经元消失、神经胶质增生(特征是一种星形细胞反应)和淀粉样变性。典型的病变呈两侧对称性的。空泡和其他病变分布方式部位变化较大，但是通常主要出现在脑干。但也有报道称在某些病例，病变可以延伸到脑皮质。

延髓切片的组织检查只能满足大多数临床疑似痒病病例的确诊，如果用于常规检查时应增加脑干切片检查。如需要法律出证或进行无病检查时，应要求试验的敏感性和特异性的标准保持一致。检查全脑的所有代表区是确定无病理变化的最佳方法。

虽然实验室诊断依据主要是空泡变化，但是有些因素可能会造成病理组织学诊断上的困难，痒病所见到的神经元核周体空泡不是特征性的，因为此类变化偶尔也在表面健康绵羊脑组织中，不过空泡数量比临床痒病病例要少。此外，痒病没有其特征性的病理变化，但是可以认为其特异性较高，结合临床症状以及大量的空泡，则可以确诊。在痒病病例之间病理变化的差异也很大，临床症状严重的不一定病理变化严重，所以缺乏病理损伤的病例不能完全说明无痒病感染，因为实际上该病可以在无临床症状和病理变化的情况下存在。因此，对常规可疑病例可以应用免疫组织化学法和/或新鲜组织免疫印迹法进行检查 PrP^{Sc} 的积聚。

6.4.2.2 痒病相关纤维检查

痒病相关纤维检查(SAF)是诊断痒病的重要方法之一。从实验感染和自然感染痒病的鼠、绵羊中提取脑组织，经处理后用于电镜检查。

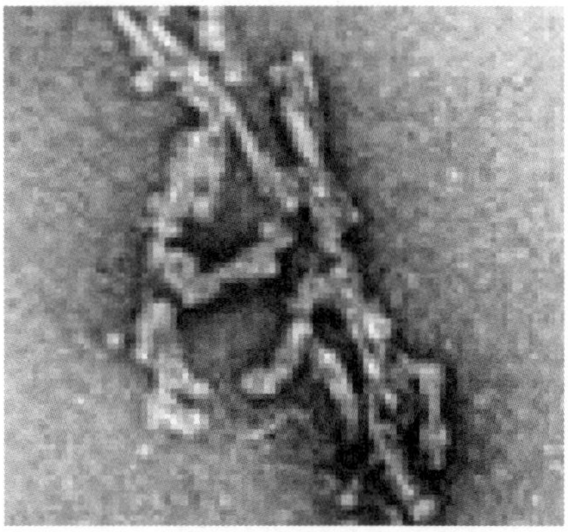

图 6.15 电镜下痒病相关纤维(SAF)

电镜下可见一种异常丝状结构物质，称之为羊痒病相关纤维(scrapie-associated fibrils, SAF)(图6.15)。这种丝状结构在正常组织中未发现，为朊病毒感染所特有，通过电镜观察或免疫学方法对 SAF 进行检测，可将 SAF 作为朊病毒病的特异性诊断标志。SAF 存在形式有两种，Ⅰ型纤维直径 11～14 nm，由两根直径 4～6 nm 的原纤维相互螺旋盘绕而成，螺距为40～60 nm 不等。Ⅱ型纤维由4根相同的原纤维组成，相互间隙为 3～4 nm。这些纤维丝螺旋交织成束，SDS-PAGE 电泳证实 SAF 主要成分为 27～30 ku 蛋白，组成上与 PrP27-30 基本相同，表明 SAF 与朊病毒是同一结构分子的不同存在形式。SAF 检查也是 TSEs 的特异诊断方法，在被检材料不适合作组织病理学检查时尤为重要。检查到 SAF，只能说明目前动物体内存在痒病相关纤维蛋白，可能是痒病感染的结果，但是检测不到 SAF，并不意味着动物未被痒病感染。

痒病相关纤维的检测通常以冰冻保存的脑和脊髓作被检材料，死后已发生自溶的材料也可使用。最好根据各种 TSEs 的特点选用一定部位的脑组织作为被检材料。取 1～10 g 被检材料，按质量浓度 10%制备匀浆，然后将抽提物用超速离心机梯度离心，22 000 g/10 min、540 000 g/20 min、540 000 g/25 min。最终沉淀物用蛋白酶-K 处理（10 μg/mL，37℃ 1 h），然后重悬于 50 μL 蒸馏水供负染作电镜检查。

6.4.2.3 免疫组织化学法检查

病理组织学检查是患畜死后痒病诊断的常用方法之一，但是痒病确诊还需采用其他辅助诊断措施。利用特异性的抗体进行的免疫组织化学染色是目前公认的特异性高、敏感性强的诊断方法，而且是痒病确诊的重要依据。

对于临床上可疑病或死亡病例取材，于 10%福尔马林缓冲液中固定 1 周，移入冷的（0.1 MPBS，pH=7.4）的缓冲液内在再固定 1 周，常规脱水，石蜡包埋，用预先处理过的玻片制片（厚 5 μm），57℃烘烤过夜。然后通过常规的脱蜡、水化，进行特殊处理后，利用特异性的多（单）克隆抗体进行常规免疫组织化学染色，光学显微镜观察可见特异性 PrP^{Sc}沉积。Patricia A 等（1999），Michael Beekes 等（2000）和 Stephane Lezmi 等（2001）相继报道痒病感染病例或实验动物仓鼠模型中在疾病的不同发展阶段，PrP^{Sc}可在不同的组织器官内沉积。Xuemin Ye 等（1998）报道了利用免疫组织化学方法检测到 263 K（图 6.16，图 6.17，图 6.18，图 6.19，图 6.20）感染仓鼠后星形胶质细胞内 PrP^{Sc}沉积和室管膜内淀粉样物质堆积，H.E 染色斑块呈淡红色形态，多为圆形，大小不等，质地较为均一，有一个淡染的外周。有许多研究利用免疫组化方法证实痒病感染动物的神经组织中出现 PrP^{Sc}沉积，这是动物传染性海绵状脑病的特征性病理改变。神经组织 PrP^{Sc}沉积部位呈棕褐色，多靠近皮层和血管周围。PrP^{Sc}沉积均呈现点状分布，大小不等，未见有弥漫性散在和大的斑块状分布。

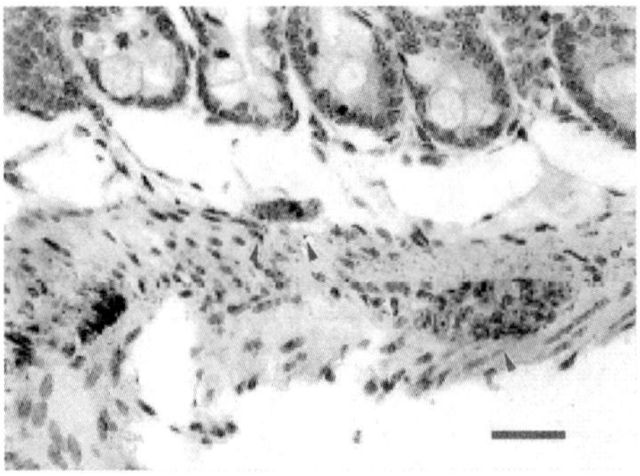

图 6.16　263 K 感染仓鼠肠道淋巴组织内 PrP^{Sc}免疫组化染色结果

（Michael Beekes，2000）

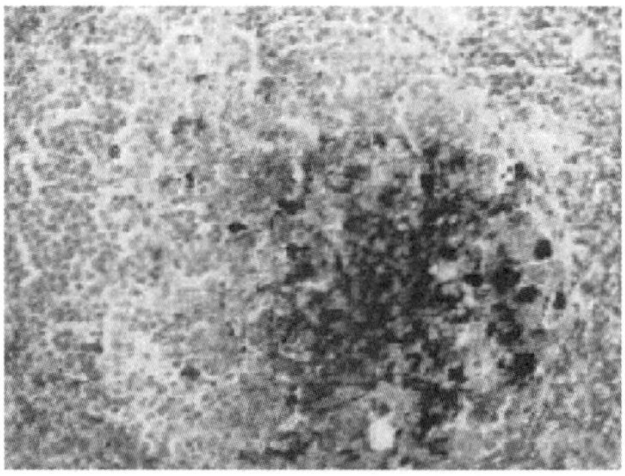

图 6.17　痒病病例脾脏免疫组化染色结果（应用 4F2 抗体）

（Stephane Lezmi，2001）

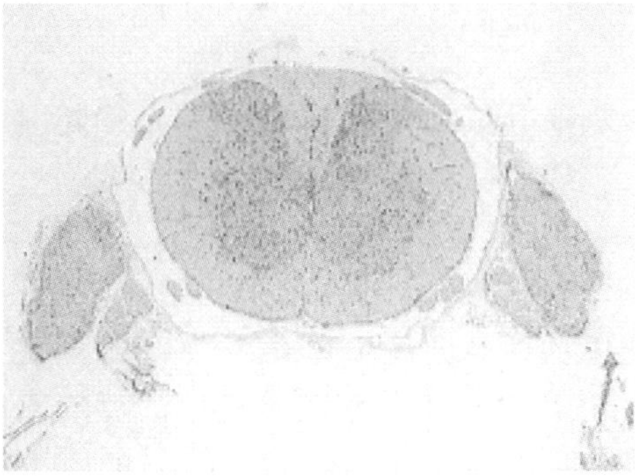

图 6.18 263 K 感染仓鼠后期脊髓 PrP^{Sc} 免疫组化染色结果(颗粒状)
(Patricia A,1999)

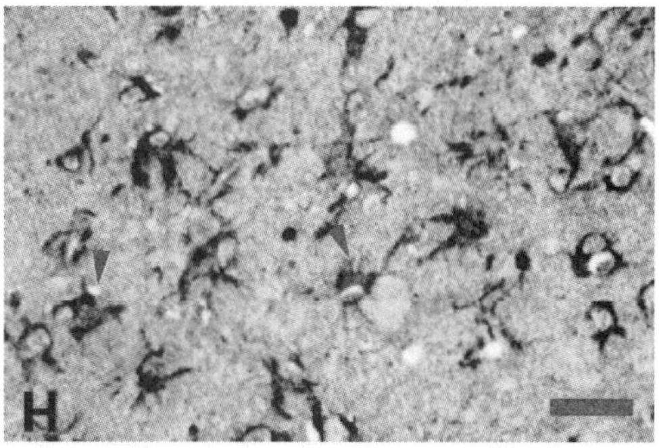

图 6.19 263 K 感染仓鼠星状胶质细胞内 PrP 沉积(Xuemin Ye, 1998)
注:利用多克隆抗体 ME7 进行的免疫组化染色。

近期研究表明,PrP 具有不同的表型,针对不同表型制备的抗体并不能同时检测多种 PrP^{Sc},这也可能是导致诊断中出现假阴性结果的原因之一。为了避免假阴性,并提高羊瘙病的检出率,建议运用多种抗体联合使用来检测羊瘙病。其次,要注意选择合适的抗体。有研究人员发现,不同的抗体针对同一方法而言,其敏感性不同,需谨慎选材。

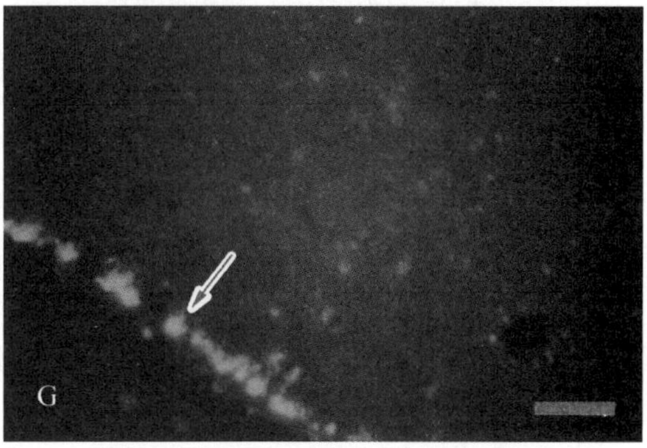

图 6.20 263 K 感染仓鼠室管膜处有淀粉样板块沉积(Xuemin Ye, 1998)
注:采用三聚甲硫醛-S 染色方法。

在免疫组织化学法检测中,PrP^{Sc} 的变性程度与甲酸处理及固定有关,因此变性步骤不能省略,同时注意优化变性时间。

6.4.2.4 PrP^{Sc}免疫学检测

PrP^{Sc} 只见于人和动物海绵状脑病 TSEs。瘙病患畜脑组织中可以分离出淀粉样纤维,这种纤维就是由 PrP^{Sc} 聚集而成。由于最先在瘙病脑组织中发现,所以通常称之为瘙病相关纤维(SAF)。存在于健康、患病人和动物细胞中的 PrP^{C} 可被蛋白酶消化去除,不干扰 PrP^{Sc} 的检测,因此,PrP^{Sc} 是 TSEs 的特异诊断方法,它不仅可用于死后的组织病理学检查,还可用于活检(脑、扁桃体)作生前诊断,检查 PrP^{Sc} 是诊断动物海绵状脑病的重要手段。

PrP^{Sc} 虽不能使感染宿主产生特异抗体,但以纯化的库鲁斑块核心、淀粉样蛋白组分,SAF 或人工合成的人 PrP 或羊 SAF 部分序列组成的多肽免疫动物可获得多克隆的 PrP 特异抗体。这些抗体与人和动物各种 TSEs 的 PrP^{Sc} 均产生反应,可用做诊断试剂。此外,还研制了动物种属的 PrP 特异性的单克隆和多克隆抗体,已广泛使用的有 MAb13A5 和 3F4 以及一种小鼠 PrP 特异的多克隆抗体。MAb13A5 对叙利亚仓鼠 PrP(SHaPrP)具有高度特异,与小鼠、人、大鼠、中国仓鼠和美国仓鼠的 PrP 无交叉反应。MAb 3F4 和人、叙利亚和美国仓鼠 PrP 反应,不与小鼠、中国仓鼠、牛、大鼠、绵羊和兔的 PrP 反应。小鼠 PrP 特异性多抗不与仓鼠 PrP 反应。

继上述两种抗体之后,有研究人员又研制两种其他抗体——MAb15D7 和 MAb16F4。新研制的两种抗体的整体应用效果弱于常规 MAb6H4，但其在 IHC 当中的应用效果强于 MAb6H4。

借助这些抗体可区分转基因动物脑内的小鼠、叙利亚仓鼠和人的 PrP^{Sc}。目前已建立了细胞免疫化学染色、免疫印迹、组织印迹和酶联免疫测定(ELISA)等 PrP 免疫监测技术。

1. 细胞免疫化学染色

病料用福尔马林常规固定和石蜡包埋的组织切片进行。包埋于石蜡中的组织，其免疫化学活性保存时间较长，保存于福尔马林的标本免疫化学活性则会逐步降低。

将蜡块切成厚 7 μm 的切片，按常规置于玻片上，在比石蜡熔化温度高几度的温度下保温 10～20 min，以防止预处理中切片从玻片上脱落。将切片脱蜡，用含 0.3% H_2O_2 的无水甲醇溶液阻断，再进行适当的预处理。现用的处理方法有：一是以 80%～100%甲酸处理 50～60 min；二是以 4 mmol/L 硫氰酸胍处理 2 h；三是以蛋白酶 K(10 μg/mL)37℃处理 15 min；四是以蛋白酶 K(10 μg/mL)37℃处理 10 min；五是 2.5 mmol/L 盐酸 121℃水解高压蒸汽处理 10 min；六是在微波炉内以 30%的甲酸处理 1 min；七是先以 96%的甲酸处理 60 min，再以 4 mmol/L 硫氰酸胍 4℃处理 2 h；这些预处理方法中以 80%～100%的甲酸处理数分钟的方法最简单，而在微波炉内用甲酸处理最快速、效果也好。然后将切片以含 5%脱脂乳的 TBST (25 mmol Tris-HCl pH7.6，0.05%吐温-20，0.5% mol NaCl)稀释的抗体 4℃孵育过夜，再用生物素-链霉抗生物素蛋白法或过氧化物酶-抗过氧化物酶法作免疫染色，以 3，3-二氨基联苯胺(DAB)显色。在作双重免疫染色时，连续加不同抗体，最后用 DAB 和氯化钴显示不同颜色。也可用得克萨斯红(Texas red)或异硫氰酸荧光素按同样方法作免疫荧光染色。最后显色、苏木精复染、封片等按常规方法进行，显微镜观察。

2. 免疫印迹

以冷裂解缓冲液制备 10%的脑组织匀浆液，离心除去碎片，上清液分装小瓶，−70℃保存备用。用未纯化的或纯化的脑组织匀浆抽提 PrP，抽提物以蛋白酶 K 消化，作 SDS-PAGE，再把电泳带转移至硝酸纤维膜上，用抗 PrP 抗体染色，这种方法可以用作半定量分析。结果显示，在未经蛋白酶 K 消化的痒病病例的脑组织提取液中，出现 3 条阳性反应条带，分子质量分别在 31～35 ku 之间。经蛋白酶 K 消化后的痒病病例脑组织提取物，可出现蛋白酶抗性的反应条带，分子质量分别在 25～31 ku 之间；正常动物脑组织提取物经蛋白酶 K 消化后，无任何蛋白条带存在；同时所有检测标本的蛋白酶抗性反应条带的电泳类型及泳动位置相同。

6.4.2.5 Western blotting 检测

Western blotting 检测是目前 OIE 公认的痒病特异性诊断方法之一，该方法具有特异性强、敏感性高，所用材料少的特点，世界许多国家和地区采用这种用于羊痒病进行检测和监测研究工作。在正常动物脑组织内均含有 PrP^{C}，患有 TSEs 疾病的动物组织不仅含有 PrP^{C}，同时也有 PrP^{Sc}，PrP^{C} 可以被蛋白酶 K 消化成小片段，而检测不到；PrP^{Sc}经蛋白酶 K 处理后仅将其一个氨基末端片段降解，轻微降低了这 3 个片段的分子质量。通过比较消化前后反应条带的变化建立诊断方法。目前世界范围内常采用欧洲共同体的动物海绵状脑病检测标准试剂盒进行 Western blotting 检测(图 6.21)。

PrP^{Sc}与 PrP^{C} 的区别在于其对蛋白酶的抗性：用蛋白酶 K 处理 PrP^{Sc}和 PrP^{C}，可发现 PrP^{C} 被完全破坏了，而 PrP^{Sc}只是由原来的 32～35 ku 降减为 27～30 ku。

Western blot 试验被广泛地用来检测患传染性海绵状脑病动物体中的 PrP^{Sc}，其特异性和敏感性在很大程度上受所用方法和 PrP 抗体的影响。目前所用的 PrP 抗体有部分纯化的抗鼠、

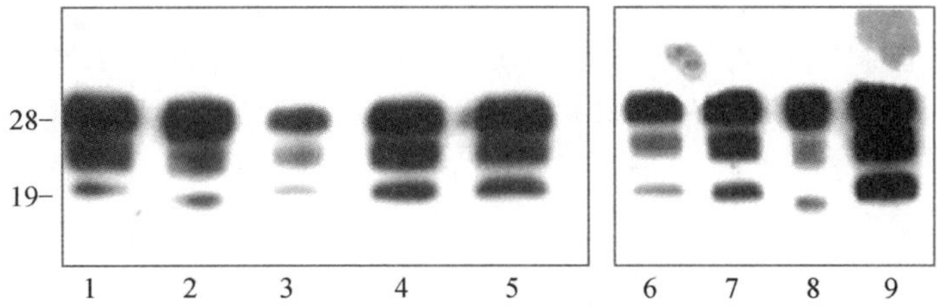

图 6.21 PrP^{Sc} 免疫印迹结果(G. M. Baron. Neuroscience Letters)

注:实验中用氨基酸序列为 105～120 的 PrP 兔抗血清;第 2 和第 8 列为疯牛病感染绵羊,其他各列为自然发生的不同痒病病例。

抗羊、抗牛、抗仓鼠或人 PrP 的单克隆或多克隆抗体。单克隆抗体 6H4 可以识别人 PrP 中第 144～152 个氨基酸序列片段，该片段在人、牛、羊、兔、水貂和许多灵长类动物中是高度保守的。在小鼠、仓鼠和大鼠，PrP 中第 145 位由色氨酸(tryptophan)代替了酪氨酸(tyrosine)，然而，试验表明，这种变化并不影响 6H4 抗体与这两种 PrP 的结合。8G8、4F2 是分别对应人 PrP 第 95～110 氨基酸序列和第 79～92 氨基酸序列的抗体，SAF15 和 SAF34 是仓鼠 PrP 的抗体；其中 SAF34 对应的是仓鼠 PrP 中的第 79～92 个氨基酸片段，F89 是绵羊 PrP 的抗体；DF7 是鼠抗牛重组 PrP 中第 140～180 位氨基酸的单克隆抗体，1A8 和 1B3 是鼠 PrP 的多克隆抗体。本试验结果表明，8G8，6H4，SAF34，SAF15 和 4F2 均可检测到痒病羊脑组织中的 PrP^{Sc}，但是 8G8，6H4，SAF34 更敏感一些。

6.4.2.6 生物学测定

动物死后取出脑组织进行组织病理学观察是诊断程序的第一步。在显微镜下需要观察脑组织的多个区域，以检查是否存在与痒病相关的病理变化。但是由于一些动物脑组织的病理损伤非常细微，仅靠显微镜观察难以做出确诊。至今还没有可供检测朊病毒的细胞培养系统，朊病毒感染滴度的测定还必须使用动物进行生物学测定。这种方法也是研究不同毒株生物学特性的主要手段。小鼠和仓鼠是动物传染性海绵状脑病(TSEs)最重要的实验动物。将痒病动物组织通过非肠道途径接种小鼠或其他实验动物，一般最短的潜伏期也要在 300 d 左右，整个实验周期较长，费时费力，但这也是目前唯一可行的检测动物传染性的方法。

具体操作方法是将被检材料(脑、脊髓、脾等)匀浆后，作 10 倍连续稀释(8～10 个稀释度)。每个稀释度通常脑内接种 6 只小鼠(30 μL)或仓鼠(50 μL)。福尔马林固定的材料也可用于接种，但其感染性比未固定材料低。接种动物每 3 d 检查一次，发病后逐日检查，濒死时扑杀，取脑作组织病理学检查，以进一步诊断。如动物不发病则观察至死亡，或适时盲传；对这些动物最后也应作脑组织病理学检查。对于原代分离实验动物(小鼠)观察期通常需 1 年或更久，仓鼠为 7～8 个月，最后根据动物发病和死亡数计算终点滴度(ID_{50} 和 LD_{50})，脑匀浆的终点滴度一般为 10^5～10^{11} LD_{50}/每克脑组织。此法的优点是十分敏感；缺点是费时、费力、消耗大量动物，且滴定的误差至少为 5～10 倍，难以满足许多实验(如纯化)的需要。

另一种方法是给 4 只仓鼠脑内接种高滴度的疑似被检材料，观察记录发病时间，然后根据接种动物的平均潜伏期，参照预先建立的感染剂量(滴度)-潜伏期标准曲线测算感染滴度。

疾病的潜伏期和接种病料量成反比，即潜伏期越短感染滴度越高。此法一般 60～70 d 即可获结果，感染剂量 - 潜伏期曲线是用断奶乳仓鼠以终点滴定法经一系列试验绘制的。

虽然公认感染剂量和潜伏期这两个参数彼此相关，但这种方法对纯化过程中已被暴露于各种处理的朊病毒制剂是否可获得能重复、可彼此比较的滴度仍有争论。某些研究表明，终点感染滴度相差 10～100 倍仍可产生相同的潜伏期，这取决于体内测定前标本的处理，很可能是生化制备过程中朊病毒聚合状态改变所致。尽管如此，这一方法目前已得到较广泛的应用。

6.4.2.7 脑脊髓液 14 - 3 - 3 脑蛋白免疫测定法

这是最近才报道的一种生前诊断方法。在新型克雅氏病(vCJD)病例，由于神经元破坏时一种特异性的蛋白可能泄漏人脑脊髓液(CSF)，因此在脑脊髓液中存在 14 - 3 - 3 脑蛋白，14 - 3 - 3脑蛋白是脑内非常丰富的酸性蛋白，它们是参与细胞周期控制和各种信号转导途径的多功能调节剂。克雅氏病患者可以通过脑脊髓液 14 - 3 - 3 脑蛋白免疫测定进行疾病的诊断，但是这种检测方法应用于 TSEs 的诊断尚有待进一步研究。

具体操作方法是：将 50 μL CSF 与 10 μL 样品缓冲液混合(终浓度 5%甘油、1% 2 - 巯基乙醇、1% SDS 和少量溴酚蓝)。以十二烷基磺酸钠 - 聚丙烯酰胺凝胶电泳(SDS-PAGE)(4%的堆凝胶和 12%的分辨凝胶，75 V，3 h)分离样品，然后转移至硝酸纤维素膜上。以含 0.3%吐温 - 20 的 Tris-缓冲盐水阻断 30 min，再以抗 14 - 3 - 3 多克隆兔抗体孵育，然后用抗兔 lgG 抗体的碱性磷酸酶结合物孵育，最后根据颜色判定反应结果。试验设标准分子质量和阳性对照(已知 CJD 病人的 CSF)。值得注意的是，这种方法是非特异性的，病毒性脑炎，特别是单纯疱疹病毒脑炎病人阳性率很高，只有在排除近期脑梗塞和病毒脑炎前提下，对临床可疑 CJD 病人有很大辅助诊断价值。Hsich 等用此法检 71 例 CJD 病人，68 例阳性(96%)；检 94 例其他痴呆病人仅 4 例阳性，特异性 96%，此排除其中有近期脑梗塞史的 3 例，特异性 99%。应用于动物 TSEs 也显示良好前景，检查 10 例实验感染 TSEs 牛 7 例阳性(其中 1 例有临床症状但组织病理学检查阴性)，6 例自然痒病 5 例阳性、15 例实验感染 TSEs 的黑猩猩全部阳性。三者合计，此试验敏感染性为 87%，特异性为 99%。

6.4.2.8 ELISA 方法

这种方法目前主要用于实验研究，特别是转基因小鼠脑内各种 PrP 基因表达产物的定量检测。其基本程序是用 0.25 M 蔗糖制备 10%脑匀浆。测 PrP^{Sc} 以 PK 作有限消化(100 μg/mL、0.2% sacrosyl、2 mmol EDTA，4℃ 8 h)。测总 PrP 则不消化。将匀浆重悬于 1 M 硫氰酸胍 PBST[0.15 mol NaCl、10 mmol 磷酸(pH 7.4)、0.05%吐温 - 20]中，使最终浓度为 2 mg/mL。用多管(孔)滤过器(manifold filtration unit)把样品(每孔 5 μL)加在硝酸纤维素膜上，室温干燥 30 min。用 PBS 洗涤后对膜依次作以下处理：以含 5%脱蜡奶粉的 PBS37℃孵育 1 h；在室温以抗生物素蛋白(25 μg/mL/PBST)孵育 30 min，阻断内源生物素活性；以生物素(2 μg/mL/PBST)孵育 2 次，每次 15 min；以生物素化的 mAb 13A5(以测叙利亚仓鼠 PrP 为例，测其他动物 PrP 应另选其他适宜抗体)孵育，4℃过夜；PBST 洗 3 次，每次 10 min；以链霉抗生物素蛋白过氧化物酶结合物孵育，室温 90 min；PBST 洗 3 次，每次 10 min；用打孔器切下每个印迹斑点，置于 96 孔板内；每孔加 100 μL 含 0.05%OPD 和 0.015% H_2O_2 枸橼酸 - 磷酸盐缓冲液(pH 5.0)使斑点显色;每孔加 100 μL 2.5 mol 硫酸终止反应;将各孔的溶液一一移入另一 96 孔板的对应孔内,用分光光度计以 492 nm 测 OD 值。所有的测定均一式 3 份,并按常规设各种对照。用已知量的 SHaPrP27 - 30 纯品(4～0.06 ng)建立蛋白样品 OD 值和其 PrP 含量的相关标准曲线,借助此标准曲线,根据被检样品的 OD 值即可估测其 PrP 含量。将未经 PK 处理样品测得的总 PrP 含量减去经 PK 处理测得的 PrP^{Sc} 含量即为 PrP^{C} 含量。

有实验小组研究出一种单步执行的多元免疫荧光方法来鉴别疯牛病和羊痒病。在检测前将各种液体混匀,包括捕获抗体 12B2 和 9A2,生物素标记 Sha31(皆为朊蛋白的抗原表位)和链霉亲和的 R - 藻红蛋白。制成试剂盒。根据说明试剂盒可知:9A2/12B2 结合率小于 2 的诊断为羊痒病,结合率大于 2.5 的为疯牛病。

6.4.2.9 **PrP 基因分析**

PrP 基因分析是诊断或排除遗传性 TSEs 的基本诊断方法。其基本程序是:从外周白细胞、冰冻的未固定的组织或福尔马林固定的脑组织中提取 DNA;用与 PrP 编码区两端序列互补的一对引物作 PCR 扩增 PrP 编码区,以和各种等位基因特异的寡核苷酸探针与扩增产物进行点杂交。同时用各种限制性核酸内切酶对扩增产物作限制性片段长度多肽性(RFLP)分析。必要时可对扩增的整个 PrP 编码区进行测序。

这种诊断方法不仅可确诊遗传性 TSEs 和预测发生遗传性 TSEs 的危险性,而且可以研究 TSEs 的遗传易感性和每种突变对临床症状、体征、病程和相关病理变化的影响。

由于不同的痒病病原毒株引起的脑病理变化类型、严重程度和分布不同,一般单独采用病理组织学检测方法难以确诊,在有条件的实验室往往是多种检测手段联合应用。如果将痒病的组织印迹和组织切片检查结果进行比较,发现 PrP^{Sc} 沉积出现于空泡形成之前,神经元的变性仅发生于有 PrP^{Sc} 沉积的区域,各个脑区的显微解剖也证实 PrP27 - 30 水平高的区域有广泛的空泡变性。

羊痒病的实验室检测方法主要有免疫组织化学、常规病理组织检查和免疫印迹酶联等。常规病理组织检查是最原始的痒病检测方法,但该方法很大程度上依赖于经验,判断的准确性较低;免疫印迹方法具有快速的优点,但其过程复杂,抗原处理方法稳定性较差,因此欧盟将这两种方法列为筛选方法。免疫组织化学法因操作简单,重复性好,结果准确,宜长久保存,而被欧盟和世界动物卫生组织列为标准方法,用于痒病的确诊。其他免疫检测方法的建立都要以此作为参比标准。

6.5 防　　治

痒病最早发生于 18 世纪的英格兰,之后陆续传入法国、比利时、德国、西班牙、印度、澳大利亚、新西兰、加拿大和美国等一些国家。我国曾于 1982 年从英国进口羊群中发现羊痒病疑似病例,经病理学组织检查证明有羊痒病病变特征,于是采取根除措施及时扑灭了疫情。痒病是历史悠久的传染性动物海绵状脑病,系 TSEs 的原型,人类的新型克雅氏病和牛疯牛病的发生都与该病有密切的联系,因此成为研究人类与动物慢性进行性神经系统疾病的动物模型,且受到生物界、医学界和兽医学界的高度重视。

6.5.1 羊痒病发展状况

羊痒病自发生以来已存在了两个多世纪，但是直到 1986 年英国首次发现疯牛病后才引起世人的注意，其原因可能是在英国和欧美许多国家，一些饲料加工厂以羊等动物的内脏和骨头加工成动物饲料，当将患痒病的羊的肉骨粉饲料喂养牛后，牛感染了痒病因子而发生了疯牛病，这些病牛的肉骨又被做成饲料喂养其他牛，如此病原不断地进入食物链，从而使疾病得以广泛流行。

1989 年疯牛病进入爱尔兰；瑞士和法国在 1990 年各自发现了第一例疯牛病；1997 年 11 月，葡萄牙、丹麦、德国、荷兰、比利时也相继出现疯牛病；1998 年疯牛病又跨出欧洲到达南美洲的厄瓜多尔；2000 年后，西班牙、瑞典、捷克、希腊、斯洛伐克、芬兰、奥地利也相继出现关于疯牛病的报道；2001 年日本报告了亚洲首例疯牛病；2002 年，以色列和波兰相继出现国内首例疯牛病；2003 年 5 月，加拿大发现一例疯牛病，这是近 10 年来北美大陆发现的首例疯牛病；2003 年 12 月，美国发现首例疯牛病。世界各国根据本国情况制定并实施了相应的保护和预防措施，已取得一定的效果。

虽然对典型羊痒病的诊断和防治取得了一定的效果，但是，非典型羊痒病的出现又让人们陷入了困境。与典型羊痒病相比，非典型羊痒病具有 4 个不同之处：①非典型羊痒病主要发生在老龄羊中，平均年龄为 2～5 年；②PrP^{Sc} 在小脑而非 obex 中占优势；③缺乏趋淋巴性（lymphotropic）；④对蛋白酶 K 的抗性较弱。由于该病发生率低，发现时间短，各国对该病型的研究不多，因此需要我们加快研究进展。

6.5.2 羊痒病、疯牛病和克雅氏病之间的关系

痒病是动物传染性海绵状脑病家族的重要成员之一，也是朊蛋白引起的中枢神经系统退行性病变的主要疾病。

目前已发现朊蛋白自然感染的宿主有牛科的家牛和多种羚羊，猫科的家猫、虎、猎豹、美洲狮和虎猫，灵长类的狐猴和人类；经口人工感染成功的实验动物有小鼠、牛、绵羊、山羊、狐猴和水獭；经脑内注射等非肠道途径感染成功的动物有小鼠、牛、绵羊、山羊、猪、蜘蛛猴、猕猴、狐猴、狨和水獭。尽管这些宿主对人类都具有潜在的威胁，但至今只有疯牛病朊病毒似乎与人类 vCJD 朊病毒有紧密的联系，这与朊蛋白特殊的传播途径有关。

疯牛病的暴发与痒病有着密切的关系，由于牛与羊的朊蛋白基因结构十分相似（同源性达 98%），二者种属屏障相对较小，所属牛可以通过食用带有痒病因子的饲料而感染患病。与羊朊蛋白基因相比，人类的朊蛋白基因更接近于牛的，所以人类很可能从食用患疯牛病的牛肉及制品中受到感染。因食用牛肉而引发的“疯人病”以及该病对人类健康潜在的巨大威胁则真正造成了世界性的恐慌。

专家们普遍认为虽然动物传染性海绵状脑病的病因、发病机理、流行方式还没有统一的认识，也尚未发现有效的诊断方法和防治措施，但已确定疯牛病起源于羊痒病，且疯牛病也可以传给山羊和绵羊，而人 CJD 最可能源于 BSE。

目前只有一些证据或推论，提示新型克雅氏病与疯牛病间存在某种必然的联系。这些证

据主要有：

(1)新型克雅氏病与疯牛病在流行病学上具有高度的时空吻合性，即绝大多数新型克雅氏病都发生于疯牛病的流行区——英国，新型克雅氏病的发病高峰在疯牛病高峰期的5年之后，也与该病的长潜伏期相一致。

(2)疯牛病和新型克雅氏病的 PrP^{Sc} 的电泳带型和糖基化比例一致。在动物实验中，用BSE牛脑材料接种于猴脑，猴发生了TSE，其病理变化和病原体的分布与新型克雅氏病相似，这是迄今最直接的证据。用vCJD和BSE的病原体接种小鼠，两者在发病潜伏期、临床症状及病理变化等极为相似。动物实验还证明BSE可通过消化道感染非人类的灵长类动物。这些结果都显示vCJD和BSE在病原上具有相关性。

(3)牛和人类的 PrP^{Sc} 的中心区域由第95～170位氨基酸残基构成，而牛和人类在这个区域的组成有很高的同源性，远远大于绵羊和人之间的同源性。这可能是疯牛病能传染到人，而羊痒病不能直接传染到人的主要原因。

痒病在家养绵羊中的自然存在已近两个半世纪，许多研究都已证明痒病与人海绵状脑病之间没有任何流行病学联系，这就提供了一个有力的证据，即痒病对与病原有关的工作风险不大。更明确的证明是那些与病原有密切接触的人不会比其他人群更经常发生克雅氏病，然而鉴于痒病病原具有极大的理化抵抗力以及注射后普遍的哺乳动物被试验性感染的事实，专家建议谨防人直接接触病原，因为最近发现牛海绵状脑病和人的一个新变异型TSE之间有联系。考虑到有引起人的TSEs生物危害可能性，现在将克雅氏病(vCJD)、BSE和相关的病原列为同一类。虽然痒病被排除在这类疾病之外，但是在处理痒病自然病例的组织时，建议像对其他TSEs一样采取限制性措施，这对那些在地方性牛群中有BSE病例的国家特别中肯，因为被暴露的绵羊可能污染饲料，而这些被污染的饲料又可能是牛的传染源。到目前为止，绵羊试验性感染的BSE从临床和病理上还很难与痒病区分开来。因此，那些直接操作感染组织的人员应该穿戴适当的防护服并严格遵循海绵状脑病病原的标准消毒方法。

6.5.3 羊痒病防治措施

1. 羊痒病根除计划

自然条件下，羊痒病可以传给山羊和绵羊；实验室条件下，可以传染给反刍动物、灵长类、猫和啮齿类动物。传播物有奶汁，其他传染组织包括CNS、淋巴组织、周围神经、血液、肌肉、肝脏、鼻黏膜以及唾液腺。其中该病也可以通过污染的环境进行传播。

羊痒病感染与动物活动、种群大小、繁育行为、产羔管理、共用牧场及饲养代替相关。

针对羊痒病，美国和加拿大都制定了“痒病根除计划”，现将美国的“痒病根除计划”做一个总述，希望对读者会有所启发帮助。

美国的“痒病根除计划”中并没有将非典型羊痒病纳入其中。其根除计划包括3部分：

➢屠宰过程中的羊痒病监测；

➢非屠宰过程监测；

➢羊痒病确诊项目。

检测的目标羊群包括：

➢检测感染的山羊和绵羊；

➢追踪患畜所处的羊群或者其来源；
➢检查暴露于该病的羊群并加强管理。
上述目标检测分 3 个阶段进行：
➢清除患畜；
➢确定患畜所在的羊群没有该病的发生；
➢继续对该羊群进行管理，使其最终符合 OIE 的要求。
该计划中要求加强的部分主要有：
➢提高饲养人员对羊痒病临床症状的判断能力，增加观察次数并及时进行报道；
➢确保实验室监测的及时性和准确性；
➢加大主动监测力度，主要包括下述 7 个方法：
a. 扩大可疑病例的屠杀范围，包括市场、饲料厂和出口商；
b. 限制引进，尤其是限制引进来源，确保来源地无羊痒病；
c. 提高计划执行标准，对该病易感性强的、风险高的羊要尤其高；
d. 填补监控空白区域；
e. 扩大羊痒病监测范围；
f. 确保追踪监测顺利实施；
g. 加强各部分的协调合作。

2002 年之后，美国羊痒病发生率下降显著，官方分析认为主要得益于屠宰监测。为了进一步降低羊痒病发生率，美国政府决定主要从以下几个方面加大监测力度：
➢提高商品生产商和兽医对羊痒病的警醒度；
➢加强实验室监测；
➢重视主动监测，扩大屠宰监测范围(包括对屠宰集中地进行监测，对农场屠宰进行检测)；
➢提高抽样群体和地理区域的取材效果；
➢遵守法定羊痒病鉴定要求。

2. 治疗方法

有研究指明，通过纳滤膜，可以有效除掉病毒粒子和羊痒病粒子，该方法简便有效，随后用 WB 检测发现 PrP^{res} 含量显著下降，而且通过该法还可以除去 CJD 中的 PrP^{Sc}。其中消除程度与滤器类型和阴离子洗涤剂有关，也与 PrP^{Sc} 的积聚类型、空间构造及滤过膜的物理化学性质有关。其清除机制可能是蛋白质筛选作用或是膜吸附作用。

可以将纳滤膜作为羊来源生物制品检验的必备步骤，提高该生物制品的安全性能。

6.5.4 我国的羊痒病及相关疾病

羊痒病、疯牛病与人类克雅氏病之间存在的关系再次为人类食品安全敲响了警钟。

针对羊痒病，在参照美国“羊痒病根除计划”的基础上，我们还应建立切实可行的防范制度。第一，应建立相应的羊痒病监测网；第二，呈现海绵样脑病症状动物的任何部分或其产品不得进入人和动物食品链；第三，采取重新检查动物原料的化制方法，保证其能有效灭活病原因子；第四，禁止在反刍动物饲料中使用反刍动物组织；第五，一发现有此类患病病畜，立即扑杀，同时应投入一定的资金研究相关药物。

参考文献

[1] A S Lossinsky, R Pluta, M J Song, *et al*. Mechanisms of in ammatory cell attachment in chronic relapsing experimental allergic encephalomyelitis: a scanning and high-voltage electron microscopic study of the injured mouse blood-brain barrier. Microvasc. Res, 1991 (41):299 - 310.

[2] A Grosset, K Moskowitz, C Nelsen, *et al*. Rapid presymptomatic detection of PrPSc via conformationally responsive palindromic PrP peptides. Peptides, 2005 (26): 2193 - 2200.

[3] A Molina, M Juarez, A Rodero. Merino sheep breed's genetic resistance to Scrapie: Genetic structure and comparison of five eradication strategies. Preventive Veterinary Medicine, 2006 (75): 239 - 250.

[4] A Sharpe, M McElroy, H Bassett, *et al*. Clinical and pathological features of experimental scrapie in Irish Blackface Mountain sheep. Research in Veterinary Science, 2006 (80): 71 - 78.

[5] A M healy, A J Hanlon, E Weavers, *et al*. A behabioural study for scrapie-affected sheep. Applied Animal Behaviour Science, 2002(79): 89 - 102.

[6] Agrimi U G Ru, F Cardone, M Pocchiari, *et al*. Epidemic of transmissible spongiform encephalopathy in sheep and goats in Italy. Lancet, 1999(353): 560 - 561.

[7] Alexandre Fediaevsky, Sue C Tongue, Maria Noremark, *et al*. A descriptive study of the prevalence of atypical and classical scrapie in sheep in 20 European countries. BMC Veterinary Research, 2008(4): 19.

[8] Antonio D'Angelo, Cristiana Maurella, Cristina Bona, *et al*. Assessment of clinical criteria to diagnose scrapie in Italy. The Veterinary Journal, 2007 (174): 106 - 112.

[9] Azra C Ghani, Neil M Ferguson, Christl A, *et al*. Scrapie in Britain during the BSE years. Nature, 2000(10): 584 - 585.

[10] Baron T G M, J-Y Madec, D Calavas. Similar signature of the prion protein in natural sheep scrapie and bovine spongiform encephalopathy linked diseases. J. Clin. Microbiol, 1999(37): 3701 - 3704.

[11] BaronT G M, J-Y Madec, D Calavas, *et al*. Comparison of French natural scrapie isolates with bovine spongiform encephalopathy and experimental scrapie infected sheep. Neurosci. Lett, 2000(284): 175 - 178.

[12] Barry RA, Prusiner SB. Prions: Novel infectious pathogens causing scrapie and Creutzfeldt-Jakob disease. Immunology of prions, 1987, 239 - 275.

[13] Bartz JC, Kincaid AE, Bessen RA. Rapid prion neuroinvasion following tongue infection. J Virol, 2003(77): 583 - 591.

[14] Beekes M, Baldauf E, Diringer H. Sequential appearance and accumulation of pathog-

nomonic markers in the central nervous system of hamsters orally infected with scrapie. J. Gen. Virol. 1996(77): 1925 - 1934.

[15] Belt P B, Bossers A, Schreuder B E, *et al*. in *Bovine Spongiform Encephalopathy: The BSE Dilemma*, ed. Gibbs, C. J., Jr. (Springer, New York), 1996,294 - 305.

[16] Belt P B, Muileman I H, Schreuder B E, *et al*. Identification of five allelic variants of the sheep PrP gene and their association with natural scrapie. J. Gen. Virol, 1995 (76): 509 - 517.

[17] Bessen R A, R S Marsh. Distinct PrP properties suggest the molecular basis of strain variation in transmissible mink encephalopathy. J. Virol, 1994(68):7859 - 7868.

[18] Bockman JM, Kingsbury DT. Immunological analysis of host and agent effects on Creutzfeldt-Jakob disease and scrapie prion proteins. Journal-of-Virology, 1988(62): 3120 - 3127.

[19] Bons N, N Mestre-Frances, P Belli, *et al*. Natural and experimental oral infection of nonhuman primates by bovine spongiform encephalopathy agents. Proc. Natl. Acad. Sci. USA, 1999(96):4046 - 4051.

[20] Bossers A, de Vries R,Smits, M A. Susceptiblity of sheep for scrapie as assessed by in vitro conversion of nine naturally occuring variants of PrP. J. Virol, 2000(74): 1407 - 1414.

[21] Bossers A, Schreuder B E C, Muileman I H, *et al*. PrP genotype contributes to determining survival times of sheep with natural scrapie. J. Genet. Virol, 1996(77): 2669 -2673.

[22] Brandner S. *et al*. Normal host prion protein necessary for scrapie-induced neurotoxicity. Nature, 1996(379),339 - 343.

[23] Brown K L, Stewart K, Ritchie D L, *et al*. Scrapie replication in lymphoid tissues depends on prion protein-expressing follicular dendritic cells. Nature Med, 1999(5): 1308 -1312.

[24] Bruce M, A Boyle, S Cousens, *et al*. Strain characterization of natural sheep scrapie and comparison with BSE. J. Gen. Virol, 2002(83):695 - 704.

[25] Bruce M, A Chree, I McConnell, *et al*. Transmission of bovine spongiform encephalopathy and scrapie to mice: strain variation and the species barrier. Philos. Trans. R. Soc. Lond. Ser, B, 1994(343):405 - 411.

[26] Bruce M, A G Dickinson. Biological evidence that scrapie agent has an independent genome. J. Gen. Virol, 1987(68):79 - 89.

[27] Bruce M, I McConnell, H Fraser, *et al*. The disease characteristics of different strains of scrapie in Sinc congenic mice lines: implications for the nature of the agent and host control of pathogenesis. J. Virol, 1991(72):595 - 603.

[28] Bruce M, R G Will, J W Ironside, *et al*. Transmissions to mice indicate that'new variant' CJD is caused by the BSE agent. Nature, 1997(389):498 - 501.

[29] Bruce M E, Brown K L. Follicular dendritic cells in TSE pathogenesis. Immunol, 2000

(21):442 - 446.

[30] C Butter, D Baker, O'J K Neill, *et al*. Mononuclear cell tracking and plasma protein extravasation into the CNS during chronic relapsing experimental allergic encephalomyelitis in Biozzi AB/H mice, J. Neurol, 1991 (104):9 - 12.

[31] Caramelli M, G Ru, C Canalone, *et al*. Evidence for the transmission of scrapie to sheep and goats from a vaccine against Mycoplasma agalactiae. Vet. Rec, 2001 (148): 531 - 536.

[32] Casalone C, Zanusso G, Acutis P, *et al*. Prion protein biosynthesis in scrapie-infected and uninfected neuroblastoma cells. Journal-of-Virology, 1989(63): 175 - 181

[33] Chaplin M J,Aldrich A D,Stack M J. Scrapie associated fibrils detection form formaldehyde fixed brain tissue in natural cases of ovine scrapie. Res. Vet. Sci, 1998 (64):41 - 44.

[34] Chatelain J, Dautheville Guibal C. Ovine scrapie: follow-up of sheep belonging to an endemic scrapie-infected flock. European-Journal-of-Epidemiology, 1989(5):113 - 116.

[35] Cindy Nitschke, Eckhard Flechsig, Jens van den Brandt, *et al*. Immunisation strategies against prion diseases: Prime-boost immunisation with a PrP DNA vaccine containing foreign helper T-cell epitopes does not prevent mouse scrapie; Veterinary Microbiology, 2007 (123): 367 - 376.

[36] Claude Saegerman, Emmanuel Vanopdenbosch, Dirk Berkvens. Current status of scrapie. CAB Reviews: Perspectives in Agriculture, Veterinary Science, Nutrition and Natural Resources, 2007 (2): 027.

[37] Claudia Reckzeh, Christine Hoffmann, Anne Buschmann, *et al*. Rapid testing leads to the underestimation of the scrapie prevalence in an affected sheep and goat flock; Veterinary Microbiology, 2007 (123): 320 - 327.

[38] Clouscard C, Beaudry P, Elsen J M, *et al*. Different allelic effects of the condos 136 and 171 of the prion protein gene in sheep with natural scrapie. J. Gen. Virol, 1995 (76):2097 - 2101.

[39] Collinge J, K C L Sidle, J Meads, *et al*. Molecular analysis of prion strain variation and the etiology of new variant CJD. Nature, 1996(383):685 - 690.

[40] Cravero G C, F Guarda, U Dotta, *et al*. La scrapie in pecore dirazza biellese. Prima segnalazione in Italia. Clinica Veterinaria, 1977(100):1 - 5.

[41] E Monle'on, M Monz'on, P Hortells, *et al*. Approaches to Scrapie diagnosis by applying immunohistochemistry and rapid tests on central nervous and lymphoreticular systems. J. of Virological Methods, 2005(125):165 - 171.

[42] Elena Bozzetta, Raffaella Nappi, Silvia Crudeli, *et al*. Comparative performance of three TSE rapid tests for surveillance in healthy sheep affected by scrapie; Journal of Virological Methods, 2011 (173): 161 - 168.

[43] Elsen J M, Amigues Y, Schelcher F, *et al*. Genetic susceptibility and transmission factors in scrapie: detailed analysis of an epidemic in a closed flock of Romanov. Arch. Virol, 1999(144):431 - 445.

[44] European Commission. Scientific Steering Commission, European Commission. Strategy to investigate the possible presence of BSE in sheep. Opinion adopted by the Scientific Steering Committee at its meeting of 4 - 5 April, 2002.

[45] Eva Monleo'n, Ma Carmen Garza, Roci'o Sarasa, *et al*. An assessment of the efficiency of PrPsc detection in rectal mucosa and third-eyelid biopsies from animals infected with scrapie. Veterinary Microbiology, 2011 (147): 237 - 243.

[46] Farquhar CF, Somerville RA, RitchieLA. Post-mortem immunodiagnosis of scrapie and bovine spongiform encephalopathy. Journal-of-Virological-Methods, 1989(24): 215 - 222.

[47] Fischer M. *et al*. Prion protein (PrP) with amino-proximal deletions restoring susceptibility of PrP knockout mice to scrapie. EMBO J, 1996(15): 1255 - 1264.

[48] Foster J D, Dickinson A G. Age at death from natural scrapie in a flock of Suffolk sheep. Veterinary-Record, 1989(16):415 - 417.

[49] Foster J D, M Bruce, I McConnell, *et al*. Detection of BSE infectivity in brain and spleen of experimentally infected sheep. Vet. Rec, 1996(138):546 - 548.

[50] Fraser H, *et al*. Replication of scrapie in spleens of SCID mice follows reconstitution with wild-type mouse bone marrow. J. Gen. Virol, 1996(77): 1935 - 1940.

[51] Fu Y-X, Li W-H. Statistical tests of neutrality of mutantions. Genetics, 1993 (133): 693 - 709.

[52] G Sofianidis, V Psychas, C Billinis, *et al*. Histopathological and Immunohistochemical Features of Natural Goat Scrapie. J. Comp. Path, 2006(135):116 - 129.

[53] Gajendragad MR, Gopalakrishna S. A brief review on scrapie disease in sheep. Livestock-Adviser, 1989(14: 3): 43 - 49

[54] Gibson P H, Somerville R A, Fraser H, *et al*. Scrapie associated fibrils in the diagnosis of scrapie in sheep. Vet. Rec, 1987(120):125 - 127.

[55] Gibson PH, Doughty LA. An electron microscopic study of inclusion bodies in synaptic terminals of scrapie-infected animals. Acta-Neuropathologica, 1989(77): 420 - 425.

[56] Giuliana Magri, Mario Clerici, Decrease in pathology and progression of scrapie after immunization with synthetic prion protein peptides in hamsters; Vaccine, 2005 (23): 2862 - 2868.

[57] Glatt C E, DeYoung J A, Delgado S, *et al*. Screening a large reference sample to identify very low frequency sequence variants: compare two genes. Nat. Genet, 2001(27): 435 - 438.

[58] Goldmann W, Hunter N, Benson G, F *et al*. Different scrapie-associated fibril proteins are encoded by lines of sheep selected for different alleles of Sip gene. J. Gen. Virol, 1991 (72): 2411 - 2417.

[59] Goldmann W, Hunter N, Foster D, Salbaum, *et al*. Two alleles of a neural protein gene linked to scrapie in sheep. Proc. Natl. Acad. Sci. USA, 1990 (87):2476 - 2480.

[60] Goldmann W, Hunter N, Martin T, *et al*. Different forms of the bovine prp gene have five or six copies of a short, G-C rich element within the protein-coding exon. J. Gen.

Virol, 1991(72): 201 - 204.

[61] Gombojav A, Ishiguro N, Horiuchi M, *et al*. Amino acid polymorphisms of prp gene in Mongolian sheep. J. Vet. Med. Sci, 2003(65): 75 - 81.

[62] Gregory J, Raymond, James Hope, *et al*. Molecular assessment of the potential transmissibilities of BSE and scrapie to humans. Nature, 1997(17): 285 - 289.

[63] H Okada, Y Sato, T Sata, *et al*. Antigen Retrieval Using Sodium Hydroxide for Prion Immunohistochemistry in Bovine Spongiform Encephalopathy and Scrapie. J. Comp. Path, 2011, (144):251 - 256.

[64] Heaton M, Leymaster K, Freking B, *et al*. Prion gene sequence variation within diverse groups of US sheep,beef cattle and deer. Mamm. Genome, 2003(14): 765 - 777.

[65] Hegde R S, Tremblay P, Groth D, *et al*. Transmissible and genetic prion diseases share a common pathway of neurodegeneration. Nature, 1999(402): 822 - 826.

[66] Henriette Cordes, Ann-Louise Bergström, JakobOhm, *et al*. Characterisation of new monoclonal antibodies reacting with prions from both human and animal brain tissues. Journal of Immunological Methods, 2008 (337): 106 - 120.

[67] Hudson R R, Kaplan N L. Statistical properties of the number of recombination events in the history of a sample of DNA sequence. Genetics, 1985(111): 147 - 164.

[68] Hudson R R. Estimating the recombination parameter of a finite population modal without selection. Genet. Res, 1987(50):245 - 250.

[69] Humeny A, Schiebel K, Seeber S, *et al*. Identification of polymorphisms within the bovine prion protein gene by DNA sequencing and genotyping by MALDI-TOF-MS. Neurogenetics, 2002(4): 59 - 60.

[70] Hunter N, Goldmann W, Smith G *et al*. The association of a codon 136 PrP gene variant with the accurrence of natural scrapie. Arch. Virol. 1994 (137):171 - 177

[71] Hunter N, Foster J D, Goldmann W, *et al*. Natural scrapie in a closed flock of Cheviot sheep occurs only in specific PrP genotypes. Arch. Virol, 1996(141):809 - 824.

[72] Hunter N, Goldmann W, Smith G, *et al*. Frequencies of PrP gene variants in healthy cattle and cattle with BSE in Scotland. Vet. Rec, 1994 (135):400 - 403.

[73] Isenmann S, Brandner S, Kuhne G, *et al*. Comparative *in vivo* and pathological analysis of the blood-brain barrier in mouse telencephalic transplants. Neuropathol. Appl. Neurobiol, 1996 (22), 118 - 128.

[74] J Solassol, M Arlotto, S Lehmann, Detection of prion after decontaminationprocedures: comparative study of standard Western blot, filter retention and scrapie-cell assay; Journal of Hospital Infection, 2004 (57): 156 - 161.

[75] Jack Rosenbluth, Rolf Schiff, Pokman Lam, *et al*. Spongiform pathology in mouse CNS lacking 'neuropathy target esterase' and cellular prion protein; Neurobiology of Disease, 2009 (35): 433 - 437.

[76] James Foster, Christine Farquhar, Janet Fraser, *et al*. Immunolocalization of the prion protein in scrapie affected rodent retinas. Institute for Animal Health, 1999:1 - 4.

[77] Janecek L L, Honeycutt R L, Adkins R M *et al*. Mitochondrial gene sequences and the molecular systematics of the artiodactyl subfamily bovine. Mol. Phylogenet. Evol, 1996 (6):107 - 119.

[78] Jean-Marie Ledoux, Hypothesis of interference to superinfection between bovine spastic paresis and bovine spongiform encephalopathy: suggestions for experimentation, theoretical and practical interest. Medical Hypotheses, 2004 (62):346 - 353.

[79] Joanne Mohan, Neil A Mabbott. Scrapie transmission following exposure through the skin is dependent on follicular dendritic cells in lymphoid tissues. Journal of Dermatological Science, 2004 (35), 101 - 111.

[80] John Pilon, Christina Loiacono, Danelle Okeson *et al*. Anti-prion activity generated by a novel vaccine formulation; Neuroscience Letters, 2007 (429): 161 - 164.

[81] K Marie McIntyre, Victor J Del Rio Vilas, Simon Gubbins, Demographic characteristics of scrapie-affected holdings identified by active and passive surveillance schemes in Great Britain: 2002—2005. The Veterinary Journal, 2011(187): 207 - 211.

[82] Kazunari Nagaoka, Miyako Yoshioka, Noriko Shimozaki, *et al*. Sensitive detection of scrapie prion protein in soil. Biochemical and Biophysical Research Communications, 2010 (397): 626 - 630.

[83] Kazuyoshi Miyamoto, Naoto Nakamura, Masayoshi Aosasa, *et al*. Inhibition of prion propagation in scrapie-infected mouse neuroblastoma cell lines using mouse monoclonal antibodies against prion protein; Biochemical and Biophysical Research Communications, 2005 (335): 197 - 204.

[84] Kim S J, Hegde R. Contranalational partitioning of nascent prion protein into multiple populations at the translocation channel. Mol. Biol. Cell, 2002(13):3775 - 3786.

[85] Kim S J, Rahbar R, Hegde R. Combinatiorial control of prion protein biogenesis by the signal sequence and transmembrance domain. J. Biol. Chem, 2001(276):26132 - 26140.

[86] Kimberlin RH, Walker CA. Competition between strains of scrapie depends on the blocking agent being infectious. Intervirology, 1985(23):74 - 81.

[87] Kimberlin RH, Walker CA, Fraser H. The genomic identity of different strains of mouse scrapie is expressed in hamsters and preserved on isolation in mice. Journal-of-General-Virology, 1989(70): 2017 - 2025.

[88] Krakauer D, Pagel M, Southwood T, *et al*. Phylogenesis of prion protein. Nature, 1996 (380): 675 (lett).

[89] Krakauer D, Zanotto P, Pagel M. Prions progress: pattern and rates of molecular evolution in relation to spongiform disease. J. Mol. Evol, 1998(47):133 - 145.

[90] Krasemann S, Groschup M, Harmeyer S, *et al*. Generation of monoclonal antibodies against human prion proteins in PrP0/0-mice. Mol. Med, 1996(2): 725 - 734.

[91] Kuczius T, M. H Groschup. Differences in proteinase K resistance and neuronal deposition of neuronal prion proteins characterise bovine spongiform encephalopathy (BSE) and scrapie strains. Mol. Med, 1999(5): 406 - 418.

[92] Kuczius T, I Haist, M H Groschup. Molecular analysis of bovine spongiform encephalopathy and scrapie strain variation. J. Infect. Dis, 1998(178):693 - 699.

[93] Kumar S, Tamura K, Jakobsen I B, *et al*. MEGA2: molecular evolutionary genetics analysis software. Bioinformatics, 2001(17): 1244 - 1245.

[94] L Broxmeyer. Is mad cow disease caused by a bacteria?. Medical Hypotheses, 2004 (63): 731 - 739.

[95] L Truchot, T Arnaud, C Bloy, *et al*. CJD PrPsc removal by nanofiltration process: Application to a therapeutic immunoglobulin solution (Lymphoglobuline); Biologicals, 2006 (34): 227 - 231.

[96] Laplanche J L, Chatelain J, Westaway D, *et al*. Prp polymorphisms associated with natural scrapie discovered by denaturing gradient gel electrophoresis. Genomics, 1993 (15), 30 - 37.

[97] Lasmezas C I, J-G Fournier, V Nouvel, *et al*. Adaptation of the bovine spongiform encephalopathy agent to primates and comparison with Creutzfeldt-Jakob disease: implications for human health. Proc. Natl. Acad. Sci. USA, 2001(98):4142 - 4147.

[98] Liberski P P, Plucienniczak A, Hrabec E *et al*. Isolation and purification of scrapie-associated fibrils and prion protein from scrapie-infected hamster brain. Journal of Comparative Pathology, 1989(2):177 - 185.

[99] L J van Keulen, B E Schreuder, R H Meloen, *et al*. Immunohistochemical detection of prion in lymphoid tissues of sheep with natural scrapie. J. Clin. Microbiol, 1996(34): 1228 - 1231.

[100] Ludmila I Kuncheva, Victor J del Rio Vilas, Juan J Rodríguez, Diagnosing scrapie in sheep: Aclassification experiment. Computers in Biology and Medicine, 2007 (37): 1194 - 1202.

[101] M Shayo, R N McLay, A J Kastin, *et al*. The putative blood-brain barrier transporter for the b-amyloid binding protein apolipoprotein J is saturated at physiological concentrations, Life Sci, 1996 (60):L115 - L118.

[102] M A Klein, R Frigg, E Flechsig, *et al*. A crucial role for B cells in neuroinvasive scrapie, Nature, 1997(390):687 - 690.

[103] Madhukar Varshney, Philip S Waggoner, Richard A. *et al*. Prion protein detection in serum using micromechanical resonator arrays; Talanta. 2009 (80): 593 - 599.

[104] McBride PA, Bruce ME, Fraser H. Immunostaining of scrapie cerebral amyloid plaques with antisera raised to scrapie-associated fibrils (SAF). Neuropathology and Applied neurobiology, 1988(14):325 - 336.

[105] McDonald J H, Kreitman M. Adapative protein evolution at Adh locus in Drosophlis. Nature, 1991(351):652 - 654.

[106] McGowan J P. Scrapie in sheep. Scot. J. Agric, 1992(5): 365 - 375.

[107] Meyer RK, McKinley MP, Bowman KA, *et al*. Separation and properties of cellular and scrapie prion proteins. Proc. Natl. Acad. Sci. USA, 1986(83):2310 - 2314.

[108] Michael Beekes, Patricia A McBride, *et al*. Early accumulation of pathological PrP in the enteric nervous system and gut-associated lymphoid tissue of hamsters orally infected with scrapie. Neuroscience Letters, 2000 (278): 181 - 184

[109] Miller J M, Jenny A L, Taylor W D, *et al*. Detection of prion protein in formalin-fixed brain by hydrated autoclaving immunohistochemistry for the diagnisis of scrapie in sheep. J. Vet. Diagn. Invest, 1994(6):366 - 368.

[110] Miller J M, Jenny A L, Taylor W D, *et al*. Immunohistochemistry detection of prion protein in sheep with scrapie. J. Vet. Diagn. Invest, 1993 (5):309 - 316.

[111] Miroslaw P Polak, Magdalena Larska, Jan P M Langeveld, *et al*. Diagnosis of the first cases of scrapie in Poland; The Veterinary Journal, 2010 (186): 47 - 52.

[112] Monaco S, Caramelli M. Identification of a second bovine amyloidotic spongiform encephalopathy: molecular similarities with sporadic Creutzfeldt-Jakob disease. Proc. Natl. Acad. Sci. USA, 2004(101): 3065 - 3070.

[113] Montrasio F, Frigg R, Glatzel M, *et al*. Impaired prion replication in spleens of mice lacking functional follicular dendritic cells. Science, 2000(288): 1257 - 1259.

[114] MorganKL. Bovine spongiform encephalopathy: time to take scrapie seriously. Veterinary Record, 1988(122: 18): 445 - 446;

[115] Neibergs, H L, Ryan A M, Womack J E, *et al*. Polymorphism analysis of the prion gene in BSE-affected and unaffected cattle. Anim. Genet, 1994(25): 313 - 317.

[116] Nor98-Like(Nonclassical) Scrapie. Veterinary Services August 2010.

[117] Oesch B, D Westaway, M Walchli, *et al*. A cellular gene encodes PrP 27 - 30 protein. Cell, 1985(40): 735 - 746.

[118] Olsaker I, Williams J L. Sequence variation in the bovine and ovine PRNP genes. *Anim*. Genet, 2003(34):183 - 190.

[119] O'Rourke, K I Bazsler, T V Parish, *et al*. Pre-clinical detection of PrPsc in nicticting membrane lymphoid tissue of sheep, Vet. Record, 1998(142): 489 - 491.

[120] P Rezaie, P L Lantos, Microglia and the pathogenesis of spongiform encephalopathies; Brain Research Reviews, 2001 (35): 55 - 72.

[121] P D Cockcroft, A M Clark. The Shetland Islands scrapie monitoring and control programme: Analysis of the clinical data collected from 772 scrapie suspects 1985—1997. Research in Veterinary Science, 2006 (80): 33 - 44.

[122] Parchi P, R Castellani, S Capellari, *et al*. Molecular basis of phenotypic variability in sporadic Creutzfeldt-Jacob disease. Ann. Neurol, 1996(39):669 - 680.

[123] Parchi P, W Zou, W Wang, *et al*. Genetic influence on the structural variations of the abnormal prion protein. Proc. Natl. Acad. Sci. USA, 2000(97):10168 - 10172.

[124] Parry H B, Oppenheimer D R. (Eds.) Scrapie Disease in Sheep: Historical, Clinical, Epidemiological, Pathological and Practical Aspects of the Natural Disease. Academic Press, London, 1983:192.

[125] Patricia A McBride, Michael Beekes, *et al*. Pathological PrP is abundant in sympathet-

ic and sensory ganglia of hamsters fed with scrapie. Neuroscience Letters, 1999 (265): 135 - 138.

[126] Peretz D, M R Scott, D Groth, *et al*. Strain-specified relative conformational stability of the scrapie prion protein. Protein Sci, 2001(10):854 - 863.

[127] Pocchiari M, Y G Xi, L Ingrosso, A. *et al*. Immunodiagnosis of bovine spongiform encephalopathy. Livest. Prod. Sci, 1994(38):41 - 46.

[128] Premzl M, Bozic P, Gamulin V. PRNP octarepeat allele genotype frequencies among the modren and rare cattle breeds in Croatia. *Anim. Genet.* 2000(31):408 - 409.

[129] Prusiner S B. Scrapie prions. Annual Review of Microbiology, 1989 (43): 345 - 374.

[130] Prusiner S B. Novel proteinaceous infectious particles cause scrapie. Science. 1982 (216): 136 - 144.

[131] Prusiner S B. Molecular biology of prion disease. Science, 1991 (252):1515 - 1522.

[132] Prusiner S B, and S J De Armond. Prion diseases and neurodegeneration. Annu. Rev. Neurosci, 1994(17):311 - 339.

[133] Prusiner S B, Fuzi M, Scott M, *et al*. Immunologic and molecular biological studies of prion proteins in bovine spongiform encrphalopathy. J. Infect. Dis, 1993 (167): 602 - 613.

[134] Quinn MR, Kim YS, Lossinsky AS, *et al*. Influence of stereotaxically injected scrapie on neurotransmitter systems of mouse cerebellum. Brain-Research, 1988(445):297 - 302.

[135] Race R E,Jenny A, Sutton D. Scrapie infectivity and protein K-resistant prion protein in sheep placenta, brain, spleen, and lymph node: Implications for transmission and ante-mortem diagnosis. J. Infect. Dis, 1998 (178):949 - 953.

[136] Race R E, Ernst D, Jenny A L, *et al*. Diagnostic implications of detection of proteinase K-resistant in sheen, lymph node and brain of sheep. Am. J. Vet. Res, 1992 (53): 883 - 889.

[137] Race R E, Ernst D, Sutton D. Severe autloysis does not prevent scrapie diagnosis in sheep. J. Vet. Diagn. Invest, 1994 (6):486 - 489.

[138] Race R E, A Raines, T J Baron, *et al*. Comparison of abnormal prion protein glycoform patterns from transmissible spongiform encephalopathy agent-infected deer, elk, sheep, and cattle. J. Virol, 2002(76):12365 - 12368.

[139] Raeber A J, Klein M A, Frigg R, *et al*. PrP-dependent association of prions with splenic but not circulating lymphocytes of scrapie-infected mice. EMBO, 1999(18): 2702 - 2706.

[140] Raeber A J, Sailer A, Hegyi I, *et al*. Ectopic expression of prion protein (PrP) in T lymphocytes or hepatocytes of PrP knockout mice is insufficient to sustain prion replication. PNAS, 1999(96): 3987 - 3992.

[141] Rooney A, Zhang J. Rapid evolution of a primate sperm protein: relaxation of functional constraint or positive Darwinan selection. Mol. Biol. Evol, 1999(16): 706 - 710.

[142] Rozas J, Rozas R. An integrated program for molecular population genetics and mo-

lecular evolution analysis. Bioinformatics, 1999(15):174 - 175.

[143] S Petrakis, A Malinowska, M. Dadlez, *et al*. Identification of proteins co-purifying with scrapie infectivity; Journal of proteomics, 2009(72):690 - 694.

[144] Safar J, H Wille, V Itri, *et al*. Eight prion strains have PrP(Sc) molecules with different conformations. Nat. Med, 1998(4):1157 - 1165.

[145] Sander P, Hamann H, Pfeiffer I, *et al*. Analysis of sequence variability of the bovine prion protein gene in German cattle breeds. Neurogenetics, 2004(5:1):19 - 25.

[146] Schwarz T, Werner T,Schatzl H. Analysis of 27 mammalian and 9 avian reveals high conservation of flexible regions of the prion protein. J. Mol. Biol, 1999(289):1163 - 1178..

[147] Smits M A, Bossers A, Schreuder B E C. Prion protein and scrapie susceptibility. Vet. Quart, 1997(19):101 - 105.

[148] Somerville RA, Ritchie LA, Gibson PH. Structural and biochemical evidence that scrapie-associated fibrils assemble in vivo. Journal-of-General-Virology, 1989(70: 1): 25 - 35.

[149] Somerville R A. Host and transmissible spongiform encephalopathy agent strain control glycosylation of PrP. J. Gen. Virol, 1999(80):1865 - 1872.

[150] Somerville R A, A Chong, O U Mulqueen, *et al*. Biochemical typing of scrapie strains. Nature, 1997(386):564.

[151] Stack M, M Chaplin, J Clarke. Differentiation of prion protein glycoforms from naturally occurring sheep scrapie, sheep-passaged scrapie strains (CH1641 and SSBP1), bovine spongiform encephalopathy (BSE) cases and Romney and Cheviot breed sheep experimentally inoculated with BSE using two monoclonal antibodies. Acta Neuropathol, 2002(104):279 - 286.

[152] Stephane Lezmi,Anna Bencsik, Thierry Baron, *et al*. CNA42 monoclonal antibody identifies FDC as PrPSc accumulating cells in the spleen of scrapie affected sheep,Veterinary Immunology and Immunopathology, 2001 (82):1 - 8.

[153] Suvorov VS. Localization of histopathological changes in nerve centres of the brain of sheep with scrapie. Veterinariya Moscow, 1988(3): 40 - 43.

[154] Sweeney T, T Kuczius, M McElroy, *et al*. Molecular analysis of Irish sheep scrapie cases. J. Gen. Virol, 2000(81):1621 - 1627.

[155] Sy M S, Gambetti P, Prion replication once again blaming the dendritic cell. Nature Med, 1999(5):1235 - 1237.

[156] T G M Baron *et al*. Comparison of French natural scrapie isolates with bovine spongiform encephalopathy and experimental scrapie infected sheep. Neuroscience Letters. 2000 (284): 175 - 178.

[157] Tajima F. Statistical methods to test for nucleotides mutation hypothesis by DNA polymorphism. Genetics,1989(123): 585 - 595.

[158] Takasuga A, Abe T, Ito T, *et al*. Novel prion protein polymorphism in cattle. Anim.

Genet, 2003(34): 396 - 397.

[159] Taylor DM. Scrapie agent decontamination: implications for bovine spongiform encephalopathy. Veterinary-Record, 1989(124: 12): 291 - 292.

[160] Thompson J D, Gibson T J, Plewniak F, *et al*. The CLUSTAL_X windows interface-flexible strategies. Nucleic Acids, 1997(15): 4875 - 4882.

[161] Torchia M, DeArmond S J, Prusiner S B *et al*. A transmembrane form of the prion protein in neurodegenerative disease. Science, 1998 (279): 827 - 834.

[162] Tranulis M A, Osland A, Bratberg, B. *et al*. Prion protein genepolymorphisms in sheep with natural scrapie and healthy controls in Norway. J. Gen. Virol, 1999 (80): 1073 - 1077.

[163] V J Del Rio Vilas, S Ancelet J J,Abellan C P D, *et al*. A Bayesian hierarchical analysis to compare classical and atypical scrapie surveillance data; Wales 2002—2006. Preventive Veterinary Medicine, 2011(98): 29 - 38.

[164] Van Rheede T, Smolenaars, M W, Madsen, *et al*. Molecular evolutional of the mammalian prion protein. Mol. Biol. Evol, 2003 (20): 111 - 121.

[165] W A Banks, A J Kastin, Opposite direction of transport across the blood-brain barrier for Tyr-MIF-1 and MIF-1: comparison with morphine, Peptides, 1994 (15): 23 - 29.

[166] W A Banks, C M Clever, C L Farrell, Partial saturation and regional variation in the blood to brain transport of leptin in normal weight mice. Am. J. Physiol, 2000 (278): E1158 - E1165.

[167] W X Yang, T Terasaki, K Shiroki, *et al*. Ecient delivery of circulating poliovirus to the central nervous system.

[168] Walawski K, Czarnik U. Prion octapeptide-repeat polymorphism in Black-and-white cattle. J. Appl. Genet, 2003(44):191 - 195.

[169] Walawski K, Czarnik U, Wojciechowski R *et al*. Abnomal segregation of prion protein octapeptide-repeat alleles in cattle. J. Appl. Genet, 2003(44):375 - 378.

[170] Ward T J, Bielawski J P, Davis S K, T *et al*. Identification of domestic cattle hybrids in wild cattle and bison species: a general approach using mtDNA markers and the parametric bootstrap. Anim. Conserv, 1999(2): 51 - 57.

[171] Watterson G A. On the number of segregating sites in genetical modals without recombination. Theor. Popul. Biol, 1975(7):256 - 276.

[172] Weissmann C. Sheep disease in human clothing. Nature. 1989 (338: 6213): 298 - 299.

[173] Wells G A H, Scott A C, Johnson C T, *et al*. A novel progressive spongiform encephalopathy in cattle. Vet. Rec, 1987(31): 419 - 420.

[174] Wills PR. Induced frameshifting mechanism of replication for an information-carrying scrapie prion. Microbial-Pathogenesis, 1989(6: 4):235 - 249

[175] Wopfner F, Weidenhofer G, Schneider R, *et al*. Astrocytosis and amyloid deposition in scrapie-infected hamsters,Brain Research, 1998(809): 277 - 287.

[176] Y. Takasato, S I Rapoport, Q R Smith, An in situ brain perfusion technique to study

cerebrovascular transport in the rat. Am. J. Physiol, 1984 (247): H484 - H493.
[177] Yue Tang, Jemma Thorne, Kirsty Whatling, *et al*. A single step multiplex immunofluorometric assay for differential diagnosis of BSE and scrapie. Journal of Immunological Methods, 2010 (356): 29 - 38.
[178] Z Chiti, O M Knutsen, S Betmouni, *et al*. An integrated, temporal study of the behavioural, electrophysiological and neuropathological consequences of murine prion disease. Neurobiology of Disease, 2006 (22): 363 - 373.
[179] Zhang J, Rosenberg H, Nei M, *et al*. Positive darwinian selection after gene duplication in primate ribonuclease genes. Proc. Natl. Acad. Sci. USA, 1998(95): 3708 - 3713.
[180] Ziegler U, Distl O, Leeb T. Analysis of sequence variability of the bovine prion protein gene in Greman cattle breed. Neurogenetics, 2004(5), 19 - 22.

第7章

鹿科动物慢性消耗性疾病

7.1 概述

鹿科动物慢性消耗性疾病(chronic wasting disease,CWD)是北美黑尾鹿、白尾鹿、落基山麋鹿和驼鹿发生的一种朊病毒病,它是唯一能自然感染野生动物的朊病毒病。它不是所谓的“疯鹿病”,也不是鹿和麋鹿的牛海绵状脑病,它和BSE、痒病以及CJD同属于传染性海绵状脑病。自从20世纪60年代,美国北部首先发现以来在鹿中间迅速蔓延,最近10年内,CWD的地理分布从科罗拉多州和怀俄明州,扩大到了北美。在地方性CWD发生的区域,发病率仍持续上升中。在感染区中动物包括绵羊、牛、野生啮齿类同鹿科的混养,才导致了CWD的扩大;同时鹿是主要的观赏动物以及人类喜食鹿肉的流行,CWD传染人类的问题不容忽视。同时,最近5年内对CWD的研究一直在升温。

7.1.1 CWD历史

CWD是自由散养野生动物的一种朊病毒病,通常感染北美黑尾鹿、白尾鹿、落基山麋鹿、驼鹿等鹿科动物的所有成员。1967年在科罗拉多州柯林斯堡对黑尾鹿进行营养性研究时,发现鹿出现体重减轻症状,这是CWD的第一例报道。接下来的十几年都确定不了CWD的病原是什么,直到1978年,病理学家Elizabeth Williams和Stewart Young认识到了传染性海绵状脑病的大脑损伤,证实了CWD不仅是一种导致典型的神经元核周空泡化朊病毒病,而且同大脑感染朊病毒一样会形成朊蛋白聚集。在1970年后期至1980年前期,在怀俄明州和加拿大检测到CWD。1981年开始,在落基山东部的麋鹿和野生鹿中陆续发现CWD病例,沿着河流在科罗拉多州和怀俄明州平原也发现了病例。1996年,加拿大的养殖麋鹿中也发现了

CWD,随后,美国麋鹿产业中也发现该病,推测有可能养殖业中该病的出现比这时间更早。2002 年,韩国发现一例 CWD,这是在美国及加拿大以外的地方首次发现 CWD 病例,调查表明,这头麋鹿是从加拿大进口的。

7.1.2 近几年北美流行状况

至 2007 年年初,在多个地方自由放养的鹿科动物中已经发现 CWD,这些地方包括科罗拉多州、伊利诺斯州、堪萨斯州、内布拉斯加州、新墨西哥州、纽约、南达科他州、犹他州,西弗吉尼亚州、怀俄明州、威斯康星州和萨斯喀彻温省。在以下地方捕获到感染的动物,包括萨斯喀彻温省、亚伯达、科罗拉多州、内布拉斯加州、蒙大拿州、怀俄明州、南达科他州、堪萨斯州、俄克拉荷马州、威斯康星州和明尼苏达州。宾夕法尼亚州还没有监测到 CWD 病例。

2008 年美国自然资源部发表言论,表明已公布州的 CWD 发病数一直在增加,很难做到消灭这种致命的鹿病。

2008 年初,萨斯喀彻温省发现首例野生麋鹿 CWD。

2010 年 2 月,密苏里州在其边界发现首例 CWD。

2010 年 11 月,明尼苏达州野生鹿群中发现第一例 CWD。

2011 年 2 月,美国马兰里州发现第一例 CWD,这是于 2010 年 11 月捕获到的一头白尾鹿上检测出结果,马兰里正式加入其他 20 个州及加拿大的省,成为有 CWD 文件记录的地区。

7.1.3 病原学

CWD 是一种独特的 TSE,它是唯一的一种在自由放养动物中发生的 TSE。这也是造成防控和根除该病的最大的障碍。CWD 是鹿科动物包括麋鹿、驼鹿致命的神经性疾病,与牛海绵状脑病或疯牛病、羊痒病、人类的克雅氏病相似。与疯牛病不同之处是,现在还没有证据能表明 CWD 对人类有威胁,但是官方主张猎人不食用具有明显症状的鹿的肉类。

鹿慢性消耗性疾病病原是一种无核酸的蛋白侵染颗粒,称为朊毒体(PrP^{CWD}),曾称朊病毒或朊粒,即由宿主体内一种细胞型朊蛋白(PrP^{C})构象转变后发生折叠错误而生成的一种异常耐 PK 酶的蛋白——PrP^{CWD},能够对抗各种强理化因素的作用,具有很强的传染性,不能引起机体的免疫反应,但能够在宿主体内增殖,具有部分抗蛋白酶抗性,酶解后形成分子质量大约为 2 730 ku 的核心蛋白。PrP^{C} 表达水平在脑和脊髓神经细胞中最高,它的构象转变是一个转录后的过程,发生在 PrP^{C} 到达细胞外或之后,目前普遍被接受的机制有两种:一是再折叠模型;二是成核-多聚化模型。PrP^{C} 和 PrP^{CWD} 都是由 PRNP 基因编码,两者的一级结构完全相同,但高级结构存在较大差异:PrP^{C} 的高级结构以 α 螺旋为主,占 40%左右,而 β 折叠含量极少,约占 3%;PrP^{CWD} 的高级结构中 β 折叠占 45%左右,α 螺旋占 30%左右。两者的理化特征及生物学特性也存在着较大差异:PrP^{C} 能被蛋白酶 K 完全消化,而 PrP^{CWD} 对蛋白酶 K 有一定的抗性;PrP^{C} 在体内以双糖基化、单糖基化和无糖基化的结构形式存在,而 PrP^{CWD} 则以双糖基化结构形式为主,它就是该病的元凶。由于宿主出现免疫耐受,体内无免疫应答反应发生,无法清除 PrP^{CWD},在体内大量累积,并伴随着神经胶质细胞增多,脑组织空泡化改变,导致该病的发生。

麋鹿 PrP 重组体通过 NMR 分析得到麋鹿朊病毒的结构图(图 7.1)。通过麋鹿 PrP 与人或牛的 PrP 比较发现,整体结构几乎一样。结构的不同明显影响着物种的易感性,最具有说服力的就是绵羊的羊痒病,在氨基酸 136(V/A),154(H/R),171(Q/R)位上的基因型严重影响着易感性。

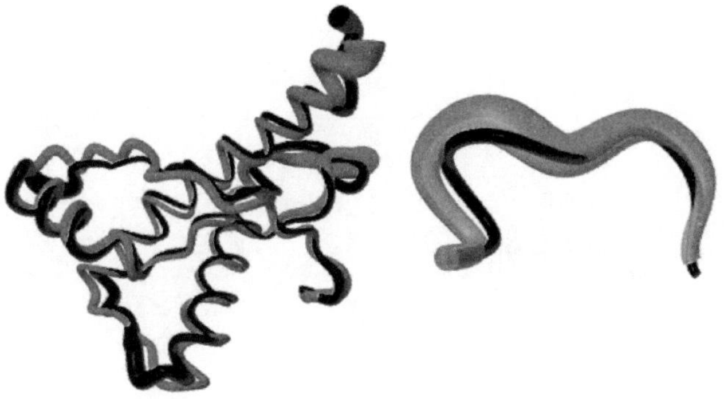

图 7.1 **PrP(121～230)多肽片段通过 NMR 方法得到的叠加图**

(A)绿色为鼠 mPrP121～230 毒株片段,深灰色为麋鹿 ePrP121～230 毒株片段;

(B)多鼠和麋鹿片段 PrP165～172NMR 结构图。

7.2 流行病学

7.2.1 流行与传播

根据已发布或未发布的评估调查显示,北美大概有 3 000 万头鹿科动物感染。截至 2011 年 4 月,根据北美 NWHC 报道美国有 20 个州加上加拿大的 2 个省市有 CWD 报道。地区分布不是连续的,疫源地都相距甚远(图 7.2)。该病感染包括白尾鹿、麋鹿和黑尾鹿在内的鹿科动物,在自然条件下还没有发现鹿科以外的动物感染 CWD,非鹿科动物似乎对其有天然的抵抗力,CWD 潜在的宿主范围仍然是不确定的。在一个长期实验中,经过 6 年多的观察,发现通过消化道投予 CWD 病原体,11 头牛无一发病,与感染的鹿群共同饲养的 24 头牛也没有发病。但通过内脑内接种试验,发现实验鼠、雪貂、水貂、松鼠、山羊都能感染 CWD,另外对牛脑内接种该病原体后,13 头中有 3 头被感染,潜伏期从 22 个月到 27 个月不等,而在脑内注射痒病病原体后,9 头牛全部发病。

在所有哺乳动物的朊病毒病中,CWD 是传播效率最高的。在高密度的自由散养的鹿群中,患病率高达 30%,在捕获的猎物中,流行率高达 100%。为什么 CWD 的传播效率如此之高?这仍是 CWD 领域的一个大难题,有人认为是直接接触感染动物的分泌物、排泄物或腐烂的尸体,有人则认为是在污染的地区放牧引起感染。可以确定的是,扁桃体和派伊尔氏淋巴集结中大量的 PrP^{CWD} 可随唾液和排泄物流下。通过研究仓鼠朊病毒病,表明朊病毒可以通过唾

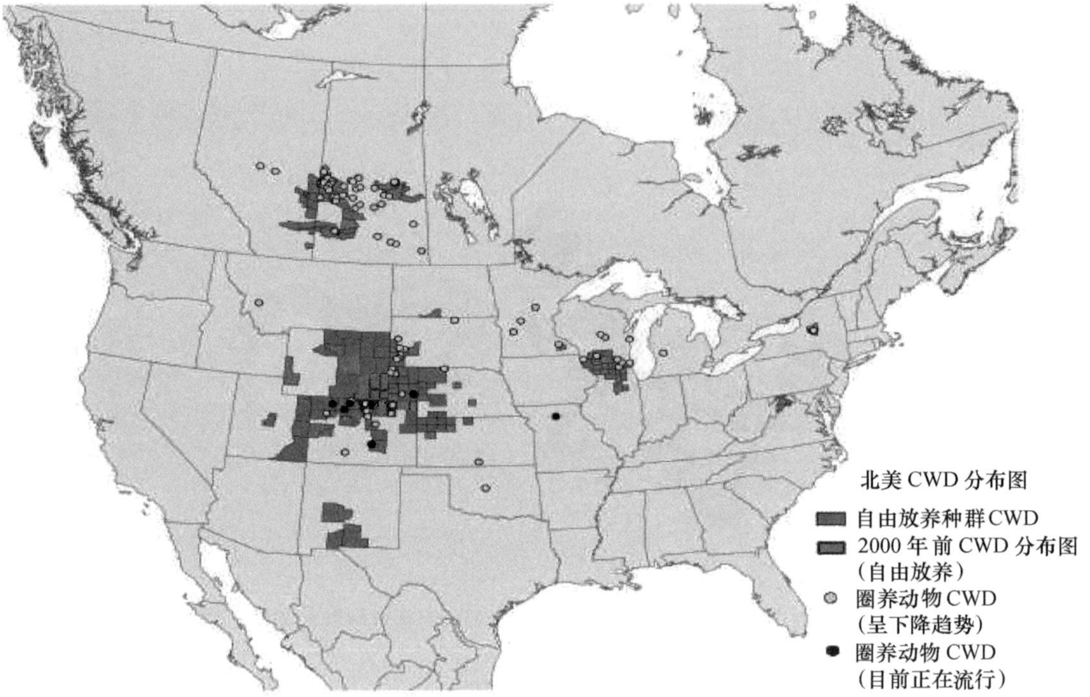

图 7.2 **北美 CWD 分布图**

(http://www.nwhc.usgs.gov/disease_information/chronic_wasting_disease/index.jsp)

液排出。尽管如此,环境中朊病毒污染是造成根除 CWD 最大的障碍,因为对自由散养的鹿科种群进行有效的管理是很难进行的。

现代研究还没有弄清楚 CWD 是怎么传播的,但是可以肯定的是,病原是通过患病动物的唾液或排泄物直接传播或间接传播给其他动物的。

从养殖鹿中感染 CWD 来看,水平传播和垂直传播都有可能。Miller 等已经证实任何感染的动物尸体在牧场腐烂,都会导致猎到的鹿发生 CWD。该病可以通过多重途径引起感染,水平传播是最基本的方式,但是垂直传播方式也不排除在外。通过流行病学研究,不接触含有反刍动物蛋白的饲料的野生鹿群也能感染该病,说明 CWD 不像 BSE 那样通过饲料传播,感染动物消化道淋巴结内有病原体的存在,且圈养鹿群中该病传播更快,而朊毒体抗理化因素,能够在疫源地长期存在,所以最有可能的传播方式就是健康动物直接接触患病动物或间接接触患病动物污染的饲料、水资源等环境媒介引起的动物感染 CWD 后,可以通过分泌物感染其他健康动物。PrP^{CWD}首先聚集在胃肠道淋巴结内,通过迷走神经最后复制到脑,在中枢神经系统、肠道淋巴组织、脾脏、肠肌丛、肾上腺髓质、胰岛中均能检测到朊毒体的存在,通过多年来的观察,该病的首次发现地点即科罗拉多州是野生鹿群的高发中心,加拿大也正是从该地区进口动物后才发现圈养马鹿感染 CWD,而加拿大野生鹿感染 CWD,最有可能的解释就是野生鹿间接接触了感染 CWD 的圈养鹿。CWD 能在饲养的鹿中迅速传播,调查发现离饲养鹿越远,野生鹿的感染率越低。

2010 年的研究报道,他们发现在 CWD 感染区 3.2 km 内,雌性动物基因关联性存在高度一致，并且，在所有感染CWD的鹿中存在比较低的相关性，推测雌性动物间的传播是有社会活动推进的，因为大批量的引进母鹿以及母鹿繁殖技术的成熟，导致大批量的母鹿群体存在。这样看来，CWD更像是频率相关性疾病。也说明了，大型母鹿群体中，CWD的流行将迅速上升，暗示我们应该把调查的重心放到这样的群体中。

7.2.2 影响因素

有文献报道，炎症会增加鹿科动物朊病毒排出的危险，在朊病毒感染的小鼠上，肾小球的炎症导致淋巴结中朊病毒的蓄积，并且从小鼠的尿中排出。甚至在自然感染羊痒病的病例中，乳腺炎导致乳腺中的朊病毒蓄积。羊痒病朊病毒通过乳汁感染羊羔还有待研究。因为鹿和麋鹿在淋巴组织有更广泛的朊病毒蓄积，这好像可以解释了小囊炎症导致的CWD朊病毒在非淋巴组织逐渐蓄积，潜在的改变排出路径。是否存在其他类型的炎症也可以导致或增加朊病毒的排泄，比如说Johne's病(禽分枝杆菌副结核亚种感染引起的肠肉芽肿炎症)，或寄生虫性炎症还有待进一步研究。

7.2.3 易感动物

研究发现，CWD和疯牛病的症状类似，而且CWD能够在不同物种之间传播，同时已证实这种病能够传染给水貂、雪貂以及松鼠猴。CWD是一种致命的疾病，在鹿科动物中间的潜伏期为3～4年。为什么野鹿会患上CWD并在群体中和其他动物之间传染，迄今尚无研究给予答案，但是怀疑是与疯牛病的方式相似，即动物吃了自己同类的尸体所引起。

迄今尚无有力证据表明鹿群会把CWD传染给人类。但目前也还不能彻底排除人类感染上CWD的可能性，因此建议研究人员和政府机构对CWD做进一步研究。美国食品与药物管理局的顾问团成员说，现在仍不能排除这种病会对人类带来伤害的可能。

北美和欧洲一些国家的居民一直有烹食鹿肉和麋鹿肉的习惯，此外，鹿茸还被用来作为一些药品的成分，所以不仅专业人员，而且公众也怀疑人们吃鹿肉可能引起克雅氏病。美国已怀疑有3名年龄不足30岁的克雅氏病患者，在年少时曾吃过鹿肉或者麋鹿肉。而克雅氏病，是人的类似于疯牛病的疾病，俗称“疯人病”。然而，由于克雅氏症潜伏期可能长达20年，又难以进行早期诊断，所以现在还无法断定这3人的死亡是否真的与CWD有关。尽管食用鹿肉的人比吃牛肉的人的数目要小得多，但由于疯牛病会传染给人，并会将人致死，因此一些人不免担心疯鹿病也同样会贻害人类。

饲养的鹿科动物监测项目和野生生物监测项目相互依赖。监测项目的细节方面因各州具体情况而异。对于已知的CWD感染区，疾病流行评估可用来判断控制工作效能和估计生态学研究中疾病动力学问题。监测活动还可满足公众和管理信息的需要。此外，加拿大的萨斯喀彻温省野生的黑尾鹿、白尾鹿和戈伯坦省人工饲养的麋鹿、白尾鹿也发生CWD流行；韩国也有输入性CWD发生。CWD被确认为有传染性，而CWD的流行史并不支持其为类似BSE的由反刍动物肉或骨制成的食物(MBM)传播的疾病。动物运动的横向传播是CWD蔓延的最重要因素。通过环境污染间接传播与自然动力学和疾病保存有关，从而加剧疾病蔓延。在消化道淋巴组织检出CWD抗原提示抗原可经消化道(唾液和粪尿)扩散。某些CWD暴发中圈养的鹿科动物污染的牧场起了疫源作用。

7.2.4 CWD 与人类安全

在美国和加拿大，数以万计的鹿狩猎者会食用鹿肉，这相当于他们接触了 CWD 病原。人类对 CWD 的敏感性暂时还是未知的，值得庆幸的是，在科罗拉多和怀俄明州，这两个 CWD 已经存在数十年的地区，还没有出现大规模的人类 TSEs 病例。一直到现在，因为考虑到生物安全的问题，所以没有对人疑似 TSEs 病例进行剖解。这暗示着人类临床 TSEs 诊断还未确定，或者说是还没有发现一株能够引起这种典型症状的病毒株。令人欣慰的是，疑似病例的尸检率正在增加，在凯斯西储大学（Case Western Reserve University）的国家朊病毒病理监控中心，研究 CJD 疑似病例并且进行亚种分类。有关消息说明，监控中心报道了 27 例经常食用鹿肉的 CJD 病人，并没有出现不同寻常或者新奇的病毒株。

相关研究表明，人类易感 CWD 的这种危险是很低的。Caughey 等在生化转化试验中发现，CWD 转化为人类 PrP 重组体后进入淀粉样纤维的效率是很低的，并且同样情况下 BSE 和羊痒病因子结果也是相似的。通过比较来自鹿、麋鹿的 PrP^{Sc} 与人类单个 CJD 的组织病理学及生化特点发现，它们都是在密码子 129 位甲硫氨酸同型结合的。

7.3 临床与病理

7.3.1 临床症状及病理变化

CWD 在病原学，临床症状和病理变化方面与 BSE 痒病以及人的克雅氏病极为相似，人们关注其可能会给公共卫生带来巨大的隐患。

通过监测感染动物来看，CWD 潜伏期不定，短则数月，长则数年，黑尾鹿 CWD 的潜伏期是 15～23 个月，北美马鹿的潜伏期是 12～34 个月，发病动物一般在 1.5 岁以上，多数 3～5 岁出现临床症状，只有极少数在 1 岁以内被确诊患有 CWD，最老患 CWD 的北美马鹿超过 15 岁，自然发生 CWD 的动物的最小年龄是 17 个月。大量数据证明，CWD 具有较强的传染性，有报道该病的传播和痒病有些类似。

患病动物食欲下降，表现未知原因的进行性消瘦，体重不断减轻，行为异常。主要症状包括：动物交流减少、情绪低落、厌食、口渴、多尿、磨牙、唾液增多、头部震颤、知觉过敏、共济失调等（图 7.3）。

通过组织病理学检查，神经元空泡化是自然病例最突出和典型的病变，其最显著的表现为胞质内出现单个或多个空泡。典型的空泡大、圆形或卵圆形，其内不含着色或被伊红染为淡红色的液体，界限明显，胞核被挤压于一侧，甚至消失。空泡化伴有染色质溶解，细胞皱缩，神经元坏死和噬神经作用及 Wallerian 变性。神经元空泡化主要见于延髓、脑桥、中脑、脊髓。最常见的受侵害的神经核是缝际，网状结构、中脑被盖核和面神经核、楔束外侧核、迷走神经背核、疑核、上橄榄核、舌下神经核和脊髓灰柱较少见，偶也见于红核和小脑。大脑通常不受

图 7.3 健康鹿与 CWD 病鹿的临床表现

注：左上，发生 CWD 麋鹿的临床症状包括多涎，精神萎靡，消瘦，皮毛干粗无光泽；右上，正常的麋鹿。左下，自由散养的健康公麋鹿群；右下，感染 CWD 被捕获的亚临床症状的麋鹿。

侵害，这可能是脑外观正常的原因。在紧靠前额前端的部位采取组织标本制作切片，最易发现空泡化的神经元。健康鹿偶然可见空泡，但数量很少，每个视野一般不多于一个，病鹿则多得多。

许多病例在脑干、颅神经轴突、隔及下丘脑神经纤维网内有海绵状脑病变。灰质的海绵状空泡化（海绵状疏松或海绵状脑）是神经基质的空泡化，是基质纤维分解形成许多小空洞所致。星形细胞肥大和增生为弥漫性或局灶性，多见于脑干的灰质团块和小脑皮质内。

淀粉样蛋白斑块在黑尾鹿中多见。某些病例小脑分子层和颗粒层可见 PAS 阳性斑块。有的病例有脑血管淀粉样蛋白病变，主要见前脑基底神经节（图 7.4）。

通过免疫组化分析，动物感染 3 个月后即使没有出现组织损伤，在脑脊髓、眼球、末梢神经以及淋巴组织内也可发现朊病毒的存在，在大脑中，迷走神经的背部运动神经首先出现病理变化，接着在脑干、脊索、脑垂体、迷走神经干、交感神经干、坐骨神经中也有相应的病变，但是在三叉神经节、腹神经节、头颈神经节和脊椎神经根部检测不到，但有文献报道说能在肌肉组织中检测到朊病毒。

7.3.2 发病机理

动物感染后，PrP^{CWD}在动物体内传播并最终达到脑部，在传播过程中，PrP^{CWD}每到达一个复制位点就促发神经细胞内或膜上的 PrP^{C} 转化成 PrP^{CWD}，而 PrP^{CWD}具有潜在的神经毒性 PrP^{C} 第 106～126 位氨基酸之间的多肽为神经肽，单独这一段小肽也能使在体外培养的神经细胞发生凋亡，而大量 PrP^{CWD}在中枢神经系统尤其是在脑内的积累可抑制 Cu^{2+} 与 SOD（超氧

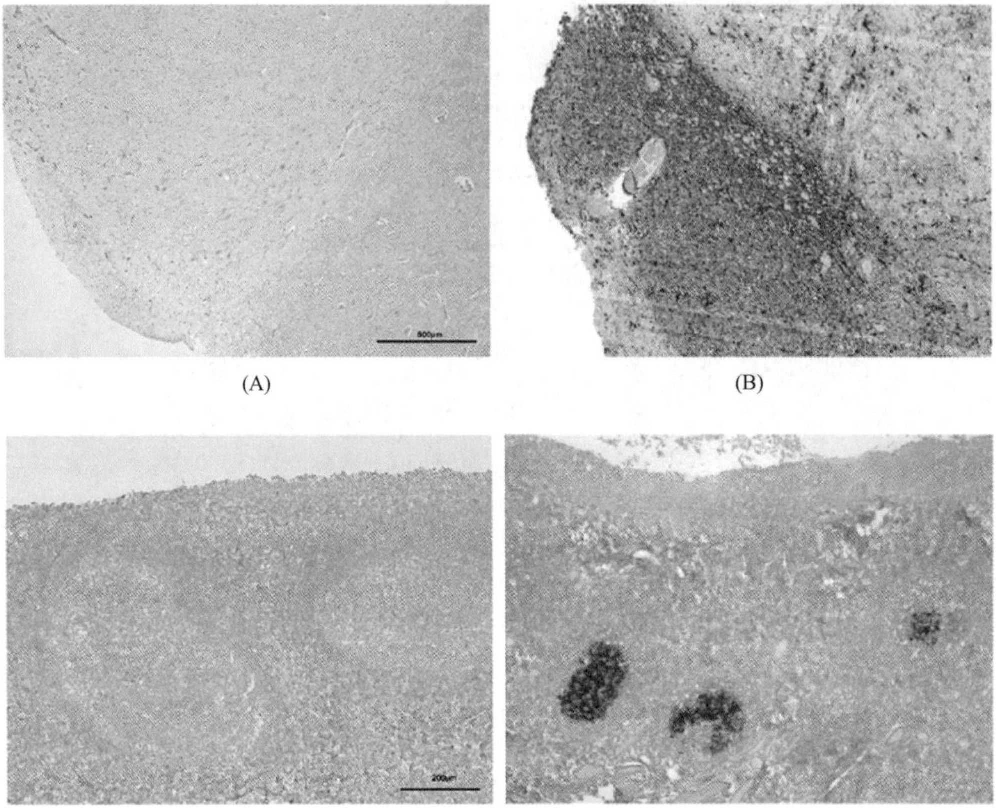

图 7.4 用抗 PrP 抗体 F99/97.6.1 对黑尾鹿大脑及淋巴组织进行免疫组化的结果

(B)(D)感染 CWD 黑尾鹿的大脑及扁桃体有 PrP^{Sc} 聚集；(A)(C)在未感染的鹿中没有 PrP^{Sc} 聚集。

化物歧化酶)或其他酶的结合，使神经细胞的抗氧化作用下降；PrP^{CWD}还可以抑制星状细胞摄入能诱导其增殖的谷氨酸。此外，细胞内的 PrP^{CWD}还可能抑制微管蛋白的聚集，导致 L-型钙通道发生改变，使细胞骨架失去稳定性。所有这些变化使神经细胞发生凋亡并形成脑组织海绵体化、空泡化、星形角质细胞和微小角质细胞并最终导致致病性蛋白的积累，各种信号转导发生紊乱，从而使动物表现出运动失调、恐惧、生物钟紊乱等神经症状。

7.4 检测与诊断

本病综合流行病学调查、临床症状和病理学观察作出初步诊断后，再采取病料例如脑组织和淋巴结进行免疫印迹作出最后诊断。流行病学调查、临床症状及病理学观察在上述文中已说明，这里不再赘述。

目前对朊毒体的检测方法主要分为生物学检测和生物化学检测两种方法。

7.4.1 生物学检测

将待检动物的组织经不同的感染途径感染动物模型，待一定时间后观察动物模型的发病情况。利用动物模型的检测方法是一种比较可靠的方法，但是由于动物模型的潜伏期长而导致检测周期太长。

7.4.2 生物化学检测

目前比较常用的检测方法，包括包括 Western blotting、免疫组织化学和 ELASA 等，可以检测死亡鹿脑淋巴结以及扁桃体内异常聚集的 PrP^{CWD}，通过免疫组织化学方法观察感染 CWD 的鹿，发现 PrP^{CWD}分布在脑、脊髓、眼、外周神经和淋巴网状组织，是确诊 CWD 的重要病理学特征，这种试验可以在出现损伤前检测到 CWD，但至少要在感染后 3 个月才能检测到阳性动物，组织损伤并不与 PrP^{CWD}的累积和免疫组化阳性相一致；对于感染动物，电镜可观察到脑组织中与痒病相似的小纤维，而在未感染动物不能看到。Martin L. Daus 等通过一系列检测方法确定了能在肌肉组织中检测到 PrP^{CWD}，这是首次在感染 CWD 鹿的骨骼肌中检测到朊病毒(图 7.5)。

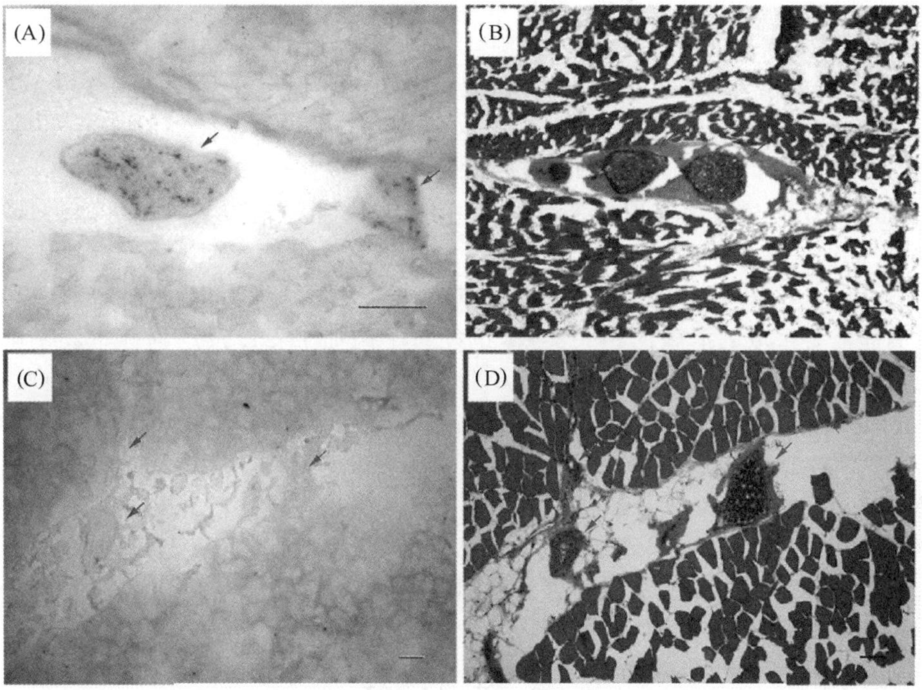

图 7.5 感染 CWD 的白尾鹿骨骼肌中 PrP^{CWD}肌肉内定位

(A)在肌肉相关神经纤维束中可见大量颗粒状的 PrP^{CWD}沉积，肌纤维中没有发现到任何 PrP^{CWD}沉积；(B)对相同的组织进行 HE 染色，发现了神经丛；(C) A 图的阴性对照，检测未感染的白尾鹿；(D)C 图中肌肉组织的 H. E 染色。箭头表示神经束所在位置。

生物化学检测方法的敏感度不高，一般都采用脑组织作为检测组织，故不能用于朊毒体病的活体检测和早期检测。

7.4.3 新型检测方法

目前已研究出多种新的检测方法，如 Protein Misfolding cyclic amplification(PMCA)、多聚阴离子捕捉法等。

PMCA 技术是目前诸多检测方法中最有发展前景的一种，它是一种致使朊蛋白积累的循环过程。其主要原理是通过控制超声波和温度使 PrP^{CWD} 在体外大量扩增，从而提高组织 PrP^{CWD} 的量，达到可检测到的水平，仍以脑组织为主，也有研究者已用于血液材料的检测，但离实际检测还有差距。

7.5 防 治

因为鹿消耗性疾病的地域特点，该病只发生于北美。美国和加拿大均已采取加强监测养鹿场认证、运输许可证管理、进口许可等防控措施来控制该病的蔓延。加拿大对养殖鹿进行管理计划，比如实施运输许可证的管理、政府统一实施监测，禁止从美国进口麋鹿和其他鹿科动物、进口许可等基本措施，禁止用反刍动物源性的饲料饲喂包括鹿在内的反刍动物，严格控制牛、绵羊和美洲野牛进入 CWD 高污染场所，制订了严格的扑灭计划，一旦发现 CWD，必须及时隔离、扑杀和焚烧，对于捕杀野生动物的指导原则要求，猎人不仅要避免捕杀、处理或消费病态或检测 CWD 呈阳性的鹿和麋鹿，处理已捕猎物时应戴上手套，尽量减少处理脑和脊髓组织，更不能食用 CWD 流行地区鹿和麋鹿的这些组织、野外处理猎物时尽可能去骨和脂肪组织，处理结束后彻底清洗手和工具。

北美 National Wildlife Health Center 在其官网上发布了捕猎者在捕获麋鹿以及发现临床症状的麋鹿需要采取的措施的相关文件，也发布了肉加工者以及动物标本剥制师对 CWD 的普及知识的文件。比如说，捕猎者发现 CWD 后通过什么方式告知政府，发现有临床症状明显的 CWD 病鹿应该怎么做，捕猎者应该采取的预防措施，能不能食用鹿肉等等一系列问题。

鉴于 CWD 对公共卫生的潜在危害，且我国尚未发现该病，加之我国消费者特别喜食鹿产品以滋补身体，在进口有关鹿及产品时应组织专家对输出国进行 CWD 风险评估，严禁从 CWD 发生或感染风险高的国家或地区进口鹿及其产品，一方面防止 CWD 传入我国危害养鹿业，另一方面防止 CWD 通过食物链传播人类，切实保护我国消费者的安全健康。

参考文献

[1] 廖延雄. 有关海绵状脑病病原译名及其缩写[J]. 中国人兽共患病杂志，1999，15(6)：48-52.

[2] 张伯强. 鹿慢性消耗性疾病研究进展[J]. 中国动物检疫，2009，26(8)：69-72.

[3] 张杰，路伟，刘永生．细胞型朊蛋白(PrP^C)研究进展[J]．中国人兽共患病学报，2008,24(1):83 - 86.

[4] E S Williams, M W Miller. Chronic wasting disease in deer and elk in North America, Rev. Sci. Tech. 2002,21:305 - 316.

[5] E S Williams. Chronic wasting disease. Vet. Pathol, 2005,42:530 - 549.

[6] S R Browning, G L Mason, T. Seward, Telling, Transmission of prions from mule deer and elk with chronic wasting disease to transgenic mice expressing cervid PrP, J. Virol, 2004,7:13345 - 13350.

[7] M W Miller, E S Williams, C W McCarty, *et al.* Epizootiology of chronic wasting disease in free-ranging cervids in Colorado and Wyoming, J. Wildl. Dis. 2000,36:676 - 690.

[8] J C Watts, A Balachandran, D Westaway. The expanding universe of prion diseases, PLoS Pathog, 2006, 2.

[9] H J Sohn, J H Kim, K S Choi, *et al.* Balachandran, A case of chronic wasting disease in an elk imported to Korea from Canada, J. Vet. Med. Sci, 2002, 64:855 - 858.

[10] D A Grear, M D Samuel, J A Langenberg, *et al.* Demographic patterns and harvest vulnerability of chronic wasting disease infected white-tailed deer in Wisconsin, J. Wildl. Manage, 2006,70:546 - 553.

[11] E Schettler, F Steinbach, I Eschenbacher-Kaps, *et al.* Frolich, Surveillance for prion disease in cervids, Germany, Emerg. Infect. Dis, 2006,12:319 - 322.

[12] C DeJoia, B Moreaux, K O'Connell, *et al.* Prion infection of oral and nasal mucosa, J. Virol. 2006, 80: 4546 - 4556.

[13] A N Hamir, R A Kunkle, J M Miller, *et al.* Experimental second passage of chronic wasting disease (CWD(mule deer)) agent to cattle, J. Comp. Pathol, 2006, 134: 63 -69.

[14] Collinge J. Prion diseases of humans and animals:their causes and molecular basis [J]. Annu Rev Neurosci, 2001,24:519 - 550.

[15] Prusiner S B. Nobel Lecture: prions[J]. Proc Natl Acad Sci USA, 1998, 95(23): 13363 -13383.

[16] Manson J, West J D, Thomson V, *et al.* The prion protein gene:a role in mouse embryogenesis[J]. Development, 1992, 115(1):117 - 122.

[17] Harris D A, Lele P, Snider W D. Localization of the mRNA for a chicken prion protein by in situ hy - bridization [J]. Proc Natl Acad Sci USA,1993,90(9):4309 - 4313.

[18] Caughey B, Raymond G J. The scrapie-associated form of PrP is made from a cell surface precursor that is both protease-and phospholipase-sensitive[J]. J Biol Chem, 1991, 266(27):18217 - 18223.

[19] Vana K, Zuber C, Nikles D, *et al.* Novel aspects of prions,their receptor molecules, and innovative approaches for TSE therapy [J]. Cell Mol Neurobiol, 2007, 27(1): 107 -128.

[20] Saborio G P, Permanne B, So to C. Sensitive detection of pathological prion protein by

cyclic amplification of protein misfolding[J]. Nature,2001,411(6839):810-813.

[21] Soto C, Saborio G P, Anderes L. Cyclic amplification of protein misfolding: Application to prion-related disoeders and beyond[J]. Trends Neurosci, 2002, 25(8):390-394.

[22] Christina J Sigurdson, Adriano Aguzzi. Chronic wasting disease Biochimica et Biophysica Acta (2007),1772:610-618

[23] Daniel A Grear, Michael D Samuel. Influence of genetic relatedness and spatial proximity on chronic wasting disease infection among female white-tailed deer[J]. Journal of Applied Ecology, 2010, 47, 532-540.

第8章

传染性水貂脑病

8.1 概　述

传染性水貂脑病(transmissible mink encephalopathy,TME)又名水貂脑病,是人工饲养水貂罕见的神经变性型疾病。TME与其他传染性海绵状脑病(TSEs)相似,即神经进行性退行性疾病。水貂感染后表现为过度兴奋,尾巴弯曲于背上,最终发展为共济失调。该病1947年秋首次在美国威斯康星州Brown县的一个养貂场和明尼苏达州Winona县的一个养貂场报道发生TME。14年后,威斯康星州Sheboygan,Calumet和Manitowe县的6个养貂场几乎同时发生本病,这些县彼此毗邻,各场饲料来源相同。1963年,爱达荷州东南部一个养貂场和威斯康星州的两个养貂场(分别位于Sawyer和Eauclair县)及加拿大安大略的一个养貂场发生TME。随后芬兰和前东德也报告有本病的暴发。1965年,Hartsough和Burger才把它作为一种新病报道,并较详细地阐明了该病的特殊性质。本病的第一批研究者几乎立即注意到此病与绵羊痒病十分类似。最近一次报道是1985年,威斯康星州Stetsoonville一个养貂场暴发TME。此后再无此病暴发的报道。

传染性水貂脑病病原是一种经口感染的一种TSE或者朊病毒,但是其传染源至今不明。仓鼠感染TME后可出现两种不同的临床症状即亢奋型和沉郁型,因此TME出现两种理化特性不同的PrP毒株即亢奋型株(HYPER,HY)和沉郁型株(DROWSY,DY)。对两种毒株的研究为今后TME的预防和治疗以及防控具有指导意义。

8.2 病 原 学

传染性水貂脑病是一种经口获得的TSE或者朊病毒,其病原至今不能确定。仓鼠感染

TME 后可出现两种不同的临床症状即亢奋型和沉郁型。

8.2.1 两株 TME PrP 的物理化学特性

HY 株和 DY 株的 PrP^{TME}特性显示：两株 TME 仓鼠适应毒株不仅感染叙利亚仓鼠的临床症状和潜伏期不同，并且物理化学特性也不同。两个不同株的 PrP^{TME}的溶解度、对蛋白酶 K 的敏感性和其他一些物理特性都有所不同。

经 Western blot 分析 PrP^{TME}显示：PrP^{HY}的浓度比 PrP^{DY}的浓度高至少 100 倍。然而，脑中未处理的 PrP^{TME}，差异很小，表明来自 TME 的两株 PrP^{TME}有不同的溶解特性。抽提分析 PrP^{res}的分布情况显示：PrP^{DY}更易溶于肌氨酸，且倾向以片段形式存在于 PrP^{C} 局部。在SDS-PAGE 上 PrP^{HY}的蛋白酶 K 抗性和迁移率与 PrP^{DY}不同。DY 株 PrP^{TME}的 3 种异构体(27～30 ku,23～26 ku,19 ku)比 HY 株 PrP^{TME}异构体的迁移率低 1～2 ku。HY 毒株 PrP^{TME}的 N 末端主要是 Gly90，个别是 Gly74 或者 Gly82，而 DY PrP^{TME}的 N 末端主要是 Gly92，个别在 Gln98 和 Lys101 处存在小片段。因此 HY 毒株和 DY 毒株 PrP^{TME}经蛋白酶 K 消化后最小相差 2 个氨基酸残基，最大相差 27 个氨基酸残基。这些结果表明 DY 毒株 PrP^{TME}经蛋白酶 K 消化后凝胶的迁移率较快的主要原因是 N 末端切去了一段，这两种有特定序列的蛋白经蛋白水解酶降解后的量化差异表明，在 HY 毒株和 DY 毒株 PrP^{TME}的第二或第三位之间存在构象变化。

资料还显示：PrP^{DY}与 PrP^{HY}对蛋白酶 K 的敏感度不同，PrP^{HY}用蛋白酶 K 消化 48 h 后仍有很高的抗性，而 PrP^{DY}用蛋白酶 K 消化几小时后就完全降解，对蛋白酶 K 处理后的样品进行生物学测定表明对蛋白酶 K 的敏感性与潜伏期的长短有关。

TME 病原因子可以通过孔径为 50 nm 的滤膜。对一般病毒具有破坏作用的理化因子，如加热、紫外线(253.7 nm)、乙醚、蛋白水解酶、核酸酶和 10％福尔马林溶液等都有很强的抵抗力。在 37℃下用 200 mL/L 的甲醛处理 18 h 或 3.5 mL/L 的甲醛处理 3 个月不能使其灭活，室温下在100～200 mL/L 的甲醛溶液中可存活 28 个月；对戊二醛、β-丙内酯、EDTA、核酸酶(核糖核酸酶 A 和Ⅲ，脱氧核糖核酸酶)、高温(高压蒸汽消毒 134～138℃ 18 min 不完全灭活)有超强抵抗力；对离子辐射、超声波等也具有较强的抵抗力。但对热苯酚和链霉蛋白酶敏感。

8.2.2 TME 感染性在实验感染水貂体内的分布

少数水貂的检测结果表明，实验感染 TME 的水貂濒死时各脏器和组织均有感染性，但血清和尿无感染性。感染滴度以脑组织为最高，其他组织滴度均不高。脑内、肌肉接种或经口喂服都可使敏感水貂感染发病，也可实验感染绵羊、山羊、仓鼠和猴等动物。经脑内接种后发病濒死水貂的肝、脾、肾、膀胱和肌肉感染滴度比经皮下接种发病濒死的水貂低(表8.1)。

以前的研究显示，在许多 TSEs 病例中，PrP 特异形式的积累以及病原的复制与临床症状的出现有密切关系，病原必须引起神经损伤才能有临床症状出现。已证实两株适应了仓鼠的 TME，在 PrP^{TME}的积累、临床症状出现之间存在一定的关联。适应了仓鼠的 HY 毒株 TME 的临床症状与以前报道的痒病病原 263 K 株非常相似，然而，DY 毒株明显不同于 HY 毒株和

TSEs的其他株，DY毒株在感染后90 d感染脑组织的感染水平是$10^7 LD_{50}/g$（临床症状在(168±2)d出现），大约在感染后5周可第一次检测到PrP^{DY}，13周后PrP^{DY}的含量增加100倍，含量增加10倍时出现临床症状，这些结果表明这两株的PrP物理化学特性存在差异，可导致PrP^{TME}的不同积累。

表8.1 人工感染TME的濒死水貂各种组织的感染滴度

组织	平均致死滴度*		组织	平均致死滴度*	
	皮下接种	脑内接种		皮下接种	脑内接种
脑	$10^{5.5}$	$10^{6.0}$	膀胱	$10^{2.5}$	—
肝	$10^{3.6}$	$10^{1.0}$	肌肉	$10^{1.5}$	未做
脾	$10^{3.0}$	$10^{1.0}$	粪	$10^{1.0}$	未做
肺	$10^{1.0}$	未做	尿	—	未做
肾	$10^{2.5}$	$10^{1.5}$	血清	—	—

* 为2只感染水貂的平均致死滴度。

注：测定方法，将各组织悬液作10倍连续稀释，每一稀释度各接种2只水貂，每只水貂皮下注射1 mL组织悬液，观察600～800 d。

8.2.3 遗传和变异

12只新生仓鼠脑内接种TME后，10只发病，潜伏期15～16个月，再以新生仓鼠继代传播，第2代潜伏期缩短为7个月。第1、2代发病仓鼠的临床症状均以过度兴奋和小脑共济失调为特征。第3代出现两种临床类型，一种为过度亢奋型，潜伏期4个月，临床表现与第1、2代相同；另一种为沉郁型，潜伏期5～7个月，临床症状以昏睡为特征，无兴奋和共济失调症状。过度兴奋型仓鼠脑再传代，第2代经2个月潜伏期就呈现过度兴奋型的临床症状。沉郁型继续传代，部分动物经2个月潜伏期呈现过度兴奋综合征，另一些则经3～4个月潜伏期出现沉郁综合征。过度兴奋型的神经病理学变化以中脑和脑干轻度海绵状病变为特征；沉郁型则以中脑和脑干广泛的空泡化为特征，部分仓鼠大脑皮质也有轻度的小空泡化病变。

用仓鼠继代，获得了两个生物学特征不同的TME株：亢奋型株和沉郁型株（DROWSY，DY）。HY毒株接种仓鼠的潜伏期仅为(65±1) d，DY毒株则长达(168±2) d。接种仓鼠脑组织的感染性HY毒株比DY毒株高100倍。HY株PrP^{Sc}呈现3条带，分子质量分别为27～30 ku、23～25 ku、和21 ku；DY株虽也呈现3条带，但分子质量均比HY毒株低1～2 ku。在10%Sarkosy溶液中，HY株PrP^{Sc}的溶解性明显低于DY株，而对蛋白酶K的抵抗力则显著高于DY株。两毒株的PrP^{sc}具有相同的C和N末端，但在被蛋白酶K有限消化后，DY株的PrP^{Sc}的N末端比HY毒株多消化10个氨基酸残基，这和上述SDS-PAGE的结果一致。这些区别说明，HY和DY株虽源于同一宿主，但它们的组成或(和)构象不同，可能是翻译后修饰不同所致。

8.3 流行病学

8.3.1 传染来源

传染性水貂脑病暴发的传染来源至今不明。有人认为，水貂不是本病的自然宿主，TME和羊痒病在临床和病理学上的相似性提示TME可能是某种类型的羊痒病，通过将羊痒病感染的组织喂养貂而传入貂群。1986年，有两例TME被鉴定，其中一例在潜伏期和疾病特征方面与某一特定的羊痒病病例高度相似，因而为TME的羊痒病相关性病原学说提供了证据。然而，仅发现某些羊痒病分离株通过脑内接种的方式传播给貂，但口服摄入不能成功的传播此病，所以有人质疑关于TME起源于羊痒病的说法。对世界范围内TME的发病研究表明，每14例中仅有1例曾受到羊痒病的暴露。而且，1986年的一篇报道指出，并无证据表明在加拿大的暴发流行中受感染的动物曾接触过羊。

其他一些科学家提出，TME可能起源于牛，因为他们曾观察到TME暴发于用牛和马肉饲养貂的地方。他们的结论是，那次暴发可能源于牛中含痒病因子的病牛，但用作饲料的牛肉是来自于衰老体弱的牛，并无证据表明这些牛曾受过TSE感染。

8.3.2 传播途径

水平传播。关于水平传播途径，目前存在两种观点，一般认为本病主要是通过饲料经口感染，是水貂吃了用痒病羊或TSE病牛尸体生产的饲料所致，但该观点证据不充分。经对暴发TME的Stetsoonville养貂场流行病学调查发现，其饲料由市售的鱼、禽肉、谷物和家畜屠宰加工厂的新鲜肉组织。新鲜肉购自农场周围方圆50千米地区，95%以上为患“母牛起卧综合征”的乳牛，另有少数马，绝对不含绵羊和山羊，也没有使用过MBM，可排除源于痒病的可能性。因此，认为患“母牛起卧综合征”病牛可能是传染来源。为证实这一假设，以病貂的脑悬液脑内接种两头6周龄小公牛，1头牛于18个月后发病，在牛舍内突然倒地不能站起，另1头牛于接种后19个月发病，也是突然倒地不能站立，病牛呈现眼球震颤、角弓反张，对触摸高度过敏等症状。两头实验病牛分别于发病后24 h和4 d扑杀，取脑组织作病理组织学检查，两头牛中脑、脑干均有灰质海绵状变性，大脑皮质无任何病变，PrP^{Sc}检测阳性。将牛脑匀浆再脑内接种水貂，4个月后水貂发病；以牛脑组织喂水貂，7个月后发病，与自然感染潜伏期相同。但这些还不足以做出最后肯定的结论。

另外一些研究者认为同类相食也被认为是传播原因之一。因为在发现此病的貂窝中，雌貂的肉和内脏被摄食。有证据表明，由于同一窝的仔貂相互撕咬，所以比摄入方式相比，通过咬伤而受感染在此病的传播中起了更大的作用。

垂直传播。曾有报道在特定条件下健康水貂被病水貂咬伤感染TME或者仔貂吃病母貂尸体而感染TME。

8.3.3 潜伏期

自然感染的潜伏期通常为7～8个月。实验感染的潜伏期，经口感染为7～8个月，脑内接种为4个月，肌肉和腹腔内接种为6～7个月、皮下注射5个月。

8.3.4 宿主

自然条件下，仅1岁以上的水貂发病。新生仔貂对脑内接种易感。通常，仔貂即使与感染发病的母貂同居、吸吮母乳、吃同一饲料也不发病。

仔貂不发病还可能与生产周期有关，在养貂场内，水貂于3月交配，经怀孕50 d后产仔，仔貂吮乳4～6周，从第3周起开始吃母貂的饲料，当年11～12月，当年生水貂达6～7月龄，大多数被扑杀取皮，仅少数被留作种用。因为未至发病时间时大多数感染水貂即已被扑杀。因此在扑杀前对青年水貂脑病的检测很有必要的，防治其病原的扩散。

8.3.5 伴性遗传(性别、毛色)基因与发病

性别、毛色与水貂的发病均无关。

8.3.6 流行规律

通常为暴发流行。TME和痒病、BSE不同，通常为暴发流行，流行持续4个月左右，成年水貂发病率高，最高可达100%，最低也有10%～30%。病貂100%死亡，这种流行方式和经污染饲料感染相吻合。

8.4 临床与病理

8.4.1 临床表现

传染性水貂海绵状脑病是一种少见的、传染性、神经退行性疾病，仅见于商业性大型养殖场的水貂中。受感染的病貂临床上首先表现出行为异常，如高度亢奋、易惊并具攻击倾向，继而奋力啃咬，共济失调，行走困难和后肢明显抽筋，严重的病例出现快速旋转，不由自主地咬尾巴和牙关咬紧，反应迟钝，最后嗜睡及昏迷而死。

患病水貂初期表现为生理习性改变。开始很隐蔽，不易察觉，但日益明显。病貂丧失良好的卫生习惯，随意排便，任意践踏饲料，导致粪便和饲料混合。病貂易过度兴奋，不时呈现无目的地绕笼猛冲、旋转和啃咬尾巴，像松鼠一样把尾巴弯曲于背上和试图逃出笼外等症状。带仔母貂丧失母性，不关心照料仔畜，甚至未呈现其他症状之前就如此。随着疾病的发展出现共济

失调，并逐渐严重。病貂动作笨拙、强拘，不能自行爬进巢箱，睡眠时不能使后躯保持平直，呈现一定程度的采食和吞咽困难，后肢呈现典型的痉挛步样。此阶段，当检查者试图抓住患病水貂时，病貂会突然咬住检查者的手套，当检查者将手套连同病貂置于地面时，病貂仍以牙齿牢牢咬住手套长时间静止不动，此是 TME 病貂的特征性反应。疾病发展到晚期，动物消瘦，皮毛失去光泽并出现皱褶，不时呈现癫痫样症状，自残，腕部的不随意运动或圆圈运动，进而呈昏睡状态，此时病貂往往面对笼子的一角，将鼻部塞进笼的网眼，并长时间保持这一姿势。

从发病至死亡，母貂的病程为 2～6 周，公貂则更短。日益严重的衰弱、消瘦和应激(如温度剧变)加速病貂的死亡。

8.4.2 病理学

传染性水貂脑病是成年貂的一种类似痒病的疾病。病理学特征也呈慢性进行性脑海绵样变性。尸检可见脱水、消瘦，眼观检查：脑部除个别病例可见轻度水肿外，无明显变化。

TME 典型的组织病理学变化是脑皮质和皮质下灰质广泛的海绵状变性并伴有星形胶质细胞的显著增生。神经元的变性通常见于大脑、小脑和脑干，大量神经元皱缩、深染，神经元胞浆的空泡化仅见于前庭核、脑桥被盖部和中脑，通常群集在 1～2 个神经核内，少数空泡内含少数嗜伊红颗粒。脑白质通常无病变。

TME 的典型病变虽在某种程度上与痒病相似，但分布不同；神经元的空泡化也不及痒病显著。

Marsh 和 Kimberlin 曾对仓鼠实验性 TME 和痒病的组织病理学病变进行比较研究，发现两者有以下异同点：①两者均产生非炎性的、两侧对称、几乎完全局限于灰质的病变，一个重要的例外是痒病末期小脑白质有海绵状脑病变。②痒病神经核受侵较重，神经元胞浆的空泡化比 TME 严重。③两者均以严重的星形细胞增生和肥大为特征，这种病变发生于海绵状病变之前。两者的星形细胞反应虽无差异，但 TME 通常产生较广泛的空泡化，其空泡化比痒病的面积大。这些发现和上述水貂 TME 病理变化基本一致。

8.5 检测与诊断

根据临床症状，流行病学进行初步诊断，通过组织病理学检查可确诊。

进行尸体剖解时没有可见的变化，然而，显微镜观察显示病变仅在中枢神经系统可见，在脑的特定区域引起明显的海绵状变化，即可确诊。

目前，对活体动物仍没有有效的检测方法，要确诊必须通过经典的病理学观察、免疫组化及 Western blot 等方法。

8.6 防 治

8.6.1 消毒方法

病貂应及时隔离,扑杀并焚烧。金属丝的笼子用火焰或适宜的消毒溶液(参照痒病和BSE的消毒方法)彻底消毒。

8.6.2 控制与野生动物接触

浣熊、臭鼬对本病易感,这两种野生动物有可能是TME的自然储存宿主,因此防治上应予以注意。

其他可参照痒病和BSE的防治措施。

参考文献

[1] 殷震,刘景华. 动物病毒学. 2版. 北京:科学出版社, 1997.
[2] 马文丽,郑文岭. 疯牛病的分子基础与临床. 北京:科学出版社, 2003.
[3] 郭志宏. 疯牛病研究概况. 青海省畜牧兽医科学院,2003.
[4] 方元,陈莒平. 朊病毒和朊病毒病(Prion and Prion Diseases). 北京:中国农业出版社, 1997.
[5] Liberski P P, Sikorska B, Guiroy D, *et al*. Transmissible mink encephalopathy-review of the etiology of a rare priondisease. Folia Neuropathol, 2009,47(2):195-204.
[6] Transmissible Mink Encephalopathy. Animal and Plant Health Inspection Service, September, 1999.
[7] Transmissible Mink Encephalopathy. seminar in VIROLOGY, 1996, 7: 201-206.
[8] Transmissible Mink Encephalopathy. Veterinary Services, February, 2002.

第9章

猫科动物海绵状脑病

9.1 概　　述

猫科动物海绵状脑病(feline spongiform encephalopathy,FSE),亦称猫科动物海绵状退行性脑病、狂猫病和疯猫病,是传染性海绵状脑病的一种表现形式。其临床和组织病理学特征是精神失常、共济失调、感觉过敏和中枢神经系统灰质的空泡性病变。

暴发牛海绵状脑病之后几年内,猫科动物海绵状脑病在英国首次被发现。随后,在其他猫科动物如非洲猎豹、虎猫、美洲狮、老虎和狮子等均发现了猫科动物海绵状脑病。FSE感染小鼠后发现,猫科动物海绵状脑病的致病因子与牛海绵状脑病相同。FSE在免疫印迹中的蛋白条带分布与BSE和新型克雅氏病的蛋白条带分布相一致。这表明FSE感染的动物通过食物链与BSE的致病因子相关。目前普遍认为猫科动物海绵状脑病是由于猫科动物食用了感染疯牛病朊病毒的食物所致。

由于伴侣猫科动物(家养多品种猫)、娱乐猫科动物(如马戏团、动物园内的老虎、狮子和豹等)和野生猫科动物(野生老虎、狮子、猎豹和虎猫等),这三类猫科动物不但与人类的关系很密切,而且均为疯牛病朊病毒自然感染的宿主,加之这些自然宿主对人类健康极具潜在的威胁,因而对猫科动物海绵状脑病的研究具有重要的公共卫生意义。

9.2 流行病学

猫科动物海绵状脑病的发生主要分布在欧洲,最早报道始于英国(表9.1)。自1990年5月在英国发现第一例疯猫病以来,迄今世界上总共发现了100多例疯猫病,截至2007年9月的不完全统计,英国占 89 例,其中至少包括动物园和野生动物园 16 只大型猫科动物(包括美洲豹、印度豹、狮子、老虎和猎豹等)因与疯牛症相关疾病而死亡。1998 年 10 月,意大利首次报道了一名患者与其宠物猫同时得了海绵状脑病,该患者后来确诊为散发性 CJD,而其宠物是意大利首例 FSE。2001 年,瑞士联邦畜牧局宣布,在沃州发现了瑞士首例疯猫病。2002 年 8 月澳大利亚墨尔本动物园内一只雄性亚洲金猫死于疯猫病。

表 9.1 世界自 1990 年至今各种猫科动物首例海绵状脑病一览表

猫科动物种类	首次报道年份	猫科动物种类	首次报道年份
猫	1990	美洲狮	1995
非洲猎豹	1992	老虎	1998
虎猫	1992	狮子	2001

第一例 FSE 被确证之前,英国宠物食品协会早在 1989 年已经自发制定"不使用反刍动物下水等作为宠物食品"的禁令,作为防止宠物猫感染 BSE 的预防措施,于 1990 年成为强制措施在全英国实施(HMSO, 1990b),并于 1996 年进一步对该措施进行了完善与补充。因此,自 1994 年 FSE 暴发高峰期过后,FSE 的发病率在逐年下降。

英国首例确诊为 FSE 的暹罗猫死于 1990 年,一些兽医因此推断自此以后会有更多的猫死于该病。但随着时间的推移,事情并非像当初预想的那样会有大批的猫死于 FSE 的报道,原因在于宠物主人不会将死猫作脑部的解剖进行检查,同时,许多迷失的宠物猫在孤独地死去。

目前,除了欧洲(主要为英国,个别散发病例在爱尔兰和挪威)和澳洲外,在其他各洲还未见有猫科动物海绵状脑病的报道。中国目前也未见有疯猫病的报道。

9.2.1 病原与传播途径

目前,普遍认可 FSE 的致病因子与 BSE 的致病因子相同,至于由同一致病因子引起的猫科动物海绵状脑病与牛海绵状脑病的相似性和差异性,以及由于宿主不同而导致的病原感染因子的生化特性、潜伏期和对机体的损害程度的差异性等问题,未见有正式报道。尽管猫科动物的 PrP 基因序列也还未见报道,也不能比较牛与猫这两类动物间 PrP 基因序列的同源性,但是来自 CJD 和库鲁病患者的脑组织可一次性感染猫,但猫对绵羊痒病不易感(图 9.1)。

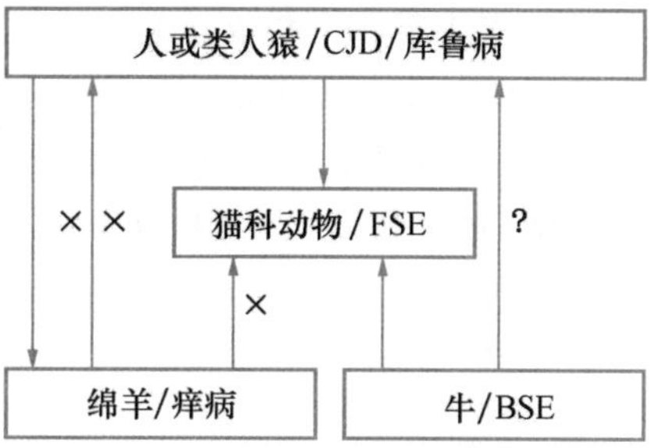

图 9.1 猫科动物海绵状脑病的种间传播及其对人类健康的影响

注:→表示可在种间传播;
×表示不能传播;? 表示不确定。

在英国,猫科动物海绵状脑病几乎是与 BSE 同时流行,这也许是因为二者具有相同或相似的感染因子。但二者流行病学的不同在于,因为不会将感染猫科动物的肉骨粉或其下水回收加工为饲料再重复喂养,因此猫科动物海绵状脑病不会像 BSE 一样出现大面积的流行。

虽然还不清楚引起 FSE 的真正原因是什么，目前普遍认为可能是含有患病动物大脑组织或骨髓的食物被猫吃了，而这些食物是生的或者没有经过充分加热的。故该病因常年食用含有动物脑组织和脊髓等下水的食物而患上疯猫病的。

在国外，家养宠物猫多食用含有感染 BSE 下水或肉骨粉的宠物食品，而动物园猫科动物因常年多饲喂生肉、动物骨髓和头骨或经加工的肉骨粉等成品，而这些食物是生的或者加工时没有经过充分加热消毒。因食用含有动物脑组织和脊髓等下水的食物而患上疯猫病的。

而在国内，家养宠物猫不像国外猫饲喂商品猫食或肉骨粉的宠物食品，而是吃剩饭剩菜，以及生的鱼蟹和老鼠，所以寄生虫感染的比例相当高(如肺吸虫、弓形虫等)，不过患疯猫病的几率也就相当的小了。

尽管国内、国外的营养书籍及食物成分表，均没有猫肉记载，也没有人分析猫的蛋白质及肉质，但在中国某些省市有食用猫肉的习惯，猫肉煮熟也不容易杀死寄生虫，同时猫的粪便有大量致病菌，按照国家规定，任何进入餐饮业的动物都需要经过检疫，像猪、牛、羊这类大批量动物是经过定点屠宰场屠宰的，其检疫就可以控制。但是像猫这类零星分散、不经定点屠宰场的小动物，就很难进行检疫，屠宰不规范就可能污染肉品而引起食物中毒。更为重要的是，由于猫是疯牛病朊病毒自然感染的宿主，加之疯猫病类似于疯牛病，是通过食物链传染的。因此，如果人们食用猫科动物肉，就有可能感染疯猫病。

虽然猫科动物海绵状脑病对人类具有潜在的威胁，但由于朊病毒特殊的传播途径，至今似乎只有疯牛病朊病毒与人类 vCJD 朊病毒有紧密的联系。

然而，自 1998 年意大利首次报道了一名患者与其宠物猫同时被诊断为海绵状脑病，该患者确诊为散发的 CJD，而其宠物为 FSE，但这例意大利首次报道患有 FSE 的宠物猫的临床症状似乎与以往报道的 FSE 病例有所不同，由此，专家暗示这有可能是新型变异 FSE(nvFSE)。无论是主人还是宠物猫据调查均无与相关 BSE 的感染因子接触的历史。

9.2.2 实验宿主

目前，朊病毒经口人工感染成功的实验动物有小鼠、牛、绵羊、山羊、狐猴和水獭；经脑内注射等非肠道途径感染成功的动物有小鼠、牛、绵羊、山羊、猪、蛛猴、猕猴、狐猴、狨和水獭。但还没有感染猫科动物实验的报道。

有趣的是，将鉴定为 FSE 的猫脑组织及鉴定为 BSE 的牛脑组织分别注射到鼠脑中，试验结果表明，在观察期内，FSE 与 BSE 在鼠体内的潜伏期及对鼠脑的损伤程度无明显差异。

9.2.3 潜伏期

猫科动物海绵状脑病与其他传染性海绵状脑病一样，潜伏期大约为数月或数年。猫科动物海绵状脑病在猎豹中的潜伏期为 4.5～8 年，而在家猫中的潜伏期尚未确定。然而，所有感染了 FSE 的家猫中最小的为两岁，大多数为 4～9 岁。

9.2.4 发病率和致死率

FSE病例的数量和BSE的流行相平行，并且FSE的发病随着BSE流行的逐渐被控制而呈下降趋势。有专家评估FSE的平均发病率大约为每百万只猫科动物中有10～15例，尤其是在英国。然而在最近的临床疑似FSE病例(主要来源于英国)的研究中，发现192例中无一例表现出FSE典型的组织病理学特征，并且朊病毒仅在173例中的一例中检测到。与其相似的一个回顾性研究指出在1990年之前发生的死于神经性疾病的286只猫体内未检测到与FSE相关的症状。FSE与其他TSEs一样，一旦出现症状其致死率为100%。

9.3 临床与病理

9.3.1 临床症状

患有FSE的家猫呈渐进性表现的临床症状。最早出现的症状是行为的改变，如非典型性攻击、胆怯和躲藏。患病家猫出现步态异常、共济失调等，这些缺陷起初主要发生于后肢。有些患病猫失去了对方向的判断，而有些则漫无目的的徘徊。绝大多数的病猫出现感觉过敏的症状，尤其是被抚摸或被声音刺激时。也曾报道过病猫出现唾液分泌过多、毛发凌乱、杂食症和瞳孔放大等症状。病猫在疾病后期常常表现出嗜睡或抽搐、流涎等。动物园猫科动物也出现相似的症状。一旦表现出FSE的临床症状，疾病将迅速发展并导致猫科动物的死亡。家猫一般在症状出现后3～8周内死亡，而猎豹则在8～10周后死亡。

9.3.2 大体病变

除个别病例出现尸体脱水和消瘦外，FSE患病动物未出现其他大体病变。

9.3.3 病理组织学病变

与BSE相同的典型组织病理学变化是中枢神经系统的损害，在神经元突起和神经元胞体中形成神经元空泡。前者形成灰质神经纤维网的小囊空泡(即海绵状变化)，后者形成大的空区，并充满整个神经元核周围；神经胶质增生，胶质细胞肥大，H. E染色即可检出；若用免疫学方法标记神经胶质纤维酸蛋白，就更能特异性检测出胶质细胞肥大；此外，还表现为PrP^{Sc}的积累。和其他TSEs一样FSE也无炎症变化。

而与BSE不同的病理变化为：一些FSE病例还出现星形细胞增生，但有些病例不出现；此外，与BSE显著不同的还有，患病猫脑部和前额皮质区损伤很严重，可观察到大量的带尾细胞核和中间膝状弯曲的细胞核。其他动物的某些海绵状脑病病例在血管或血管围常可见淀粉样斑沉积，沉积物也可出现在空泡形成的远处，用常规淀粉样物质染色法染色，PrP呈阳性。但在患FSE的动物中还未发现有淀粉样斑沉积。BSE病变通常两侧对称，但FSE病变常常呈不对称分布。这些损伤形式高度一致，也说明 FSE 致病因子在感染途径、发病因素等发病机理方面保持稳定一致。

目前，还未见有 FSE 外周病理组织学方面的正式报道。但是由于 FSE 与 BSE 之间存在着紧密的联系，有人根据 BSE 病牛的病理组织学变化主要局限于中枢神经系统，由此推测可能 FSE 病理组织学病变也主要发生在中枢神经各级组织系统。

9.4 检测与诊断

由于 FSE 潜伏期长、临床发病后又无有效的防治措施，因此进行有效的诊断是目前研究者们面临的一个巨大挑战性课题。目前，FSE 的诊断方法主要分为两类：

(1)死后检测：其又可具体细化为病理组织检测、痒病相关纤维的检测、免疫细胞化学、动物试验、免疫学方法等，这些方法和 BSE 以及其他 TSEs 的死后诊断方法比较接近。

(2)活体检测：活体检测则包括基因检测、脑脊髓液检测、血液检测和尿液检测等方法。但单一运用上述方法均不同程度地存在着一定的局限性，比如，动物试验主要是将待检动物的脑组织匀浆，依次做梯度稀释，接种试验动物(主要是小鼠、大鼠、田鼠和仓鼠)，经过一定的潜伏期，观察试验动物是否发病，但涉及接种剂量、接种次数以及潜伏期长等因素，不适合于快速大量检测。因此，有关专家建议运用上述两种以上方法进行 FSE 的诊断(例如，血液检测通常应与动物发病情况相结合)。

因为没有可检测出的机体对 FSE 致病因子产生的免疫反应，所以用免疫学或血清学试验无法诊断 FSE。到目前为止，还未发现同 FSE 因子感染相一致的特征性生化异常或肉眼病变。用电化学法检测尿样的价值还有待于考证。与 BSE 一样，FSE 诊断主要依据识别其临床症状和病理组织学方法检查脑部病变进行死后确诊。

9.4.1 临床诊断

FSE 是猫科动物的一种进行性和致命性神经疾病，行为改变和共济失调是最为常见的症状。结合临床症状往往容易和其他神经系统疾病相混淆，需要借助于实验室诊断加以确诊。

9.4.2 鉴别诊断

FSE 病猫最初出现的症状易与猫其他神经性疾病相混淆，如猫狂犬病、神经性酮血症、中枢神经系统肿瘤、先天性神经系统损伤、猫感染性腹膜炎、铅中毒及某些代谢性疾病。

此外，还应与荷兰报道的猫急性复合型神经病相区别。猫急性复合型神经病主要是破坏猫神经系统，24 h 内使病猫完全瘫痪。一部分专家倾向于猫急性复合型神经病即为“疯猫病”，并且与“疯牛病”有关；而另一部分专家持相反观点，因为现在还不知道这种病的病因和传染途径。还有一个无法解释的问题是，为什么荷兰境内不论大小、品种的猫都会被传染，而邻国却不受波及。因此，一般而言，许多能引起神经症状并有一定病程的疾病(包括 FSE)均需作鉴别诊断。

9.4.3 实验室诊断

实验室一般通过免疫蛋白印迹和免疫组化检测中枢神经系统是否存在朊蛋白来诊断FSE的发生。FSE诊断也可通过电镜发现脑组织提取液中的特异性朊蛋白纤维(羊痒病相关纤维)进行确诊。组织病理学检查对确诊此病有着重要的意义,但是在一些动物患病早期可能不会发生或发生很少的海绵状变化。FSE致病因子不会引起机体发生抗体反应,所以不能通过血清学反应检测FSE。

9.5 防　治

猫科动物海绵状脑病不能仅仅通过禁止向猫饲喂含有朊蛋白的牛组织来防治,完全避免猫和朊病毒的接触是非常必要的,因为烹煮或脂溶并不能完全灭活朊病毒。1990年英国禁止BSE高风险组织如大脑和脊髓用于制作宠物食物。这些高风险组织也禁止用于喂养动物园猫科动物。对BSE的控制也可有效地减少FSE的发生风险。

虽然FSE的水平传播未见报道,但是其他的朊病毒可以在同物种间进行传播。人海绵状脑病可以通过血液或外科器械传播。消除环境中或组织中的朊病毒是非常困难的,因为这些病毒对大多数的消毒剂、热处理、紫外线和致电离辐射均有很强的抵抗力,尤其是当它们被保护于有机物或醛固定剂中或者当病毒滴度很高时。朊病毒可以很好地黏附在某些物质的表面,如不锈钢和塑料,并且其毒力不会丢失。现在仅报道了少数的有效清除朊病毒的技术。传统上推荐使用2%次氯酸钠溶液清除器械和表面的朊病毒。表面需要在20℃下处理1 h以上。而对于器械的处理需要过夜。也可通过134～138℃高压灭菌法消灭朊病毒。在水中对物体进行高压灭菌对消除朊病毒的效果更好。化学和物理性结合的净化方法比单一使用其中一种要更加有效,先使用化学性方法处理,然后再清洗物品并进行高压消毒。然而,即使是化学性消毒剂和物理性消毒相互结合使用也无法保证可以完全消灭所有的朊病毒。所以,在对患有传染性脑病的患者进行高风险操作(如脑部手术)时,经常使用一次性器具。

因为朊病毒可以在环境中存活数年之久,并且很难将其清除,所以在验尸时应避免朊病毒污染物体表面和器械。可以使用一次性涂有塑料的纸张保护桌面及其他表面。尽量使用一次性的器具和工作服。

参考文献

[1] 方元,陈莒平. 朊病毒和朊病毒病. 北京:中国医药出版社,1997,25-75,97-137,205-213.
[2] 李梦东. 海绵状脑病的病原及其传染性研究概况. 中国人兽共患病杂志,1997,13(5):88-94.
[3] 易祥华,吴克兰. 朊病毒的研究进展. 中国人兽共患病杂志,1998,14(4):73-74.
[4] 于恩庶,李子华,焦新安,等. 新发现和现肆虐的传染病. 香港:亚洲医药出版社. 2000,

3 -12.

[5] Aguzzi A, Heikenwalder M, Miele G. Progress and problems in the biology, diagnostics, and therapeutics of prion diseases. J Clin Invest. 2004, 114:153 - 160.

[6] Anderson RM, Donnelly CA, Ferguson NM, *et al*. Transmission dynamics and epidemiology of BSE in British Cattle. Nature, 1996,382:779 - 788.

[7] Baron T, Belli P, Madec J Y, *et al*. Spongiform encephalopathy in an imported cheetah in France. Vet Rec. 1997, 141:270 - 271.

[8] Beekes M, McBride P A. The spread of prions through the body in naturally acquired transmissible spongiform encephalopathies. FEBS J. 2007, 274:588 - 605.

[9] Bradley R, Wilesmith J W. Epidemiology and control of bovine spongiform encephalopathy(BSE). BR Med Bul,1993,49:923 - 959.

[10] Bradshaw J M, Pearson G R, Gruffydd-Jones T J. A retrospective study of 286 cases of neurological disorders of the cat. J Comp Pathol. 2004, 131:112 - 120.

[11] Brown P, Abee C R. Working with transmissible spongiform encephalopathy agents. ILAR J. 2005,46:44 -52.

[12] Doherr M G. Brief review on the epidemiology of transmissible spongiform encephalopathies (TSE). Vaccine. 2007, 25:5619 - 5624.

[13] Espinosa J C, Morales M, Castilla J, *et al*. Progression of prion infectivity in asymptomatic cattle after oral bovine spongiform encephalopathy challenge. J Gen Virol. 2007, 88:1379 - 1383.

[14] European Food Safety Authority [EFSA]. EFSA opinion on the likelihood of BSE infectivity in specified risk material. EFSA; 2007 Jul. Available at: http://www.efsa.europa.eu/en/press_room/press_release/pr_srm_back_calculation.html. Accessed 25 Aug 2007.

[15] Everest S J, Thorne L T, Hawthorn J A, *et al*. No abnormal prion protein detected in the milk of cattle infected with the bovine spongiform encephalopathy agent. J Gen Virol. 2006, 87:2433 - 2441.

[16] Fichet G, Comoy E, Dehen C, *et al*. Investigations of a prion infectivity assay to evaluate methods of decontamination. J Microbiol Methods. 2007 Jun 21; [Epub ahead of print]

[17] Fichet G, Comoy E, Duval C, *et al*. Novel methods for disinfection of prion-contaminated medical devices. Lancet. 2004, 364:521 -526.

[18] Gruffydd-Jones T J, *et al*. 1991. Feline spongiform encephalopathy. J. Small Animal Practice. 33. 471 -476.

[19] Hoffmann C, Ziegler U, Buschmann A, *et al*. Prions spread via the autonomic nervous system from the gut to the central nervous system in cattle incubating bovine spongiform encephalopathy. J Gen Virol. 2007, 88:1048 - 1055.

[20] Irani D N. Johns Hopkins Department of Neurology. Resource on prion diseases [online]. Feline spongiform encephalopathy. Available at: http://www.jhu-prion.org/

animal/anifse-hist. shtml. * Accessed 7 Nov 2001.

[21] Kelly D F, Wells G A, Haritani M, *et al*. Neuropathological findings in cats with clinically suspect but histologically unconfirmed feline spongiform encephalopathy. Vet Rec. 2005, 156: 472 - 477.

[22] Kubler E, Oesch B, Raeber A J. Diagnosis of prion diseases. Br Med Bull. 2003, 66: 267 - 279.

[23] Lezmi S, Bencsik A, Monks E, *et al*. First case of feline spongiform encephalopathy in a captive cheetah born in France: PrP(sc) analysis in various tissues revealed unexpected targeting of kidney and adrenal gland. Histochem Cell Biol. 2003, 119: 415 - 422.

[24] Lord Phillips, chair. The BSE inquiry: The report. A report to the Minister of Agriculture, Fisheries and Food, the Secretary of State for Health and the Secretaries of State for Scotland, Wales and Northern Ireland. Report no. HC 887-1. London: Her Majesty's Stationery Office; 2000. Available at: http://www. bseinquiry. gov. uk/report/. Accessed 2007 Aug 27.

[25] Ludlam C A, Turner M L. Managing the risk of transmission of variant Creutzfeldt Jakob disease by blood products. Br J Haematol. 2006, 132:13 - 24.

[26] Maignien T, Lasmezas C, Beringue V, *et al*. Pathogenesis of the oral route of infection of mice with scrapie and bovine spongiform encephalopathy agents[J]. Journal of GeneraL Virology, 1999, 80: 3025 - 3042.

[27] Masujin K, Matthews D, Wells GA, *et al*. Prions in the peripheral nerves of bovine spongiform encephalopathy-affected cattle. J Gen Virol. 2007, 88:1850 - 1858.

[28] Moynagh J, Schimmel H. Tests for BSE evaluated[J]. Nature 1999, 400: 105.

[29] Novakofski J, Brewer M S, Mateus-Pinilla N, *et al*. Prion biology relevant to bovine spongiform encephalopathy. J Anim Sci. 2005, 83: 1455 - 1476.

[30] Pattison J. The emergence of bovine spongiform encephalopathy and related diseases. Emerg Infect Dis. 1998, 4:390 - 394.

[31] Pearson G R, *et al*. 1992. Feline spongiform encephalopathy: fibril and PrP studies. Veterinary Record. 131: 307 - 310.

[32] Promedmail. Feline spongiform encephalopathy, cheetah-Germany. Sept 13, 2007. Archive Number 20070913. 3038. Available at http://www. promedmail. org. Accessed 19 Sept 2007.

[33] Promedmail. Feline spongiform encephalopathy, cat-Switzerland. Aug 24, 2003. Archive Number 20030824. 2132. Available at http://www. promedmail. org. Accessed 19 Sept 2007.

[34] Prusiner SB. Inherited prion diseases, Proc Natl Acad Sci VSA,1994,91:4611 - 4614.

[35] Prusiner SB. Molecular biology of prion disease. Science,1991,252:1515 - 1522.

[36] Ryder S J, Wells G A, Bradshaw J M, Pearson G R. Inconsistent detection of PrP in extraneural tissues of cats with feline spongiform encephalopathy. Vet Rec. 2001, 148: 437 - 441.

[37] Schimmel H, Catalani P, Lionel L G, *et al*. The evaluation of five rapid tests for the diagnosis of transmissible spongiform encephalopathy in bovines (2nd study)[R]. European Commission. 2002.

[38] Schmerr M J, Jenny A L, Bulgin M S, *et al*. Use of capillary electrophoresis and fluorescent labeled peptides to detect the abnormal prion protein in the blood of animals that are infected with a transmissible spongiform encephalopathy[J]. Journal of Chromatography A. 1999, 853: 207 - 214.

[39] Sigurdson C J, Miller M W. Other animal prion diseases. Br Med Bull. 2003, 66:199 - 212.

[40] Smith P G, Bradley R. Bovine spongiform encephalopathy (BSE) and its epidemiology. Br Med Bull. 2003, 66:185 - 198.

[41] Taylor D M. Bovine spongiform encephalopathy and human health. Vet Rec, 1989, 125:413 - 415.

[42] Taylor D M. Bovine spongiform encephalopathy—the beginning of the end? BR Vet J, 1996,152:501 - 518.

[43] Tyshenko MG. Bovine spongiform encephalopathy and the safety of milk from Canadian dairy cattle. Vet Rec. 2007, 160:215 - 218.

[44] van Bekkum D W, Heidt P J. BSE and risk to humans. Nature,1996,382:574.

[45] WHO. Public health issues and clinical and neurological characteristics of the new variant of Creutzfeldt-Jakob disease and other human and animal transmissible spongiform encephalopathes: Menorandum from two WHO meetings. Bul WHO, 1996, 74: 453 -465.

[46] Wilesmith J W, Ryan J B M, Atkinson M J. Bovine spongiform encephalopathy: epidemiological studies on the origin. Vet Rec, 1991,128:199 - 203.

第10章

动物园动物海绵状脑病

10.1 概　　述

动物海绵状脑病作为一种神经退行性疾病，不仅感染牛、羊、人，以造成我们常见的疯牛病、羊痒病，以及人的克雅氏病、库鲁氏病，同时对许多动物园动物以及野生动物也有感染性。动物园动物及野生动物感染动物海绵状脑病主要集中在三大类：非驯养牛科动物(Bovidae)，猫科动物(Felidae)，灵长类狐猴科(Eulemur)和猕猴科(Macaca)动物。

早在BSE流行之前，Jeffrey和Wells最先于动物园的林羚(*Tragelaphus angasi*)上发现牛的海绵状脑病，随后，在野生牛科动物包括好望角大羚羊(*Oryx gazelle*)，阿拉伯羚羊(*Oryx leucoryx*)，弯角羚(*Oryx dammah*)，大角斑羚(*Taurotragus oryx*)，大捻(*Taurotragus strepsiceros*)，北美野牛(*Bison bison*)中也检测到BSE，最近发生的一例家养牛科动物海绵状脑病，为2006年在瑞士巴塞尔市公园内的一头瘤牛(*Bos indicus*)，这是该物种发现的第一例也是唯一一例海绵状脑病。随后，通过研究证实，家养牛科动物多是食用BSE因子感染的饲料后患上牛海绵状脑病的。

伴随着BSE的流行，在动物园的野生猫科动物中也检测出了FSE。被感染的猫科动物包括美洲狮、猎豹、虎豹、孟加拉虎、非洲狮、金猫。其中金猫为最近发现的物种，2003年在澳大利亚墨尔本公园发现一例金猫死亡，后经过组织学检查确诊为朊病相关的传染性海绵状脑病。通过研究证实了猫科动物海绵状脑病与BSE的关系为：猫科动物的日粮遭受疯牛病病牛的牛源蛋白和骨头污染后，被动物食入，致使其感染。

同时，在一些灵长类动物中，我们也发现了与BSE有关的海绵状脑病存在。感染的灵长类动物包括马特约褐狐猴(*Eulemur fulvus mayottensis*)、白颈褐狐猴(*Eulemur fulvus albifrons*)、獴狐猴(*Eulemur mongoz*)和恒河猴(*Macaca mulatta*)。据报道，在法国的Montepellier 动物园公园有一只恒河猴和两只狐猴死于海绵状脑病，出现了抗蛋白酶朊蛋白。因此，NOELLE Bons 等人对法国 3 个不同灵长类动物中心（Montpellier，Besancon 和 Strasbourg）饲喂牛肉蛋白的 20 只狐猴进行调查，表明这些狐猴组织中 PrP^{Sc}的分布与饲喂 BSE 感染脑组织的两只试验狐猴的 PrP^{Sc}分布相似。试验狐猴分为口服牛海绵状脑病（BSE）病原组和对照组。对 3 只对照狐猴以及 2 只感染而未出现症状的狐猴在感染后 5 个月宰杀，进行抗蛋白酶朊蛋白免疫组织化学检测。对照组织阴性，而感染动物的淋巴结、胃肠消化道和相关淋巴组织，以及脾可以检测到 PrP^{Sc}。而且，可以在颈部脊髓腹索和背索检测到 PrP^{Sc}。同样的 PrP 免疫反应性可以在法国 3 个不同灵长类动物中心的 2 只表现出症状和 18 只表现健康的狐猴观察到，给这些动物饲喂的是由一家英国公司生产的添加牛肉蛋白的日粮。并已经按规定在其产品中停止添加牛肉。所观察到的试验感染动物与动物原有症状和无症状灵长类动物同样的神经病理学和 PrP 免疫染色形态，说明动物园 BSE 污染远比我们所认识的要广泛。

10.2 流行病学

截至目前，我们共在野生牛科动物中发现了 18 例 TSEs 病例。其中 2000 年以前有 17 例，2000 年以后仅发现一例病例。其中 2000 年以前的病例均发生在英国，最近的一例病例为 2004 年发生于瑞士巴塞尔动物园中的一头瘤牛上。

在野生猫科动物中，总共发现了 24 例 TSEs 病例。最近报道的病例是在 2007 年，发病动物为猎豹。这 24 例病例中大部分动物都出生在英国，仅有一只猎豹出生在法国，2003 年发现的患病金猫出生在德国，发病时位于澳大利亚。这些动物虽大多出生于英国，但发病时候所处国家分布不均，有英国，还有澳大利亚、爱尔兰、德国、法国。

有关于野生牛科动物和野生猫科动物发生病例在各个具体物种的分布如表 10.1 所示。

表 10.1　野生牛科动物和野生猫科动物病例数

物　种	病例数	物　种	病例数
野生牛科		瘤牛	1
林羚	1	野生猫科	
好望角大羚羊	1	猎豹	10
阿拉伯羚羊	1	美洲狮	3
弯角羚	1	虎豹	3
大角斑羚	6	孟加拉虎	3
大捻	6	非洲狮	4
北美野牛	1	金猫	1

其中有关（发生于英国的 14 例野生牛科动物海绵状脑病，2 例野生猫科动物海绵状脑病，还有德国 3 例野生猫科动物海绵状脑病）的流行病学资料，包括出生和死亡日期，饲养史，动物园转移以及与同一或其他品种接触的详细资料，简要概括参见表 10.2。

表 10.2 捕获野生动物海绵状脑病发生病例

品种	出生日期	死亡日期	年龄(月)	性别	来源
林羚	4.9.83	18.6.86	33	F	Jeffrey and Wells(1988)
好望角大羚羊	18.6.83	8.6.87	48	F	Jeffrey and Wells(1988)
非洲大羚羊					P. Bircher, personal communication
非洲大羚羊	6.4.87	20.12.89	32	M	Fleetwood and Furley(1990)
非洲大羚羊	14.1.89	9.4.91	27	F	M. Hosegood, personal communiction
非洲大羚羊	10.1.89	25.5.91	28	M	M. Hosegood, personal communiction
阿拉伯羚羊	12.1.90	23.1.92	24	F	M. Hosegood, personal communiction
大捻	12.1.86	24.3.89	38	F	Kirkwood and others (1990)
大捻	11.2.87	18.8.89	30	F	Kirkwood and others (1990)
大捻	19.4.89	13.11.90	19	F	Kirkwood and others (1992)
大捻	14.5.88	6.6.91	37	M	Kirkwood and others (1993)
大捻	29.10.88	24.10.91	36*	M	Kirkwood and others (1993)
大捻	26.8.90	26.2.92	18*	M	Kirkwood and others (1993)
弯角大羚羊	5.8.89	22.11.92	39	F	Kirkwood and others (1994)
美洲狮	12.7.90	29.1.93	30	F	D. Lyon, personal communication
瘤牛	8.3.86	16.5.91	62	F	Willoughby and others(1992)
	1985	2004	228		Torsten Seuberlich and Catherine botteron(2006)
猎豹					Peet and Curran(1992)
猎豹	16.6.86	7.1.92	55	M	J. Lewis, P. Bircher, personal commu.
猎豹	3.9.84	27.10.92	96	M	S. McKeown, personal communication
猎豹	23.2.86	4.5.93	86	F	Kirkwood and others
金猫	14.5.86	22.12.93	91	F	S. Young and Rf. Slocombe
	1992	4.3.2003	128		

* 这些动物在处死的时候未表现出临床症状,未标记性别的动物为性别不详。

在感染的非人类灵长目动物中,我们共发现了 5 例 TSEs 病例,有 1 只恒河猴,4 只狐猴,发现于法国 Montepellier 动物园中。病例在各物种的分布如表 10.3 所示。

表 10.3 非人类灵长目动物病例数

物种	病例数	物种	病例数
马特约褐狐猴	2	獴狐猴	1
白颈褐狐猴	1	恒河猴	1

NOELLE Bons 等人对饲养在 Montepellier 动物园中的 11 个种属的 61 只灵长类动物进行了详细的研究,并评价了日粮对动物寿命的影响。动物生活在非常大的笼子里,以自然地理

状态分布，每只笼子里不超过 3 只猿猴或 5 只狐猴。并对法国其他动物园和灵长类饲养中心进行调查问卷，询问由于不明原因致死的灵长类动物死亡和日粮饲喂方面的资料。同时，在调查过程中，在 Besancon 动物园和 Strasbourg 饲养中心的一些表现健康的狐猴，由于法国推出有关杂种灵长类动物新规定，这些动物即将被处死，因此他们又获得了另外 18 只动物(6 只来源于 Besancon，12 只来源于 Strasbourg)。

这 79 只动物全部为大型长寿猴和狐猴(体重超过 1 000 g，寿命超过 20 年)，每日饲喂蔬菜和水果，另外添加 20～40 g/kg 含有动物蛋白的商业饲料(Singe 107，MP，或 Marex)。根据生产商说明，这种饲料含有粗蛋白(19.2%～25.4%)，脂肪(5.7%～7.5%)，玉米，大豆，角豆，紫花苜蓿，矿物质，酵母，维生素 A、维生素 C、维生素 D_3 和维生素 E，猪油渣。

在 Montpellier 动物园的灵长类动物中，1989—1998 年有 26 例死亡被报道，其中 23 例发生于 1989—1993 年间(表 10.4)。动物园中每只灵长类的死亡时间一般都是知道的，但是它们的出生地和出生时间大多是不知道的(许多动物来自其他的动物园)。尽管详细的临床信息极少记录在动物园的记录册上，但有 14 只动物在临死前观察到了临床症状，其中 12 例表现出严重的神经异常。

表 10.4 Montpellier 公园中灵长类动物流行病学总结

种属	截至 1998 年 12 月的状况		来源	死亡灵长类动物详细情况				
	存活	死亡		到达日期	死亡日期	死亡年龄(年)	临床症状	海绵状脑病
狐猴类								
Eulemur fulvus mayottensis	5	6	马达加斯加	1974	1992	>18	神经学症状+眼盲	是
			马达加斯加	1974	1990	>16		
			蒙彼利埃	1984	1991	7		
			蒙彼利埃	1983	1989	6	神经学症状(大脑出血)	
			蒙彼利埃	1988	1992	4	神经学症状	是
			巴黎				神经学症状+眼盲	否
Eulemur fulvus albifrons	4	4	巴黎	1988	1992	>4	神经学症状	是
			巴黎	1988	1990	>2		
			巴黎	1988	1992	>4		
			牟罗兹	1988	1990	>2		
Eulemur Mongoz	0	3	牟罗兹	1989	1991	"老龄"	神经学症状	
			马达加斯加	1989	1990	"老龄"	神经学症状	
			蒙彼利埃	1979	1992	>13	神经学症状	是
Eulemur macaco	3	1	蒙彼利埃	1981	1996	15	神经学症状	
			牟罗兹					
狐猴 *catta*	3	1		1976	1994	18	运动缺陷	

续表 10.4

种属	截至1998年12月的状况		来源	死亡灵长类动物详细情况				
	存活	死亡		到达日期	死亡日期	死亡年龄（年）	临床症状	海绵状脑病
Varecia variegata variegata	4	2		1985	1990	7	神经学症状	
				1993	1994	1		
Varecia variegata rubra	4	0	英国					
			英国					
			英国					
猿								
Macaca Mulatta	0	3		1986	1992	10	神经学症状	是
				1986	1993	11	神经学症状	
				1988	1991	>3	肺炎	
Macaca sylvanus	5	1		1985	1993	7		
Macaca fuscata	3	0						
Saimiri sciureus	4	5		1987	1990	>3	神经学症状	
				1989	1990	>3		
				1989	1990	>3		
				1989	1990	>3		
				1989	1989	>3		

注:除了表中所示,所有动物均死于不明原因。后两列空白表示对这些动物没有进行尸体解剖检查。

考虑到 Montpellier 动物园垂死动物多样的地理性来源,不能确定感染全部发生在此地区。然而,3 只死于海绵状脑病的动物的确是在 Montpellier 动物园感染的;2 只狐猴(Nos. 481 和 586)在 1974 年与 1979 年间直接从 Madagascar 动物园到 Montpellier 动物园,在 BSE 流行之前是健康的,而另一只动物(No. 474)是在 Montpellier 动物园出生和饲养的。

从邮寄给其他饲喂灵长类动物中心的调查表中,收到了 9 封回信,但其中有一封回复的动物园没有灵长类动物,其余 8 个动物园有灵长类动物存在,7 个否认有任何疑似或神经性死亡病例,一个(Lille)记录在 1996 年 1 月有 3 例灵长类的死亡是发生于神经性疾病之后,与 Montpellier 动物园看到的死亡相似。

10.3 临床与病理

至今为止,动物海绵状脑病给全世界造成了巨大的不良影响,尤其给农业,畜牧业以及各国家的进出口贸易带来极大不良影响。而在动物园以及野生动物海绵状脑病中,尽管有许多物种都多少食用了 BSE 污染的肉骨粉或是暴露在 BSE 因子之下,但至今为止,感染疾病的动物并不多。截至目前,在野生牛科动物中,发生病例 18 例;野生猫科动物,共发生病例 24 例,非人类灵长类动物，共有 4 例病例。下面就各物种临床症状进行总结。

部分确诊野生牛科以及猫科动物临床症状参见表 10.5。

表 10.5　动物园动物海绵状脑病观察到的临床症状

动物	临床症状	症状持续时间/d	来　源
林羚	后肢共济失调，头姿势异常，不断细咬尾根和臀部出现损伤和溃疡，尿频	21	Jeffrey and Wells(1988)
好望角大羚羊	突然发作，频频短暂跌倒，身体状况良好	7	P. Bircher
非洲大羚羊 1	后肢高抬行走，头和颈部肌肉轻度震颤，体重减轻。最后，转圈，头下垂，沉郁，流口水，鼻流清亮鼻涕	8	Fleetwood and Furley(1990)
非洲大羚羊 2，3 和 4	体重减轻，流口水，与其他动物分开独自站立，侧腹部和肋间轻微抽搐	14～21	M. Hosegood
阿拉伯羚羊	共济失调不明显，但有一只表现轻度高抬步行走体重减轻，肌肉震颤，后期共济失调，沉郁	22	Kirkwood and others (1990)
大捻 Linda	共济失调，头倾斜，流口水，过度嘴唇舔咬，鼻抽搐，体重有部分减轻	3	Kirkwood and others (1990)
大捻 Karla	共济失调，前肢交叉，后肢伸展过度，头倾斜，沉郁	1	Kirkwood and others (1992)
大捻 Kaz	与 Linda 相似	1	
大捻 Bambi	因管理原因处死，没有表现临床症状	0	Cunningham and others (1993)
大捻 346/90	因管理原因处死，没有表现临床症状	0	Kirkwood and others (1993)
大捻 324/90	起初间歇性头倾斜，中度头震颤，过度嘴唇运动，后肢肌肉震颤，弓背姿势。后期，异常头下垂，耳竖立，伸展过度，可能感觉过敏	56	Cunningham and others (1993) Kirkwood and others (1993) Kirkwood and others (1994)
弯角大羚羊		18	D. Lyon
瘤牛	步伐异常，冲撞障碍物，共济失调，精神沉郁	6	Willoughby and others (1992) Torsten Seuberlich and Catherine
美洲狮	流鼻涕，咳嗽，体重减轻。后期，瘫痪	28	botteron (2006) Peet and Curran(1992)
猎豹 1	共济失调，保持平衡困难，整个身体轻度震颤，以异常的方式向上或向四周看	30	J. C. M. Lewis
猎豹 Duke	共济失调，明显的丧失方向感，跌倒并且移动困难	42	S. McKeown, Kirkwood and others(unpublished observation)
猎豹 Saki	共济失调，感觉过敏。后期，体重减轻	56	Schoon and others(1991)
猎豹 Michelle	共济失调		

在野生牛科和猫科患病动物中，其发病病理变化同疯牛病以及猫科动物海绵状脑病基本一致，本章不再赘述。

在非人类灵长类动物中，NOELLE Bons 等人对实验性饲喂 BSE 感染脑组织的 2 只猕猴，和 3 只未暴露对照狐猴进行免疫组织学研究。在一只 BSE-饲喂猕猴（No. 654）被它的同笼伙伴残杀之后，对另外一只 BSE-饲喂猕猴（No. 656），在疾病潜伏期过程中采取组织以便检查（感染后 5 个月）。对其余动物继续进行观察，直到它们表现神经性疾病的症状。

同样研究了 Montpellier 动物园中 2 只有症状的狐猴（Nos. 456 和 Nos. 586），以及关在 Besancon 或 Strasbourg 动物园的 18 只无症状的狐猴（Nos. 700 - 717）。所有这些动物都是 6～16 岁（除了两只 25 岁的动物），体重在 1 500～1 800 g 之间。以下段落中描述的 PrP^{Sc} 免疫反应的表现和分布，动物园中狐猴和两只实验性感染 BSE（表 10.6、表 10.7）的猕猴是相似的。未感染对照动物没有表现 PrP^{Sc} 免疫反应。

表 10.6 自发性海绵状脑病狐猴和饲喂 BSE 感染脑组织猕猴非神经系统组织 PrP^{Sc} 免疫染色

种属及动物编号	扁桃腺	消化道						脾
		食道		胃		小肠		
		上皮细胞	淋巴网状细胞	上皮细胞	淋巴网状细胞	上皮细胞	集合淋巴小结	
狐猴								
456								
586								
700		0	＋	＋＋	＋	0	0	0
701		0	＋	＋	＋	0	0	(＋)
702				＋	＋	＋＋		(＋)
703				0	(＋)	＋＋		(＋)
704				0	(＋)	＋＋	＋＋	＋
705				0	(＋)	(＋)	(＋)	＋
706	＋			(＋)	(＋)	(＋)	(＋)	
707	＋			0	(＋)	＋＋	(＋)	＋
708	＋			0	(＋)	＋＋		＋
709	＋			(＋)	＋	＋	＋＋	
710	(＋)							(＋)
711	＋							
712								(＋)
713	＋＋							＋
714	＋＋							＋
715	＋							＋
716		0	＋	＋	＋	＋	＋	
717								
猕猴								
654	＋	＋	＋	＋	＋	＋		
656		(＋)	0	＋	＋＋	＋＋	＋＋	＋

注：免疫染色符号：0，无；(＋)，痕量阳性；＋，中度阳性；＋＋，强阳性；＋＋＋，广泛分布强阳性。

表 10.7　自发性海绵状脑病狐猴和饲喂 BSE 感染脑组织猕猴神经系统组织中 PrP^{Sc},Tau,GFAP 免疫组化染色以及空泡化现象的观察

种属及动物编号	脑						脊髓	
	PrP^{Sc}		Tau	GFAP	空泡			
	神经元	神经纤维束			实质	神经纤维束	PrP^{Sc}	GFAP
狐猴								
456	＋	＋			＋＋＋	＋＋＋		
586	＋	＋			＋	＋	＋	＋＋
700	0	0	＋	＋	＋＋	(＋)	＋	＋＋
701	0	＋＋	＋	＋	＋＋＋	＋＋＋		
702	(＋)	＋＋	＋	＋＋＋	＋＋＋	＋＋	＋	＋＋
703	(＋)	＋＋	＋	＋	＋＋＋	＋		＋
704	0	0	＋	＋	0	(＋)		
705	0	＋	＋	＋＋	＋＋＋	＋＋		
706	0	＋	＋	＋＋＋	＋＋＋	＋＋	＋	
707	(＋)	＋＋	＋＋	＋＋	＋＋	＋＋		
708	(＋)	＋	＋＋	＋＋	(＋)	(＋)		
709	(＋)	＋＋	＋＋＋	＋	＋	＋		
710	0	＋	＋＋	(＋)	＋＋＋	＋＋		
711	0	＋	＋＋	＋＋	＋	＋		
712	(＋)	＋	＋＋＋	＋＋＋	＋＋＋	＋＋		＋＋
713	(＋)	＋	＋＋＋	＋＋＋	＋＋＋	＋		
714	＋	＋	＋＋＋	＋	＋＋	＋		
715	0	＋	＋＋	＋	＋＋＋	＋＋		
716	0	＋	＋＋＋	＋	＋＋	＋＋		
717	0	＋	＋＋＋	(＋)	＋＋＋	＋		
猕猴								
654								
656	0	＋	＋＋＋	＋＋	＋＋	＋＋＋	＋	＋＋

注：免疫染色符号：0，无；(＋)，痕量阳性；＋，中度阳性；＋＋，强阳性；＋＋＋，广泛分布强阳性。

在扁桃体的外周上皮细胞、淋巴结和腺体内的散开细胞发现 PrP^{Sc}。在食道，PrP^{Sc} 存在于复层上皮细胞，而在食道分泌腺体中不存在。免疫反应性淋巴细胞散在分布于固有层的结缔组织中，并浸润到黏膜肌层和黏膜下层。食道和胃突然转变是因为开始于贲门的 PrP^{Sc} 分布显著不同：胃内腔边缘和胃小凹的柱状上皮细胞为 PrP^{Sc} 阴性，但胃腺体是 PrP^{Sc} 阳性。固有层中的下层淋巴网状组织同样被标记(图 10.1E、F)。

在小肠，包括十二指肠，细小的微粒性 PrP^{Sc} 散布于整个上皮细胞的细胞质中(除杯状细胞之外)，靠近内腔和绒毛处。PrP^{Sc} 位于纹状缘细胞内、绒毛基底部的腺体细胞，以及与淋巴细胞浸润到上皮细胞相关联的特定 M 细胞内(图 10.1G、J)。固有层和黏膜下层包含标记的淋

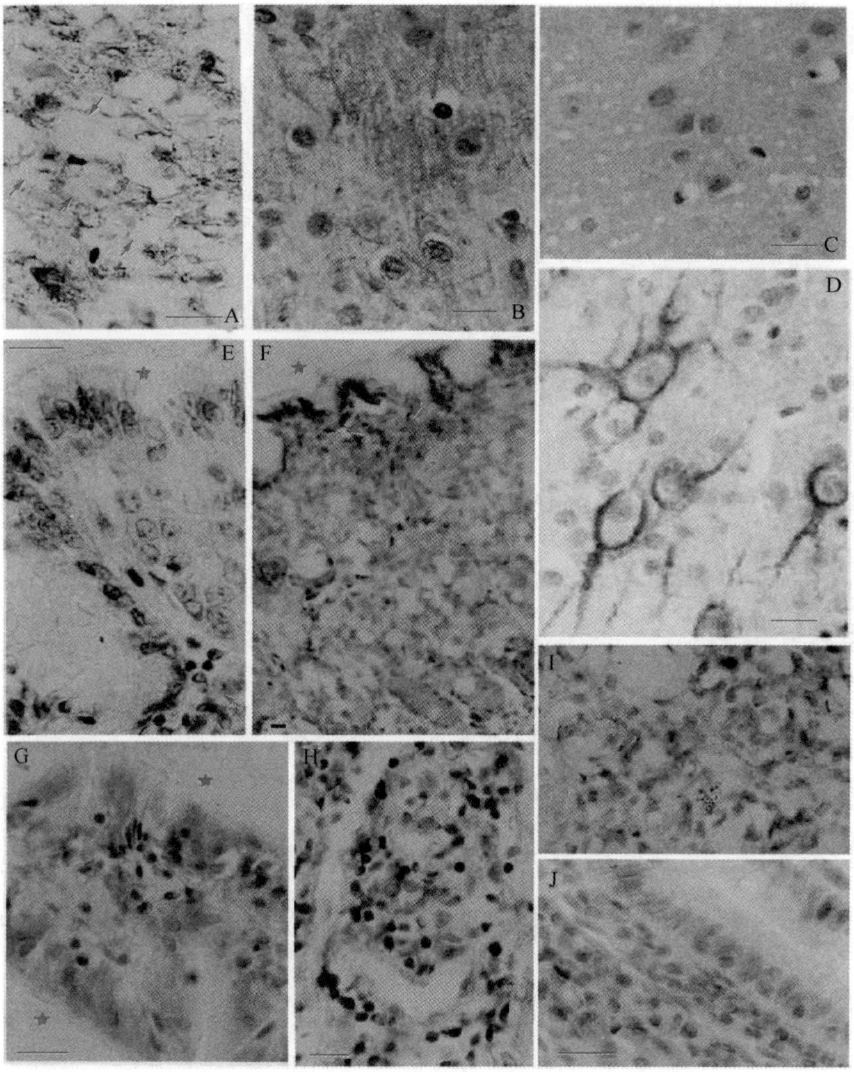

图 10.1 不同动物一些器官免疫组织化学染色结果

(A)动物园 703 号狐猴，颈部脊髓腹索大的空泡化纤维沉积的 PrP^{Sc}。箭头所指为纤维膜。抗 PrP 3F4，1∶200。(B)动物园 712 号狐猴，大脑皮质第Ⅳ层神经纤维出现 PrP^{Sc} 免疫反应性。抗 PrP 3F4，1∶200。(C)BSE 试验感染的 656 号猕猴，顶骨皮质（第Ⅴ层）神经元小空泡。苏木精和伊红染色。(D)BSE 试验感染的 656 号猕猴。顶骨皮质第Ⅲ层锥体神经元内部异常 Tau 蛋白。抗—tau 961S28T，1∶200。(E)试验对照 593 号猕猴。胃壁高倍镜：在上皮细胞，分泌腺，或各种淋巴网状组织单元没有检测到 PrP^{Sc} 免疫反应性（箭头所示）。星形表明内腔表面。抗 PrP 3F4，1∶200。(F)BSE 试验感染的 656 号猕猴。胃壁分布的 PrP^{Sc}。箭头指向网状淋巴单元；星形表示内腔表面。抗 PrP 3F4，1∶500。(G)BSE 试验感染的 656 号猕猴。PrP^{Sc} 定位在肠绒毛中。注意含有一个淋巴细胞的 M 细胞边缘上皮断裂，以及淋巴网状结构的免疫反应性。星形表示内腔表面。抗 $PrP^{106\sim126}$，1∶2。(H)BSE 试验感染的 656 号猕猴，淋巴集合小结与 PrP^{Sc} 免疫反应性淋巴结构。抗 $PrP^{106\sim126}$，1∶2。(I)BSE 试验感染的 656 号猕猴。在脾红髓中的 PrP^{Sc}。抗 PrP 3F4，1∶500。(J)BSE 试验感染的 656 号猕猴。小肠。抗 PrP 3F4，1∶200，预先与 PrP 抗原吸附。

巴细胞，与淋巴和血管壁相同。在这些区域中，PrP^{Sc}—标记的细胞单元同样发现存在于与肠道相关的淋巴结构：伸长的集合淋巴结节（图 10.1H）和球形淋巴结。结肠 PrP^{Sc} 免疫反应在内腔附近而不是隐窝内的柱状上皮细胞较显著。在胃肠不同区域的肌层未表现出免疫反应。脾脏红髓内表现出大量细胞明显染色阳性（图 10.1I），在白髓外周有少量细胞染色阳性。

大型狐猴疾病临床前阶段，在颈部脊髓的背根和腹根观察到 PrP 微粒，沿着脊髓内的空泡状纤维散布（图 10.1A）。灰尘状微粒样的 PrP^{Sc} 同样可见于大脑皮层第Ⅳ层，位于来源于胼胝体的 PrP^{Sc}—标记的纤维附近（图 10.1B）。此外，动物园狐猴和实验用狐猴都出现了明显的中枢神经系统退化过程。这种退化通过 3 种异常状态表现出来，而在对照动物的脑中从来没有探测到。

首先，大脑各处可见大量聚集的包含 Tau 蛋白的神经细胞，大脑皮层、脑干、上丘和丘脑尤为显著（图 10.1D）。因为对猕猴脑皮层锥体神经细胞的 Tau 蛋白有良好的研究基础，因此对试验猴 Tau 蛋白数量进行了对比研究，BSE 感染的狐猴与正常年老狐猴（8～13 岁）相比，含有 10 倍多的退化神经细胞；与相当年龄的年轻狐猴（1～2 岁）相比，多出将近 300 倍。需要特别指出的是，健康成年猕猴脑皮层锥体神经细胞退化开始于枕骨皮质，在顶骨和前沿皮质从没有发现聚集的含 Tau 蛋白神经细胞，然而，在 BSE 感染的狐猴的这些区域中发现了 280 个和 269 个异常神经细胞。

其次，皮层实质（图 10.1C）散在很多小空泡，通常与超磷酸化含 Tau 蛋白神经细胞紧密关联。在所有这些动物的脑和脊髓中，多数大的神经束纤维显现空泡，以及在某些大团神经束中，例如网状结构和胼胝体，区分散在空泡和非空泡区域是可能的。

最后，在大量增多的表现 GFAP 免疫反应性的星形胶质细胞，出现明显的星状胶质增多症，尤其在大脑白质，皮层的Ⅰ、Ⅴ和Ⅵ层，以及血管附近表现明显。软脑膜实质血管同样被反应性星形胶质细胞包围。在脊髓白质中同样有很多 GFAP 标记的星形胶质细胞，但是在中央灰质中也散在。在脊髓神经纤维和脊髓附近的外周髓鞘神经纤维的轴索原浆中可见到聚集的 Tau 蛋白。

10.4 检测与诊断

自 1980 年疯牛病流行开始，在动物园和野生动物中，共有 18 个物种发生了动物海绵状脑病，比我们常见的牛、羊、鹿、猫和水貂等 5 个物种的 3 倍还要多，主要包括 8 个野生牛科动物，6 个野生猫科动物，4 个非人类灵长类动物。从这些疾病流行的时间和地理特性上看，这些疾病很可能同 BSE 有关联，随后通过流行病学以及进一步的实验研究更证实了这一假设。这些感染动物或食入含有发病牛蛋白饲料，或与感染动物有过密切接触。此外，有人用发病的林羚或大捻的脑匀浆接种小鼠，同用 BSE 脑组织接种小鼠得到了相似的病理结果。同时，在 BSE、FSE 以及恒河猴的脑匀浆接种小鼠后都得到了有蛋白酶抗性的朊蛋白 PrP^{res}，这些都说明了这些新生动物海绵状脑病都来自相同的病原 BSE。

部分病例诊断为海绵状脑病的依据，所有这些病例的诊断是根据组织病理学，其中某些病例是检测与痒病相关纤维（SAF）或疾病特异性蛋白 PrP 的异构体（Wells and McGill，1992），以及接种小鼠（表 10.8）。

表 10.8 捕获野生动物诊断为海绵状脑病的根据

品　　种	动物	组织病理学	SAF	PrP	传播	来　　源
林羚		+				Jeffrey and Wells(1988)
						H. Fraser, personal communication
好望角大羚羊		+				Jeffrey and Wells(1988)
非洲大羚羊	1	+				Fleetwood and Furley(1990)
非洲大羚羊	Molly	+				M. Hosegood, personal communiction
非洲大羚羊	Neddy	+				M. Hosegood, personal communiction
非洲大羚羊	Electra	+	+			M. Hosegood, personal communiction
阿拉伯羚羊		+			+	Kirkwood and others (1990)
大捻	Linda	+				Kirkwood and others (1990,1992)
					+	H. Fraser, personal communication
大捻	Karla	+	+	+		Kirkwood and others (1992)
大捻	Kaz	+		+		Cunningham and others (1993)
						G. A. H. Wells, personal communication
大捻	Bambi	+	+	+		Cunningham and others (1993)
						G. A. H. Wells, personal communication
大捻	346/90	+	+	+	+	Cunningham and others (1993)
						G. A. H. Wells, personal communication
大捻	324/90	+	+			Kirkwood and others (1994)
						G. A. H. Wells, personal communication
弯角大羚羊		+		+		D. Lyon, personal communication
美洲狮		+		+		Willoughby and others(1992)
猎豹	1	+	+			Peet and Curran(1992)
猎豹	Duke	+	+			J. C. M. Lewis, personal communication
猎豹	Saki	+				S. McKeown, personal communication
猎豹	Michelle	+	+			G. A. H. Wells, personal communication
鸵鸟	1,2&3	+				Schoon and others(1991)

注:SAF 痒病相关纤维。

以下为就各具体病例的检测与诊断进行阐述。

10.4.1　林羚(*Tragelaphus angasi*)

该林羚海绵状脑病的确诊早于牛海绵状脑病(BSE)(Jeffrey and Wells,1988)。有关其临床症状参见表 10.5。

该动物最初饲喂了 100 d 的牛奶或山羊奶,断奶后食用一部分私人配制的浓缩颗粒饲料。这种颗粒料在 1986 年 3 月之前以及 1987 年 3 月之后都不含反刍动物蛋白。如果是在 1986 年至 1987 年一年之中,被反刍动物蛋白污染致病,这个潜伏期又显得太短(该动物 1986 年发病),因此该动物从饲料中感染 TSEs 的可能性不大,但不排除这种饲料在较早时期被无意中污染的可能。排除饲料可能性,该动物从其他来源传染上该病的可能性也不大。在这头母林羚出生的时候,其所处的群体与其他有蹄类动物没有直接接触。有绵羊生活在这里,但在它们中间并没有痒病。对该林羚脑组织生物鉴定表明病原类似于 BSE。

此动物上一代均未死亡，在 1985—1991 年有 8 只小犊出生，但没有在它们中间再检测到海绵状脑病。此受感染的林羚死亡时有 33 月龄大，没有配过种。在这种情况下，通过接种林羚以及大捻脑组织匀浆试验感染小鼠，两种动物感染均获得成功(H. Fraser, Jeffrey and others, 1992)。脑内和腹膜内接种 6 个品系的小鼠其潜伏期与林羚和大捻的相同(RIII＜VM Sinc S7＜C57BL＜VM＜IM＜C57BL×VMF 交配)(H. Fraser and I. McConnell, Bruce and others, 1994)，这种潜伏期时间排序与 BSE 感染小鼠所观察的结果一样(Fraser and others, 1992; Bruce and others, 1994)。

10.4.2 好望角大羚羊(*Oryx gazella*)

该好望角大羚羊是 4 岁大的母羊，与林羚所处的条件相同。饲喂的饲料与林羚相同，该饲料只在 1986 年 3 月到 1987 年 3 月之间可能含有反刍动物蛋白。这期间的 3～15 个月之后，此动物死亡(Wilesmith and others, 1988)，死亡时健康状况良好，之前偶然会突然倒下几分钟，然后又表现正常(表 10-5)。在此动物死亡时，该大羚羊群有 13 只动物。这个大羚羊群与其他动物隔离开饲养，但曾与一些刚果水牛(Synceros caffer)接触过，与林羚没有接触过。其他动物再没观察到海绵状脑病发生。该受感染的大羚羊于 1987 年 1 月 6 日，它死亡前 5 个月生产了一只雄性小犊，该羊犊出生时就死亡了。这个受感染的大羚羊的母亲在 1984—1991 年又生产了 6 只小犊，由于老龄而被安乐死。

10.4.3 阿拉伯羚羊(*Oryx leucoryx*)

阿拉伯羚羊发生了 1 例海绵状脑病，是 1986 年 1 月出生在苏黎世，雌性，于同年 10 月进口到 Regent's 公园。Regent's 公园的动物饲喂的是私人牛饲料，很可能含有反刍动物蛋白，Kirkwood 及其同事(1990)认为该动物是从饲料感染病原。假设她是在到达英国后感染上该病，其潜伏期最多为 29 个月。这个动物于 1988 年 10 月 6 日生产了一雄性小犊，并于 1989 年 7 月出口到沙特阿拉伯，但在过量摄食浓缩料后很快出现疾病，于 1989 年 8 月 18 日死亡(Kirkwood and others, 1990)。

10.4.4 大捻(*Taurotragus strepsiceros*)

伦敦动物园协会有关于饲养的小群大捻发生的海绵状脑病详细的描述(Kirkwood and others, 1990, 1992, 1993, 1994; Cunningham and others, 1993)。该病首次确诊是通过接种小鼠(见表 10.5、表 10.9)，所用脑匀浆来源于 1989 年 8 月 18 日死亡的雌性大捻(Linda)。在 6 个品系小鼠实验接种脑匀浆后的潜伏期与林羚的一样(参见以上及表 10.5、表 10.9)，并且与 BSE 的传染相同(H. Fraser and I. McConnell, Bruce and others, 1994)。

自那以后，又有 5 个病例得到确诊(见表 10.2 和表 10.5)。这一小群的发病数表明这些动物对海绵状脑病高度易感——自 1987 年以来(Kirkwood and others, 1993)在 Regent's 公园出生的 8 只动物有 5 只得到确诊。而且，虽然起初的病例感染是从含有反刍动物蛋白饲料获得，但以后发病可能是由于动物间传染(Kirkwood and others，1992，1993，1994；Cunningham and others，1993)。

表 10.9 攻毒小鼠潜伏期的变化(Fraser and others，1992)

小鼠品系	潜伏期/d	
	林羚	捻
RIII	378±8	339±5
VM Sinc S7	459±14	410±8
C57BL	528±11	455±9
VM	548±16	536±10
IM	614±11	560±12
C57BL×VM	772±3	751±24

注：给6个品系小鼠实验接种基于组织病理学症状诊断为海绵状脑病的一只林羚和一只大捻的脑匀浆后，观察潜伏期平均值。

伦敦动物园协会饲喂给大捻的饲料自1987年2月后不含反刍动物蛋白，虽然先前私人配制的颗粒料可能含有这种物质。但并未对大捻饲喂这种颗粒料，而且，Regent's 公园的3只动物均出生在颁布反刍动物饲料中禁止包含反刍动物蛋白禁令后3个月、9个月、25个月(法令1988)(见表10.2)。饲料贮存实验表明饲料一般贮存不会超过几周。由于缺乏疾病可能来源，因此认为该病是由于动物间传播。

最近发生的病例是在英格兰另一个动物园，一个出生于1988年7月的13月龄的大捻，并且这里从1987年3月以来饲料不含反刍动物蛋白；它于1990年8月14日转移到Regent's 公园，27个月后死亡(Kirkwood and others，1994)，由于大捻患该病的潜伏期可短至19个月(见表10.2)，其出生的动物园的大捻没有患病的，而且它也未食用过反刍动物蛋白，因此该动物可能是在到达Regent's 公园后，通过其他感染动物而传染上的。

10.4.5 弯角大羚羊(*Oryx dammah*)

通过组织病理学诊断一雌性弯角大羚羊为痒病样海绵状脑病(S. Scholes and G. Wells，personal communication)(见表10-2和表10.5)。此动物生于1990年7月12日，当时该动物园没有发生过海绵状脑病。这个动物于1991年4月25日转移到另一动物园。

该羚羊在从出生动物园转移后21个月死亡。该病在弯角大羚羊的潜伏期尚不清楚，但从其他观察表明可能在21个月左右(见表10.2)。因此该动物的具体感染事件还不得而知。

该动物在她出生地饲喂包括私人配制奶牛饲料，燕麦、碎玉米以及维生素颗粒，但它生于颁布反刍动物饲料中禁止添加反刍动物蛋白的禁令24个月之后，生产商声明这些饲料里绝对不含这些物质。它转移的那个动物园饲喂的是浓缩饲料，但生产商从1988年7月就停止添加反刍动物蛋白，并保证所有1988年7月份以前生产的库存饲料在1988年11月都已使用。在它的出生地，除了与其他另外15个弯角大羚羊接触外，它还与普通斑马(*Equus burchelli*)、红色驴羚(*Kobus leche*)接触过。在它死亡的动物园，它曾与长颈鹿(*Giraffa camelopardalis*)以及阿拉伯瞪羚(*Gazella gazella*)一同圈养过，可能还与杂色羚羊(*Hippotragus equinus*)以及森林野牛(*Synceros caffer*)接触过。然而，这些与它接触的动物都没有诊断出患海绵状脑病。该动物的双亲都还健在，不过它父系由于管理上原因在它出生前已被安乐死。因此疾病的来源尚不清楚。在1988年颁布禁令之前它所在的两个动物园都用过含反刍动物蛋白的饲料，因此可能发生了一些环境污染。或者，这个羚羊是从不表现或没有表现出症状的动物感染，另外，也有可能它是自然发生的病例。在它出现疾病期间，没有表现出运动失调，临床症状不是很像海绵状脑病(D. Lyon, personal communication)(见表10.5)。

10.4.6 瘤牛(*Bos indicus*)

2004年，在瑞士巴塞尔的一个公园里，一头瘤牛在出现了一系列异常的行为以及症状后，交配失败。6周后，它开始出现冲撞障碍物，精神沉郁，共济失调等症状。之后，由于该动物年龄较大，以及疾病进一步发展，对该瘤牛处以安乐死。随后对其进行了病理学观察，发现了严重的海绵状脑病病变，以及在脑干以及中枢神经系统其他区域有适度的神经胶质细胞增生；在用(MAbs) F99/97.6.1 (VMRD, Pullman, WA, USA) 和 P4 (R-biopharm, Darmstadt, Germany)这两个单抗进行免疫组化实验，在神经纤维网以及神经元中发现显著的PrP^{Sc}聚集。在大脑皮层区域，有适度的阿茨海默Ⅱ型细胞增生。通过免疫组化对一些非神经组织(包括淋巴系统)的PrP^{Sc}进行检测，无发现。综合这些，最终诊断为海绵状脑病。

该瘤牛生于1985年，但在瑞士第一例疯牛发生于1990年，因此1990年才对含有牛蛋白以及肉骨粉的饲料禁用，因此该瘤牛在5岁之前，都可能暴露于疯牛病因子中。为了确定该瘤牛是否有BSE因子导致感染，作者把瘤牛的海绵状脑病病变以及PrP^{Sc}在大脑各部分之间的沉积情况同瑞士一感染疯牛病牛进行了对比。发现，两只动物的病变以及PrP^{Sc}沉积情况相似，但瘤牛的病变情况要严重一些。同时，还对瘤牛的PrP^{Sc}同疯牛病牛的PrP^{Sc}通过PK酶消化后，进行Western blot验证，发现两者有着明显区别，在拿瘤牛PrP^{Sc}同一例零星发生的克雅氏病的PrP^{Sc}比较时，发现其具有相似特征。因此，作者推断，该瘤牛的感染源可能并非来源于疯牛病或者羊痒病，具体是什么，有待进一步验证。

10.4.7 猎豹(*Acinonyx jubatus*)

至今为止，在猎豹里，共出现了10例海绵状脑病，是动物园动物中发病最多的物种，也是发病时间分布最长，发病动物存在国家最多的物种，最先发病的猎豹是于澳大利亚被检测到，之后在英国、爱尔兰、法国等地都检测到了患有海绵状脑病的猎豹，这些猎豹大部分出生在英国，其中只有一只是出生在法国，于2002年被检测到患有海绵状脑病。

其中最早发病的猎豹有4个病例(见表10.2和表10.5)。第一个是成年雄性，于1986年6月16日生于英国动物园公园，与两个同伴被出口到澳大利亚西部Broome的珍珠海岸动物园，于1989年5月9日到达(Peet and Curran, 1992)。该动物表现疾病症状时间有3周，死于1992年1月7日(见表10.2)。据报道该动物是在离开英国之前感染的疾病，因此潜伏期至少有26个月。在它出生的动物园，饲喂的是从屠宰场来的牛肉和部分马肉，虽然没有饲喂头，但饲喂过分割的脊椎。

第二个病例发生在同一动物园出生于1984年9月3日的雄性猎豹(Duke)。在22月龄时，该动物被转移，经过Whipsnade野生动物公园时停留了6周(从1986年7月2日到8月

17 日)，1992 年死于收留他的动物园。从 1986 年 8 月到 1991 年末，它的日粮种含有来源于屠宰场的牛和马肉，不包括头和脊椎。有时也给它饲喂也是来源于屠宰场的整个小牛死胎，这些死胎的头有时只食用一部分。其他包括兔子，同一动物园的索伊羊，曾在 1990 年给猎豹饲喂，偶尔它自己抓住野鸽食用。从 1992 年年初以后它只食用来源于屠宰场的马肉和鸡肉(J. Lewis, personal communication)。

第三例(见表 10.2，表 10.5)发生在一个 7 岁雌性猎豹(Saki)，与上两只出生于同一动物园；它于 1990 年 9 月 18 日从出生动物园被转移，在另一个动物园度过了 5 个月，然后在 1991 年 2 月 22 日转移到另一个动物园，到达后 26 个月死亡，表现出大约 6 周的进行性神经症状，死于 1993 年 5 月 4 日。

这 3 只猎豹具有同一母亲，但雄亲不同，该母兽有 9 只幼兽，其他的 6 只中，与澳大利亚死于海绵状脑病的那个病例一块的同胞被处以安乐死，Duke 的其他 4 个同伴去了 Whipsnade，有 3 只在 1985 年到 1993 年间死于其他病因，第四只与 Duke 一同在到达 Whipsnade 的 15 个月之后，于 8 月 17 日转移到另一动物园，该动物死亡情况不得而知。

第四个病例发生在一只雌性猎豹(Michelle)，于 1986 年 5 月 14 日出生在 Whipsnade(见表 10.2)，与其他 3 只猎豹病例没有直接关系。这只动物一直呆在 Whipsnade，直到出现疾病，然后转移到 Regent's 公园的动物医院。在出现进行性神经症状 8 周后人为处死。这个动物食用的肉品种广泛，但主要是不适用于人食用的牛和马肉骨。虽然从未饲喂过头，但有时饲喂牛脖子，因此该动物很可能食用了颈部脊椎。

除去这几只猎豹在法国的两例患有海绵状脑病的猎豹中，发现其存在母源传染的可能性，作者检测的两例猎豹为母子关系，作者对两者的脑组织以及外周器官的病例变化进行了详细对比，结果表明，两者病理变化极其相似，子代猎豹无明显可查的 BSE 感染源。该发现可能是猫科海绵状脑病，也是动物园海绵状脑病中第一例母源传染的疾病。

10.4.8 美洲狮(*Felis concolor*)

据报道有一例雌性美洲狮发生海绵状脑病(见表 10-5)，Willoughby and others(1992)有详细的描述。它一直待在出生的地方，于 10 月龄与母亲分开；父母均死于非神经性疾病。它的日粮包括鸡肉和兔肉，以及不适合人类食用的牛肉，包括分割脊椎，但不包括头。但它似乎知道这些下水不好吃，因此一般很少给它吃这些东西。从没有给它饲喂过绵羊或山羊组织，只有一次，在它发生临床症状之前 3 个月、死亡前 4.5 个月，曾经饲喂过 2 只淘汰大羚羊肉，这 2 只大羚羊生于 1988 年，曾经饲喂过商品牛饲料。

这个病例的感染源还不清楚，但是，就以上所述情形，认为此动物可能从 BSE 感染的牛组织传染上该病的。

10.4.9 金猫(*Catopuma temminckii*)

2002 年 3 月 4 日，在墨尔本公园，一只 10 岁大的雄性金猫在其饲养围场内死亡。该金猫于 1992 年生于德国，之后在柏林动物园以及荷兰一个野生动物饲养中心度过一些时间，最后在 1998 年被澳大利亚引进到墨尔本公园。该动物死之前并没有发现明显临床症状，在其在澳大利亚生活的3年半时间中，唯一的临床症状是起一侧腕关节有明显的关节炎。在其死后数小时，动物园组织人员对其进行了剖检，发现其十二指肠以及肝脏，胰腺有不同程度的穿孔。随后对其进行了组织学观察。

通过组织学观察发现其有长期、剧烈的胰腺炎以及严重的纤维性腹膜炎。而对大脑的组织学观察发现大脑胼胝体、丘脑、脑干有广泛的空泡性病变。在大脑皮层，小脑以及中脑等处发现了轻度的空泡性病变。同时在后丘、脊髓背根、孤束核、三叉神经节等处也发现了小的、单个的神经元内部空泡化现象，这些病变都被认为是海绵状脑病的特征性病变。随后，有关人员把该动物脑组织送到了动物健康实验室进行海绵状脑病检测，发现结果为阳性，即确诊为海绵状脑病。

该金猫很有可能是在进口前食用了含有BSE因子的饲料而致病的。在墨尔本公园其间，只用了袋鼠肉，整只的兔子，肌肉以及老鼠作为饲料，从未用过含有反刍动物肉骨粉的饲料对其饲喂。在澳大利亚居住其间，其只与一只出生于澳大利亚的金猫接触过，也无感染可能性，鉴于海绵状脑病的潜伏期可能达到5年的可能性，推断其应该是在欧洲其间感染了BSE。

10.4.10　非人类灵长类动物

据报道，在法国的Montepellier动物园公园有一只恒河猴和两只狐猴死于海绵状脑病，出现了抗蛋白酶朊蛋白。因此，Noelle bons等人对法国3个不同灵长类动物中心（Montpellier，Besancon和Strasbourg）饲喂牛肉蛋白的20只狐猴进行调查，表明这些狐猴组织中PrP^{Sc}的分布与饲喂BSE感染脑组织的两只试验狐猴的PrP^{Sc}分布相似。试验狐猴分为口服牛海绵状脑病（BSE）病原组和对照组。对3只对照狐猴以及2只感染而未出现症状的狐猴在感染后5个月宰杀，进行抗蛋白酶朊蛋白免疫组织化学检测。对照组织阴性，而感染动物的淋巴结、胃肠消化道和相关淋巴组织，以及脾可以检测到PrP^{Sc}。而且，可以在颈部脊髓腹索和背索检测到PrP^{Sc}。同样的PrP免疫反应性可以在法国3个不同灵长类动物中心的2只表现出症状和18只表现健康的狐猴观察到，给这些动物饲喂的是由一家英国公司生产的添加牛肉蛋白的日粮。并已经按规定在其产品中停止添加牛肉。所观察到的试验感染动物与动物原有症状和无症状灵长类动物同样的神经病理学和PrP免疫染色形态，说明动物园BSE污染远比所认识的要广泛。

10.5　防　　治

经以上章节描述，我们先对动物园患海绵状脑病野生动物感染方式进行总结（表10.10）。

从表10.10可以看出大部分动物园动物感染动物海绵状脑病的传染途径都是通过饲料传染，即食用了含有海绵状脑病致病因子的饲料后，感染致病的。但也在大捡中，也有发现了动物间相互传染的病例。同时由最新研究表明，在法国的一对母子关系的猎豹中，发现了其存在母源传染的可能性。这给我们对野生动物海绵状脑病的防治增加了不少难度。对于任何一种传染病，我们都可以从消灭传染源，切断传染途径，保护易感者三种途径去进行。

表 10.10 患病动物感染方式

物种	感染方式	物种	感染方式
野生牛科		猎豹	饲料感染
林羚	不明		母源感染
好望角大羚羊	饲料感染	美洲狮	饲料感染
阿拉伯羚羊	饲料感染	虎豹	饲料感染
弯角羚	不明	金猫	饲料感染
大角斑羚	饲料感染	非人类灵长目	
大捻	1 例饲料感染	马特约褐狐猴	饲料感染
	5 例种内传染	白颈褐狐猴	饲料感染
北美野牛	不明	獴狐猴	饲料感染
瘤牛	饲料感染	恒河猴	饲料感染
野生猫科			

10.5.1 传染源

对于动物园海绵状脑病的传染源，许多学者根据这些疾病流行的时间和地理特性，认定这些疾病很可能同 BSE 有关联，随后通过流行病学以及进一步的实验研究更证实了这一假设。

首先，它们与 BSE 流行性时间和地理上巧合。第二，一些确诊的病例和疑似感染动物或与它们接触的动物都曾暴露于含有反刍动物蛋白饲料，或对于那些食肉动物病例，曾食用过部分不适合人类消费的牛产品。第三，6 个品系的小鼠接种捻和林羚的脑匀浆，其潜伏期变化模式，与鼠接种 BSE 感染的牛脑匀浆，以及绵羊、山羊和实验感染 BSE 的猪脑匀浆所观察到的模式相似(Bruce and others，1994)。这些品系的小鼠接种患有 FSE 的家猫的脑匀浆的潜伏期的模式也相似(Bruce and others，1994)。第四，接种大捻和林羚脑匀浆与接种 BSE 感染的牛脑匀浆的小鼠，其组织学和超微结构损伤的特性与分布差异不明显(Jeffrey and others，1992)。

因此，认为动物园动物海绵状脑病是由 BSE 因子引起是合理的。但是，对这一论据，目前还无法得到直接证实，且也存在与其不符的证据。在 BSE 流行之前，有些品种已然发生海绵状脑病，如林羚(Jeffrey and Wells，1998)。据此类推，也存在有些品种在 BSE 流行之前已然感染海绵状脑病，但无法检测到。因此，在该疾病的控制中，更需要动物园兽医以及病理学家提高警惕性。

10.5.2 传染途径

从本章对各个动物的详细描述，以及表 10.8 的描述，可以看出动物园动物海绵状脑病的传染途径主要是通过饲料感染，以及少见的动物间传染以及母源传染。

对 BSE 流行病学研究提供了可信的证据，即牛是通过食用含反刍动物蛋白的饲料而感染上疾病(Wilesmith and others,1988,1991,1992a,b)。疾病很少在牛之间传播(Taylor,1992;Wilesmith and others,1992b;Wilesmith and Ryan,1993),因此人们预料在1988年7月禁止在反刍动物饲料中添加这样的蛋白质后,英国牛群就将不会发生该病(Taylor,1991)。

Wilesmith and Ryan (1993)报道1988年7月饲料禁令颁布之后,有449例牛发生该病,他们认为是1988年7月前生产的饲料仍然存在于供应链或者农场里,动物暴露于这些饲料的原因。有些病例显然是由于食用1988年7月前生产的饲料,但到12个月之后已经用光(Wilesmith and others,1994)。最近,据报道生于1988年7月以后的牛有4 853只发生疾病,大多数是生于禁令颁布后的几个月内(Anon, 1993)。然而,动物园生于1988年7月以后有蹄类动物发生疾病就很难解释,因为他们的一些日粮不含反刍动物蛋白,而且他们发生疾病是在1988年7月之后好几个月,饲料中不含反刍动物蛋白的可能性已经很高了。据报道牛饲料中偶尔会含有肉骨粉(Wilesmith and others,1994),人们认为牛饲料可能污染了用于猪鸡饲料的成分(Hoinville,1994);动物园有蹄类动物(一些病例)可能是通过这种方式感染。

1988年7月颁布在反刍动物饲料中禁止添加反刍动物蛋白,1990年9月颁布禁止给任何动物饲喂6月龄以上牛的下水(脑、脊椎,脾,胸腺,扁桃体以及肠)(Amendment order,1990),原则上阻止了BSE病原的进一步扩散。1990年法案指出禁止饲喂家养牛的下水,但是就动物园有蹄类动物来说,应该不给动物饲喂曾经发生病例或可能发生病例的任何品种动物的下水。在不了解动物园动物感染原的组织分布情况下,应该谨慎任何暴露于BSE病原的动物园动物作为其他动物的食物来食用。

通过我们动物园海绵状脑病的发病时间也可看出,虽然大部分动物都在20世纪90年代发病,但是其感染该疾病均在饲料禁令颁布之前,在饲料禁令颁布之后出生感染的动物很少,且并非为饲料造成感染(如母源感染的子代猎豹)。因此进一步的巩固饲料禁令是切断传染途径,防控动物园海绵状脑病的一大措施。

但大多数动物园动物群体较小,为了保持它们的遗传多样性,不得不在动物园之间转移动物来进行育种,这种做法不仅是国内也是国际性的。这种转移不可避免会有发生偶然疾病传播的风险。而且,目前越来越盛行将捕获品种动物放回野生来加以保护,这样的放养对自由生存的动物增加了一条传播疾病的途径(Woodford and Rossiter,1993)。

10.5.3 易感动物

由于BSE因子在饲料禁令前,长时间存在于动物园动物的饲料中,因此对于当前来说,暴露于BSE因子的物种要远比我们当前已经发现的患有海绵状脑病的动物要多。因此对于当前动物园动物的保护显现的尤其重要。

因此应该谨慎避免曾暴露于BSE病原的动物或它们的后代,或接触者,转移到没有暴露的群体中。对动物园动物需要继续警惕海绵状脑病的出现。对那些没有表现出临床症状或症状不像海绵状脑病的动物进行组织病理学检测该病的方法。

同时,要加强动物园的管理,环境保护,以及动物饮食方面的控制,完善动物园各项法律,条规,改善动物园周边环境,增强动物园人员管理等。

根据以上分析,在预防措施制定上原则上可参照痒病和BSE。应特别注意的是:①禁止使用可能被TSEs病原因子污染的饲料。②尽可能避免可能已感染的动物和患病动物的子代与其他安全动物群接触,或移入其他动物群。③长期持续监察动物园和野生动物园动物的海绵状脑病,对一切可疑海绵状脑病患病动物、因各种原因死亡的动物和被淘汰处理动物的脑组织作组织病理学检查。④进一步加强野生动物海绵状脑病的研究,为防制提供科学依据。

参考文献

[1] Aguzzi A, Heikenwalder M, Miele G. Progress and problems in the biology, diagnostics, and therapeutics of prion diseases [J]. Clin Invest. 2004, 114:153 - 160.

[2] Andrew A. Cunningham, James K Kirkwood, *et al*. [J]. Emerging infectious diseases. 2004. Vol. 10. No. 6Baron T, Vitaud C, Savey M. Spongiform encephalopathy in an imported cheetah in France [J]. Vet Rec. 1997, 141:270 - 271.

[3] Beekes M, McBride PA. The spread of prions through the body in naturally acquired transmissible spongiform encephalopathies [J]. FEBS. 2007, 274: 588 - 605.

[4] Beekes M, McBride P A. The spread of prions through the body in naturally acquired transmissible spongiform encephalopathies [J]. FEBS. 2007, 274: 588 - 605.

[5] Beekes M, Baldauf E, Diringer H[J]. Gen. Virol. 1996, 77, 1925 - 1934.

[6] Bradshaw JM, Pearson G R, Gruffydd-Jones TJ, *et al*. A retrospective study of 286 cases of neurological disorders of the cat[J]. Comp Pathol. 2004, 131: 112 - 120.

[7] Brown P, Abee C R. Working with transmissible spongiform encephalopathy agents[J]. ILAR. 2005,46:44 -52.

[8] Doherr M G. Brief review on the epidemiology of transmissible spongiform encephalopathies (TSE)[J]. Vaccine. 2007, 25:5619 - 5624.

[9] Espinosa J C, Morales M, Torres JM, *et al*. Progression of prion infectivity in asymptomatic cattle after oral bovine spongiform encephalopathy challenge[J]. Gen Virol. 2007, 88: 1379 - 1383.

[10] Everest SJ, Thorne LT, Jackman R, *et al*. No abnormal prion protein detected in the milk of cattle infected with the bovine spongiform encephalopathy agent [J]. Gen Virol. 2006, 87: 2433 - 2441.

[11] Fichet G, Comoy E, Deslys J P, *et al*. Novel methods for disinfection of prion-contaminated medical devices[J]. Lancet. 2004, 364:521 - 526.

[12] Fichet G, Comoy E, McDonnell G, *et al*. Investigations of a prion infectivity assay to evaluate methods of decontamination[J]. Microbiol Methods. 2007 Jun 21; [Epub ahead of print]

[13] Geering W A, Forman A J, Nunn M J. Transmissible spongiformencephalopathies. In: Exotic diseases of animals: a field guide for Australian veterinarians[J]. Bureau of Resource Sciences, ACT, 1995:279 - 297.

[14] Hoffmann C, Ziegler U, Groschup M H, *et al*. Prions spread via the autonomic nervous system from the gut to the central nervous system in cattle incubating bovine

spongiform encephalopathy[J]. Gen Virol. 2007, 88: 1048 - 1055.

[15] Kelly D F, Wells G A, Jeffrey M, *et al*. Neuropathological findings in cats with clinically suspect but histologically unconfirmed feline spongiform encephalopathy[J]. Vet Rec. 2005;156:472 - 477.

[16] Kubler E, Oesch B, Raeber A J. Diagnosis of prion diseases[J]. Br Med Bull. 2003, 66:267 - 279.

[17] Lezmi S, Bencsik A, Baron T, *et al*. First case of feline spongiform encephalopathy in a captive cheetah born in France: PrP(sc) analysis in various tissues revealed unexpected targeting of kidney and adrenal gland. [J]. Histochem Cell Biol. 2003, 119: 415 -422.

[18] Lord Phillips, chair. The BSE inquiry: The report. A report to the Minister of Agriculture, Fisheries and Food, the Secretary of State for Health and the Secretaries of State for Scotland, Wales and Northern Ireland. Report no. HC 887 - 1. London: Her Majesty's Stationery Office; 2000. Available at: http://www.bseinquiry.gov.uk/report/. Accessed 2007 Aug 27.

[19] Ludlam C A, Turner M L. Managing the risk of transmission of variant Creutzfeldt Jakob disease by blood products[J]. Br J Haematol. 2006;132:13 - 24.

[20] Masujin K, Matthews D, Yokoyama T, *et al*. Prions in the peripheral nerves of bovine spongiform encephalopathy-affected cattle. [J]. Gen Virol. 2007, 88:1850 - 1858.

[21] Novakofski J, Brewer M S, McCusker RH, *et al*. Prion biology relevant to bovine spongiform encephalopathy[J]. Anim Sci. 2005, 83: 1455 - 1476.

[22] Pattison J. The emergence of bovine spongiform encephalopathy and related diseases [J]. Emerg Infect Dis. 1998, 4:390 - 394.

[23] Peet R L, Curran J M. Spongiform encephalopathy in an imported cheetah(Acinonyx jubatus). [J]. Aust Vet J 1992;69(7):171.

[24] Promedmail. Feline spongiform encephalopathy, cheetah-Germany. Sept 13, 2007. Archive Number 20070913.3038. Available at http://www.promedmail.org. Accessed 19 Sept 2007.

[25] Promedmail. Feline spongiform encephalopathy, cat-Switzerland. Aug 24, 2003. Archive Number 20030824.2132. Available at http://www.promedmail.org. Accessed 19 Sept 2007.

[26] Prusiner S B. Novel proteinaceous infectious particles causescrapie[J]. Science 1982, 216:136 - 144.

[27] Prusiner S B. Prion diseases and the BSE crisis. Science. 1997a, 278: 245 - 251.

[28] Prusiner S B. Transmissible encephalopathies (prion diseases). Structural biology and genetics of prions[J]. J Neurovirol . 1997b. 3:S21

[29] Ryder S J, Wells G A, Pearson GR, *et al*. Inconsistent detection of PrP in extraneural tissues of cats with feline spongiform encephalopathy[J]. Vet Rec. 2001, 148:437 - 441.

[30] Ryder S J, Wells GAH, Bradshaw J M, *et al*. Inconsistent detection of PrP in extraneural tissues of cats with feline spongiform encephalopathy[J]. Vet Rec. 2001, 148:

437 - 441.

[31] Ryder, S J, Wells GAH, Bradshaw J M, *et al*. Inconsistent detection of PrP inextraneural tissues of cats with feline spongiform encephalopathy[J]. Vet Rec. 2001, 148: 437 -441.

[32] Schelcher F, Picard-Hagen N, Laroute V, *et al*. Corticoid concentrations are increased in the plasma and urine of ewes with naturally occurring scrapie. [J]. Endocrinology. 1999, 140:2422 - 2425.

[33] Shaked G M, Shaked Y, KarivInbal Z, *et al*. A protease-resistant prion protein isoform is present in urine of animals and humans affected with prion diseases[J]. J Biol Cell. 2001. 276:31479 - 31482.

[34] Sigurdson C J, Miller M W. Other animal prion diseases[J]. Br Med Bull. 2003;66: 199 -212.

[35] Sigurdson C J, Spraker T R, Hoover EA. PrP^{CWD} in the myenteric plexus, vagosympathetic trunk and endocrine glands of deer with chronic wasting disease[J]. Gen Virol. 2001. 82:2327 - 2334.

[36] Smith P G, Bradley R. Bovine spongiform encephalopathy (BSE) and its epidemiology. [J]. Br Med Bull. 2003;66:185 - 198.

[37] Somerville R A, Birkett C R, Jeffrey M. Immunodetection of PrP^{Sc} in spleens of some scrapieinfected sheep but not BSE-infected cows[J]. J Gen Virol . 1997. 78:2389 - 2396.

[38] Tyshenko M G. Bovine spongiform encephalopathy and the safety of milk from Canadian dairy cattle. [J]. Vet Rec. 2007;160:215 - 218.

[39] Wadsworth J D F, Joiner S, Collinge J. Tissue distribution of protease resistant prion protein in variant Creutzfeldt-Jakob disease using a highly sensitive immunoblotting assay[J]. Lancet. 2001, 358:171 - 180.

[40] Wells GAH, Dawson M, Bradley R. A novel progressive spongiform encephalopathy in cattle[J]. Vet Rec . 1987, 121:419 - 420.

[41] Willoughby D, Kelly D, Lyon D, *et al*. Spongiform encephalopathy in a captive puma [J]. Vet Rec. 1992, 131:431 - 434.

[42] Wolfgang K. [M] Atlas d'histologie, 2nd edn. M_decine-Sciences Flammarion, Paris.

[43] Wyatt J M, Pearson G R, Smerdon T N, *et al*. Naturally occurring scrapie-like encephalopathy in five domestic cats[J]. Vet Rec 1991, 129: 233 - 236.

附　录

附录1　TSEs疾病编年表

时间	事　件
1772年	首次报道羊痒病
1898年	Besnoit发现在患有羊痒病的绵羊脑内神经元发生空泡变性
1918年	发现羊痒病在自然条件下具有传染性
1920—1923年	首次发现人克雅氏病
1936—1938年	Cuille和Chelle证实羊痒病不具有传染性
1947年	首次发现传染性水貂脑病
1955—1957年	Zigas发现在巴布亚岛新几内亚的一个部落中流传着一种传染病，称其为“库鲁病”
1957年	Gajdusek加入到研究库鲁病的行列中；Klatzo指出库鲁病与克雅氏病具有相似的神经病理变化
1959年	Hadlow指出库鲁病和羊痒病具有相似性
1961年	Pattison和Millson鉴定出了羊痒病具有多个毒株；Chandler成功地利用羊痒病病原因子感染小鼠，并首次对病原因子进行定量
1963年	Gibbs和Gajdusek采取死于库鲁病的病人脑组织对黑猩猩进行了接种感染试验
1966年	Gajdusek利用库鲁病病原感染黑猩猩成功；Alper和同事们发现痒病的病原因子具有很强的抗离子辐射强度和抗紫外照射能力
1967年	J. Griffith提出假说对蛋白质具有传染性进行解释；首次发现鹿慢性消耗性脑病
1968年	J. Griffith假说中认为的羊痒病在绵羊中能够传播这一点被肯定，像库鲁病一样，克雅氏病也能传染给黑猩猩；克雅氏病和绵羊痒病都被描述成一种亚急性的传染性海绵状脑病(TSEs)；英国的研究者确定了一个与鼠感染羊痒病易感性有关的一个基因

续表

时间	事 件
1976 年	Gajdusek 因在库鲁病研究中所做的突出贡献被授予诺贝尔奖
1979 年	每年克雅氏病的发病率是百万分之一。这与绵羊痒病的发病率和地理分布无关
1982 年	Hadlow 和同事们进一步找到羊痒病能够自然传播的证据，而且很可能是经口传播的；痒病病原因子被确认具有部分抗蛋白酶水解功能；Prusiner 将其命名为朊蛋白
1985 年	Weissmann、Prusiner 及同事们证实朊蛋白基因在所有哺乳动物中都存在；发现第一例疯牛病
1986 年	确诊第一例疯牛病
1989 年	科学家们首次发现遗传性克雅氏病是由朊蛋白基因变异造成的；首次发现猫海绵状脑病
1989—1990 年	Weissmann 和 Prusiner 研究“死亡之吻”：朊病毒感染会使得自身的正常细胞型朊蛋白发生构象转变
1992—1993 年	Weissmann、Prusiner 及同事证实朊病毒基因失活可以对抗痒病因子的感染，朊蛋白是感染因子的主要成分
1993 年	Cohen、Prusiner 及同事发现了正常朊蛋白（富含螺旋）及病理性朊蛋白（富含折叠）在二级结构上的差异
1994 年	首次对不同痒病病原毒株的结构差异进行讨论，研究人员发现体外正常蛋白酶 K 敏感的朊蛋白能够转变成蛋白酶 K 抗性蛋白，但并未证明转变之后的蛋白同样具有传染性；首次发现新型克雅氏病；全欧盟禁止将哺乳动物蛋白饲喂给反刍动物
1996—1997 年	Wuthrich、Glockshuber 及同事对正常朊蛋白的三级结构进行了描述；1997 年 Prusiner 被授予 Nobel 奖
1997—2000 年	研究人员对朊病毒病中病原因子由胃肠道到脑部传播过程中淋巴系统所发挥的作用进行了描述
2001 年	Soto 建议将朊蛋白是否具有蛋白酶 K 抗性作为诊断标准；Soto 等人首次利用 PMCA 技术在体外将 PrP^{C}（正常朊蛋白）高效转变成 PrP^{Sc}（病理性朊蛋白）
2004 年	科学家首次利用体外重组蛋白致使不同酵母朊蛋白在体内增殖
2005 年	Joaquín Castilla 等人首次利用 PMCA 技术在感染羊痒病的仓鼠血液中检测到 PrP^{Sc}，预示 PMCA 技术已可以高效应用到体内器官 PrP^{Sc} 分布检测中
2008 年	Joaquín Castilla，Claudio Soto 等人首次利用 PMCA 技术在体外扩增 PrP^{Sc} 使其跨越种间屏障传播
2010 年	Rachel C. Angers 等人利用 CWD 毒株通过实验提出 prion 毒株的突变是由其一级结构以及空间构象决定的理论
2010 年	Jiyan Ma 首次利用鼠科 PrP 原核表达产生重组蛋白，并感染小鼠成功，获得人工毒株

附录 2 OIE 关于疯牛病防控的标准

OIE 在对待 BSE 问题的战略措施主要包括：早期检测，预警系统，地方性防控以及制定快速反应措施，机制。

- 定向监管临床神经性疾病的发生；
- 加强监管工程；
- 对常规屠宰进行筛选试验；

- 提高 BSE 病例汇报的透明度；
- 根据 OIE 陆地生物标准，对进口的反刍动物以及其产品施行安全措施；
- 在屠宰以及尸体处理其间，一定要祛除特殊风险物质（SRM）（大脑，脊髓等）；
- 在动物饲料中禁止加入特殊风险物质 SRM，以降低食物链被污染的风险；
- 对暴露于污染饲料的可疑动物以及易感动物，要人工销毁；
- 合理处理用于生产的动物尸体；
- 对种群进行登记以便于有效的监控，并对可疑种群进行追踪管理。

附录 3 中国对具有 TSEs 感染风险物质的评估的原则

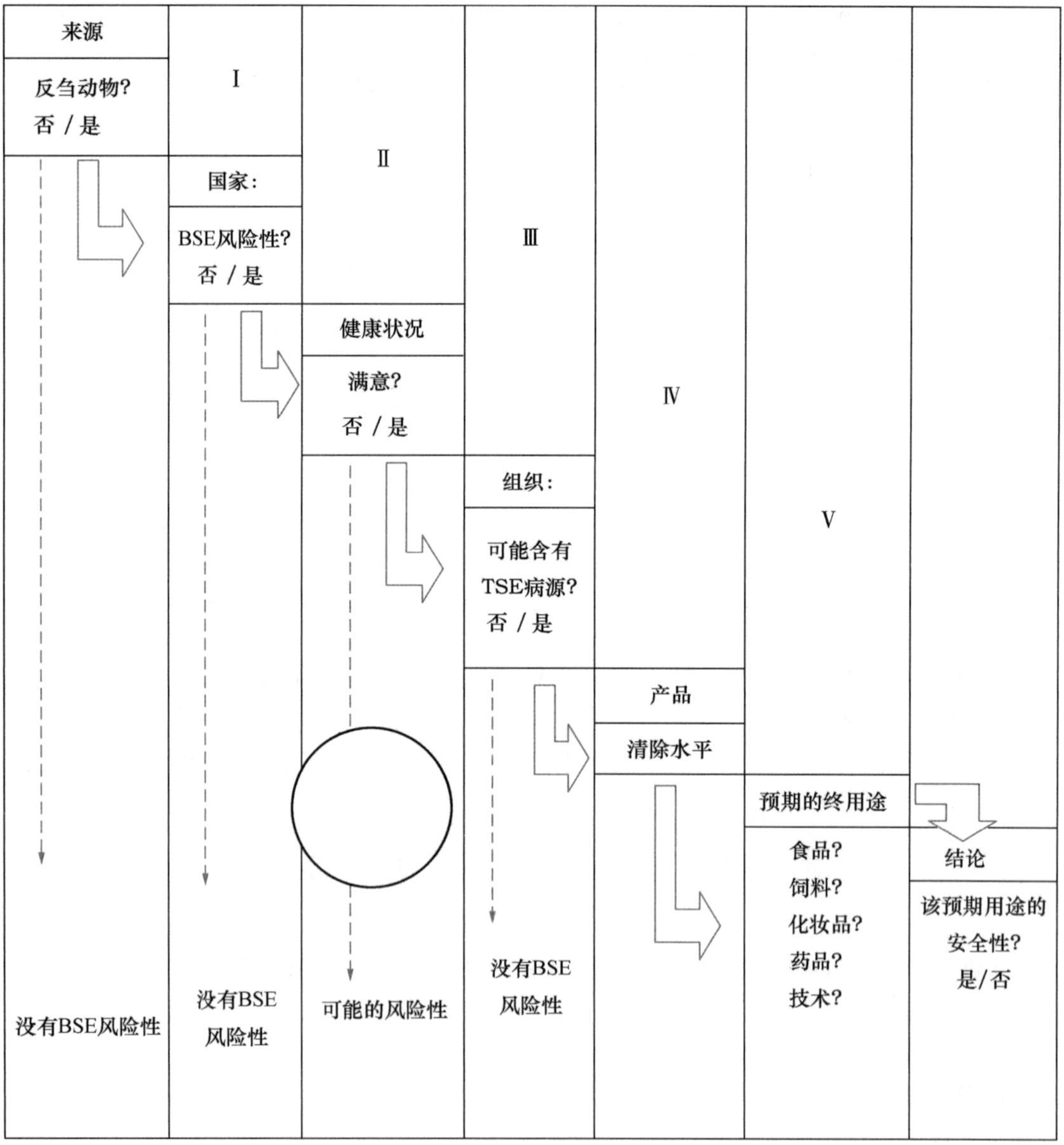

附录4　420种来源于反刍动物的可疑风险物质列表

序号	英文名称	中文名称
1	N-5-chlorobenzoxazol-2-ylacetamide	氮-5-氯苯唑-2-基乙酰胺
2	β-acetoxyethyl trimethyl ammonium hydroxide (acetylcholine) and its salts	乙酰胆碱及其盐类
3	deanol aceglumate*	地阿诺醋谷酸盐
4	spironolactone*	螺旋内酯固醇
5	[4-(4-hydroxy-3-iodophenoxy)-3, 5-diiodophenyl] acetic acid and its salts	[4-(4-羟基-3-碘苯氧基-3,5-二碘苯基)]乙酸及其盐类
6	methotrexate*	甲氨嘌呤
7	aminocaproic acid* and its salts	氨基己酸及其盐类
8	cinchophen*, its salts, derivatives and salts of these derivatives	辛可芬及其盐类,衍生物以及衍生物的盐类
9	thyropropic acid* and its salts	三碘甲腺丙酸及其盐类
10	trichloroacetic acid	三氯乙酸
11	*Aconitum napellus* L. (leaves, roots and galenical preparations)	欧乌头属(叶子、根和草药制剂)
12	*Aconitine* (principal alkaloid of *Aconitum napellus* L.) and its salts	乌头碱及其盐类
13	*Adonis vernalis* L. and its preparations	侧金盏花及其制剂
14	Epinephrine*	肾上腺素
15	*Rauwolfia serpentina* alkaloids and their salts	萝芙木生物碱类及其盐类
16	alkyne alcohols, their esters, ethers and salts	炔醇类以及它们的酯类、醚类和盐类
17	isoprenaline*	异丙肾上腺素
18	allyl isothiocyanate	烯丙基芥子油(异硫氰酯烯丙酯)
19	alloclamide* and its salts	阿洛拉胺及其盐类
20	nalorphine*, its salts and ethers	烯丙吗啡及其盐类和醚类
21	sympathicomimetic amines acting on the central nervous system: any substance contained in the first list of medicaments which are subject to medical prescription and are referred to	对中枢神经系统起作用的拟交感胺类
22	aniline, its salts and its halogenated and sulphonated derivatives	苯胺及其盐类以及卤化、磺化和衍生物类
23	betoxycaine* and its salts	贝托卡因及其盐类

续表

序号	英文名称	中文名称
24	zoxazolamine*	氯苯唑胺
25	procainamide*, its salts and derivatives	普鲁卡因胺及其盐类和衍生物
26	benzidine	联苯胺
27	tuaminoheptane*, its isomers and salts	异庚胺及其同分异构体和盐类
28	octodrine* and its salts	二甲己胺及其盐类
29	2-amino-1,2-bis(4-methoxyphenyl) ethanol and its salts	2-氨基-1,2-双(4-甲氧苯基)乙醇及其盐类
30	1,3-dimethylpentylamine and its salts	1,3-二甲戊胺及其盐类
31	4-aminosalicylic acid and its salts	4-氨基水杨酸及其盐类
32	toluidines, their isomers, salts and halogenated and sulphonated derivatives	甲苯胺及其异构体、盐类以及卤化、磺化和衍生物类
33	xylidines, their isomers, salts and halogenated and sulphonated derivatives	二甲苯胺及其异构体、盐类以及卤化、磺化和衍生物类
34	imperatorin[9-(3-methylbut-2-enyloxy) 7H-furo(3,2-g)chromen-7-one]	欧前胡内酯
35	*Ammi* majus and its galenical preparations	阿密及其草药制剂
36	2,3-dichloro-2-methylbutane	2,3-二氯-2-甲基丁烷
37	substances with androgenic effect	具有雄激素效应的物质
38	anthracene oil	蒽油
39	antibiotics	抗生素类
40	antimony and its compounds	锑及锑化物
41	*Apocynum cannabinum* L. and its preparations	印第安大麻及其制剂
42	apomorphine(5,6,6a,7-tetrahydro-6-methyl-4H-dibenzo[de,g],quinoline-10,11- dihydric alcohol) and its salts	阿扑吗啡及其盐类
43	arsenic and its compounds	砷及砷化物
44	*Atropa belladonna* L. and its preparations	颠茄及其制剂
45	atropine,its salts and derivatives	阿托品及其盐类和衍生物
46	barium salts, with the exception of barium sulphate, barium sulphide under certain condition, part 1, and lakes, salts and pigments prepared from some colouring agents	钡盐类(除硫酸钡,特定条件下的硫化钡以及一些着色剂中的色淀、盐和染料外)
47	benzene	苯
48	benzimidazol-2(3H)-one	苯并咪唑-2(2H)-酮
49	benzazepines and benzadiazepines	苯并氮杂卓和 benzadiazepines

续表

序号	英文名称	中文名称
50	1-dimethylaminomethyl-1-methylpropyl benzoate (amylocaine) and its salts	阿米洛卡因及其盐类
51	2,2,6-trimethyl-4-piperidyl benzoate (benzamine) and its salts	苯扎明及其盐类
52	isocarboxazide*	异唑肼
53	bendroflumethiazide* and lts derivatives	苄氟噻嗪及其衍生物
54	beryllium and its compounds	铍及铍化物
55	bromine, elemental	溴元素
56	bretylium tosilate*	托西溴苄铵
57	carbromal*	卡溴脲
58	bromisoval*	溴米索代
59	brompheniramine	溴苯那敏
60	benzilonium bromide*	苯咯溴铵
61	tetrylammonium bromide*	四乙溴铵
62	*Brucine*	马钱子碱(布鲁生)
63	tetracaine* and its salts	丁卡因及其盐类
64	mofebutazone*	莫非保松
65	tolbutamide*	甲苯磺丁脲
66	carbutamide*	氨磺丁脲
67	phenylbutazone	保太松
68	cadmium and its compounds	镉及镉化物
69	*Cantharides*, *Cantharis vesicatoria*	斑蝥
70	(1R,2S)-hexahydro-1,2-dimethyl-3,6-epoxyphthalic anhydride (cantharidin)	斑蝥素
71	phenprobamate*	苯丙氨酯
72	nitroderivatives of carbazole	咔唑的硝基衍生类
73	carbon disulphide	二硫化碳
74	catalase	过氧化氢酶
75	cephaeline and its salts	吐根碱及其盐类
76	*Chenopodium ambrosioides* (essential oil)	土荆芥(精油)
77	2,2,2-trichloroethane-1,1-diol	2,2,2-三氯化烷-1,1-二醇
78	chlorine	氯
79	chlorpropamide	氯磺丙脲
80	diphenoxylate* hydrochloride	盐酸地芬诺酯

续表

序号	英文名称	中文名称
81	4-phenylazophenylene-1,3-diamine citrate hydrochloride (chrysoidine citrate hydrochloride)	盐酸柠檬酸柯衣定盐
82	chlorzoxazone*	氯唑沙宗
83	2-chloro-6-methylpyrimidin-4-yldimethylamine (crimidine-ISO)	2-氯-6-甲基嘧啶-4-基二甲基胺
84	chlorprothixene* and its salts	氯普硫蒽及其盐类
85	clofenamide*	氯非那胺
86	N,N-Bis (2-chloroethyl) methylamine N-oxide and its salts	氮,氮-双(2-氯乙基)甲胺-氮-氧化物及其盐类
87	chlormethine* and its salts	氮芥及其盐类
88	cyclophosphamide* and its salts	环磷酰胺及其盐类
89	mannomustine* and its salts	甘露氮芥及其盐类
90	butanilicaine* and its salts	布坦卡因(丁苯胺卡因)及其盐类
91	chlormezanone*	氯美扎酮(芬那露)
92	triparanol*	曲帕拉醇
93	2-[2-(4-chlorophenyl)-2-phenylacetyl] indan 1'3-dione (chlorophacinone-ISO)	氯鼠酮
94	chlorphenoxamine*	氯苯沙明
95	phenaglycodol*	非那二醇
96	chloroethane	氯乙烷
97	chromium; chromic acid and its salts	铬、铬酸及其盐类
98	*Claviceps purpurea* Tul., its alkaloids and galenical preparations	麦角菌及其生物碱和草药制剂
99	*Conium maculatum* L. (fruit, powder, galenical preparations)	毒参(果实、粉末和草药制剂)
100	glycyclamide*	格列环脲
101	cobalt benzenesulphonate	苯磺酸钴
102	colchicine, its salts and derivatives	秋水仙碱及其盐类和衍生物
103	colchicoside and its derivatives	秋水仙糖甙及其衍生物
104	*Colchicum autumnale* L. and its galenical preparations	秋水仙及其草药制剂
105	convallatoxin	铃兰毒苷
106	*Anamirta cocculus* L. (fruit)	防己科植物
107	*Croton tiglium* (oil)	巴豆(巴豆油)
108	1-butyl-3-(N-crotonoylsulphanilyl) urea	1-丁基-3-(氮-巴豆酰对氨基苯磺酰)脲

续表

序号	英文名称	中文名称
109	curare and curarine	箭毒和箭毒碱
110	synthetic curarizants	合成箭毒类
111	hydrogen cyanide and its salts	氰化氢及其盐类
112	2-α-cyclohexylbenzyl (N, N, N′, N′-tetraethyl) trimethylenediamine (phenetamine)	氮，氮，氮′，氮′-四乙基苯胺
113	cyclomenol* and its salts	环美酚及其盐类
114	sodium hexacyclonate*	己环酸钠
115	hexapropymate*	己丙氨酯
116	dextropropoxyphene*	右丙氧吩
117	O,O'-Diacetyl-N-allyl-N-normorphine	O,O′-二甲酰基-氮-烯丙基-氮-去甲基吗啡碱
118	pipazetate* and its salts	匹哌氮酯及其盐类
119	5-(α,β-dibromophenethyl)-5-methylhydantoin	5-(α,β-二溴苯乙基)-5-甲基乙内酰脲
120	N, N′-pentamethylenebis (trimethylammonium) salts, e. g. pentamethonium bromide*	五甲溴铵
121	N, N′-[(methylimino) diethylene] bis (ethyl-dimethylammonium) salts, e. g. azamethonium bromide*	阿扎溴铵
122	cyclarbamate*	环拉氨酯
123	clofenotane* (DDT-ISO)	滴滴涕
124	hexamethylenebis (trimethylammonium) salts, e. g, hexamethonium bromide*	六甲溴铵
125	dichloroethanes (ethylene chlorides)	二氯乙烷(氯化乙烯)
126	dichloroethylenes (acetylene chlorides)	二氯乙烯(氯化乙炔)
127	lysergide* and its salts	麦角二乙胺及其盐类
128	2-diethylaminoethyl-3-hydroxy-4-phenylbenzoate and its salts	3-羟基-4-苯基苯甲酸-2-二乙氨乙酯及其盐类
129	cinchocaine* and its salts	辛可卡因及其盐类
130	3-diethylaminopropyl cinnamate	肉桂酸-3-二乙氨基丙酯
131	O, O'diethyl O-4-nitrophenyl phosphorothioate (parathion-ISO)	对硫磷(硝苯硫磷酯、拍拉息昂)
132	[oxalylbis(iminoethylene)] bis (O-chlorobenzyl) diethylammonium salts, e. g. ambenomi-um chloride*	[乙二酰双(亚氨乙稀)]双[(O-氯苄基)二乙基铵]盐类；例如：安贝氯铵(酶斯的明)
133	methyprylon* and its salts	甲乙哌酮及其盐类

续表

序号	英文名称	中文名称
134	*Digitaline* and all heterosides of *Digitalis purpurea* L.	洋地黄色苷和紫花洋地黄的各种异苷类
135	7-[2-hydroxy-3-(2-hydroxyethyl-N-methylamino) propyl] theophylline (xanthinol)	7-[2-羟基-3-(2-氢氧乙烷-氮-甲胺)丙基]茶碱
136	dioxethedrin* and its salts	二羟西君及其盐类
137	piprocurarium*	哌库铵
138	propyphenazone*	异丙安替比林
139	tetrabenazine* and its salts	丁苯那嗪及其盐类
140	captodiame*	卡普托胺
141	mefeclorazine* and its salts	美非氯嗪及其盐类
142	dimethylamine	二甲胺
143	1,1-bis(dimethylaminomethyl)propyl benzoate (amydricaine, alypine) and its salts	戊胺卡因
144	methapyrilene* and its salts	美沙吡林及其盐类
145	metamfepramone* and its salts	甲胺苯丙酮及其盐类
146	amitriptyline* and its salts	阿米替林及其盐类
147	metformin* and its salts	二甲双胍及其盐类
148	isosorbide dinitrate*	硝酸异山梨酯
149	malononitrile	丙二腈
150	succinonitrile	丁二腈(琥珀腈)
151	dinitrophenol isomers	二硝基酚异构体
152	inproquone	2,5-双(1-氮杂环丙烯基)-3,6-二丙氧基-1,4-苯醌
153	dimevamide* and its salts	地美戊胺及其盐类
154	diphenylpyraline* and its salts	二苯拉林及其盐类
155	sulfinpyrazone*	磺吡酮(硫氧唑酮)
156	N-(3-carbamoyl-3,3-diphenylpropyl)-N,N-diisopropylmethylammonium salts, e. g. a. isopropamide iodide*	N-(3-氨甲酰基-3,3-二苯丙基)-N,N-二异丙基甲基铵盐类。例如:碘异丙米特
157	benactyzine*	贝那替秦
158	benzatropine* and its salts	苯扎托品及其盐类
159	cyclizine* and its salts	盐酸苯甲嗪及其盐类
160	5,5-diphenyl-4-imidazolidone	5,5-双苯-4-咪唑啉酮
161	probenecid*	丙磺舒

续表

序号	英文名称	中文名称
162	disulfiram* (thiram-ISO)	双硫胺甲酰(戒酒硫-ISO)
163	emetine, its salts and derivatives	依米丁、盐类及衍生物
164	ephedrine and its salts	麻黄碱及其盐类
165	oxanamide* and its derivatives	氧酰胺及其衍生物
166	eserine or physostigmine and its salts	毒扁豆碱及其盐类
167	esters of 4-aminobenzoic acid	含自由氨基的4-氨基苯酸酯
168	choline salts and their esters, e. g. choline chloride	胆碱盐和酯,如盐酸胆碱
169	caramiphen* and its salts	卡拉美芬及其盐类
170	diethyl-4-nitrophenyl phosphate	二乙基-4-硝基苯磷酸盐
171	metethoheptazine* and its salts	美索庚嗪及其盐类
172	oxpheneridine* and its salts	羟芬利定及其盐类
173	ethoheptazine* and its salts	氢氮卓乙酯及其盐类
174	metheptazine* and its salts	多西拉敏及其盐类
175	methylphenidate* and its salts	哌甲酯(哌醋甲酯)及其盐类
176	doxylamine* and its salts	抗敏安及其盐类
177	tolboxane	托硼生
178	4-benzyloxyphenol, 4-methoxyphenol, 4-ethoxyphenol	4-苄氧基苯酚,4-甲氧基苯酚,4-乙氧基苯酚
179	parethoxycaine* and its salts	多巴胺及其盐类
180	fenozolone*	非诺唑酮
181	glutethimide* and its salts	格鲁米特(苯乙哌啶酮)及其盐类
182	ethylene oxide	氧化乙烯
183	bemegride* and its salts	贝美格及其盐类
184	valnoctamide*	戊诺酰胺
185	haloperidol*	氟哌啶醇
186	paramethasone*	帕拉米松
187	fluanisone*	氟阿尼酮
188	trifluperidol*	三氟哌多(三氟哌啶醇)
189	fluoresone*	氟苯乙砜
190	flurouracil*	氟二氧嘧啶
191	hydrofluoric acid, its normal salts, its complexes and hydrofluorides	氢氟酸及其正盐、络合物以及氢氟化合物

续表

序号	英文名称	中文名称
192	furfuryltrimethylammonium salts, e. g. furtrethonium iodine*	苄基三甲基铵盐如呋索碘铵
193	galantamine*	加兰他敏
194	progestogens	孕激素
195	1,2,3,4,5,6-hexachlorocyclohexane(BHC-ISO)	六氯代苯(1,2,3,4,5,6-六氯环己烷)
196	(1R. 4S. 5R. 8S)-1,2,3,4,10,10 - hexachloro-6,7-epoxy-1,4,4a,5,6,7,8,8a-octahydro-1,4;5,8-dimethanonaphthalene(endrin- ISO)	(1R,4S,5R,8S)-1,2,3,4,10,10 - 六氯-6,7 环氧-1,4,4a,5,6,7,8,8a-八氢-1,4;5,8- 二乙烷萘(异狄氏剂- ISO)
197	hexachloroethane	六氯乙烷
198	(1R. 4S. 5R. 8S)-1,2,3,4,10,10 - hexachloro-1,4,4a,5,8,8a- hexachloro-1,4;5,8-dimethanonaphthalene(isodrin- ISO)	(1R,4S,5R,8S)-1,2,3,4,10,10 - 六氯-1,4,4a,5,8,8a-六氢-1,4;5,8- 二乙烷萘(异艾氏剂-ISO)
199	hydrastine, hydrastinine and their salts	白毛茛碱,白毛茛分碱及它们的盐类
200	hydrazides and their salts	酰肼及其盐类
201	hydrazine, its derivatives and their salts	酰肼,其衍生物及它们的盐类
202	octamoxin* and its salts	奥他莫辛及其盐类
203	warfarin*	华法林
204	ethyl bis(4-hydroxy-2-oxo-1-benzopyran-3-yl)acetate and salts of the acid	双(4-羟基-2-氧代-1-苯并吡喃-3-基)乙酸乙酯及酸的盐类
205	methocarbamol*	美索巴莫
206	propatylnitrate*	丙帕硝酯
207	4,4'-dihydroxy-3,3'-(3-methylthiopropylidene) dicoumarin	4,4′-二羟基-3,3′-(3-甲基硫代亚丙基)双香豆素
208	fenadiazole*	酚二唑
209	nitroxoline and its salts	硝羟喹啉及其盐类
210	hyoscyamine, its salts and derivatives	天仙子胺及其盐类和衍生物
211	*Hyoscyamus niger* L. (leaves, seeds, powder and galenical preparations)	天仙子的叶,种子,粉末和草药制剂
212	pemoline* and its salts	匹莫林片及其盐类
213	iodine	碘酒
214	decamethylenebis(trimethylammonium) salts, e. g. decamethonium bromide	二烃溴铵

续表

序号	英文名称	中文名称
215	ipecacuanha(*cephaelis ipecacuanha Brot*. and related species) (roots,powder and galenical preparations)	依必格酊(吐根属)(根、粉末和草药制剂)
216	(2-isopropylpent-4-enoyl) urea (apronalide)	丙戊酰脲
217	α-santonin((3s,5ar,9bs)-3,3a,4,5,5a,9b-hexahydro-3,5a,9-trimethylnaphto<1,2-b>furan-2,8-dione)	α-山道年
218	*Lobelia inflata* L. and its galenical preparations	半边莲及其草药制剂
219	*Lobelia** and its salts	半边莲及其盐类
220	barbiturates	巴比妥酸盐类
221	mercury and its compounds	汞和汞化合物
222	3,4,5-trimethoxyphenethylamine and its salts	3,4,5-三甲氧基苯乙胺及其盐类
223	metaldehyde	四聚乙醛
224	2-(4-allyl-2-methoxyphenoxy)-N-N-diethylacetamide and its salts	2-(4-烯丙基-2-甲氧基苯)-N ,N-二乙基乙酰乙酰胺及其盐类
225	coumetarol*	库美香豆素
226	dextromethorphan* and its salts	右甲吗喃及其盐类
227	2-methylheptylamine and its salts	2-甲基庚胺及其盐类
228	isometheptene* and its salts	异美汀及基盐类
229	mecamylamine*	美卡拉明(美加明)
230	guaifenesin*	愈甘油
231	dicoumarol*	双香豆素片
232	phenmetrazine* , its derivatives and salts	苯甲吗啉,及其衍生物和盐类
233	thiamazole*	甲巯咪唑(他巴唑)
234	3, 4-dihydro-2-methoxy-2-methyl-4-phenyl-2H,5H,pyranol<3,2-c>-<1>benzopyran-5-one (cyclocoumarol)	环香豆素
235	carisoprodol*	卡立普多(肌安宁)
236	meprobamate*	安宁
237	tefazoline* and its salts	替法唑啉及其盐类
238	acecoline	槟榔碱
239	poldine methylsulfate*	甲硫泊尔定

续表

序号	英文名称	中文名称
240	hydroxyzine*	盐酸羟嗪片
241	2-naphthol	2-萘酚
242	1-and 2-naphthylamines and their salts	1-萘胺和 2-萘胺及它们的盐类
243	3-(1-naphthyl)-4-hydroxycoumarin	3-(1-萘酚)-4-羟基喹啉
244	naphazoline* and its salts	萘甲唑啉及其盐类
245	neostigmine and its salts(e. g. neostigmine bromide*)	普洛色林及其盐类(如溴新斯的明片)
246	nicotine and its salts	尼古丁及其盐类
247	amyl nitrites	亚硝酸戊酯
248	inorganic nitrites, with the exception of soldium nitrite	无机亚硝酸盐，亚硝酸钠除外
249	nitrobenzene	硝基苯
250	nitrocresols and their alkali metal salts	硝基甲酚及其碱金属盐
251	nitrofurantoin*	呋喃妥因
252	furazolidone*	呋喃唑酮
253	propane-1,2,3-triyl trinitrate	硝酸甘油
254	acenocoumarol*	醋硝香豆素片
255	alkali pentacyanonitrosylferrate(2-)	五氰·亚硝酰合铁(Ⅲ)碱
256	nitrostilbenes,their homologues and their derivatives	硝基二苯乙烯,其同系物和衍生物
257	noradrenaline and its salts	去甲肾上腺素及其盐类
258	noscapine* and its salts	那可丁及其盐类
259	guanethidine* and its salts	胍乙啶及其盐类
260	oestrogens	雌激素
261	oleandrin	欧夹竹桃苷
262	chlortalidone*	氯噻酮片
263	pelletietine and its salts	石榴碱及其盐类
264	pentachloroethane	五氯乙烷
265	pentaerithrityl tetranitrate*	戊四硝酯片
266	petrichloral*	培曲氯醛
267	octamylamine* and its salts	新胃可定及其盐类
268	picric acid	苦味酸
269	phenacemide*	苯乙酰脲
270	difencloxazine*	二苯沙嗪

续表

序号	英文名称	中文名称
271	2-phenylindane-1-3-dione(phenindione)	2-苯基二氢化茚-1,3-二酮(苯茚满二酮)
272	ethylphenacemide*	苯丁酰脲
273	phenprocoumon*	苯丙香豆素
274	fenyramidol*	非尼拉朵
275	triamterene* and its salts	氨苯蝶啶片及其盐类
276	tetraethyl pyrophosphate(TEPP-ISO)	四乙基焦磷酸酯
277	tritolyl phosphate	磷酸三甲苯酯
278	psilocybine*	苯环己吡咯烷
279	phosphorus and metal phosphides	白磷和金属磷化物
280	thalidomide* and its salts	强的松及其盐类
281	*Physostigma venenosum* Balf	毒扁豆碱
282	picrotoxin	印防己毒素
283	pilocarpine	毛果芸香碱
284	α-piperidin-2-yl-benzyl acetate laevorotatory threoform(levophacetoperane) and its salts	α-哌啶-2-基-苯甲基乙酸左旋苏氨霉素(左法哌酯)及其盐类
285	pipradrol* and its salts	哌苯甲醇及其盐类
286	azacyclonol* and its salts	阿扎环醇及其盐类
287	bietamiverine*	比坦维林
288	butopiprine* and its salts	布托哌林及其盐类
289	lead and its compounds	铅及其化合物
290	coniine	毒芹碱
291	*Prunus laurocerasus* L. ("cherry laurel water")	月桂樱(月桂樱水)
292	metyrapone*	甲吡酮
293	radioactive substances (1)	放射性物质
294	*Juniperus sabina* L. (leaves, essential oil and galenical preparations)	新疆圆柏(叶子,精油及其草药制剂)
295	hyoscine, its salts and derivatives	东莨菪碱,及其盐类和衍生物
296	gold salts	氯金酸钠
297	selenium and its compounds with the exception of selenium disulphide	硒及除二硫化硒外的硒化合物
298	*Solanum nigrum* L. and its galenical preparations	龙葵及其草药制剂

续表

序号	英文名称	中文名称
299	sparteine and its salts	金雀花碱及其盐类
300	glucocorticoids	肾上腺皮质激素
301	*Datura stramonium* L . and its galenical preparations	曼陀罗属及其草药制剂
302	strophantines, their aglucones and their respective derivatives	羊角拗子及其糖苷配基以及相应的衍生物
303	*Strophantus species* and their galenical preparations	羊角拗子属及其草药制剂
304	strychnine and its salts	士的宁及其盐类
305	*Strychnos species* and their galenical preparations	马钱及其草药制剂
306	narcotics. natural and synthetic: Au substances listed in Tables of the single Convention on narcotic drugs signed in New York on 30 March 1961	麻醉药。分天然和合成药:1961 年 3 月 30 日纽约签署的有关麻醉药专门规定的记录表所列出
307	sulphonamides(sulphanilamide and its derivatives obtained by substitution of one or more H-atoms of the-NH_2: groups) and their salts	硫胺类药剂(磺胺和氨基的一个或多个氢原子被取代的衍生物)及其盐类
308	sultiame*	舒噻美(硫噻嗪)
309	neodymium and its salts	钕及其钕盐
310	thiotepa*	噻替派
311	*Pilocarpus jaborandi* Holmes and its galenical preparations	毛果芸香及草药制剂
312	tellurium and its compounds	锑及其化合物
313	xylometazoline* and its salts	丁苄唑啉及其盐类
314	tetrachloroethylene	四氯乙烯
315	carbon tetrachloride	四氯化碳
316	hexaethyl tetraphosphate	六乙基四磷酸盐
317	thallium and its compounds	铊及其化合物
318	*Thevetia neriifolia* Juss. glycoside extract	黄花夹竹桃苷提取物
319	ethionamide	乙硫异烟胺
320	phenothiazine* and its compound	吩噻嗪及其化合物
321	thiourea and its derivatives	硫脲及其衍生物
322	mephenesin* and its esters	美芬辛及其酯类

续表

序号	英文名称	中文名称
323	vaccines, toxins or serums	疫苗，毒素和血清
324	tranylcypromine* and its salts	苯环丙胺及其盐类
325	trichloronitromethane(chloropicrine)	三氯硝基甲烷(氯化苦)
326	2,2,2-tribromoethanol(tribromoethyl alcohol)	2,2,2-三溴乙醇(三溴乙基乙醇)
327	trichlormethine* and its salts	三氯次甲基及其盐类
328	tretamine*	不孕津
329	gallamine triethiodide*	戈拉碘铵
330	*Urginea scilla* Stern. and its galenical preparations	(白)海葱及其药草制剂及其草药制剂
331	vertrine, its salts and galenical preparations	藜芦碱，盐类及其草药制剂
332	*Schoenocaulon officinale* Lind. (seeds and galenical preparations)	沙巴地拉子(种子和草药制剂)
333	*Veratrum* Spp. and their prefparations	藜芦及其制剂
334	vinyl chloride monomer	氯乙烯单体
335	ergocalciferol* and cholecalciferol (vitamins D_2 and D_3)	钙化醇和维生素 D_3(维生素 D_2 和维生素 D_3)
336	salts of O-alkyldithiocarbonic acids	烷基二硫代碳酸的盐类
337	yohimbine and its salts	育亨宾及其盐类
338	dimethyl sulfoxide*	二甲基亚砜
339	diphenhydramine* and its salts	苯海拉明及其盐类
340	4-tert-Butylphenol	对叔丁基苯酚
341	4-tert-Butylpyrocatechol	4-叔丁基邻苯二酚
342	dihydrotachysterol*	二氢速留醇
343	dioxane	二氧杂环乙烷
344	morpholine and its salts	吗啉及其盐类
345	*Pyrethrum album* L. and its galenical preparations	除虫菊及其草药制剂
346	2-[4-methoxybenzyl-N-(2-pyridyl) amino] ethyldimethylamine maleate	2-[4-甲氧苄基-N-(2-吡啶基)氨基]乙基二甲胺马来酸盐
347	tripelennamine*	曲吡那敏(苄吡二胺)
348	tetrachlorosalicylanilides	四氯-N-水杨酰苯胺

续表

序号	英文名称	中文名称
349	dichlorosalicylanilides	二氯-N-水杨酰苯胺
350	tetrabromosalicylanilides	四溴-N-水杨酰苯胺
351	dibromosalicylanilides	二溴-N-水杨酰苯胺
352	bithionol*	硫氯酚
353	thiuram monosulphides	硫化秋兰姆
354	thiuram disulphides	二硫化秋兰姆
355	dimethylformamide	二甲基甲酰胺
356	4-phenylbut-3-en-2-one	四苯基丁二酮
357	benzoates of 4-hydroxy-3-methoxycinnamyl alcohol except for normal content in natural normal content in natural essences used	4-羟基-3-甲氧基肉桂醇的苯甲酸酯(天然精油中的规定含量除外)
358	furocoumarines(e. g. trioxysalan*, 8-methoxypsoralen, 5-methoxypsoralen) except for normal content in natural essences used. In sun protection and in bronzing products, furocoumarines shall be bellow 1 mg/kg	糠醛香豆素(如,甲氧沙林,8-甲氧基补骨脂素,5-甲氧基补骨脂素)天然精油中的规定含量除外,避光保存并使用烫金包装,含量应低1 mg/kg
359	oil from the seeds of *Laurus nobilis* L.	月桂树籽油
360	safrole except for normal content in the natural essences used and provided the concentration dose not exceed: ——100 mg/kg in the finished products —— 50 mg/kg in products for dental and oral hygiene ,and provided that Safrole is not present in toothpastes intended specifically for children	黄樟油精:天然精油中的规定含量除外,假如浓度不超过: ——成品中 100 mg/kg ——牙齿保洁量 50 mg/kg 儿童用牙膏不准添加
361	5, 5′-di-isopropyl-2, 2′-dimethylbiphenyl-4, 4′-diyl dihypoiodite	二次亚碘酸-5,5′-二异丙基-2,2′-二甲基联苯-4,4′-二基酯
362	3′-ethyl-5′,6′,7′8′-tetrahydro-5′,6′,8′,8′-tetramethyl-2-acetonaphthone; Syn: 1, 1, 4, 4-tetramethyl-6-ethyl-7-acetyl-1, 2, 3, 4-tetrahydro-naphthalene(acetyl ethyl tetramethyl tetralin, AETT)	3-乙基-5′,6′,7′8′-四氢-5′,6′,8′,8′-四甲基-2′-乙酰萘 同义:1,1,4,4-四甲基-6-乙烷基-7-乙酰基-1,2,3,4-四氢-萘
363	O-phenylenediamine and its salts	邻苯二胺及其盐类
364	4-methyl-m-phenylenediamine and its salts	4-甲基-间-苯二胺及其盐类
365	aristolochic acid and its salts	马兜铃酸及其盐类
366	chloroform	氯仿
367	2,3,7,8-tetrachlorodibenzo-p-dioxin	2,3,7,8-四氯二苯并氧芑

续表

序号	英文名称	中文名称
368	2,6-dimethyl-1,3-dioxan-4-yl acetate(dimethoxane)	2,6-二甲基-1,3-4-醇乙酸酯(二甲四氢吡喃)
369	pyrithione sodium (INNM)	羟基吡啶硫酮钠
370	n-(Trichloromethylthio)-4-cyclohexene-1, 2-dicarboximide(captan)	N-(三氯甲硫基)-4-环己烯基-1,2-二甲酰亚胺(克菌丹)
371	2,2-dihydroxy-3,3,5,5,6,6-hexachlorodiphenylmethane(hexachlorophene)	2,2′-二羟-3,3′, 5,5′,6,6′-六氯二苯甲烷(六氯酚)
372	6-(piperidinyl)-2, 4-pyrimidinedimine-3-oxide (Minoxidil) and its salts and derivatives	6-(哌啶基)-2,4-嘧啶-3-氧化锌(米诺地尔)及其盐类和衍生物
373	3,4′,5-tribromosalicylanilide(Tribromsalan)	3, 4′,5 三溴 N-水杨酰苯胺(三溴沙仑)
374	*Phytolacca* Spp. and its salts	美洲商陆及其盐类
375	tretinoin* (retinoic acid and its salts)	维 A 酸(维 A 酸及其盐类)
376	1-methoxy-2,4-diaminobenzene(2,4-diaminoanisole-CI-76050) and their salts	1-甲氧基-2,4-二氨基苯(2,4-二氨基茴香醚-CI-76050)及其盐类
377	1-methoxy-2,4-diaminobenzene(2,5-diaminoanisole) and their salts	1-甲氧基-2,4-二氨基苯(2,4-二氨基茴香醚)及其盐类
378	colouring agent CI 12140	着色剂 CI 12140
379	colouring agent CI 26105	着色剂 CI 26105
380	colouring agent CI 42555 colouring agent CI 42555 : 1 colouring agent CI 42555 : 2	着色剂 CI 42555 着色剂 CI 42555 : 1 着色剂 CI 42555 : 2
381	colouring agent CI 12140	着色剂 CI 12140
381	amyl 4-dimethylaminobenzoate, mixed isomers (padimate A (INN))	戊基-4-二甲氨基安息香酸盐,混合异构体[属对氨基苯甲酸盐类(INN)]
382	benzoyl peroxide	过氧化苯甲酸
383	2-amino-4-nitrophenol	2-氨基-4-硝基苯酚
384	2-amino-5-nitrophenol	5-硝基-2-氨基苯酚
385	11-α-hydroxypregn-4-ene-3,20-dione and its esters	11-α-羟基孕甾-4-烯-3,20-二酮及其酯
386	colouring agent CI 42640	着色剂 CI 42640
387	colouring agent CI 13065	着色剂 CI 13065
388	colouring agent CI 42535	着色剂 CI 42535
389	colouring agent CI 61554	着色剂 CI 61554
390	antiandrogens with steroid structure	类固醇抗雄激素物质
391	zirconium and its compounds	锆及其化合物

续表

序号	英文名称	中文名称
392	acetonitrile	乙腈
393	tetrahydrozoline and its salts	四氢唑啉和盐类
394	hydroxy-8-quinoline and its sulphate	羟基-8-喹啉及其硫酸盐类
395	dithio-2, 2′-bispyridine-dioxide-1, 1′ (additive with trihydrated magnesium sulphate)-(pyrithione disulphide＋magnesium sulphate)	羟基吡啶硫酮硫酸镁
396	colouring agent CI 12075 and its lakes, pigments and salts	着色剂 CI 12075 及其色淀和颜料
397	colouring agent CI 45170 and CI 45170 : 1	着色剂 CI 45170 和 CI 45170 : 1
398	lidocaine	利多卡因
399	1,2-epoxybutane	1,2-环氧丁烷
400	colouring agent CI 15585	着色剂 CI 15585
401	strontium lactate	乳酸锶
402	strontium nitrate	硝酸锶
403	strontium polycarboxylate	聚羧酸锶
404	pramocaine	普莫卡因
405	4-ethoxy-m-phenylenediamine and its salts	4-乙氧基-m-苯二胺
406	2,4-diaminophenylethanol and its salts	2,4-二氨基苯基乙醇
407	catechol	儿茶酚
408	pyrogallol	焦棓酸
409	nitrosamines	亚硝胺
410	secondary dialkanolamines	次级二链烷醇胺
411	4-amino-2-nitrophenol	4-氨基-2 硝基酚
412	2-methyl-m-phenylenediamine	2-甲基-1-m-苯二胺
413	4-tert-butyl-3-methoxy-2,6-dinitrotoluene (musk ambrette)	4-叔丁基-3-甲氧基 2,6-二硝基甲苯(酮麝香)
414	cells, tissues or products of human origin	人体细胞,组织或其他产品
415	3, 3-bis (4-hydroxypheny) phthalide (phenolphthalein)	3,3-双(4-羟基苯)邻苯二甲酸(酚酞)
416	3-imidazol-4-ylacrylic acid and ethyl ester (urocanic acid)	3-咪唑-4-基丙烯酸及乙基酯(咪唑丙烯酸)

续表

序号	英文名称	中文名称
417	(a)the skull,including the brain and eyes,tonsils and spinal cord of: ——bovine animals aged 12 months ——ovine and caprine animals which are aged over 12 monthes or have a permanent incissor tooth erupted through the gum; (b) the spleens of ovine and caprine animals and ingredients derived therefrom. However, tallow derivatives may be used provided that the following methods have been used and strictly certified by the producer: ——transesterification or hydrolysis at at least: 200℃,40 bars(40 000 hPa) for 20 minutes	(a)头骨,包括以下动物的脑和眼睛,扁桃腺和脊髓: ——12月龄的牛 ——超过12月龄的绵羊或公山羊 (b)绵羊和公山羊的脾及其所采集的病料成分。但是,牛脂若经过以下方法处理并严格鉴定则可被使用: ——转脂或者是水解反应在至少200℃,40 bar,20 min
418	crude and refined coal tars	天然和精致的煤焦油
419	1, 1, 3, 3, 5-pentamethyl-4, 6-dinitroindane (moskene)	1,1,3,3,5-五甲基-4,6-二氢茚(伞花麝香)
420	5-tert-butyl-1,2,3-trimethyl-4,6-dinitrobenzene (musk tibetene)	5-叔丁基-1,2,3-三甲基色氨酸基-4,6-二硝基苯(西藏麝香)

* 可能造成感染的病原。

附录5 中国卫生部所列2类、85种牛、羊动物源性可疑风险物质列表

分类	序 号	英文名称	中文名称
A类	1	adenosine triphosphate(ATP)	三磷酸腺苷
	2	adenine	腺嘌呤
	3	adenosine	腺苷
	4	adenosine cyclic phosphate(cAMP)	环腺苷酸
	5	adenosine phosphate	一磷酸酰苷
	6	amino acid	氨基酸
	7	aorta extract	主动脉提取物
	8	atelocollagen	端胶原
	9	brain extract	脑提取物
	10	brain lipids	脑脂质
	11	calf blood extract	小牛血提取物
	12	calf serum	小牛血清
	13	carnitine	肉碱
	14	ceramide	神经酰胺
	15	chondroitin sulfate	硫酸软骨素
	16	coenzyme A	辅酶 A
	17	collagen	胶原
	18	collagen amino acids	胶原氨基酸
	19	cutaneous lysate	皮肤溶解物
	20	cytochrome C	细胞色素 C
	21	deproteinized serum	脱蛋白质血清
	22	desamido collagen	脱酰脂胶原
	23	DNA	脱氧核糖核酸
	24	elastin	弹性蛋白
	25	enzyme	酶
	26	fibronectin	纤连蛋白,黏连蛋白
	27	glycogen	肝糖

续表

分类	序 号	英文名称	中文名称
A类	28	glycolipids	糖脂
	29	glycoproteins	糖蛋白
	30	glycosaminoglycans	糖胺聚糖
	31	glycosphingolipids	鞘糖脂
	32	guanosine	鸟苷
	33	heart extract	心脏提取物
	34	heart hydrolysate	心脏水解物
	35	heparin	肝素
	36	hyaluronic acid	透明质酸
	37	hydrolyzed actin	水解肌动蛋白
	38	hydrolyzed calf ligaments/liver/skin	水解牛犊韧带/肝/皮
	39	hydrolyzed calf skin	水解小牛皮
	40	hydrolyzed collagen	水解胶原
	41	hydrolyzed DNA	水解脱氧核糖核酸
	42	hydrolyzed elastin	水解弹性蛋白
	43	hydrolyzed fibronectin	水解纤连蛋白
	44	hydrolyzed hemoglobin	水解血红蛋白
	45	hydrolyzed keratin	水解角蛋白
	46	hydrolyzed red blood cells	水解红血细胞
	47	hydrolyzed reticulin	水解网硬蛋白
	48	hydrolyzed RNA	水解核糖核酸
	49	hydrolyzed serum protein	水解血清蛋白
	50	hydrolyzed spinal protein	水解动物脊髓蛋白
	51	hydrolyzed thymus extract	水解胸腺提取物
	52	keratin	角蛋白
	53	mammary extract	乳腺提取物
	54	marrow extract	骨髓提取物
	55	MT	金属硫蛋白
	56	omental lipids	网膜类脂质
	57	ovarian extract	卵巢提取物
	58	phospholipids	磷脂

续表

分类	序　号	英文名称	中文名称
A类	59	placenta extract	胎盘提取物
	60	placental enzymes	胎盘酶
	61	placental protein	胎盘蛋白
	62	RNA	核糖核酸
	63	sarcosine	肌氨酸
	64	sodium chondroitin sulfate	软骨素硫酸钠
	65	sodium hyaluronate	透明质酸钠
	66	soluble collagen	可溶性胶原
	67	soluble proteoglycan	可溶性蛋白多糖
	68	sphingolipids	神经鞘脂类
	69	spleen extract	脾脏提取物
	70	superoxide dismutase (SOD)	超氧化物歧化酶
	71	thymus extract	胸腺提取物
	72	ubiquinone(coenzyme Q10)	辅酶 Q
	73	umbilical extract	脐带提取物
B类	1	acetylated lanolin	乙酰羊毛脂
	2	adeps bovis	纯化牛脂
	3	gelatin	凝胶,白明胶
	4	hydrogenated lanolin	氢化羊毛脂
	5	isopropyl lanolate	羊毛脂酸异丙酯
	6	lanolin	羊毛脂
	7	lanolin acid	羊毛脂酸
	8	lanolin alcohol	羊毛脂醇
	9	lanosterol	羊毛甾醇
	10	PEG-n Lanolin	PEG-n 羊毛脂类
	11	synthetical ceramides	复配神经酰胺
	12	tallow	牛油脂

附录6 可疑具有TSEs感染性的反刍动物组织列表

来源和类型	组织原料	牛	小反刍动物
神经系统	脑 brain	+	+
	脑垂体 pituitary	−	+
	脊髓 spinal cord	+	+
	眼/视网膜 eye/retina	+	+
	视神经 optic nerve	−	
	神经节 nodose ganglia	−	+
	脊背神经节 dorsal root ganglia	+	+
	星形神经节 stellate ganglia	−	
	三叉神经节 trigeminal ganglia	+	+
	脑脊髓液 cerebrospinal fluid	−	+
	腹腔肠系膜神经节 ceoliaco-mesent. ganglion		+
	马尾神经 cauda equina	−	
	坐骨神经 sciatic nerve	−	+
	胫神经 tibial nerve	−	
	内脏神经 splanchnic nerve	−	
	面神经 facial nerve	−	
	膈神经 phrenic nerve	−	
	桡神经 radial nerve	−	
	迷走神经 vagus nerve		+
淋巴网状组织	脾脏 spleen	−	+
	扁桃体 tonsil	+	+
	股前淋巴结 LN：prefemoral	−	
	肠系膜淋巴结 LN：mesenteric	−	+
	咽后淋巴结 LN：retropharyngeal	−	+
	颌下淋巴结 LN：submandibular	−	+
	淋巴结 Lymph node（RP/MP）		+
	纵隔淋巴结 LN：mediastinal		+
	支气管纵隔淋巴结 LN：broncho-mediastinal	−	+
	肝淋巴结 LN：hepatic	−	
	肩胛骨上部淋巴结 LN：prescapular	−	+
	腘淋巴结 LN：popliteal	−	

续表

来源和类型	组织原料	牛	小反刍动物
淋巴网状组织	淋巴结 LN：(PS/PF)		+
	乳房上淋巴结 LN：supra-mammary		+
	回盲肠淋巴结 LN：ileo-caecal		+
	派伊尔氏淋巴集结 peyer's patch	+	+
	胸腺 thymus	−	+
消化道	食管 oesophagus	−	+
	网胃 reticulum	−	+
	瘤胃 rumen	−	
	瘤胃 rumen		+
	瘤胃食管沟 rumen	−	
	前胃 forestomaches		+
	重瓣胃 omasum	−	+
	皱胃 abomasum	−	+
	十二指肠 duodenum	−	+
	近端小肠 proximal small intestine	−	
	回肠 ileum		+
	近端结肠 proximal colon	−	+
	远端结肠 distal colon	−	+
	远端回肠 distal ileum	+	+
	回肠近端 ileum-proximal		+
	盲肠 caecum		+
	螺旋结肠 spiral colon	−	+
	直肠末梢 rectum-distal		+
	直肠 rectum	−	
	肠 intestine		+
生殖系统	睾丸 testis	−	+
	前列腺 prostate	−	
	附睾 epididymis	−	
	精囊 seminal vesicle	−	−
	精液 semen	−	
	卵巢 ovary	−	−
	牛奶 milk	−	−
	初乳 colostrum		−
	子宫肉阜 uterine caruncle	−	

续表

来源和类型	组织原料	牛	小反刍动物
生殖系统	子宫 uterus		—
	胎盘子叶 placental cotyledon	—	
	胎盘液：羊水 placental fluids：amniotic	—	
	胎盘液：尿囊液 placental fluids：allantoic	—	
	胎盘 placenta		+
	乳房 udder	—	
	乳腺 mammary gland		—
	胎儿 foetus		—
	胚胎 embryos	—	
骨	股骨骨干 femur（diaphysis）	—	
肌肉	半腱肌 muscle：semitendinosus	—	
	膈肌 muscle：diaphragm	—	
	背最长肌 muscle：longissimus dorsi	—	
	胸头肌 muscle：sternocephalicus	—	
	三头肌 muscle：triceps	—	
	咬肌 muscle：masseter	—	
	骨骼肌 muscle：skeletal		—
	舌 tongue	—	
	心肌 heart	—	—
血液	血液淡黄色层 blood：buffy coat	—	+
	血凝块 blood：clotted	—	
	胎儿血 blood：foetal calf	—	
	血清 blood：serum	—	—
	全血 whole blood		+
其他器官组织	肺 lung	—	—
	骨髓 bone marrow	—	+
	胸骨骨髓 bone marrow（sternum）	+	
	肾周围的脂肪 fat（midrum/perirenal）	—	
	脂肪 fats	—	—
	心包膜脂肪 pericardium	—	
	二尖瓣脂肪 mitral valve	—	
	主动脉 aorta	—	
	肾 kidney	—	—
	肝 liver	—	+
	胰腺 pancreas	—	+

续表

来源和类型	组织原料	牛	小反刍动物
其他器官组织	甲状腺 thyroid		−
	肾上腺 adrenal		+
	鼻黏膜 nasal mucosa	−	+
	唾液腺 salivary glands	−	−
	唾液 saliva		−
	瞬膜 nictitating membrane	−	+
	皮肤 skin		−
	气管 trachea	−	
	跟腱胶原质 collagen (achilles tendon)	−	
	尿 urine	−	
	粪便 faeces	−	−

附录 7　中国农业大学国家动物海绵状脑病实验室科研工作概述（2001—2011）

中国农业大学国家动物海绵状脑病实验室创建于 2001 年，是国家级的集检测和研究为一体的专业实验室，包括 P3 实验室（生物安全Ⅲ级）和 3 个基础实验室。其中 P3 实验室获得中国合格评定国家认可委员会颁布的实验室认可证书（证书编号：No. CNAS BL0017）和农业部颁布的高致病性动物病原微生物实验室资格证书（No. 007）。国家动物海绵状脑病实验室现有专职工作人员 10 名，博士、硕士研究生共 30 名；目前承担国家级、部级有关研究项目 16 项；获国家、省市级科技成果奖 7 项，申请发明专利 3 项；在国内外重要学术刊物上发表学术论文 120 篇，其中 SCI 文章 40 篇。实验室自成立以来，与国内外同行保持着广泛的交流合作关系。

实验室承担着我国北方地区动物海绵状脑病的检测和研究任务，课题组采用病理组织学、免疫组织化学、免疫转印技术对北方地区牛、羊脑组织分别进行了连续 7 年和 5 年的检测，对牛群和羊群神经系统病理学状况进行系统调查。实验室成功克隆了多种动物的 PrP^C 基因，并对其核苷酸序列及其编码的氨基酸序列进行了测定和分析，对动物朊蛋白基因多态性进行深入分析和研究，发表相关的 SCI 文章 8 篇；制备了牛、羊 PrP^C 重组蛋白，并对 PrP^C 脑内接种金黄地鼠基因表达变化进行了测定，初步确定了 PrP^C 重组蛋白的生物学特性；利用重组朊蛋白免疫 PrP 基因敲除小鼠，制备出单克隆抗体，初步组装 Western-blotting 试剂盒。另外，实验室还对动物海绵状脑病发病机制从外周免疫细胞以及中枢神经细胞进行了深入研究，构建了朊蛋白体外构象转化平台，对朊蛋白的受体组织定位和分布进行研究，从动物朊蛋白基因型、毒株差异等方面深入探索朊病传播中的种间屏障机制，发表 SCI 文章 10 篇。详细内容如下：

1. 动物朊蛋白基因多态性的分析和研究

实验室成功克隆了奶牛、藏獒、蒙古瞪羚、云南矮马、北京油鸡、内蒙古羊、鹿、大熊猫、恒河猴、孔雀、珍珠鸡、东北虎、非洲狮、梅花鹿、德州驴、京巴犬、骡、家猫和小型猪、海豚、双峰驼、宁夏滩羊、辽宁绒山羊、济宁青山羊和西吉驴等动物的 PrP^C 基因，并对其核苷酸序列及其编码的氨基酸序列进行测定和分析，对动物朊蛋白基因多态性进行深入分析和研究，发表相关论文20 篇，SCI 文章 9 篇，为 PRNP 基因多态性与朊病毒病的连锁关系研究提供了基础数据。

2. 动物朊蛋白组织分布的分析和研究

PrP^C 在组织器官中的分布和表达水平决定着 TSEs 的发生和感染途径，具有致病作用的 PrP^{Sc}的内吞、细胞内的转运、增殖都是发生在 PrP^C 高度表达的组织中。因此，研究 PrP^C 在不同组织中的分布，对于探索 prion 的致病机理具有重要意义。我们利用实时荧光定量 RT-PCR 技术，构建标准重组质粒制备标准曲线，对代表动物的不同组织进行了 PrP 基因表达的定量研究。

对金黄地鼠中枢神经系统的不同部位及外周组织研究的结果表明脑的 4 个检测部位都呈现高的表达量；外周器官中淋巴结的表达量和全脑相当，脾脏、心脏、肝脏和肺脏呈现中等程度的表达，肾脏的表达量最低。对不同年龄的金黄地鼠大脑、小脑、丘脑、脑干以及腹股沟浅淋巴结、脾、心、肝、肺和肾 PrP 基因的表达进行定量发现脑的 4 个检测部位都呈现高表达量，但是同一年龄段不同组织朊蛋白基因的表达量有着显著的差别，不同组织在不同年龄出现表达高峰。淋巴组织呈现高的表达量，外周组织的表达量比较低；不同组织在不同年龄出现表达高峰。在此基础上，为进一步研究 PrP^C 蛋白与异构体 PrP^{Sc} 的结构转换机制，课题组重组牛 PrP^C 蛋白并接种于金黄地鼠脑内，但在检测时间 102 d 内未发现金黄地鼠行为和脑组织的异常改变。

建立绵羊 PrP 基因实时荧光定量 PCR 方法，发现其中枢神经系统组织 PrP 基因的表达量比外周组织的高；在中枢神经系统中，脑干的 PrP 基因的表达量最高；外周器官中，淋巴结 PrP 基因的表达量最高，肾脏的表达量最低。又利用免疫组织化学方法，对健康绵羊不同组织细胞中的 PrP^C 进行定性和定位研究，探讨 PrP^C 在大脑、小脑、脑干、脾脏、淋巴结、肺脏、肾脏、肝脏、心脏中的分布情况。

课题组利用 RT-PCR 进行 PrP 基因表达的定量、免疫组织化学方法和 Western-blot 检测方法对奶牛生殖系统中朊蛋白的分布进行定位研究，探明了雌雄奶牛的生殖系统各部分组织中 PrP 基因的分布与表达情况，为阐释 PrP 基因在奶牛生殖系统的正常表达和正常的生理功能，以及为确定生殖系统在疯牛病垂直传播中的地位和其分子机理奠定了基础。

3. 朊蛋白多肽片段$^{106\sim126}$的毒性与朊蛋白致病机理的研究

神经元死亡是朊病毒病的主要病理学特征。朊蛋白多肽 $PrP^{106\sim126}$ 能够对神经细胞表现神经毒性，引起细胞凋亡；因此，$PrP^{106\sim126}$ 作为 PrP^{Sc} 的替代模型广泛用于体外研究。

为深入了解的朊蛋白分子致病机制，实验室采用实时荧光定量 RT-PCR 的方法，证明 $PrP^{106\sim126}$ 能够明显下调大脑皮质神经元朊蛋白基因表达量，但又能使星形胶质细胞朊蛋白基因的表达量显著升高，结果提示朊蛋白通过调节其基因的表达水平而对神经元产生毒性作用。课题组又通过实验证明 $PrP^{106\sim126}$ 毒性多肽可上调小胶质细胞 IL-1β、TNF-α 的 mRNA 表达量，以及上调星形胶质细胞细胞层粘连蛋白和纤维连接蛋白的表达，这为深入了解 PrP^{Sc} 的分子致病机制和正常朊蛋白的功能提供了基础数据。

课题组采用 AnnexinⅤ、FITC/PI 双重染色的流式细胞检测和细胞凋亡的形态学观察的方法发现 $PrP^{106\sim126}$ 在一定浓度范围内能引起小鼠成神经瘤细胞系 N2α 细胞明显的形态学变化，提高了细胞凋亡率，且浓度越大，凋亡效果越明显；相同浓度作用下时间越长毒性作用越明显。同时研究发现高浓度（100 μmol/L）的 $PrP^{106\sim126}$ 作用 N2α 细胞未起细胞凋亡，这说明 $PrP^{106\sim126}$ 对细胞的神经毒性是淀粉样纤维物质逐渐积累的结果。课题组又发现在 $PrP^{106\sim126}$ 诱导的 N2α 细胞凋亡过程中，p75NTR 的 mRNA 转录水平和蛋白表达水平均显著升高，而 p75NTR 多克隆抗体阻断 $PrP^{106\sim126}$ 与其相互作用后，$PrP^{106\sim126}$ 诱导的 N2α 细胞凋亡效果得到减弱。该研究揭示了 $PrP^{106\sim126}$ 诱导的 N2α 细胞毒性 p75NT8 受体的表达变化，为解释朊病毒病的发病机制提供了重要数据。

免疫系统在 PrP^{Sc} 从外周组织向中枢神经系统转移的过程中具有重要作用，因此，研究免疫细胞表达的 PrP^C 的转运机制及其相关影响因素，对进一步研究 PrP^{Sc} 的复制、增殖和转移具有重要意义。课题组使用 $PrP^{106\sim126}$ 处理原始的腹膜巨噬细胞后，探明不同浓度的 $PrP^{106\sim126}$ 肽段处理巨噬细胞后，对其活性的影响。同时发现 $PrP^{106\sim126}$ 可使巨噬细胞朊蛋白基因的表达上调，同时，TNF-α 的产量也随着 PrP 肽段感染的时间的延长而增高，这表示 PrP 在感染区域的存在和发展导致巨噬细胞促炎反应的发生。为了研究前炎症细胞因子在朊病发病机制中的作用，课题组检测了 $PrP^{106\sim126}$ 诱导的 iNOS 和前炎症因子表达水平和 NF-κB 信号通路的激活，并且检测了阻断 NF-κB 信号通路后各基因的表达水平，阐明了 $PrP^{106\sim126}$ 是通过激活 NF-κB 信号通路来调节 iNOS 和前炎症因子在 Ana-1 细胞内的表达，这一研究成果揭示了 PrP 和巨噬细胞相互作用的分子机制。在此基础上，课题组使用阿司匹林即 NF-κB 阻断剂作用后，发现 $PrP^{106\sim126}$ 毒性多肽对小胶质细胞的活化作用减弱，减少因其活化造成的神经元凋亡。鉴于目前 prion 疾病尚无有效的治疗方法，因此研究由 NF-κB 介导的炎症反应在神经退行性疾病中的作用显得尤为重要。阻断引起神经元损伤的 NF-κB 激活的信号传导机制，可作为减轻炎症反应及神经元损伤的治疗靶点。而后，课题组研究了 $PrP^{106\sim126}$ 对巨噬细胞和人单核细胞的趋化活性，测得了 $PrP^{106\sim126}$ 的最佳趋化浓度，并探讨了 $PrP^{106\sim126}$ 和 P 物质对这两种细胞的互作效应，为进一步阐明朊病毒病的发病机制奠定了理论基础。Exosomes 是活细胞的晚期内含体与质膜融合以后释放到细胞外的小囊泡，有研究发现 exosomes 的分泌与朊病之间存在一定的联系。课题组对巨噬细胞和单核细胞分泌 exosomes 的情况进行了研究，分析了巨噬细胞和单核细胞释放 PrP^C 与其分泌 exosoems 之间的相互联系以及 PrP^C 与 exosomes 携带的某些特定蛋白间的相互作用，为进一步阐明朊病的发病机制奠定了一定的基础。

4. 朊蛋白体外构象转化和分子调控机理的研究

朊病毒疾病的传播是由于 PrP^C 转化为 PrP^{Sc}，相应结构域由 α 螺旋变为 β 折叠结构，发生构象变化而引起疾病的发生。为探明对绵羊重组朊蛋白结构的影响因素，课题组成功地将绵羊朊蛋白 OvPrP(23～256)和 OvPrP(97～234)重组、纯化和复性，采用远紫外线圆二色谱(CD)分析其二级结构，发现 OvPrP(23～256)的二级结构含量为：α 螺旋为 39.4%，β 折叠为 0%；OvPrP(97～234)的二级结构含量为：α 螺旋为 28.8%、β 折叠为 0%。不同 pH 值、铜离子和 RNA 交互作用于重组绵羊朊蛋白 OvPrP(23～256)发现。随着 pH 值的降低，OvPrP(23～256)结构中，β 折叠增加，α 螺旋减少，并对蛋白酶 K 具有部分抗性。铜离子作用后，α 螺旋减少，β 折叠增加，并且结合铜离子后的朊蛋白对蛋白酶 K 产生抗性。酸性 pH 值和铜离子交互作用 OvPrP 后，在 pH 5.5 左右时，加入同样的铜离子使得蛋白结构中的 β 折叠明显增加，而在极低的 pH 下，结构中的 β 折叠减少，α 螺旋增加，铜离子抑制了在酸性 pH 下蛋白结构中 β 折叠的增加。RNA 的作用后，β 折叠增加，但 RNA 的作用有生理阈值的限制。铜离子和 RNA 交互作用于 OvPrP(23～256)，α 螺旋减少，β 折叠增加，有蛋白酶 K 抗性。对重组绵羊朊蛋白 OvPrP(97～234)进行热力学处理、FSH 和 NGH 作用，观察构象转变情况：经过热力学处理之后，OvPrP(97～234)的结构中 α 螺旋减少，β 折叠增加，有一定的蛋白酶 K 抗性。FSH 对 OvPrP(97～234)的二级结构无影响，且对蛋白酶 K 敏感；而 NGF 对 OvPrP(97～234)的二级结构含量有影响，且对蛋白酶 K 有抗性。重组绵羊朊蛋白的结构转化研究，为朊蛋白疾病的发生提供了有力的科学依据和试验材料，可用于致病性试验，进一步揭示朊蛋白疾病的发生和发展规律，更好地防治 TSEs。

5. 朊蛋白样蛋白的研究

Doppel 是一种新发现的朊蛋白样糖蛋白，与 PrP 相类似，与 PrP 在二级结构和拓扑学上具有极大的相似性。课题组克隆绵羊 PRND，通过测序和序列分析从基因多态性方面对绵羊 Dpl 基因进行了研究，为后续研究 Dpl 与 TSEs 的关系奠定了基础。在此基础上，课题组成功克隆了金黄地鼠 Dpl 基因，经基因序列对比分析，金黄地鼠与其他 10 种属哺乳动物 Dpl 基因有较高同源性；采用实时荧光定量显示在所检组织中，Dpl mRNA 在睾丸表达量最高，其次为脾脏、心脏、骨髓和脑。在肝脏、肺脏、肾脏和肌肉中的表达低于检测水平；成年动物与未成年动物相比，在睾丸组织的表达量，成年鼠显著高于未成年鼠；在成年鼠脑组织检测不到 Dpl mRNA 的表达。该结果显示 Dpl 的表达具有组织特异性和发育阶段性，为研究 Dpl 的功能奠定了基础。

Shadoo 基因也是发现的与朊蛋白相关的新蛋白，其序列与 PrP 的很相近且也在脑组织中表达。研究表明，SPRN(shadoo of prion protein)序列从鱼类到哺乳动物都非常保守，并且与正常朊蛋白 PrP^C 表现出惊人的相似性。它在脑组织中有表达，蛋白序列的整体结构特点与朊蛋白相似。实验室扩增我国内蒙古地区 3 种地方品种绵羊的 Shadoo 基因，而后与绵羊 Shadoo 基因对比、分析其多态性，对今后揭示 PrP^C 正常生理功能以及揭示 Prion 病发病机制具有重要现实意义。

6. 朊蛋白相关受体研究

PrP^{Sc} 入侵及随后的复制必须有受体 37 ku/67 ku LRP/LR 的参与。课题组尝试从朊病毒受体角度来探讨受体蛋白结构多态性、受体组织分布和表达量与朊病毒宿主易感性、入侵及组织嗜性的可能联系，从而从受体角度为阐释朊病毒的复制机制提供更多的线索。

课题组成功克隆了绵羊朊病毒受体 LRP/LR 编码区(CDS)基因序列，通过多态性分析发现绵羊 LRP/LR 的序列在哺乳动物间相对保守；氨基酸多态性分析发现受体间接结合域的 3 个多态性位点，而这些氨基酸多态性位点均可导致对应蛋白二级结构发生改变。该研究提示朊病毒受体蛋白构象多态性可能是影响朊病毒易感性的重要因素之一。通过免疫组织化学法对 67LR 在金黄地鼠体内进行定位分布发现朊病毒受体在胃及小肠黏膜上皮，局部淋巴结髓质的髓索及脾脏的红髓中，气管黏膜上皮及肺泡上皮细胞特异性表达。该发现为朊病毒致病机理中，基于受体表达的 PrP^{Sc} 的入侵位点及复制、转运机制提供更多的线索。对绵羊正常中枢及外周组织中朊病毒受体 LRP/LR 的 mRNA 表达水平研究的结果表明除丘脑和心脏外，中枢神经组织的朊病毒受体 mRNA 表达水平高于外周组织。结合朊病毒 PrP^{Sc} 在宿主中枢及外周组织中的聚集程度，朊病毒受体—LRP/LR 在各个组织中的表达量高低与朊病毒的复制程度有一定的相关性，暗示朊病毒受体 RP/LR 表达水平对朊病毒组织中复制具有一定的调控作用。课题组还利用依赖于 RNA 聚合酶Ⅲ启动子的 DNA 载体介导体内转录 shRNA 法，首次对体外培养细胞中 LRP/LR 表达进行 RNA 干涉研究，成功抑制细胞中 LRP/LR 在 mRNA 水平的表达，为朊病治疗及相关受体研究提供新的思路和一定基础。

7. 实验室发表的与朊蛋白疾病相关的 SCI 收录论文

[1] Bai Y, Li Q , Zhao D M, et al. P75NTR activation of NF-κB is involved in PrP106-126 -induced apoptosis in mouse neuroblastoma cells. Neuroscience Research. 2008, 62(1): 9-14.

[2] Han C X , Liu H X, Zhao D M. The quantification of prion gene expression in sheep using real-time RT-PCR. Virus Gene. 2006, 33: 357-362.

[3] Han C X , Liu H X, Zhao D M, et al. Polymorphism of prion protein gene in sheep of Inner Mongolian, China. Virus Genes. 2011, 42(1): 153-155.

[4] Kouadir M, Yang L F , Zhao D M, et al. CD36 participates in PrP106-126-induced activation of microglia. PLOS ONE. 2011, Accepted.

[5] Kouadir M, Yang L F , Zhao D M, et al. Comparison of mRNA expression patterns of class B scavenger receptors in BV2 microglia upon exposure to amyloidogenic fragments of beta-amyloid and prion proteins. DNA and Cell Biology. 2011, 30(11): 893-897.

[6] Li Y R, Guan L L, Zhao D M, et al. Influence of PrP 106-126 on expression of laminin and fibronectin in astrocyte. Chinese Science Bulletin. 2008, 53(14): 2160-2164.

[7] Li Y R, Li Q, Zhao D M, et al. Expression patterns of doppel gene in golden hamster: quantification using real-time RT-PCR. Molecular and Cellular Probes. 2008, 22: 255-258.

[8] Liu M L , Li Y X , Zhao D M , et al. Copper(II) inhibits in vitro conformational conversion of ovine prion protein triggered by low pH. The Journal of Biochemistry. 2008, 143(3): 333-337.

[9] Liu M L , Yu S , Zhao D M, et al. RNA and CuCl2 induced conformational changes of the recombinant ovine prion protein. Molecular and Cellular Biochemistry. 2007,294: 197-203.

[10] Lu Y, Liu A, Zhao D M, et al. Prion peptide PrP106-126 induces iNOS and proinflammatory cytokines gene expression through the activation of NF-κB in Ana-1 macrophages. DNA and Cell Biology. 2011, Accepted.

[11] Meng L P, Zhao D M* , Liu H X, et al. Single nucleotide polymorphisms of the prion protein gene (PRNP) in chinese pig breeds. Xenotransplantation. 2005,12: 324-326.

[12] Meng L P, Zhao D M , Liu H X, et al. Polymorphisms of prion protein gene in chinese domestic sika deer (Cervus nippon hortulorum). Animal Genetics. 2005,36: 266-267.

[13] Ning Z Y, Zhao D M* ,Liu H X, et al. Quantification of prion gene expression in brain and peripheral organs of golden hamster by real-time RT-PCR. Animal Biotech. 2005, 16: 55-65.

[14] Ning Z Y, Zhao D M* , Liu H X, et al. Altered expression of the prion gene in rat astrocyte and neuron cultures treated with prion peptide106-126. Cellular and Molecular Neurobiology. 2005, 25(8): 1171-1183.

[15] Qiao J W , Su X O , Zhao D M, et al. Variable levels of 37/67-kda laminin receptor (RPSA) mRNA in ovine tissues: potential contribution to the regulatory processes of PrPSc propagation? Animal Biotechnology. 2009,20:151-155.

[16] Qiao J W ,Su X O ,Zhao D M, et al. Cloning and characterization of full-length coding sequence (CDS) of the ovine 37/67-kDa laminin receptor (RPSA). Molecular Biology Reports. 2009,36:2131-2137.

[17] Shi F S , Yang L F, Zhao D M, et al. The NALP3 inflammasome is involved in neurotoxic prion peptide-induced microglial activation. Journal of Neuroinflammation, 2012, Accepted.

[18] Shi F S ,Yang L F, Zhao D M, et al. Disruption of the 37-kDa/67-kDa laminin receptor gene in bovine fetal fibroblasts , African Journal of Biotechnology, 2012, Accepted.

[19] Sun Y M, Pang W Y, Zhao D M. Analysis of the prion protein gene (PRNP) in bottlenosed dolphin. Asian Journal of Animal and Veterinary Advances. 2006,1(1): 49-51.

[20] Wang G H, Zhou X M, Zhao D M, et al. Hsp70 binds to PrPC in the process of PrPC release via exosomes from THP-1 monocytes. Cell Biol Int. 2011,35(6):553-558.

[21] Wang G H, Zhou X M, Zhao D M, et al. Cellular prion protein released on exosomes from macrophages binds to Hsp70. Acta Biochim Biophys Sin 2010, 42: 345-350.

[22] Wang Y Q , Qin Z K , Zhao D M, et al. Sequence analysis of the prion protein gene in Mongolian gazelles (Procapra gutturosa). Virus Genes. 2009,39:273-278 .

[23] Wang Y Q, Qin Z K , Zhao D M, et al. Polymorphisms of the prion protein gene in sheep of inner mongolia, China. VIRUS GENES. 2008,37:128-130.

[24] Wu C D, Pang W Y , Zhao D M . Comparative analysis of the prion protein gene sequences in African lion. Virus Genes. 2006,33: 213-214.

[25] Wu C D , Pang W Y , Zhao D M, et al. Amino acid sequence of the Pekingese dog prion protein gene. Xenotransplantation. 2006,13: 471-474.

[26] Wu C D, Pang W Y, Zhao D M . Amino acid sequence of the Amur tiger prion protein. Virus Research. 2006,121: 93-96.

[27] Xu L, Zhang Z M,Zhao D M, et al. Cloning and polymorphism analysis of prion protein gene in domestic bactrian camel in China. Gene. 2011 Oct 13. Accepted.

[28] Xu L, Zhang Z M,Zhao D M, et al. Molecular cloning and polymorphism analysis of the prion protein gene in tan sheep of Ningxia, China. Gene. 2011,485(2):102-105.

[29] Yang J M, Zhao D M, Liu H X,et al. Cloning and sequencing of panda prion gene. High Technology Letter, 2004, 14(3):614-616.

[30] Yang J M, Zhao D M, Liu H X, et al. Comparative analysis of prion protein open reading frame nucleotide sequences in peacock and parakeet. Virus Genes. 2005, 30: 193-197.

[31] Yang L F , Zhou X M , Zhao D M. Aspirin inhibits cytotoxicity of prion peptide PrP106-126 to neuronal cells associated with microglia activation in vitro. The Journal of Neuroimmunology. 2008,199:10-17.

[32] Zhang J E, Sun B , Zhao D M, et al. Polymorphisms of the prion protein gene (PRNP) in the Tibetan mastiff . Animal Genetics. 2009,40(6);1001-1002.

[33] Zhang T X, Liu H X, Zhao D M. et al. Molecular cloning and sequence analysis of prion protein gene of Dezhou Donkey in China. Asian Journal of Animal and Veterinary Advances. 2006,1(1): 52-61.

[34] Zhang X L, Zhou X M,Zhao D M, et al. Polymorphisms of SPRN (shadow of prion protein homology) in three breeds of sheep in China. Virus Gene, 2012, Accepted.

[35] Zhou H Y, Zhou X M, Zhao D M, et al. Induction of macrophage migration by neurotoxic prion protein fragment. Journal of Neuroscience Methods. 2009,181:1-5.

[36] Zhou X M, Xu G X, Zhao D M . In vitro effect of prion peptide PrP 106-126 on mouse macrophages: possible role of macrophages in transport and proliferation for prion protein. Microbial Pathogenesis, 2008,44:129-134.

8. 实验室发表的与朊蛋白疾病相关的国内核心期刊收录论文

[1] 白瑜,李玉荣,赵德明,等. PrP106-126 诱导的 N2a 细胞神经毒性中神经营养因子受体 p75~(NTR)的表达变化研究. 畜牧兽医学报,2009,40(3):416-420.

[2] 白瑜,孙斌,赵德明,等. 朊蛋白多肽 PrP 106-126 对小鼠成神经瘤细胞 N2a 的毒性研究. 中国农业大学学报,2008,13(5):1-4.

[3] 白瑜,周向梅,赵德明,等. PrP106-126 诱导的小鼠成神经瘤 N2a 细胞 NF-κB 激活及神经毒性研究. 畜牧兽医学报,2009,40(4):544-547.

[4] 韩彩霞,吴长德,赵德明. 羊痒病概述. 中国畜牧兽医,2005,32(10):52-53.

[5] 韩彩霞,赵德明,吴长德,等. 实时荧光定量 PCR 构建绵羊 PrP 基因标准品质粒和标准曲

线. 畜牧兽医学报,2005,36(12):1363-1366.

[6] 韩彩霞,赵德明,吴长德,等. 用实时荧光定量 RT-PCR 方法定量绵羊 PrP 基因的表达. 中国农业大学学报,2006,,11(2):61-64.

[7] 霍桂桃,尹晓敏,赵德明,等. 大鼠大脑皮质神经元的分离及培养. 中国农业大学学报,2007,12(3):1-4 .

[8] 霍桂桃,郑杰,赵德明,等. 重组绵羊 pEGFP-PRNP 质粒构建及真核细胞转染. 畜牧兽医学报,2008,39(1):113-116.

[9] 李玉荣,霍桂桃,赵德明,等. 金黄地鼠(*Mesocricetus auratus*)朊蛋白基因的克隆及其原核表达. 中国兽医学报,2008,28(12):1441-1444.

[10] 李玉荣,周向梅,赵德明,等. RNAi 抑制 PrP 表达载体的构建及其在 PrP 功能研究中的初步应用. 畜牧兽医学报,2008,39(3):337-342.

[11] 鲁云,杨利峰,赵德明. 朊病毒检测方法综述. 中国畜牧兽医,2011,38(4):166-169

[12] 鲁云,杨利峰,赵德明. 羊瘙痒因子 263K 感染金黄地鼠后生物学特性的检测. 中国畜牧兽医,2011,38(3):112-115 .

[13] 孟丽平,赵德明,王金秀,等. 中国实验小型猪朊蛋白基因的克隆与序列分析. 中国农业大学学报,2005,10(5):62-64.

[14] 孟丽平,赵德明,杨建民,等. 梅花鹿朊蛋白基因(PRNP)的克隆及序列分析. 中国兽医学报,2006,26(6):637-641

[15] 宁章勇,赵德明,杨建民,等. PrP106-126 对大脑皮质神经元和星形胶质细胞朊蛋白基因表达的影响. 中国兽医学报,2008,28(1):58-62.

[16] 宁章勇,赵德明,杨建民,等. PrP 基因在金黄地鼠淋巴和外周组织中表达水平的动态检测. 中国兽医科学,2006,36(3):177-182 .

[17] 宁章勇,赵德明. 实时荧光定量 PCR 检测 PrP 基因表达标准品质粒和标准曲线的构建. 中国兽医学报,2005,25(6):611-612 .

[18] 乔俊文,苏晓鸥,赵德明,等. 绵羊朊病毒受体 37kD/67kD LRP/LR 实时荧光定量 PCR 标准质粒和标准曲线的构建. 中国农业大学学报,2009,14(4):15-20.

[19] 乔俊文,苏晓鸥,赵德明,等. 绵羊组织中朊病毒受体 37kDa/67kDa LRP/LR mRNA 转录水平研究. 畜牧兽医学报,2009,40(7):1043-1047.

[20] 乔俊文,赵德明. 朊病毒致病机理研究进展. 中国畜牧兽医,2006,33(8):62-65.

[21] 任伟,杨利峰,赵德明. 实时荧光定量 PCR 构建朊病相关蛋白 p38MAPK 标准品质粒和标准曲线. 中国兽药杂志,2010,44(10):34-36,54.

[22] 苏晓鸥,赵德明. 朊病毒致病机理的研究进展. 中国兽医科学,2007,37(6):547-552

[23] 谭荣荣,刘爱林,赵德明. 朊蛋白生理功能的研究进展. 中国畜牧兽医,2011,38(1):54-57.

[24] 王辉暖,赵德明,宁章勇,等. 疯牛病和羊痒病 Western blotting 检测方法的建立. 中国兽医学报,2007,27(1):66-73.

[25] 王伊琴,秦贞奎,赵德明,等. 内蒙古地方品种绵羊朊蛋白基因多态性分析. 畜牧兽医学报,2009,40(5):780-784.

[26] 王伊琴,秦贞奎,赵德明,等. 热力学因素对绵羊重组朊蛋白体外构象转化的作用. 中国

农业大学学报,2009,14(4):21-27.
[27] 吴长德,赵德明,杨建民,等. 传染性海绵状脑病的诊断进展和存在的问题. 现代生物医学进展,2006,6(7):56-59.
[28] 吴长德,赵德明,杨建民,等. 非洲狮朊蛋白基因的克隆与序列分析. 中国兽医科学,2006,36(11):864-867.
[29] 许立华,康晓东,赵德明,等. 朊蛋白在宁夏滩羊不同组织中表达的免疫组化研究. 畜牧兽医学报,2010,41(3):301-304.
[30] 杨建民,郝永新,赵德明,等. 朊病毒致病机理研究进展. 中国畜牧兽医,2004,31(10):34-37.
[31] 杨建民,赵德明,郝永新,等. 奶牛朊病毒基因克隆与序列分析. 畜牧兽医学报,2004,35(6):685-688.
[32] 杨建民,赵德明,李宁,等. PrPc 重组蛋白脑内接种金黄地鼠对 mRNA 表达的影响. 中国农业大学学报,2005,10(6):27-32.
[33] 杨利峰,周向梅,赵德明,等. PrP106-126 毒性多肽影响小胶质细胞 IL-1β、TNF-α 的 mRNA 表达量变化的研究. 中国兽医学报,2009,29(11):1429-1433.
[34] 张奥,余琦,赵德明,等. 绵羊朊蛋白 PrPc51-216 蛋白酶 K 抵抗片段的克隆原核表达及纯化. 中国兽医杂志,2010,46(5):21-23.
[35] 张思明,谭荣荣,杨利峰,等. 淀粉样物质结构的研究方法. 中国畜牧兽医,2011,38(10):217-220.
[36] 张太翔,宁章勇,赵德明,等. 实时荧光定量 PCR 构建奶牛生殖系统 PrP 基因标准品质粒和标准曲线. 中国农业大学学报,2007,12(2):1-4.
[37] 张太翔,赵德明. 传染性海绵状脑病传播途径的研究进展. 中国畜牧兽医,2007,34(1):123-125.
[38] 张太翔,赵德明. 免疫治疗朊病的前景. 中国畜牧兽医,2007,34(5):86-87.
[39] 张太翔,赵德明. 朊病毒的生物学研究进展. 中国畜牧兽医,2007,34(6):76-78 .
[40] 张太翔,赵德明. 朊病毒外周传播机理的研究进展. 中国畜牧兽医,2007,34(3):82-84
[41] 张太翔,赵德明. 朊蛋白构象改变和种属突破机制的研究进展. 中国畜牧兽医,2006,33(11):68-71.
[42] 周向梅,赵德明,杨建民,等. 2 种家养动物朊蛋白基因的扩增与分析. 中国兽医学报,2006,26(5):531-533.